HIGH POWER MICROWAVE SOURCES AND TECHNOLOGIES USING METAMATERIALS

基于超构材料的高功率微波技术

〔美〕约翰·W. 卢金斯兰德（John W. Luginsland）
贾森·A. 马歇尔（Jason A. Marshall）
阿尔杰·纳克曼（Arje Nachman）
埃德尔·沙米洛格鲁（Edl Schamiloglu） 主编

刘美琴 李 勇 江伟华 译

WILEY

Title: **High Power Microwave Sources and Technologies Using Metamaterials**
Edited by John W. Luginsland, Jason A. Marshall, Arje Nachman, Edl Schamiloglu
ISBN: 978 - 1 - 119 - 38444 - 1
Copyright © 2022 by The Institute of Electrical and Electronics Engineers, Inc. All rights reserved.

All rights reserved. Authorised translation from the English language edition published by John Wiley & Sons Limited. Responsibility for the accuracy of the translation rests solely with Xi'an Jiaotong University Press and is not the responsibility of John Wiley & Sons Limited. No part of this book may be reproduced in any form without the written permission of the original copyright holder, John Wiley & Sons Limited.

陕西省版权局版权合同登记号:25 - 2024 - 220

图书在版编目(CIP)数据

基于超构材料的高功率微波技术/(美)约翰·W.卢金斯兰德(John W. Luginsland)等主编;刘美琴,李勇,江伟华译. -- 西安 : 西安交通大学出版社,2024.8(2025.4重印). -- ISBN 978 - 7 - 5693 - 0764 - 1

Ⅰ. TN015

中国国家版本馆CIP数据核字第2024WS7492号

书　　名　基于超构材料的高功率微波技术
Jiyu Chaogou Cailiao de Gao Gonglü Weibo Jishu
主　　编　[美] 约翰·W.卢金斯兰德(John W. Luginsland)　贾森·A.马歇尔(Jason A. Marshall)
阿尔杰·纳克曼(Arje Nachman)　埃德尔·沙米洛格鲁(Edl Schamiloglu)
译　　者　刘美琴　李　勇　江伟华
责任编辑　贺峰涛
责任校对　李　佳
封面设计　任加盟

出版发行　西安交通大学出版社
(西安市兴庆南路1号　邮政编码 710048)
网　　址　http://www.xjtupress.com
电　　话　(029)82668357　82667874(市场营销中心)
(029)82668315(总编办)
传　　真　(029)82668280
印　　刷　中煤地西安地图制印有限公司
开　　本　787 mm×1092 mm　1/16　**印　张**　17　**字　数**　414千字
版次印次　2024年8月第1版　2025年4月第2次印刷
书　　号　ISBN 978 - 7 - 5693 - 0764 - 1
定　　价　89.00元

如发现印装质量问题,请与本社市场营销中心联系。
订购热线:(029)82668357　82667874
投稿热线:(029)82664954
读者信箱:banquan1809@126.com

版权所有　侵权必究

译者序

本书由约翰·W.卢金斯兰德(John W. Luginsland)博士、贾森·A.马歇尔(Jason A. Marshall)博士、阿尔杰·纳克曼(Arje Nachman)博士和埃德尔·沙米洛格鲁(Edl Schamiloglu)博士主编,系统总结了自2012年以来美国"多学科大学研究计划"(Multi-disciplinary University Research Initiative)团队的成就,论述了基于超构材料的高功率微波器件的理论基础和工作原理、研究和发展动态、主要性能和特点、共性和关键问题,同时还比较详细地阐述和讨论了基于超构材料的高功率微波器件的应用和存在的问题,并探讨了未来的高功率微波源技术发展趋势。本书的主编之一埃德尔·沙米洛格鲁博士于1992年出版了《高功率微波》(*High Power Microwave*),又于2007年、2016年分别出版了该书第2版和第3版。本书对于传统高功率微波领域的研究和应用人员有一定的参考意义,可用的参数空间将增大一倍。另外,它还可使相关应用领域,如国防、核聚变和加速器等领域的技术人员了解高功率微波领域的最新动态。

本书由西安交通大学刘美琴、李勇和日本长冈技术科学大学江伟华译。译者与原著主编之间曾经有过多年交流与合作,因此,本书的翻译工作从一开始便得到了原著主编们的热情支持与配合。在此特向原著主编约翰·W.卢金斯兰德博士、贾森·A.马歇尔博士、阿尔杰·纳克曼博士和埃德尔·沙米洛格鲁博士表示衷心的感谢。

本书前言译文由西安交通大学丁晖、谢彦召和陆军工程大学石立华审阅;第1章是本书的导言和概述,简单介绍电磁超构材料的发展历史及应用,并概要介绍全书的内容,译文由西北核技术研究院王建国审阅;第2章是慢波结构与电子注互作用及多模同步的多传输线模型的介绍,译文由电子科技大学宫玉彬审阅;第3章介绍拉格朗日函数中的广义皮尔斯模型,译文由中国科学院航天信息创新研究院丁耀根审阅;第4章介绍慢波结构设计中的色散工程学,译文由国防科技大学舒挺和电子科技大学段兆云审阅;第5章介绍麦克斯韦方程组的微扰分析,译文由中国电子科技集团公司第十二研究所冯进军审阅;第6章介绍传统周期结构与超构材料慢波结构特性的相似性,译文由西安电子工程研究所张帆和西北核技术研究院孙钧审阅;第7章介绍设计高功率微波器件超构材料结构的群论方法,译文由西安机电信息技术研究所李岗和电子科技大学段兆云审阅;第8章介绍超构材料结构中电磁场演化的时域行为,译文由国防科技大学贺军涛审阅;第9章探讨超构材料在高功率微波环境中的生存能力,译文由北京应用物理与计算数学研究所董烨和中国工程物理研究院应用电子学研究所王冬审阅；第10章讲述注-波与超构材料慢波结构互作用的实验热测，译文由国防科技大学钱宝良审阅；第11章结论和未来方向，译文由电子科技大学路志刚和西安交通大学丁晖审阅；索引的译文由国防科技大学贺军涛和电子科技大学路志刚审阅；本书的章节资料整理由电子科技大学毕亮杰和李天明完成。在此，我们对提出宝贵意见和建议的各位审阅专家表示诚挚的谢意！

由于译者水平有限，译著中不妥和错误之处在所难免，敬请读者不吝指正。

刘美琴　李勇　江伟华

2023年6月

主编简介

约翰·W. 卢金斯兰德(John W. Luginsland)博士是美国融合科学(Confluent Sciences)公司的高级科学家和密歇根州立大学兼职教授。他曾在美国空军科学研究局(AFOSR)担任等离子体物理、激光和光学项目官员以及各种技术领导职位。此外,他还曾在美国科学应用国际公司(SAIC)和纳姆热斯通信公司(Numerex)工作,并担任美国空军研究实验室(AFRL)定向能委员。他是电气与电子工程师协会会士(IEEE Fellow)和美国空军研究实验室资深荣誉研究员(AFRL Fellow)。他于 1992 年、1994 年和 1996 年分别获得密歇根大学核工程学士、硕士和博士学位。

贾森·A. 马歇尔(Jason A. Marshall)博士是美国海军研究实验室(NRL)等离子体物理部副总监。在此之前,他是美国空军科学研究局(AFOSR)首席科学家,负责管理和执行美国空军在等离子体和电子能物理方面的基础研究投资。他于 1994 年和 1995 年分别获得东新墨西哥大学人类学和化学学士学位,1998 年和 2002 年分别获得华盛顿州立大学化学硕士学位和化学物理学博士学位。

阿尔杰·纳克曼(Arje Nachman)博士是美国空军科学研究局(AFOSR)电磁学项目官员。自 1985 年以来,他一直在 AFOSR 工作。在此之前,他在德州农工大学和欧道明大学的数学系任职,同时担任美国西南研究院(SwRI)高级科学家。他于 1968 年获得华盛顿大学(圣路易斯)计算机科学和应用数学学士学位,1973 年获得纽约大学数学博士学位。

埃德尔·沙米洛格鲁(Edl Schamiloglu)博士是美国新墨西哥大学电气与计算机工程专业杰出教授,他还担任该校工学院主管研究和创新的副院长,以及大学研务长(Provost,美国一些大学负责学术研究的最高领导,地位仅次于校长,一般兼任学术和科研副校长)负责实验室关系的特别助理。他是电气与电子工程师协会会士(IEEE Fellow)和美国物理学会会士(APS Fellow)。他于 1979 年和 1981 年分别获得哥伦比亚大学学士和硕士学位,1988 年获得康奈尔大学博士学位。

本书贡献者

艾哈迈德·F. 阿卜杜勒沙菲(Ahmed F. Abdelshafy)
美国加州大学尔湾分校电气工程与计算机科学系

菲利波·卡波利诺(Filippo Capolino)
美国加州大学尔湾分校电气工程与计算机科学系

乌谢·奇彭戈(Ushe Chipengo)
美国安西斯(Ansys)公司

克里斯托斯·克里斯托杜卢(Christos Christodoulou)
美国新墨西哥大学电气与计算机工程系

阿德里安·W. 克罗斯(Adrian W. Cross)
英国思克莱德大学物理系

亚历山大·菲戈廷(Alexander Figotin)
美国加州大学尔湾分校数学系

马克·吉尔摩(Mark Gilmore)
美国新墨西哥大学电气与计算机工程系

穆罕默德·阿齐兹·哈迈迪(Mohamed Aziz Hmaidi)
美国拉克索夫特(Luxoft)公司

贾森·S. 胡梅尔特(Jason S. Hummelt)
美国玳萌·芳德瑞(Diamond Foundry)公司

罗伯特·利普顿(Robert Lipton)
美国路易斯安那州立大学数学系

鲁雪莹(Xueying Lu)
美国北伊利诺伊大学

约翰·W. 卢金斯兰德(John W. Luginsland)
美国融合科学(Confluent Sciences)公司

贾森·A. 马歇尔(Jason A. Marshall)
美国海军研究实验室(NRL)

阿尔杰·纳克曼(Arje Nachman)
美国空军科学研究办公室(AFOSR)

尼鲁·K. 纳哈尔(Niru K. Nahar)
美国俄亥俄州立大学电子科学实验室

穆罕默德·A. K. 奥斯曼(Mohamed A. K. Othman)
美国斯坦福大学 SLAC 国家加速器实验室

艾伦·D. R. 费尔普斯(Alan D. R. Phelps)
英国思克莱德大学物理系

安东尼·波利齐(Anthony Polizzi)
美国西诺乌斯(Synovus)金融公司

吉列尔莫·雷耶斯(Guillermo Reyes)
美国南加州大学数学系

埃德尔·沙米洛格鲁(Edl Schamiloglu)
美国新墨西哥大学电气与计算机工程系

哈米德·赛义德法拉吉(Hamide Seidfaraji)
美国微软公司

丽贝卡·塞维尔(Rebecca Seviour)
英国哈德斯菲尔德大学计算机与工程学院

迈克尔·A. 夏皮罗(Michael A. Shapiro)
美国麻省理工学院等离子体科学与聚变中心

理查德·J. 特姆金(Richard J. Temkin)
美国麻省理工学院等离子体科学与聚变中心

洛肯德拉·塔库尔(Lokendra Thakur)
美国麻省理工学院-哈佛大学布罗德(Broad)研究所

约翰·L. 沃拉基斯(John L. Volakis)
美国佛罗里达国际大学工程和计算学院

泰勒·温库普(Tyler Wynkoop)
美国航空航天(BAE)系统公司

萨巴赫丁·尤尔特(Sabahattin Yurt)
美国高通技术公司

原著序

自 1985 年以来，美国国防部的“多学科大学研究计划”(Multi-disciplinary University Research Initiative，MURI)项目召集了一批又一批的研究团队，希望汇聚从多学科研究中获得的洞见，促进新兴技术的进步并解决美国国防部特有的问题。

在美国军事部门和国防部部长办公室共同促进下，“多学科大学研究计划”项目的研究主题和承担研究工作的团队遴选，成为解决美国国家安全难题和创新科学技术方案的特别来源。

对这些极具竞争力的项目的资助补充加强了传统的支持单个研究者的基础研究计划，可以吸引更多的研究人员对广泛的学科领域开展研究。

此外，更长的执行期促使这些“多学科大学研究计划”项目能在多个研究领域的交叉点开辟新的研究领域，从而对与美国国家安全密切相关的，关乎美国国防部使命的重要的领域提供关键和持续的支持，为科学和技术的变革性发展提供潜力。

本书由约翰·W. 卢金斯兰德(John W. Luginsland)博士、贾森·A. 马歇尔(Jason A. Marshall)博士、阿尔杰·纳克曼(Arje Nachman)博士和埃德尔·沙米洛格鲁(Edl Schamiloglu)博士主编，书中总结了 2012 年“多学科大学研究计划”项目团队的成就。该成就获得美国空军实验基地授予的变换电磁学奖。

卢金斯兰德博士、马歇尔博士和纳克曼博士(美国空军科学研究办公室)是该“多学科大学研究计划”的项目官员，沙米洛格鲁博士(新墨西哥大学)是该团队的首席研究员。该项目的其他首席研究员有理查德·J. 特姆金(Richard J. Temkin)博士(麻省理工学院)、约翰·L. 沃拉基斯(John L. Volakis)博士(俄亥俄州立大学和佛罗里达国际大学)、亚历山大·菲戈廷(Alexander Figotin)博士(加州大学尔湾分校)和罗伯特·利普顿(Robert Lipton)博士(路易斯安那州立大学)。其他参与完成项目研究的教职员工和研究生也为本书的完成作出了贡献。

“多学科大学研究计划”项目的成功，源于受资助研究人员的努力工作和他们拥有国际公认的专业能力。作为一名等离子体物理学家，我当然理解在推进定向能微波源的最新技术方面所面临的挑战。

在由美国空军科学研究实验室、洛斯阿拉莫斯国家实验室和工业界成员组成的“多学科大学研究计划”咨询委员会的指导下，这五所大学促进了人们对新一代微波定向能的认识，这一新技术将超构材料引入注-波互作用结构中。

经过近一个世纪的不懈研究，传统的微波真空电子学取得了巨大的进步，而对基于超构材料的器件的探索还不到十年，所以我们可以想象在此方面未来可能会取得怎样的进步。

我对美国空军科学研究办公室项目官员成功开启了“多学科大学研究计划”这样一个主题表示赞许，同时也对项目首席科学家及其团队能够成功执行该项目表示赞赏。

这是一个多学科团队通过思想交流加速研究的例子。这些努力也加速了基础研究成果向实际应用的转变，更重要的是，为美国国防部特别重要的领域培养了下一代科学家和工程师。

布伦丹·B.戈弗雷(Brendan B. Godfrey)
美国空军科学研究办公室主任(2004—2010)

布伦丹·B.戈弗雷已从政府和行业的研究管理职业生涯中退休，最近担任高级行政职务(Senior Executive Service，SES)。他是一名全职志愿者，不仅主要为电气与电子工程师协会美国分会(IEEE-USA)服务，而且还为电气与电子工程师协会核与等离子体科学学会(IEEE-Nuclear and Plasma Sciences Society)、美国国家科学院、劳伦斯伯克利国家实验室和休斯顿大提琴乐园(Ars Lyrica Houston)服务。他领导的组织多达1500人，预算高达5亿美元。2004年至2010年，他担任美国空军科学研究办公室主任。他的个人研究集中在强带电粒子束、高功率微波源和计算等离子体方法等领域。他从普林斯顿大学获得博士学位，是电气与电子工程师协会会士(IEEE Fellow)和美国物理学会会士(APS Fellow)。

前　言

亚里士多德明确了自然物和人工物之间的区别。他把这种差异归因于运动和变化。自然物内部都有运动或变化的源泉。人工物内部没有任何变化的来源,所以需要一个外因。在本书中,我们探索了由高功率电磁辐射引起的人工材料的变化。

本书展现了 2021 年前后使用超构材料的高功率微波(high-power microwave,HPM)源及其技术的研究现状。重点内容是 2012 年美国空军科学研究办公室(Air Force Office of Scientific Research,AFOSR)“多学科大学研究计划”(Multi-disciplinary University Research Initiative,MURI)关于变换电磁学的研究,该计划的资助金额超过 750 万美元,为期 5 年。该计划还得到了大量美国国防大学研究仪器项目(Defence University Research Instrumentation Program,DURIP)资助的补充。该“多学科大学研究计划”项目建立在美国空军科学研究办公室数十年来对高功率微波研究的支持之上。对超构材料的探索,本质上大大拓展了可用高功率微波源设计的材料空间,而这一空间以前仅由传统金属占据。

本书的主编之一埃德尔·沙米洛格鲁是该资助计划的首席研究员,其他主编(约翰·W. 卢金斯兰德、贾森·A. 马歇尔、阿尔杰·纳克曼)担任部分或全部资助的项目官员。大学研究人员团队由新墨西哥大学(埃德尔)带领,包括麻省理工学院(理查德·J. 特姆金,首席研究员)、俄亥俄州立大学(约翰·L. 沃拉基斯,首席研究员)、加州大学尔湾分校(亚历山大·菲戈廷,首席研究员)和路易斯安那州立大学(罗伯特·利普顿,首席研究员)组成。他们研究提案的标题是《超构材料在限制、控制和辐射强微波脉冲中的创新应用》。

支持“多学科大学研究计划”团队的是来自美国空军研究实验室定向能分部的合作者罗伯特·E. 彼得金(Robert E. Peterkin)博士,时任该分部首席科学家。

此外,多位令人尊敬的科学家担任了该“多学科大学研究计划”项目的咨询委员会成员,负责提供反馈和指导。咨询委员会成员包括:

- 戴夫·阿贝(Dave Abe)博士,美国华盛顿特区海军研究实验室
- 理查德·阿尔巴内塞(Richard Albanese)博士,埃德伊德(ADED)公司,美国得克萨斯州圣安东尼奥市
- 卡特·阿姆斯特朗(Carter Armstrong)博士,L-3 通信 EDD 公司,美国加利福尼亚州圣卡洛斯市
- 布鲁斯·卡尔斯腾(Bruce Carlsten)博士,美国洛斯阿拉莫斯国家实验室,美国新墨西哥州
- 查尔斯·蔡斯(Charles Chase)先生,洛克希德·马丁公司,美国加利福尼亚州帕尔姆代尔市
- 查克·吉尔曼(Chuck Gilman)先生(已退休),美国科学应用公司(SAIC),美国新墨西哥州阿尔伯克基市

• 约翰·佩蒂洛(John Petillo)博士,莱多斯(Leidos)公司,美国马萨诸塞州比勒里卡市

• 唐·沙利文(Don Sullivan)博士,雷神(Raytheon)公司,美国新墨西哥州阿尔伯克基市

• 杰弗里·P. 泰特(Jeffrey P. Tate)博士,雷神航天与机载系统公司,美国加利福尼亚州埃尔塞贡多市

• 巴威·图利亚坦(Pravit Tulyatan)博士(已退休),波音公司,加利福尼亚州亨廷顿海滩

第1章由丽贝卡·塞维尔(Rebecca Seviour)介绍了超构材料和本书的研究范围。

第2章由艾哈迈德·F. 阿卜杜勒沙菲(Ahmed F. Abdelshafy)等给出了注-波互作用结构的多传输线模型。

第3章由亚历山大·菲戈廷(Alexander Figotin)等描述了来自拉格朗日的广义皮尔斯模型。

第4章由乌谢·奇彭戈(Ushe Chipengo)等总结了设计慢波结构的色散工程学理论。

第5章由罗伯特·利普顿(Robert Lipton)等介绍了麦克斯韦方程组的微扰分析。

第6章由萨巴赫丁·尤尔特(Sabahattin Yurt)等讨论了具有深波纹的传统周期性结构与超构材料的特性。

第7章由哈米德·赛义德法拉吉(Hamide Seidfaraji)等给出了一种用于设计高功率微波器件的超构材料结构的群论方法。

第8章由马克·吉尔摩(Mark Gilmore)等给出了超构材料结构中微波电磁场时间演化的描述。

第9章由丽贝卡·塞维尔(Rebecca Seviour)讨论了超构材料在高功率微波环境中的生存能力。

第10章由迈克尔·A. 夏皮罗(Michael A. Shapiro)等介绍了注-波与超构材料结构互作用的热测试结果。

最后,由作者们共同撰写的第11章给出了结论和未来的方向。

本书的销售收入将直接捐给SUMMA基金会。该基金会作为慈善组织,向学生提供奖学金并支持有关高功率电磁学主题的科学研讨会(http://ece-research.unm.edu/summa/)。最后,特别感谢达斯廷·费希尔(Dustin Fisher)将原始Word文档转换为LaTex。我们还要感谢布伦丹·B. 戈弗雷(Brendan B. Godfrey)博士慷慨地同意为本书撰写序言,同时特别感谢威立(Wiley)公司的玛丽·哈彻(Mary Hatcher)、特蕾莎·内茨勒(Teresa Netzler)和维多利亚·布拉德肖(Victoria Bradshaw)支持该项目并耐心等待手稿的完成。

约翰·W. 卢金斯兰德

贾森·A. 马歇尔

阿尔杰·纳克曼

埃德尔·沙米洛格鲁

于美国新墨西哥州阿尔伯克基市

目　录

第1章　导言与概述

1*

丽贝卡·塞维尔(Rebecca Seviour)
英国哈德斯菲尔德大学计算机与工程学院，英国哈德斯菲尔德镇昆斯盖特，邮编：HD13DH

1.1　引言

高功率微波(high power microwave, HPM)或定向能射频(directed energy RF)是真空电子器件(vacuum electron device,VED)的一种演变，目的是在100 MHz～100 GHz(甚至更高频率)的电子注内产生可重复运行的高峰值功率短脉冲(持续时间为10～100 ns)[1-2]。20世纪60年代末，随着脉冲功率驱动器的出现而出现了高功率微波。脉冲功率驱动器不仅能提供高能(1 MeV或更高)电子注，还能同时提供大电流(1～10 kA)[3]。与真空电子器件类似，高功率微波产生的动力来源是电子注；与真空电子器件不同的是，由于高功率微波通常应用于任务时间很短的情形，因此对真空和材料的要求要低得多。

实践中最先进的高功率微波源是由强流束驱动的振荡器，其输出特性的缩比关系为 Pf^2，其中 P 为输出微波峰值功率，f 为工作频率[2,4]。Pf^2 被称为高功率微波源的品质因数(figure-of-merit,FOM)。高功率微波放大器的等效品质因数为 $Pf\Delta f$，其中 Δf 为带宽(bandwidth,BW)。传统观点认为，对于新兴的防御应用，目标上的最高功率(最高强度场)是最有用的。然而，随着对强微波场与元件和电路的相互作用方面认知的深入，人们发现，对于以低功率合成的定制波形，将其功率放大到非常高，能够提供更优越的性能。这被称为波形多样化。用品质因数比较最先进的振荡器和放大器：①ITER/DIII-D的等离子体加热回旋管振荡器在110 GHz、1 MW (10 s脉冲)下，品质因数为 1.2×10^{12} W·GHz^2，基本没有带宽(带宽为1.1 MHz)；②海斯塔克(Haystack)雷达的94 GHz回旋管放大器，55 kW输出功率(平均5.5 kW)，品质因数为 8.3×10^6 W·GHz^2，带宽为1600 MHz。因此，在具有相当大带宽的高功率放大器中，品质因数有机会提高2个数量级。

随着彭德里(Pendry)论著[5]的发表以及后来史密斯(Smith)对超构材料的实际应用[6]，人们对超构材料(metamaterial, MTM)的兴趣快速增加。正如本章所讨论的一样，超构材料的研究历史可以追溯到19世纪，有很多突出的贡献者，他们的贡献最近才被重新发现。对于这段历史，一些相关论著[7-8]已进行了回顾，未来也仍将继续被挖掘和呈现。

虽然已有很多关于超构材料电磁特性的论著，然而迄今为止，这些论著中描述的所有应用都针对低功率水平。在本书中，我们汇集了研究超构材料作为有源电子注驱动的高功率微波器件慢波结构方面的最新进展。我们讨论了满足瓦尔泽(Walser)定义的超构材料的结构(见1.2节)，同时也讨论了不满足此定义的简并带边(degenerate band edges,DBE)的周期性慢波结构。后者提供了新的工程色散关系，这是我们开发新型高功率微波放大器中束注-波互作

2

* 此为边码，与英文原著该页文字起始位置基本对应。

用新机制的总体目标。

1.2 电磁材料

在很多真空电子器件中，波粒互作用是通过材料来实现的，这些材料功能以可控方式来操控电磁(electromagnetic，EM)波。工程师在研发新设备时很大程度上受到现有材料的电磁特性及以这些材料加工几何结构精度能力的限制。当然，我们并不局限于天然材料。几十年来，射频工程师已经使用了在分子水平合成的具有特殊射频特性的材料，如聚四氟乙烯树脂(Teflon)和 HfO_2。这些分子合成材料可被用于真空电子器件中，以一种有效的方式改变电磁波的行为。波和材料之间的这种行为可通过本构关系简单描述为

$$\begin{cases}\boldsymbol{D}(k,\omega)=\varepsilon(k,\omega)\boldsymbol{E}(k,\omega)\\ \boldsymbol{B}(k,\omega)=\mu(k,\omega)\boldsymbol{H}(k,\omega)\end{cases}\tag{1.1}$$

这里，介电常数(ε)和磁导率(μ)是组成材料的分子在入射波电磁分量作用下引起的复平均电磁响应函数。材料中的分子在入射电磁波作用下形成偶极子，将这些偶极子的响应平均到约为 λ^3 的体积内的所有分子上，即可得到介电常数和磁导率。我们将在 1.3 节进一步讨论这一平均过程，该过程甚至对气体也适用，因为分子数量仍然足够大，ε 和 μ 这两个参数可以精确描述电磁波互作用，直至紫外线频率。由于介电常数(ε)和磁导率(μ)是定义材料对电磁波响应的主要参数，因此根据这两个参数的实部对材料进行分类是很有益的，如图 1.1 所示。图 1.1 中右上象限的材料通常被称为双正介质(double positive media，DPM)，也就是常说的电介质材料，比如聚四氟乙烯、氧化铝(Al_2O_3)等。图 1.1 中的左上象限和右下象限是单负介质，如具有介电常数为负的等离子体或金属，或具有负磁导率的材料，如“潮湿冰晶”。与双正介质不同，这些单负介质仅允许“倏逝波传输”。图 1.1 左下象限给出了介电常数(ε)和磁导率(μ)同时为负的材料。这些双负材料(double negative material，NDG)和双正材料类似，都支持波的传输。左下象限的双负介质材料和其他三个象限的材料的关键区别是，单负材料和双正材料都是自然产生的，而目前我们还没有发现自然产生的双负介质。

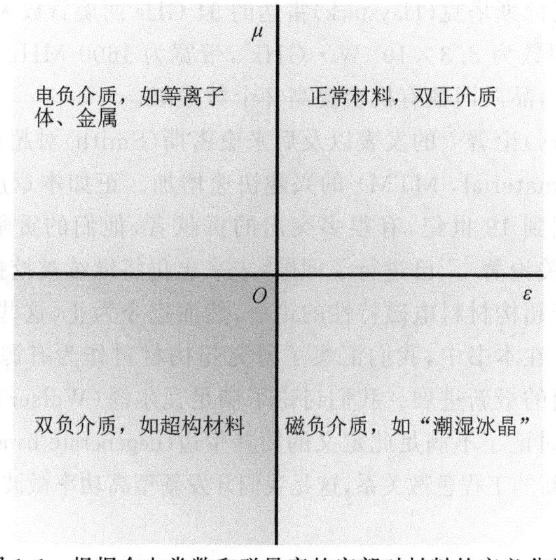

图 1.1 根据介电常数和磁导率的实部对材料的广义分类

虽然分子合成材料表现出非常神奇的特性，但电磁波与材料分子相互作用的性质决定了它们所能产生的射频特性范围是有限的。在电磁波作用下，轻质量的带负电荷的电子围绕相对大质量的带正电荷的原子核运动形成偶极子。这种偶极子响应由材料的基本性质(电荷、质量)和材料中的化学键决定，限制了材料可用的 ϵ 和 μ 参数范围。这些局限性促使科学家和工程师们创造了一系列具有周期性亚波长功能胞体的人工复合结构。虽然这些胞体比构成材料的分子结构的尺寸大很多个数量级，但其仍然比电磁波波长小很多。在这种情况下，与大极化率的大分子相比，这些胞体对入射电磁波作用的响应没有太大区别。因而电磁波与整体结构之间的相互作用可以通过“均质化”抽象的整体材料的介电常数和磁导率来进行描述。以这种均质化的方式处理的整体周期结构被称为“等效介质”或“等效材料”。这种方法在理论上允许工程师研发出具有特定工程电磁特性的人工等效材料，其中最值得关注的是上述双负材料的研发。当然，这些材料能够实现的物理属性仍有一些限制，比如在介质中波传播的群速度小于真空中的光速。

3

大约 20 年前，“超构材料”进入词典，用来指代某些类型的等效介质。尽管大量发表的文献中使用“超构材料”一词，但超构材料的定义仍然不够清晰。“meta”一词来源于希腊语中的“超越”，在某种意义上意味着“超构材料”是一种超越传统材料的材料。有一种说法，“超构材料”一词最早由罗杰・瓦尔泽(Rodger Walser)在 1999 年提出的[9]。他将超构材料定义为：“……宏观复合材料，它具有人工的、三维的、周期性的元胞结构，通过设计的一种优化组合，实现自然界不存在的二维或者多维响应。”然而网络上将超构材料定义为“……一种人工单元结构的排布，以实现优异而不寻常的电磁特性”[10]。

后面这个定义虽然包含了瓦尔泽的定义，但被认为可能过于“宽泛”。例如，它没有分辨出超构材料、光子结构和其他人工结构[如多输入多输出(multi-input，multi-output，MIMO)天线阵列]之间的关键区别。引用文献[8]的论述：“超构材料首先是人工材料。超构材料的结构单元，即超构原子或超构分子，其尺度必须远远小于所考虑的波长，且相邻超构原子之间的平均距离在尺度上也是亚波长。超构材料中亚波长尺度的不均匀性令整个材料在宏观上是均匀的，这使得超构材料在本质上是一种材料而不是一种器件。这种非均匀性的尺度也将超构材料与其他电磁介质区分开来。”其中最后两句话是将超构材料视为“等效介质”的重要物理学基础。例如，一些定义可将龙虾的眼睛视为超构材料。虽然龙虾眼睛用于反射作用的结构周期约为 10 μm[11]，比进入龙虾眼睛的光波长要长很多倍，但这意味着该系统不能被视为真正的等效介质。

4

1.3 等效介质理论

等效介质理论建立在 19 世纪莫西蒂(Mossitti)[12]和克劳修斯(Clausius)[13]关于材料均质化的理论框架上。例如，考虑一个由亚波长的小粒子排列成的格子系统。如果粒子足够小，那么该系统对入射电磁波的响应就和由极化率大的分子组成的系统的响应一样。也就是说，如果非均匀性尺度比入射波长小，那么该系统对入射波来说就是均匀的。这种均质化方法使我们能够通过计算宏观均匀介质的等效介电常数和磁导率来预测异构系统的电磁行为。这里整体材料的等效介电常数和磁导率由系统各组分的介电常数、磁导率和几何形状来确定。这种方法是许多“等效介质”理论的基础。拉赫塔基亚(Lakhtakia)[14]全面评述了等效介质理论的早期研究工作；贝洛夫(Belov)和西莫夫斯基(Simovski)[15]评述了等效介质理论近期更新的研究工作，讨论了含辐射项的超构材料的均质化问题。

用以说明一般方法的两种常用等效介质理论是麦克斯韦-加尼特(Maxwell-Garnett)[16]方法和布鲁格曼(Bruggeman)[17]方法。每种方法对组成材料的拓扑结构和材料属性的假设都稍有不同。在麦克斯韦-加尼特方法中，假定胞体是稀疏地分散在主介质中的清晰可见的球体。布鲁格曼方法本质上是一种渗透法，假定两种介质均等地混合在一起。这些例子突出了等效介质理论的一个关键点。由于每个模型中等效介电常数和磁导率的平均值不同，即使对于相同的亚波长结构，不同的等效介质理论也不能直接进行比较。

1.4 等效材料历史

1.4.1 人工电介质

早在“超构材料”一词出现前一百年，19 世纪 90 年代，瑞利(Rayleigh)和玻色(Bose)的研究中就实现了人工材料。瑞利提出了一组小散射体作为等效连续介质[18]，玻色则通过扭曲“黄麻”根制备了人工手性材料[19]。1914 年，林德曼(Lindman)拓展了这项工作，将小螺旋丝嵌入主介质中，从而创造出人工手性材料[20]。直到 20 世纪 40 年代，科克(Kock)开创性地实现了人工电介质的第一次应用[16]。科克利用亚波长金属结构(球、杆和板)阵列制造出人工电介质，得到了如图 1.2 所示的电介质透镜[21]，其目的是研发比金属镜片更轻的射频透镜。

图 1.2 科克的人工电介质透镜，由在低折射率泡沫中嵌入导电金属球体组成[21]

1953 年，布朗(Brown)[22]拓展了科克的工作，考虑一个由金属细丝构成的格子，证明这个系统具有等离子体频率。布朗证明该系统形成了人工等离子体，可被看作一个负介电常数的等效介质。对于无损耗导线，线阵可被视作电感为 L 的电感器阵列。此时，系统的等效介电常数($\varepsilon_{\mathrm{eff}}$)为

$$\varepsilon_{\mathrm{eff}}(\omega)=1-\frac{1}{d^2\omega^2\varepsilon_0 L} \tag{1.2}$$

重要的是，哈拉德利(Kharadly)和杰克逊(Jackson)[23]将这一研究工作推广到由金属椭球、圆盘和杆状格子组成的等效介质，并假定其工作频率较低且满足瑞利准静态约束。随着这类等效介质得以实现，人们对它的研究兴趣也在增加。罗特曼(Rotman)[24]全面探索了这类人工材料，将其作为类等离子体进行研究，以研究等离子体对天线系统的影响。在这类

线阵介质中嵌入二极管，可将其变为“有源”材料，从而将介质由负介质主动切换为正介质。这类材料的进步使线阵介质在 20 世纪 70 年代开始商业化[25]。即使在今天，线阵介质作为负介电常数和双负介质的亚波长单元仍备受关注。此外，特别是在展示其空间色散关系（即介电常数或磁导率与波矢量的关系 $\boldsymbol{\varepsilon}(\omega,\boldsymbol{k})$ 和 $\boldsymbol{\mu}(\omega,\boldsymbol{k})$）的结构[26-28]中，线阵介质尤其具有吸引力。

1.4.2　人工磁性介质

对于人工磁性介质的研究，可以追溯到舍尔库诺夫（Schelkunoff）和弗里斯（Friis）在 20 世纪 50 年代提出的开口谐振环（split ring resonator，SRR）[29]。工程高磁导率材料是一种特别有趣的材料，因为大多数传统材料对电磁波的磁场分量是弱耦合[30]。人们对不含磁性材料的磁性已经有所了解，如“潮湿冰晶”。尽管在这些系统中磁导率相对较低，但其中的水导致了抗磁行为。目前，开口谐振环仍然是研究人员选择的磁性超构原子。尽管许多研究人员对开口谐振环有非常深入的研究（参见文献[31]和[32]中的例子），但其基本几何形状与舍尔库诺夫在 1950 年最初提出的一样。

由于开口谐振环非常重要，因此回顾开口谐振环的关键功能和行为是非常必要的。图 1.3 给出了双同心开口谐振环，其结构类似于彭德里等人设计的结构[33]。考虑开口谐振环超构原子尺寸远小于工作波长，由开口谐振环组成的系统可以用等效介质理论来描述。在单个超构原子尺度上，入射波在开口谐振环上产生的磁通方向与入射场方向相反。如果这个环没有开口，这种相互作用将纯粹是一种感应非谐振现象，形成一个弱的抗磁系统。环的开口阻止感应电流形成闭合回路，在开口的边缘位置堆积了电荷，产生了电容。

6

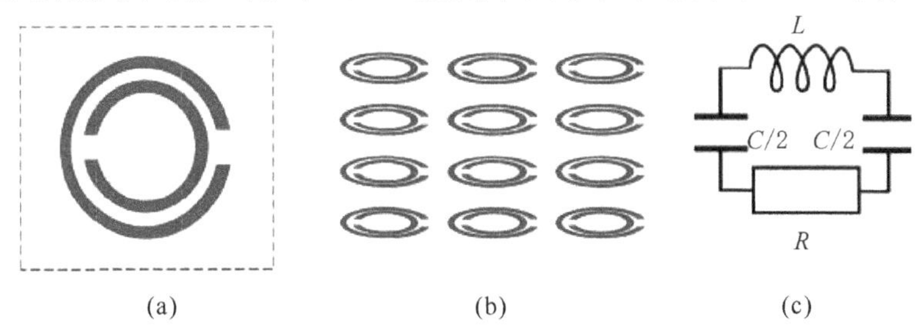

图 1.3　(a)双开口谐振环几何形状；(b) 开口谐振环阵列；(c) (a)所示开口谐振环的等效电路图

单个开口谐振环形成的超构原子在间隙处积聚电荷，产生大的电偶极矩。在大多数情况下，电偶极矩比磁偶极矩占优。另一个同心开口谐振环的位置与第一个开口谐振环开口位置相对，用来控制超构原子的电容。其允许内环的电偶极矩抑制外环的电偶极矩，也允许磁偶极矩占主导地位。

因此得到的开口谐振环结构可以用等效的亚波长准静态 LCR 电路进行建模，如图 1.3(c)所示。这个电路虽然是一个粗略的初步近似，但它可以让我们洞察整个系统的响应和人工材料的总体行为。相对等效电路的电感容易确定，用 $L\approx 2\mu_0 r$ 估算。系统的欧姆损耗估算为 $R\approx \pi r/c\sigma\delta$。电容的确定是非常棘手的，除了开口处“间隙”电容效应，还有内、外环之间的电容效应都需要考虑。巴埃纳（Baena）等人分析了双开口谐振环系统的电容，近似为 $C\approx \pi r\varepsilon_0 t/2d$[34]，这里 t 为组合环的宽度，d 为两个环之间的距离。这样超构原子的谐振频率可估算为 $\omega_0=\sqrt{1/(L+R/\mathrm{j}\omega_0)C}$。利用谐振频率，可以估计单个超构原子对入射电磁波磁场强度(H)响应的一阶磁矩 m_h[35]：

$$m_h(\omega)=\frac{\pi^2 r^4 \mu_0 H}{(\omega_0^2/\omega^2-1)L} \tag{1.3}$$

利用式(1.3)，可确定由单个亚波长开口谐振环格子构成的人工材料的等效磁导率(μ_{eff})[35]：

$$\mu_{eff}(\omega)=1+\frac{m_h}{VH} \tag{1.4}$$

式中，V 为单个超构原子的单元胞体积。当然，这种方法是相当粗糙的，没有考虑到电耦合或材料的双各向异性。虽然如此，但我们仍可在一阶近似下了解如何通过改变元原子结构来改变人工材料的等效磁导率。

1.5 双负介质

虽然研究人员在1965年之前考虑过同时具有负介电常数和负磁导率的材料(双负材料)[36]，以及具有负折射率的材料[37]，但直到1967年韦谢拉戈(Veselago)才第一次系统地研究了折射率为负的假想的双负材料的一般性质[38]。在论文中，韦谢拉戈研究了平面波在同时具有负介电常数和负磁导率的材料中的传播。理论研究表明，单色均匀平面波在这种介质中传播时，坡印亭矢量的方向与相速度的方向是反平行的，这与常规的平面波在简单介质中传播的情况相反。随后，韦谢拉戈考虑了用这种材料制造透镜的可能性。

折射率(n)是描述电磁波穿越介质传播的最重要参数之一，通常折射率是一个复频率相关函数 $n=n'+\mathrm{j}n''$。折射率实部与波的相速度有关，虚部与介质的消光系数有关。其中折射率与本构关系为

$$n=\sqrt{\varepsilon\mu} \tag{1.5}$$

如果我们考虑介电常数($\varepsilon=-1+\mathrm{j}a$)和磁导率($\mu=-1+\mathrm{j}b$)同时为负，则由式(1.5)可得

$$n=\pm\sqrt{1+\mathrm{j}(a+b)} \tag{1.6}$$

为了保持因果关系，n 的虚部必须大于零，但对实部的符号没有限制。因此，在介电常数和磁导率均为负的情况下，折射率也为负。折射率实部小于零的材料通常被称为负折射率材料(negative-index material，NIM)。负折射率材料对斯涅尔(Snell)定律($n_1\sin\theta_1=n_2\sin\theta_2$)的影响最为显著，入射到负折射率材料上的电磁波被折射到界面法线的同一侧，如图1.6(b)所示。为了考虑介电常数和磁导率同时为负的介质影响，韦谢拉戈直接从麦克斯韦方程组出发：

$$\begin{cases}\nabla\times \boldsymbol{H}=\mathrm{j}\omega\varepsilon \boldsymbol{E}\\ \nabla\times \boldsymbol{E}=-\mathrm{j}\omega\mu \boldsymbol{H}\end{cases} \tag{1.7}$$

假设形式为 $\exp[\mathrm{j}(\boldsymbol{k}\cdot\boldsymbol{r}-\omega t)]$ 的平面波通过介质传播，那么从方程组(1.7)得到

$$\begin{cases}\boldsymbol{k}\times \boldsymbol{H}=\omega\varepsilon \boldsymbol{E}\\ \boldsymbol{k}\times \boldsymbol{E}=-\omega\mu \boldsymbol{H}\end{cases} \tag{1.8}$$

由方程组(1.8)可以看出，ε 和 μ 同时为负对 $\boldsymbol{H}$ 和 $\boldsymbol{E}$ 的影响以及对波矢 $\boldsymbol{k}$ 的影响，$\boldsymbol{k}$ 给出相速度($v_p=n/c=\omega/k$)的方向，坡印亭矢量 $\boldsymbol{E}\times\boldsymbol{B}$ 表示群速度 v_g 的方向。因此，在 ε 和

μ 同时为负的情况下,“能量”沿 $\boldsymbol{k}$ 的反方向传输。韦谢拉戈将这种介质定义为“左手材料”(left-handed materials,LHMs),因为场向量 $\boldsymbol{E}$、$\boldsymbol{H}$ 和波向量 $\boldsymbol{k}$ 形成了一个“左手系统”,而不是由传统材料形成的“右手系统”。这种“左手”属性不仅仅出现在双负介质中,也会出现在其他很多系统中。

韦谢拉戈还讨论了双负介质的几个显著特性[38],如反向多普勒效应。当探测器在双负介质中向发射频率为 ω_0 的源移动时,测到的频率 ω 将小于 ω_0,而不像在右手系统介质中探测到的频率大于 ω_0。从高功率微波真空电子器件的观点来看,最值得关注的现象之一是反向瓦维洛夫-切连科夫效应(reversed Vavilov-Cerenkov effect)。如图 1.4 所示,一个粒子以速度 v 在介质中做直线运动,将按照 $\exp[\mathrm{j}(k_z z+k_r r-\omega t)]$ 辐射电磁波,其中 k_z 为束方向上的波矢量分量,k_r 为垂直于束的波矢量分量。运动粒子发出的电磁辐射的波矢量为 $k'=k_z/\cos\theta$,且与粒子速度 $\boldsymbol{v}$ 方向一致。其中 k_r 与具体介质有关,为

$$k_r = p\left|\sqrt{k'^2 - k_z^2}\right| \tag{1.9}$$

式(1.9)中符号的选择保证了能量从辐射粒子向无穷远处移动,并给出了切连科夫辐射锥的角度 θ,$\cos\theta=(n\beta)^{-1}$,其中 β 为归一化粒子速度。因此,对于 $n<0$ 的双负材料,切连科夫辐射将“向后”,因为 θ 是钝角,如图 1.4 所示。

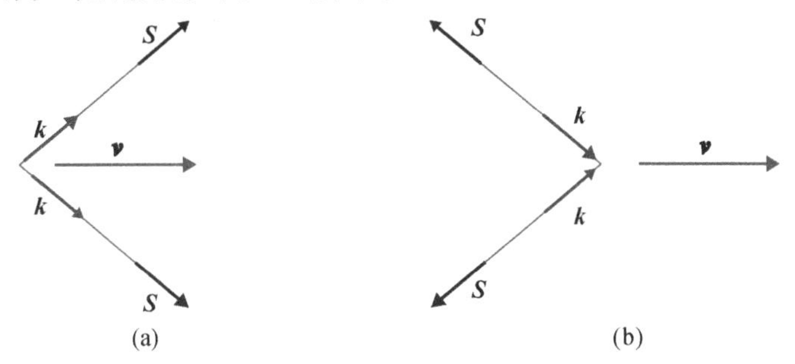

图 1.4　(a)双正介质中的切连科夫效应;(b)双负介质中的切连科夫效应。其中,$\boldsymbol{v}$ 为粒子速度,$\boldsymbol{S}$ 为坡印亭矢量,$\boldsymbol{k}$ 为波矢量

彭德里在 2000 年发表的开创性论文[5]标志着人工材料的一个转折点,可以说自 21 世纪初以来,该论文是人们对人工材料的兴趣和研究增长巨大的关键驱动因素。彭德里论文的关键方面是重新考虑使用变形光学的韦谢拉戈透镜,并提出了如何打破衍射极限的机制。彭德里指出,在双负材料中传播的倏逝波如何在空间中重新分布,使其被传输到远离源的地方[5]。重要的是,在早期的研究工作中,彭德里等提出并讨论了可用于构建双负材料单位元胞的关键亚波长单元,包括控制磁导率的双开口谐振环和控制介电常数的线阵[33]。

史密斯和舒尔茨(Schultz)第一次制作出了双负材料。他们在 2000—2001 年首次构建了双负介质,制作出了在一个传播方向上具有负折射率的材料[39]。紧随这项研究工作而实现的是著名的二维负折射率材料[6]。该种材料中每个亚波长单位元胞都由两个基本单元组成:一是在介质基板(FR4)上嵌入一个双开口谐振环,二是被均匀地放置在 FR4 背面的开口环之间的铜迹线(导线)。然后,对不同的亚波长部件单元进行调整,使其在一定的频率范围内得到特定的电磁响应。最后,用线阵得到负等效介电常数,用开口谐振环得到负等效磁导率。史密斯小组利用斯涅尔定律进行了实验测量[6],证明了上述材料的负折射率行为,其中材料被加工成楔形以形成棱镜。在 10.5 GHz 频率下,射频波在平行平板系统中传播,在平

8

行平板两侧放置微波吸收器，用以产生入射到棱镜背面的平面波。结果表明，电磁波在双负介质中传播时，折射角为－61°，对应于折射率为 －2.7 的材料。

1.5.1 双负介质的实现

实现双负介质最常见的方法之一是超构原子单元组合方法。用开口谐振环得到负磁导率响应，用带状导电线产生并联电感，在整个材料中形成线性阵列，以产生负介电常数响应。这种结构确实需要一种方法来支撑并简单隔离这两个单元，这通常通过在带状导电线和开环谐振器之间放置介质衬底来实现。当然，使用介质衬底会增加单元胞体的额外损耗，这在真空电子器件中可能会产生灾难性的影响。法尔科内(Falcone)等人开发了另一种方法[40]，获得金属开口谐振环的平面负折射率片。图 1.5 表示这种互补型开口谐振环(complementary SRR，CSRR)，金属中开刻的间隙与开口谐振环路径互补。在具体的操作中，开口谐振环的电容用互补开口谐振环的电感来取代，结果是互补开口谐振环对入射电磁波呈现负介电常数的响应，表现出几乎是开口谐振环的双重电磁特性。近期相关研究中，研究人员在构造双负介质单元胞体方面采用了一系列的其他几何结构，如电磁诱导透明几何体[42]。

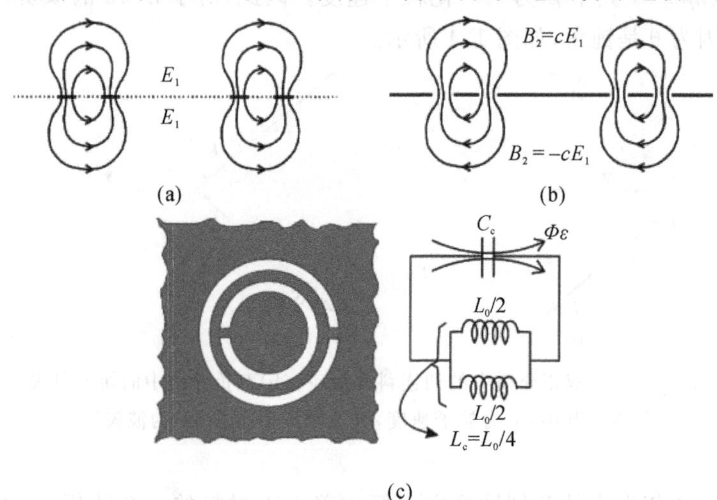

图 1.5 (a)谐振状态下开口谐振环中的电场强度线；(b)双互补开口谐振环中的磁感应强度线；(c)互补开口谐振环及其等效电路模型，灰色表示金属区域(图取自文献[41])

1.6 返波传输

20 世纪 40 年代后期，布里渊(Brillouin)[43]和皮尔斯(Pierce)[44]提出了返波真空电子器件理论，因此，微波工程师们已非常熟悉材料和器件结构中的返波传输概念。皮尔斯行波互作用理论假设在一个慢波电路中有两个传播的波：一个是前向波，一个是返波(后向波)。这种互作用可以采用串联电容和并联电感的等效电路模型来模拟[44]。这项研究激发了人们围绕真空电子器件应用的慢波周期系统的一维结构开展大量研究[45]，是许多商用器件的基础。

早在 1904 年，舒斯特(Schuster)和兰姆(Lamb)就考虑到材料中电磁波具有负群速度的

10

可能性及其产生的结果[37,46]。舒斯特讨论了在吸收带区域内，随着波长变短，波速提高，群速度和相速度可以反向平行[37]。舒斯特利用这个概念研究了电磁波入射到一半无限长的各向同性返波材料中。他指出，电磁波以大于入射角的角度进入材料，能量通过群速度向前推进，但方向与相速度相反。在这种情况下，观测到的负折射现象显然与负相速度有关，这是由于反常色散，而无需引入负介电常数或磁导率的概念。

不同的是，兰姆考虑声波在假想的一维介质中的传播，考察了声波的群速度和相速度之间的关系[47]。兰姆和舒斯特的工作为曼德尔斯塔姆(Mandelstam)开创性的论文[48]铺平了道路。曼德尔斯塔姆指出，在负色散的介质中，波的群速度与波矢 $\boldsymbol{k}$ 的方向相反。由此他得出结论，负折射会发生在这种负色散介质的界面上。在舒斯特的工作中，负折射显然与负相速度相关，尽管一般来说，返波传播与负折射没有必然关系[49]。

1972年，西林(Silin)全面评述了加载不同人工材料的波导[50]。西林研究了多种材料展现出的不同性质，包括正、负色散，负折射率和返波传播(如图1.6所示)。图1.6(a)中曲线 v 显示了部分色散曲线为正反常色散的系统。与传统的电介质不同，即使忽略损耗，人工材料也可表现出反常色散[50]。西林还指出，对于具有多值色散曲线(见图1.6)的人工介质，可以产生双折射。重要的是，在西林的综述中没有提及双负材料。1957年，西武欣(Sivukhin)首次考虑了同时存在负介电常数和负导磁率的材料中后向传播波的情况，并指出目前自然界中还没有同时存在负介电常数和负导磁率的材料[36]。

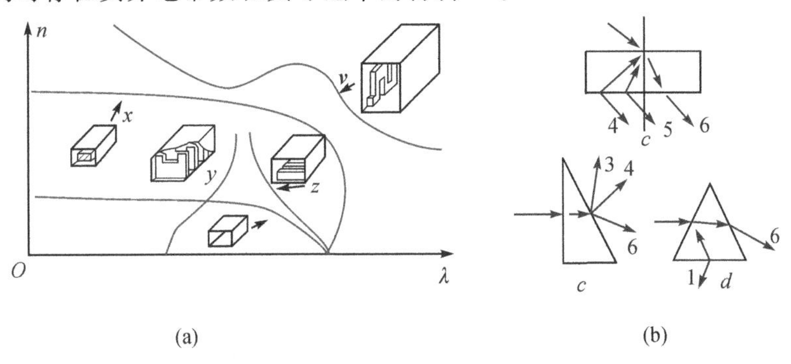

图1.6　(a)不同人工电介质填充波导的色散关系；(b)人工电介质的正、负折射率(图摘自文献[41]的图1)。(a) x：同时具有正、负色散的材料；y：负介质；v：反常色散的正介质。(b)1：$n<0$；2：$n>0$ ①；3：$n<-1$；4：$-1<n<0$；5：$n<1$；6：$n>1$(摘自文献[50])

1.7　色散

人工材料根据它们的结构而非组分，提供了很多非寻常且具有潜在应用的特性。这些非寻常特性包括负折射、反向切连科夫辐射以及在与常规材料交界面上传播的表面波。对高功率微波真空电子器件，超构材料非常有吸引力的一个突出特点是它可以任意设计材料的色散关系[51]，使工程师能够制造出产生极低群速度(即慢波)电磁波的材料，从而确保电子注与电磁波同步。这些非寻常的电动力学特性使超构材料成为真空电子器件应用的最佳选择。

11

① 原著图中无与此项对应的图示，文献[50]中有。——译者注

为了研究如何定制这些材料的色散关系，我们从均匀各向同性体材料的洛伦兹(Lorentz)模型出发，其中电子运动用一个受驱动的阻尼谐振子来描述。洛伦兹模型通过二阶微分方程描述了材料极化场对电磁场的瞬时响应：

$$\frac{d^2}{dt^2}P_i+\Gamma_L\frac{d}{dt}P_i+\omega_0^2P_i=\varepsilon_0\chi_LE_i \tag{1.10}$$

其中，第一项表示加速力，第二项通过阻尼系数 Γ_L 表示阻尼，第三项为恢复力。等式右侧的驱动项通过 χ_L 耦合到系统中。用弹簧上质量块振动的力学类比，通过观察驱动力和阻尼力的影响，方程(1.10)可使我们能够洞察双负材料的频率相关行为。用色散德鲁德(Drude)模型(等效介电常数)和洛伦兹模型(等效磁导率)描述材料对电磁波的响应，通过方程(1.10)可以推导出等效介电常数(ε_{eff})和磁导率(μ_{eff})的表达式：

$$\begin{cases}\varepsilon_{eff}(\omega)=\varepsilon_\infty-\dfrac{\varepsilon_\infty\omega_p^2}{\omega(\omega-jv_c)}\\ \mu_{eff}(\omega)=\mu_\infty+\dfrac{(\mu_s-\mu_\infty)\omega_0^2}{\omega_0^2-\omega^2+j\omega\sigma}\end{cases} \tag{1.11}$$

通常，ε_{eff} 和 μ_{eff} 为复色散参数，实部与材料对入射电磁波的响应有关，虚部与电磁波的损耗部分有关。其中，ε_∞ 为高频极限下的介电常数，ω_p 为径向等离子体频率，v_c 为碰撞频率，$\mu_\infty(\mu_s)$ 为高(低)频极限下的磁导率，ω_0 为径向谐振频率，σ 为阻尼频率。图 1.7(a)显示了用式(1.11)计算的整块人工材料的等效介电常数和等效磁导率的实部分量随频率变化的函数关系。如图 1.7(a)所示，在 9.5～10.5 GHz 有一个“窄”频率范围，材料表现为双负特性。对于使用开环谐振器构造的双负材料，这是很常见的。在这个窄频率范围之外，整块人工材料表现为单负介质，这意味着传输的波会消失。

在高功率微波真空电子器件应用中，不是在真空中用整块材料，而是在波导型几何结构中加载介质。一些研究人员利用人工介质加载波导，使其工作在截止模式以下，以提供额外的材料参数，如波导工作在截止频率以下时表现为负介电常数的等离子体介质。作为例子，我们这里选择 WR102 波导(类似于文献[51])，工作在截止频率以上的 7～10 GHz，并加载到图 1.7(a)所示参数的人工材料中。在这种情况下，得到加载人工材料的波导中在 TE_{10} 模式的传播常数 β：

$$\beta=\sqrt{\frac{\omega^2\mu_{eff}\varepsilon_{eff}}{c}-\frac{\pi^2}{a^2}} \tag{1.12}$$

12　图 1.7(a)给出了用式(1.11)确定的 ε_{eff} 和 μ_{eff}，a 为 WR102 波导尺寸(定义其截止频率)。该系统的色散如图 1.7(b)所示，其中黑色曲线为空 WR102 波导的色散，点画线表示 30 keV 电子注线。对于加载了“超构材料”的 WR102 波导来说，色散更为复杂，其部分表现为双负介质，而其他部分表现为电负介质。

图 1.7(b)也显示了几个值得注意的转折点。如果我们使用群速度 $v_g=d\omega/dk$ 的定义，似乎意味着群速度大于光速 c。但我们需记住群速度 $v_g=d\omega/dk$ 的定义只对非色散介质或充其量是弱色散介质成立。双负材料本质上是色散介质，在这些尖端的区域是高度色散的，这里的群速度并没有很好定义。图 1.7(b)的关键点是，在波导中加入人工材料后能够实现空心波导所不具有的色散关系。具体来说，该材料作为双负材料具有负色散曲线，并与相对较低电压的电子注有互作用点。图 1.7 的结果表明，人工材料可以用来定制色散关系，以最大化并

控制电子注和波的互作用，为设计和开发高功率微波真空电子器件提供非常强大的工具。

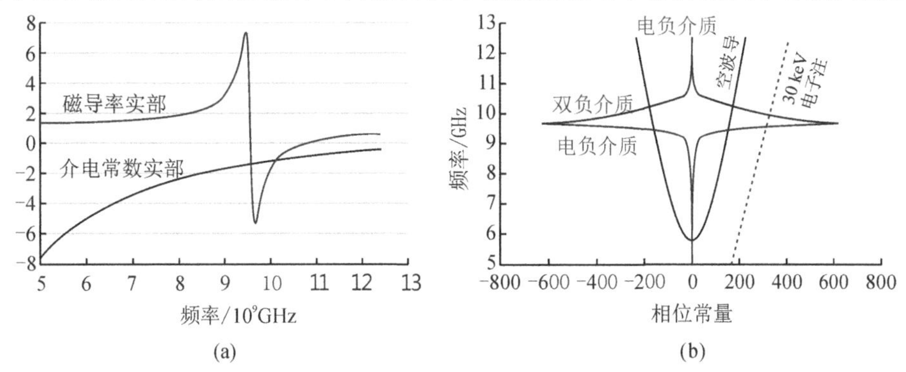

图 1.7　(a)用式(1.11)计算得到的等效介电常数(ε_{eff})和等效磁导率(μ_{eff})实部。使用的材料参数：$\varepsilon_{\infty}=1.12$，$\omega_{\text{p}}=2\pi\times3.62\times10^{7}$，$v_{\text{c}}=3.07\times10^{7}$，$\mu_{\text{s}}=1.26$ (μ_{∞}，$\sigma=1.24\times10^{9}$，$\omega_{0}=2\pi\times9.56\times10^{9}$)。(b)空波导和加载图(a)的材料的波导色散，还给出了 30 keV 电子注的注线[图(a)摘自 Silin[50] 的论文]

1.8　参数提取

如前所论，对于技术应用，理解一种特定材料如何发挥实际功能是至关重要的，但预测人工材料行为的理论方法只能在一阶近似上让我们深刻理解一种特殊材料结构是如何发挥其功能的。在本节中，我们给出如何通过测量散射参数来确定材料的等效介电常数和磁导率。

许多文献讨论了如何通过测量 S 参数来确定超构材料的介电常数和磁导率，所用的方法几乎都源于标准的尼科尔森-罗斯-韦尔(Nicolson-Ross-Weir，NRW)技术[52-53]。该技术是测量均匀、各向同性材料的复介电常数和磁导率的公认标准技术。这种技术的关键点是其采用了一个封闭的表达式，允许通过测量得到的 S 参数直接确定介电常数和磁导率的复数形式。此外，该技术对实验误差具有较强的鲁棒性，但在实验中将材料定位到一个校准的相位点，说起来容易，做起来难。

13

这里给出的方法是史密斯等[54]对 NRW 技术的改进版，以考虑在介电常数和磁导率的实部分量中可能出现的负响应。这项技术相对简单，但确实需要理解所涉及的物理原理，以确保选择正确的解。假设平面波垂直入射到自由空间中平板介质上，平板厚度为 d，散射 S 参数 S_{21} 和 S_{11} 为

$$S_{21}=\left[\cos(nkd)-\frac{\mathrm{j}}{2}\left(Z+\frac{1}{Z}\right)\sin(nkd)\right]^{-1} \tag{1.13}$$

$$S_{11}=-\frac{\mathrm{j}}{2}\left(Z-\frac{1}{Z}\right)\sin(nkd)S_{21} \tag{1.14}$$

其中，$k=2\pi/\lambda_0$ 为自由空间波数，$Z=Z'+\mathrm{j}Z''$ 为材料的阻抗，$n=n'+\mathrm{j}n''$ 为折射率。通过式(1.13)和式(1.14)，我们可以用已知量得到阻抗 Z 和折射率 n 的表达式：

$$Z=\left[\frac{(1+S_{11})^2-S_{21}^2}{(1-S_{11})^2-S_{21}^2}\right]^{\frac{1}{2}} \tag{1.15}$$

$$n'=\pm\frac{1}{kd}\mathrm{Re}\left[\arccos\left(\frac{1-S_{11}^2+S_{21}^2}{2S_{21}}\right)\right]+\frac{2\pi m}{kd} \tag{1.16}$$

$$n''=\pm\frac{1}{kd}\mathrm{Im}\left[\arccos\left(\frac{1-S_{11}^2+S_{21}^2}{2S_{21}}\right)\right] \tag{1.17}$$

其中，m 为整数。一旦确定 Z 和 n，则 $\varepsilon_{\mathrm{eff}}=n/Z$，$\mu_{\mathrm{eff}}=nZ$。当然，棘手的部分是要选择式(1.15)、式(1.16)和式(1.17)的正确根和分支，从而给出 Z 和 n 的正确解。为了确保在无源介质中保持因果关系，$\varepsilon_{\mathrm{eff}}$、$\mu_{\mathrm{eff}}$、$n$ 的虚部分量和 Z 的实部分量必须是正的(在反谐振点除外)。n 表达式中的反余弦函数引入了一些不确定性，尽管实部分量被限制在 0 和 π 之间，但虚部分量仍然不受约束。第二个条件是通过选择正确的 m 来选择式(1.16)的正确的解分支，以确保 n' 在整个频率范围内是连续的。为方便起见，最好从远离材料中任何谐振的频率开始，这意味着 m 从第 0 个分支开始。

1.9 损耗

如 1.4.2 节所讨论的那样，双负材料由谐振单元组成，在谐振时可以实现双负响应。这导致在单元胞体的金属元件附近产生一个相对较高的场。由于不可避免的损耗和色散，一些研究者宣称双负材料是不可用的[55-56]。特别是在高频情形下，电流流过单元胞体的金属元件产生的欧姆损耗是双负材料损耗的主要机制。超构原子组分材料的欧姆损耗并不是损耗的唯一原因，谐振元件中电磁场的集中和单元胞体的几何形状造成的电流不均匀主导了损耗过程[57]。这激发了一些研究者去考虑通过设计单元胞体的几何形状来减少损失[58-59]。双负材料的自然高损耗，促使一些研究者提出了利用这种损耗的新技术，如新型吸收材料[60]。

14

1.10 总结

本书主要向读者介绍使用超构材料和简并带边结构的色散关系，以获得新的注-波互作用特性，从而探索新型的高功率微波放大器。第 2 章总结了利用多传输线模型讨论注-波互作用的最新进展。第 3 章描述了从拉格朗日公式出发自洽推导皮尔斯模型。第 4 章总结了色散工程学的应用，双负超构材料慢波结构、简并带边结构以及其他新型结构的冷测实验。第 5 章介绍了描述注-波互作用的麦克斯韦方程组微扰分析。第 6 章评述了最新的研究工作，表明传统的刻槽金属周期结构表现出独特的超构材料特性。第 7 章总结了群速度理论在设计高功率微波应用中无源超构材料结构方面的独特应用。第 8 章评述了微波范围内超构材料结构在时域响应方面的最新研究进展。第 9 章评述了超构材料结构在高能微波环境下生存能力方面的最新研究工作。第 10 章回顾了超构材料和简并带边慢波结构热测的实验。第 11 章给出了当前基于超构材料的高功率微波技术研究的结论，并展望了未来的发展方向。

参考文献

1 Barker, R. J., Schamiloglu, E. (2001). High-Power Microwave Sources and Technologies[M]. IEEE Press/Wiley.

2 Benford, J., Swegle, J., and Schamiloglu, E. (2016). High Power Microwaves, 3e. CRC Press.
3 Korovin, S. D., Rostov, V. V., Polevin, S. D. et al. (2004). Pulsed power-driven high-power microwave sources. Proc. IEEE 92: 1082.
4 Gewartowski, J. W. and Watson, H. A. (1965). Principles of Electron Tubes: Including Grid- Controlled Tubes, Microwave Tubes, and Gas Tubes. Van Nostrand.
5 Pendry, J. B. (2000). Negative refraction makes a perfect lens. Phys. Rev. Lett. 85: 3966.
6 Shelby, R. A., Smith, D. R., and Schultz, S. (2001). Experimental verification of a negative index of refraction. Science 292: 77-79.
7 Capolino, F. (2009). Theory and Phenomena of Metamaterials. CRC Press.
8 Cai, W. and Shalaev, V. (2010). Optical Metamaterials: Fundamentals and applications. Springer.
9 Munk, B. A. (2009). Metamaterials: Critique and Alternatives. Wiley.
10 Metamorphose VI AISBL. The virtual institute for artificial electromagnetic materials and metamaterials.
http://www.metamorphose-vi.org/index.php/metamaterials (accessed 02 June 2018).
11 Bryceson, K. (1981). Focusing of light by corneal lens in a reflecting superposition eye. J. Exp. Biol. 90: 347-350.
12 Mossotti, O. F. (1850). Sobre las fuerzas que rigen la constituciòn de los cuerpos. Memorie di Matematica e di Fisica della Societ Italiana delle Scienze Residente in Modena 24 (2): 49-74.
13 Clausius, R. (1879). Die Mechanische Wämtheorie. Vieweg. 15
14 Lakhtakia, A. (1996). Selected Papers on Linear Optical Composite Materials. SPIE Press.
15 Belov, P. and Simovski, C. (2005). Homogenization of electromagnetic crystals formed by uniaxial resonant scatterers. Phys. Rev. E 72: 1-9.
16 Maxwell-Garnett, J. C. (1904). Colours in metal glasses and in metallic films. Philos. Trans. R. Soc. London 203: 385-420.
17 Bruggeman, D. A. G. (1935). Berechnung verschiedener physikalischer konstanten von heterogenen substanzen. i. dielektrizitäkonstanten und leitf igkeiten der mischk peröaus isotropen substanzen. Ann. Phys. 416 (7): 636-664.
18 Rayleigh, L. R. S. (1892). On the influence of obstacles arranged in rectangular order upon the properties of a medium. The London, Edinburgh, and Dublin Philos. Mag. J. Sci. 5 (34): 481-502.
19 Bose, J. C. (1898). On the rotation of plane of polarisation of electric wave by a twisted structure. Proc. R. Soc. London 63: 146-152.
20 Lindman, K. F. (1914). Om en genom ett isotropt system av spiralformiga resonatorer alstrad Rotations polarisation av de elektro-magnetiska vagorna. Översigt af Finska

Vetenskaps-Societetens Föhandlingar A LVII: 1 – 32.

21 Kock, W. E. (1948). Metallic delay lenses. Bell Syst. Tech. J. 27: 58.

22 Brown, J. (1953). Artificial dielectrics having refractive indices less than unity. J. Proc. IEEE 100 (5): 51 – 62.

23 Kharadly, M. M. Z. and Jackson, W. (1962). The properties of artificial dielectrics comprising arrays of conducting elements. Proc. IEE 100: 199.

24 Rotman, W. (1962). Plasma simulation by artificial dielectric and parallel-plate medial. IRE Trans. Anntenas Propag. 10 (1): 82 – 95.

25 Chekroun, C., Herrick, D., Michel, Y. M., Pauchard, R., Vidal, P. (1979). Radant-New method of electric scanning. L'Onde Electr. 59 (89): 89 – 94.

26 Belov, P. A., Marqués, R., Maslovski, S. I., Nefedov, I. S., Silveirinha, M., Simovski, C. R., Tretyakov, S. A. (2003). Strong spatial dispersion in wire media in the very large wavelength limit. Phys. Rev. B 67: 113103.

27 Boyd, T., Gratus, J., Kinsler, P., and Letizia, R. (2018). Customizing longitudinal electric field profiles using spatial dispersion in dielectric wire arrays. Opt. Express 26: 2478 – 2494.

28 Gratus, J. and McCormack, M. (2015). Spatially dispersive inhomogeneous electromagnetic media with periodic structure. J. Opt. 17: 2040 – 8978.

29 Schelkunoff, S. A. and Friis, H. T. (1952). Antennas: Theory and practice. Wiley.

30 Landau, L., Liftshitz, E., and Pitaevskii, L. (1984). Electrodynamics of Continuous Media. Pergamon.

31 Hardy, W. N. and Whitehead, L. A. (1981). Split-ring resonator for use in magnetic resonance from 200 – 2000 MHz. Rev. Sci. Instrum. 52: 213 – 216.

32 Schneider, H. J. and Dullenkopf, P. (1977). Slotted tube resonator: a new NMR probe head at high observing frequencies. Rev. Sci. Instrum. 48: 68.

33 Pendry, J. B., Holden, A. J., Robbins, D. J., and Stewart, W. J. (1999). Magnetism from conductorsand enhanced nonlinear phenomena. IEEE Trans. Microwave Theory Tech. 47: 2075 – 2084.

34 Baena, J. D., Marques, R., Medina, F., and Martel, J. (2004). Artificial magnetic metamaterial design by using spiral resonators. Phys. Rev. B 69: 014402.

35 Marques, R., Medina, F., and Rafii-El-Idrissi, R. (2002). Role of bianisotropy in negative permeability and left-handed metamaterials. Phys. Rev. B 65: 144440.

36 Sivukhin, D. V. (1957). The energy of electromagnetic waves in dispersive media. Opt. Spektrosk. 3: 308.

16

37 Schuster, A. (1904). An Introduction to the Theory of Optics. London: Edward Arnold.

38 Veselago, V. G. (1967). The electrodynamics of substances with simultaneously negative values of and . Usp. Fiz. Nauk 92: 517 – 526.

39 Smith, D. R., Padilla, W. J., Vier, D. C., Nemat-Nasser, S. C., Schultz, S. (2000).

Composite medium with simultaneously negative permeability and permittivity. Phys. Rev. Lett. 84: 4184 - 4187.
40 Falcone, F., Lopetegi, T., Baena, J. D. et al. (2004). Effective negative-stopband microstrip lines based on complementary split ring resonators. IEEE Microwave Wireless Compon. Lett. 14: 280.
41 Baena, J. D., Bonache, J., Martín, F., Sillero, R. M., Falcone, F., Lopetegi, T., Laso, M. A. G., García-García, J., Gil, I., Portillo, M. F., Sorolla, M. (2005). Equivalent circuit models for split-ring resonators and complementary split-ring resonators coupled to planar transmission lines. IEEE Microwave Wireless Compon. Lett. 53: 1461.
42 Liao, Z., Liu, S., Ma, H. F., Li, C., Jin, B., Cui, T. J. (2016). Electromagnetically induced transparency metamaterial based on spoof localized surface plasmons at terahertz frequencies. Sci. Rep. 6: 27596.
43 Brillouin, L. (1946). Wave Propagation in Periodic Structures. McGraw-Hill.
44 Pierce, J. R. (1950). Traveling-Wave Tubes. Van Nostrand.
45 Altman, J. L. (1964). Microwave Circuits. Van Nostrand.
46 Lamb, H. (1904). On group-velocity. Proc. London Math. Soc. 1: 473 - 479.
47 Lamb, H. (1916). An Introduction to the Theory of Optics. Cambridge: University Press.
48 Mandelshtam, L. (1945). Group velocity in a crystal lattice. Zh. Eksp. Teor. Fiz. 15: 475 - 478.
49 Boardman, A. D., King, N., and Velasco, L. (2005). Negative refraction in perspective. Electromagnetics 25 (5): 365 - 389.
50 Silin, R. A. (1972). Optical properties of dielectrics (review). Radiofizika 15 (6): 809 - 820.
51 Tan, Y. and Seviour, R. (2009). Wave energy amplification in a metamaterial based traveling wave structure. Europhys. Lett. 87: 34005.
52 Nicolson, A. M. and Ross, G. F. (1970). Measurement of the intrinsic properties of materials by time domain techniques. IEEE Trans. Instrum. Meas. 19 (4): 377 - 382.
53 Weir, W. B. (1974). Automatic measurement of complex dielectric constant and permeability at microwave frequencies. Proc. IEEE 62 (1): 33 - 36.
54 Smith, D. R., Vier, D. C., Koschny, T., and Soukoulis, C. M. (2005). Electromagnetic parameter retrieval from inhomogeneous metamaterials. Phys. Rev. E 71: 036617.
55 Garcia, N. and Nieto-Vesperinas, M. (2002). Is there an experimental verification of a negative index of refraction yet? Opt. Lett. 27: 885.
56 Dimmock, J. (2003). Losses in left-handed materials. Opt. Lett. 11: 2397.
57 Seviour, R., Tan, Y. S., and Hopper, A. (2014). Effects of high power on microwave metamateri als. 2014 8th International Congress on Advanced Electromagnetic

Materials in Microwaves and Optics, pp. 142 - 144.
58 Hopper, A. and Seviour, R. (2016). Wave particle cherenkov interactions mediated via novel materials. Proceedings of International Particle Accelerator Conference (IPAC'16), Busan, Korea, May 8 - 13, 2016, pp. 1960 - 1962.
59 Koschny, T., Zhou, J., and Soukoulis, C. M. (2007). Magnetic response and negative refractive index of metamaterials. Proceedings of SPIE 6581, Metamaterials II, p. 658103.
60 Landy, N., Sajuyigbe, S., Mock, J. J. et al. (2008). Perfect metamaterial absorber. Phys. Rev. Lett. 100: 207402.

第2章 慢波结构与电子注互作用及多模同步的多传输线模型

17

艾哈迈德·F.阿卜杜勒沙菲(Ahmed F. Abdelshafy)[1]
穆罕默德·A.K.奥斯曼(Mohamed A. K. Othman)[3]
亚历山大·菲戈廷(Alexander Figotin)[2]
菲利波·卡波利诺(Filippo Capolino)[1]
[1]加州大学尔湾分校电气工程与计算机科学系,美国加利福尼亚州尔湾市,邮编:CA92697
[2]加州大学尔湾分校数学系,美国加利福尼亚州尔湾市,邮编:CA92697
[3]斯坦福大学国家加速器实验室(SLAC),美国加利福尼亚州门洛帕克市,邮编:CA94025

2.1 引言

本章将阐述用于慢波结构(slow-wave structure,SWS)的设计和高功率微波有效产生的相关慢波现象及频率色散工程学的各个方面。对于高功率微波源的设计,要求在慢波结构中有效地将电子注能量转换到射频模式,即增强切连科夫辐射(enhanced Cherenkov radiation)。我们首先回顾分析电子流系统行为所涉及的一些问题。这种方法适用于基于传统周期结构的高功率器件以及本书的主题——超构材料慢波结构。

首先,我们将回顾用传输线建模来模拟具有多个弗洛凯-布洛赫(Floquet-Bloch)本征波的周期慢波。然后,我们将概述著名的皮尔斯(Pierce)行波管理论,其中慢波结构的工作是采用单传输线等效模拟的,电子注是根据皮尔斯使用的流体动力学近似模拟的带电流体[1-4]。在小信号近似下,皮尔斯模型在行波管工程和设计方面已经证明了其可靠性和合理性。此外,我们在原有皮尔斯理论的基础上,提出了一个扩展模型。我们将此扩展模型称为"广义皮尔斯模型"[5]。该扩展模型能够利用多传输线理论建模/解决多模态行波管。一般来说,在给定的频率下,慢波结构可以支持多本征模态。因此,与这些本征模相关的激发场叠加会与电子注互作用,这正是广义皮尔斯模型所考虑的。最后,我们将展示多模态慢波结构的例子,其色散特性被设计成具有非常特殊的特征,如群速度被显著降低,并展示如何在广义模型中使用多传输线方法研究这些特征。

本章讨论的基本设计理念和方法依赖于涉及多模态结构的慢波概念,其中本征模简并发生,导致多模态与电子注同步。在多重简并本征模与电子注同步条件下,我们给出了多个本征模同时与电子注处于同步状态的性质,即它们都具有与电子平均速度相匹配的相速度。例如,在文献[6]和[7]中分析的电磁简并带边(degenerate band edge,DBE)色散关系在带边处产生4次幂依赖关系$(\omega_{d}-\omega)\propto(k-k_{d})^{4}$,其中$\omega$为角频率,$k$为布洛赫波数,下标d表示简并带边产生点。这种简并带边条件伴随着波的群速度的显著降低,以及通过控制可以避免振荡的状态数而极大地改善了局部状态密度[8]。菲戈廷(Figotin)和维捷布斯基(Vitebskiy)提出了在一维晶格多层介质中基于简并带边的冻结模式机制[7,9-10],这导致在具有平面内错位

18

的周期性各向异性多层有限堆栈中，与传输带边法布里-佩罗(Fabry-Pérot)谐振相关的场强急剧增强。然而，迄今为止，对高功率微波器件来说，上面所讲的与实际器件设计相关的许多因素一直被忽视。

本章的结构如下：首先，2.2 节中将简要回顾多传输线理论；2.3 节使用等效多传输线(multitransmission line，MTL)模型对慢波结构进行建模；2.4 节将概述单模态行波管的皮尔斯理论；2.5 节将介绍多模态行波管的广义皮尔斯理论；2.6 节利用转移矩阵方法建立了周期多模态慢波结构与电子注互作用的广义皮尔斯理论；2.7 节提出一个描述高功率电子注驱动结构与超级同步机制中异常简并点(exceptional points of degeneracy，EPD)性质和功能的通用框架；2.8 节将展示与高增益相关的异常简并点行波管的工作示例；2.9 节将展示一种具有低启动电子注电流的简并带边振荡器(degenerate band edge oscillator，DBEO)；在 2.10 节中，我们提出一个基于耦合模理论的非常简单的分析方法，实现一对非同传输线中的高阶色散(如 EPD)特性；最后，在 2.11 节中，我们用三阶简并的行波管展示一个宽带放大机制。

2.2　传输线概述

本节涉及传输线结构的分析，此结构是带有多弗洛凯-布洛赫本征波的周期性慢波结构的理论模型。电磁波在这些慢波结构中的传输使用多传输线模型进行等效描述。因此我们在这里对传输线做一个简要综述[11-14]。传输线模型用于分析多种传输结构，包括电缆、电线、电源线、耦合微带线、微波电路和空心金属波导等。传输线模型为传输结构中的导波场提供了一种等效描述方法，因此在一些条件下，能够得到精确的场(详见文献[15]和[16])。因其结构简单、物理上直观和可用标量描述的特点，传输线模型在工程应用中尤为重要。

2.2.1　多传输线模型

电磁波在沿纵轴为 z 轴的均匀波导中传输，可使用传输线来等效(它是一种精确表示[15-16])。传输线是一个分布参数网络，其中电压和电流的幅度与相位随其长度而变化。这里的电压和电流既不是实际的物理量，也不是具有独特定义的量，它们分别是沿波导纵向(z 轴)变化的横向电场和横向磁场的等效表示。文献[15]和[16]对其进行了详细论证。

传输线通常可以被视为双线线路，如图 2.1(a)所示。其中传输线的无限小长度 Δz 使用图 2.1(b)所示的单位长度电路元件进行建模(即 R、L、G、C 等所有符号均表示单位长度的物理量)。由于等效电压和等效电流沿 z 向的传播与真实物理情况下电压和电流在双平行金属线结构中的传播满足相同的方程形式，因此双线模型也通常用于描述等效传输线。在此模型中，L 和 C 分别表示分布自感和分布电容；R 和 G 分别表示分布的串联电阻和并联电导，因此它们代表损耗。有限长度的传输线可被视为一个分段级联电路，如图 2.1(b)所示。从图 2.1(b)所示的电路模型出发，采用基尔霍夫电压和电流定律，可以获得如下时域传输线方程：

19

$$V(z,t)-R\Delta zI(I,t)-L\Delta z\frac{\partial I(I,t)}{\partial t}-V(z+\Delta z,t)=0 \tag{2.1}$$

$$I(z,t)-G\Delta zV(z+\Delta z,t)-C\Delta z\frac{\partial V(z+\Delta z,t)}{\partial t}-I(z+\Delta z,t)=0 \tag{2.2}$$

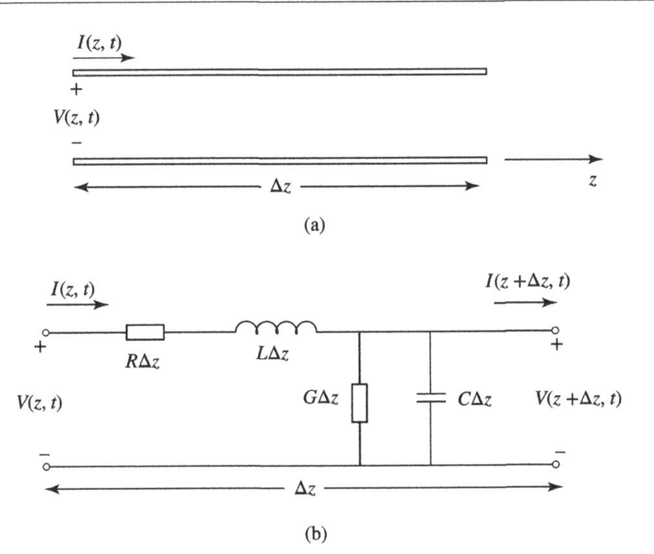

图 2.1　传输线用于描述波导中电磁(EM)模式传播，是一种便捷的等效方法[参见方程式 (2.13) 和 (2.14)]。(a)传输线增量长度示意图及等效电压和等效电流的定义。等效电压和等效电流是沿波导方向变化的标量等效表达式，如式(2.13)和式(2.14)所示。图中两条线不是真实的金属线，而是用于表示等效传输线的象征符号，也代表了电磁模式的传播方向。(b)传输线增量长度对应的单位长度等效分布参数电路，其中模式传播具有正群速度。具有负群速度的电磁模式[例如返波振荡器(backward wave oscillator，BWO)中涉及的模式]也可用类似的电路来表示

将这两个方程除以 Δz，并取 $\Delta z \to 0$ 时的极限，可以得到著名的传输线微分方程，又称电报方程：

$$\begin{cases} \dfrac{\partial V(z,t)}{\partial z} = -RI(z,t) - L\dfrac{\partial I(z,t)}{\partial t} \\ \dfrac{\partial I(z,t)}{\partial z} = -GI(z,t) - C\dfrac{\partial V(z,t)}{\partial z} \end{cases} \tag{2.3}$$

这个简洁的单传输线模型提供了一套准确的方法，用于描述以速度 v 沿相反方向传播的前向波和反向波。在图 2.2 中，该模型被推广至均匀多传输线的情况。多传输线是相互耦合的 N 个传输线系统，其中有 N 个前向波加 N 个反向波(返波)。多传输线的波动方程组是由 N 个传输线的 $2N$ 个一阶偏微分方程组成的联立方程组，其中第 n 个传输线的电压为 $V_n(z,t)$，电流为 $I_n(z,t)$，$n=1,2,\cdots,N$。这些方程同样由基尔霍夫电压和电流定律得到，并且以矩阵符号表示为

20

$$\frac{\partial \boldsymbol{V}(z,t)}{\partial z} = -\boldsymbol{RI}(z,t) - \boldsymbol{L}\frac{\partial}{\partial t}\boldsymbol{I}(z,t) \tag{2.4}$$

$$\frac{\partial \boldsymbol{I}(z,t)}{\partial z} = -\boldsymbol{GV}(z,t) - \boldsymbol{C}\frac{\partial}{\partial t}\boldsymbol{I}(z,t) \tag{2.5}$$

其中，$\boldsymbol{V}(z,t)$ 和 $\boldsymbol{I}(z,t)$ 分别是电压和电流矢量，可表示为如下形式：

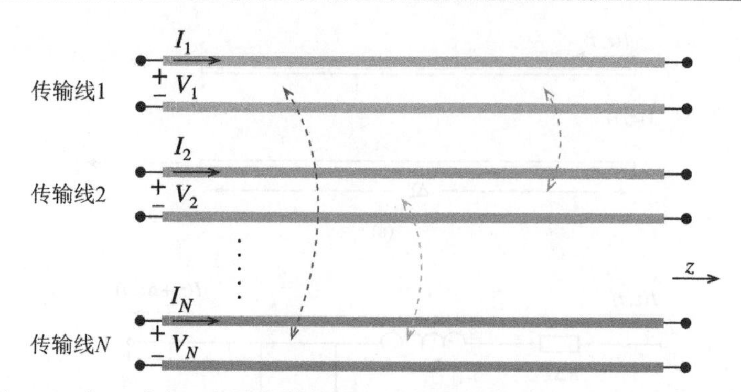

图 2.2 由 N 个相互耦合的传输线组成的多传输线的示意图。多传输线之间的耦合表示波导中的多模传输。对于电子注器件，多传输线中的一个或多个模式相关的纵向电场可以耦合到电子注上

$$\boldsymbol{V}(z,t)=\begin{bmatrix}V_1(z,t)\\V_2(z,t)\\\vdots\\V_n(z,t)\end{bmatrix},\boldsymbol{I}(z,t)=\begin{bmatrix}I_1(z,t)\\I_2(z,t)\\\vdots\\I_n(z,t)\end{bmatrix} \tag{2.6}$$

其中，$\boldsymbol{L}$、$\boldsymbol{R}$、$\boldsymbol{C}$ 和$\boldsymbol{G}$ 为代表单位长度物理量的 $N\times N$ 矩阵(假设为对称正定矩阵[13-14])。$\boldsymbol{L}$ 表示单位长度的电感矩阵，该矩阵包含单个单位长度的自电感 L_{ii} 和任意两个传输线之间的单位长度的互感 L_{ij}；$\boldsymbol{C}$ 表示单位长度的电容矩阵，该矩阵包含单个单位长度的自电容 C_{ii} 和任意两个传输线之间的单位长度的互电容 C_{ij}；类似地，$\boldsymbol{R}$ 和 $\boldsymbol{G}$ 分别定义为单位长度的电阻和电导矩阵[13-14]。

2.3 用等效传输线模型模拟波导传播

基于等效多传输线模型，我们提出了波在慢波结构中的传播模型。在本节，我们首先从等效传输线方程的角度简要回顾均匀波导中场传播的精确表达式。然后，我们将详细阐述周期波导结构中的传播，以及其中的等效周期性多传输线模型的运用。

21

2.3.1 均匀波导中的传播

均匀或非均匀区域内电磁场的数学表示形式为无限多个模式的叠加。而每个模式的电场强度和磁场强度分量可以用仅取决于横截面形状的模式函数以及仅取决于传播方向坐标的模式振幅进行描述。在均匀波导中，由于每个模式的横模函数在任何横截面上都是相同的，因此模式的振幅在每个横截面上完全表征该模式。模式振幅的变化由一维波动方程或传输线方程的解给出[15-16]。

为了更好地理解，我们简要总结一下将麦克斯韦电磁场方程组转变为标量常微分传输线方程的过程。波导内的稳态电磁矢量场(假设时谐函数为 $e^{j\omega t}$)满足 $\nabla\times\boldsymbol{E}(\boldsymbol{r})=-j\omega\mu\boldsymbol{H}(\boldsymbol{r})$ 和 $\nabla\times\boldsymbol{H}(\boldsymbol{r})=-j\omega\varepsilon\boldsymbol{E}(\boldsymbol{r})$。电场强度由横向和纵向分量之和组成，可以表示为：$\boldsymbol{E}(\boldsymbol{r})=\boldsymbol{E}_{\mathrm{t}}(\boldsymbol{r})+\boldsymbol{E}_z(\boldsymbol{r})$。同样地，磁场强度可以表示为：$\boldsymbol{H}(\boldsymbol{r})=\boldsymbol{H}_{\mathrm{t}}(\boldsymbol{r})+\boldsymbol{H}_z(\boldsymbol{r})$。由于沿 z 向传输的模式的正交性条件仅涉及模式横向场分量($\boldsymbol{E}_{\mathrm{t}}$，$\boldsymbol{H}_{\mathrm{t}}$)(详见文献[15]和[16])，可

以从麦克斯韦方程组中消除相关的纵向分量 $\boldsymbol{E}_z$、$\boldsymbol{H}_z$。$\boldsymbol{E}_z$、$\boldsymbol{H}_z$ 的消去是通过取麦克斯韦方程组与 $\hat{\boldsymbol{z}}$（z 方向单位向量）的向量积和标量积实现的。因此，稳态场方程可写为

$$\frac{\partial \boldsymbol{E}_{\mathrm{t}}}{\partial z}=-\mathrm{j}\omega\mu\left(\mathbf{1}+\frac{\mathbf{1}}{k^2}\nabla_{\mathrm{t}}\nabla_{\mathrm{t}}\right)\cdot\left(\boldsymbol{H}_{\mathrm{t}}\times\hat{\boldsymbol{z}}\right) \tag{2.7}$$

$$\frac{\partial \boldsymbol{H}_{\mathrm{t}}}{\partial z}=-\mathrm{j}\omega\varepsilon\left(\mathbf{1}+\frac{1}{k^2}\nabla_{\mathrm{t}}\nabla_{\mathrm{t}}\right)\cdot\left(\hat{\boldsymbol{z}}\times\boldsymbol{E}_{\mathrm{t}}\right) \tag{2.8}$$

其中，k 为磁波在由与波导内部相同的材料制成的无界介质中的传播常数，横向梯度算子定义为 $\nabla_{\mathrm{t}}=\nabla-\hat{\boldsymbol{z}}(\partial/\partial z)$。换言之，电场强度和磁场强度的 $\boldsymbol{z}$ 分量可以用横向分量表示为

$$\mathrm{j}\omega\mu\boldsymbol{E}_z=\nabla_{\mathrm{t}}\cdot\left(\boldsymbol{H}_{\mathrm{t}}\times\hat{\boldsymbol{z}}\right) \tag{2.9}$$

$$\mathrm{j}\omega\varepsilon\boldsymbol{H}_z=\nabla_{\mathrm{t}}\cdot\left(\hat{\boldsymbol{z}}\times\boldsymbol{E}_{\mathrm{t}}\right) \tag{2.10}$$

方程(2.7)～(2.10)完全等同于麦克斯韦方程组。在填充均匀各向同性介质的均匀波导的理想导电边界上，一个可能的完备特征向量集包含两个 E(TM)模函数 $\boldsymbol{e}'(\boldsymbol{\rho})$、$\boldsymbol{h}'(\boldsymbol{\rho})$ 和两个 H(TE) 模函数 $\boldsymbol{e}''(\boldsymbol{\rho})$、$\boldsymbol{h}''(\boldsymbol{\rho})$，其中 $\boldsymbol{\rho}=x\hat{\boldsymbol{x}}+y\hat{\boldsymbol{y}}$。这些模式函数取决于波导横截面的形状，其方程定义与 z 无关，通过应用边界条件获得[15-16]。根据所示模式函数，独立横向场表示为

$$\boldsymbol{E}_{\mathrm{t}}(r)=\sum_i V'_i(z)\boldsymbol{e}'(\boldsymbol{\rho})+\sum_i V''_i(z)\boldsymbol{e}''(\boldsymbol{\rho}) \tag{2.11}$$

$$\boldsymbol{H}_{\mathrm{t}}(r)=\sum_i I'_i(z)\boldsymbol{h}'(\boldsymbol{\rho})+\sum_i I''_i(z)\boldsymbol{h}''(\boldsymbol{\rho}) \tag{2.12}$$

22

这里，V_i 和 I_i 是模式幅度（i 通常是一个双重指标），$\boldsymbol{h}_i=\hat{\boldsymbol{z}}\times\boldsymbol{e}_i$。对于在波导横截面内或壁上处处连续的均匀波导，将方程(2.11)和(2.12)代入方程(2.7)和(2.8)，可得出以下无限方程组：

$$\frac{\mathrm{d}V_i(z)}{\mathrm{d}z}=-\mathrm{j}\kappa_i Z_i I_i(z) \tag{2.13}$$

$$\frac{\mathrm{d}I_i(z)}{\mathrm{d}z}=-\mathrm{j}\kappa_i Y_i V_i(z) \tag{2.14}$$

该方程组定义了模式幅度 V_i 和 I_i 随 z 的变化。这些方程对两种模式(TE/TM)都有效；但是对于 E 模和 H 模，模式传播常数 κ_i、特征波阻抗 Z_i 以及导纳 Y_i 的表达形式是不同的，给出如下。

对于 E 模式，有

$$\kappa'_i=\sqrt{k^2-k'^2_{\mathrm{t}i}},\ Z'_i=\zeta\frac{k'_i}{k}=\frac{\kappa'_i}{\omega\varepsilon} \tag{2.15}$$

对于 H 模式，有

$$\kappa''_i=\sqrt{k^2-k''^2_{\mathrm{t}i}},\ Z''_i=\zeta\frac{k}{\kappa''_i}=\frac{\omega\mu}{\kappa''_i} \tag{2.16}$$

其中，$\zeta=\sqrt{\mu/\varepsilon}$ 是介质的固有波阻抗。有关这些定义的更多详细信息，参见文献[15]的第 2 章和文献[16]的第 1 章。最后，利用获得的等效传输线方程(2.13)和(2.14)，可以将电磁场完全用波导模式的振幅表征。由此可见，在具体的等效传输线上，电磁场可以由等效电压和等效电流严格描述。通过了解传输线的特征波阻抗和波数，可以严格描述波导模式的传播。阻抗表达式可以扩展到描述非传播模式的行为。这样，每个非传播模式都由一个具有

无功特性阻抗和虚波数的传输线表示。

2.3.2　周期性波导中的传播

我们提出了一个周期性波导的等效周期多传输线模型[6,17]。此模型考虑电磁波在周期性加载的波导中的传播，这种周期性波导的单位单元由两个或多个具有不同横截面的级联波导组成。波导在垂直于 z 方向的平面内有界，其由沿 z 方向的级联波导区域（或段）构成，如图 2.3 所示。

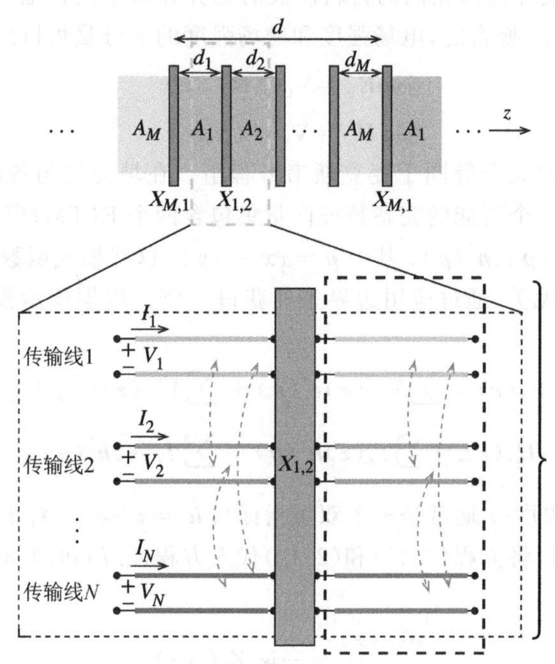

图 2.3　周期为 d 的周期波导原理图。其中每个单元格由 M 个不同截面的级联波导段组成，其截面为 $A_1, A_2, \cdots, A_M$。每一段都被考虑为具有 N 个模式的均匀多传输线。两个相邻段之间的界面（连接）由旋转矩阵或耦合矩阵 $\boldsymbol{X}$ 表示，$\boldsymbol{X}$ 由耦合部分（灰色）示意。在多传输线中，周期段用于混合各种模式，而这些模式在均匀波导中是独立的。如本章所述，适当设计的周期性混合使得本章讨论的多模简并条件得以存在

每个波导段内都存在该段所支持的第 n 个模式的横向电场强度 $\boldsymbol{E}_{\mathrm{t},n}(\boldsymbol{r})$ 和横向磁场强度 $\boldsymbol{H}_{\mathrm{t},n}(\boldsymbol{r})$ 分量，类似于上文在均匀波导中讨论的情况，电磁场的形式如下：

$$\boldsymbol{E}_{\mathrm{t},n}(\boldsymbol{r}) = V_n(z)\boldsymbol{e}_n(\boldsymbol{\rho}),\ \boldsymbol{H}_{\mathrm{t},n}(\boldsymbol{r}) = I_n(z)\boldsymbol{h}_n(\boldsymbol{\rho}) \tag{2.17}$$

这里 $\boldsymbol{e}_n(\boldsymbol{\rho})$ 和 $\boldsymbol{h}_n(\boldsymbol{\rho})$ 分别是电场模式和磁场模式的本征函数，V_n 和 I_n 是描述电磁波在该特定段中沿 z 方向演化的场振幅。我们可以假设这些模式的本征函数是正交的[例如 $\langle \boldsymbol{e}_i(\boldsymbol{\rho}), \boldsymbol{e}_j(\boldsymbol{\rho})\rangle = \int_S \boldsymbol{e}_i(\rho) \cdot \boldsymbol{e}_j^*(\boldsymbol{\rho})\mathrm{d}s = \delta_{ij}$ 且 $\langle \boldsymbol{h}_i(\boldsymbol{\rho}), \boldsymbol{h}_j^*(\boldsymbol{\rho})\rangle = \delta_{ij}$。这里 $\langle \boldsymbol{X}, \boldsymbol{Y}\rangle = \int_S \boldsymbol{X} \cdot \boldsymbol{Y}^* \,\mathrm{d}s$ 且

23 S 是横截面面积]。因此，可以将由 A 和 B 表示的两相邻段中的总横向电场强度和磁场强度写为

$$\boldsymbol{E}_{\mathrm{t,A}} = \sum_n V_{\mathrm{A},n}(z)\boldsymbol{e}_{\mathrm{A},n}(\boldsymbol{\rho}),\ \boldsymbol{E}_{\mathrm{t,B}} = \sum_n V_{\mathrm{B},n}(z)\boldsymbol{e}_{\mathrm{B},n}(\boldsymbol{\rho}) \tag{2.18}$$

$$\boldsymbol{H}_{\mathrm{t,A}} = \sum_n I_{\mathrm{A},n}(z)\boldsymbol{h}_{\mathrm{A},n}(\boldsymbol{\rho}),\ \boldsymbol{H}_{\mathrm{t,B}} = \sum_n I_{\mathrm{B},n}(z)\boldsymbol{h}_{\mathrm{B},n}(\boldsymbol{\rho}) \tag{2.19}$$

在 A 段和 B 段之间的交界处，这两个连续段之间的边界条件决定了横向场的连续性，对于电场而言，有

$$\sum_n V_{\mathrm{A},n}(z_{\mathrm{AB}})\boldsymbol{e}_{\mathrm{A},n}(\boldsymbol{\rho}) = \sum_n V_{\mathrm{B},n}(z_{\mathrm{AB}})\boldsymbol{e}_{\mathrm{B},n}(\boldsymbol{\rho}) \tag{2.20}$$

利用正交性质，取每边与 $\boldsymbol{e}_{\mathrm{A},m}(\boldsymbol{\rho})$ 的标量积，得到

$$V_{\mathrm{A},m}(z_{\mathrm{AB}}) = \sum_n V_{\mathrm{B},n}(z_{\mathrm{AB}})\langle \boldsymbol{e}_{\mathrm{B},n}(\boldsymbol{\rho}),\boldsymbol{e}_{\mathrm{A},m}(\boldsymbol{\rho})\rangle \tag{2.21}$$

类似地，磁场方程为

$$I_{\mathrm{A},m}(z_{\mathrm{AB}}) = \sum_n I_{\mathrm{B},n}(z_{\mathrm{AB}})\langle \boldsymbol{h}_{\mathrm{B},n}(\boldsymbol{\rho}),\boldsymbol{h}_{\mathrm{A},m}(\boldsymbol{\rho})\rangle \tag{2.22}$$

A 段和 B 段之间的界面点 z_{AB} 处的场的连续性方程被转换为以下矩阵形式：

$$\begin{bmatrix}\boldsymbol{V}_{\mathrm{A}}\\ \boldsymbol{I}_{\mathrm{A}}\end{bmatrix} = \boldsymbol{X}_{\mathrm{A,B}}\begin{bmatrix}\boldsymbol{V}_{\mathrm{B}}\\ \boldsymbol{I}_{\mathrm{B}}\end{bmatrix} \tag{2.23}$$

其中，$\boldsymbol{V}$ 和 $\boldsymbol{I}$ 分别是电压和电流矢量，其定义在方程(2.6)中。$\boldsymbol{X}_{\mathrm{A,B}}$ 是旋转基或者$2N\times 2N$ 耦合矩阵

24

$$\boldsymbol{X}_{\mathrm{A,B}} = \begin{bmatrix}\boldsymbol{\Phi}^{VV} & \boldsymbol{0}\\ \boldsymbol{0} & \boldsymbol{\Phi}^{II}\end{bmatrix} \tag{2.24}$$

其中

$$\boldsymbol{\phi}^{VV} = \begin{bmatrix}\langle \boldsymbol{e}_{\mathrm{B},1}(\boldsymbol{\rho}),\boldsymbol{e}_{\mathrm{A},1}(\boldsymbol{\rho})\rangle & \cdots & \langle \boldsymbol{e}_{\mathrm{B,N}}(\boldsymbol{\rho}),\boldsymbol{e}_{\mathrm{A},1}(\boldsymbol{\rho})\rangle\\ \vdots & & \vdots\\ \langle \boldsymbol{e}_{\mathrm{B},1}(\boldsymbol{\rho}),\boldsymbol{e}_{\mathrm{A,N}}(\boldsymbol{\rho})\rangle & \cdots & \langle \boldsymbol{e}_{\mathrm{B,N}}(\boldsymbol{\rho}),\boldsymbol{e}_{\mathrm{A,N}}(\boldsymbol{\rho})\rangle\end{bmatrix}$$

$$\boldsymbol{\phi}^{II} = \begin{bmatrix}\langle \boldsymbol{h}_{\mathrm{B},1}(\boldsymbol{\rho}),\boldsymbol{h}_{\mathrm{A},1}(\boldsymbol{\rho})\rangle & \cdots & \langle \boldsymbol{h}_{\mathrm{B,N}}(\boldsymbol{\rho}),\boldsymbol{h}_{\mathrm{A},1}(\boldsymbol{\rho})\rangle\\ \vdots & & \vdots\\ \langle \boldsymbol{h}_{\mathrm{B},1}(\boldsymbol{\rho}),\boldsymbol{h}_{\mathrm{A,N}}(\boldsymbol{\rho})\rangle & \cdots & \langle \boldsymbol{h}_{\mathrm{B,N}}(\boldsymbol{\rho}),\boldsymbol{h}_{\mathrm{A,N}}(\boldsymbol{\rho})\rangle\end{bmatrix} \tag{2.25}$$

代表波导段中不连续处可能激发的多重传播和倏逝模式。

因此，通过将周期波导表示为波导区域的级联堆叠，可以使用等效的多传输线对周期结构进行建模。如 2.3.1 节所述，每个波导段都由多传输线建模，而相邻段之间的界面通过引入方程(2.23)中的耦合矩阵进行处理。

模式在这种周期性波导中的传播及其在波导段界面处的混合将通过本章后面内容里的传输矩阵进行描述。

2.3.3　弗洛凯定理

考虑一个沿 z 方向周期为 d 的周期性结构，假设电磁场是时间的谐波函数，$\boldsymbol{E}(x,y,z,t) = \boldsymbol{E}(x,y,z)\mathrm{e}^{\mathrm{j}\omega t}$，则电磁场的幅度也具有相同的周期，即 $|\boldsymbol{E}(x,y,z)| = |\boldsymbol{E}(x,y,z+d)|$。因此，沿 z 方向一个周期后的复振幅将乘以 $\mathrm{e}^{-\mathrm{j}\varphi}$，其中相位 φ 是不同单元之间的相位差。现在考虑周期函数 $\boldsymbol{F}(x,y,z) = \boldsymbol{F}(x,y,z+d) = \boldsymbol{E}(x,y,z)\mathrm{e}^{\mathrm{j}\beta_0 z}$，其中 $\beta_0 = \varphi/d$。在 z 方向上周期为 d 的周期系统中，场是 z 的周期函数，带有相同周期的相位因子：$\boldsymbol{E}(x,y,z,t) = \boldsymbol{F}(x,y,z)\mathrm{e}^{-\mathrm{j}\beta_0 z}$。由此可以得到弗洛凯定理如下：

$$\boldsymbol{E}(x,y,z,t) = \boldsymbol{E}(x,y,z)\mathrm{e}^{\mathrm{j}\omega t} = \boldsymbol{F}(x,y,z)\mathrm{e}^{\mathrm{j}(\omega t-\beta_0 z)} \tag{2.26}$$

利用函数 $\boldsymbol{F}(x,y,z)$ 的周期性，可以将其写成傅里叶级数。通过将方程(2.26)中的周期函数 $\boldsymbol{F}(x,y,z)$ 代入其傅里叶展开式，我们获得了包含空间谐波的弗洛凯定理形式：

$$\boldsymbol{E}(x,y,z,t)=\sum_{n=-\infty}^{\infty}\boldsymbol{F}_n(x,y)\mathrm{e}^{\mathrm{j}(\omega t-\beta_n z)} \tag{2.27}$$

其中，$\beta_n=\beta_0+\dfrac{2\pi}{d}n$ 是第 n 次空间谐波的波数。现在很清楚，周期性波导中的场是 $\boldsymbol{F}_n(x,y)\mathrm{e}^{\mathrm{j}(\omega t-\beta_n z)}$ 类型的弗洛凯波的叠加。这些波被称为空间谐波。它们的频率相同，但空间结构不同，特别是它们具有不同的导波波长 $\lambda_n=2\pi/\beta_n$。它们还具有不同的横向分布 $\boldsymbol{F}_n(x,y)$，这是通过用相应的边界条件求解麦克斯韦方程得到的。有关空间谐波特性的更多细节，参见文献[18]。这些空间谐波更重要的一个特性是，当 n 足够大时，电磁波将变为慢波 ($v_{\mathrm{ph},n}<c$)，这有助于波导中电子注和电磁波之间的同步(即速度匹配)。接下来，我们将从2.4节中众所周知的皮尔斯模型开始，讨论这种与高功率器件(行波管、返波振荡器等)相关的同步机制。

25

2.4 皮尔斯理论和传输线模型的重要性

行波管的工作原理来源于电磁理论、电磁力以及拉格朗日公式(见第3章和本章文献[19]和[20])。“同步”产生于带电粒子的移动速度与波导中的电磁慢波的传播速度相当的时候，是电子注驱动器件(如行波管和返波振荡器)产生高功率电磁辐射过程中最重要的物理机制之一。这时如果产生电子群聚，带电粒子就会产生相干辐射(切连科夫辐射[18])。带有慢波结构的行波管的基本工作原理由等效传输线方法描述，其中电子注采用皮尔斯提出的流体动力学近似法[1-4]处理。根据皮尔斯理论，行波管中的放大可以看作是射频信号在等效传输线中的放大，本质上是由电子注的电荷密度振荡(电荷波)导致的。尽管皮尔斯模型将慢波结构抽象为传输线，并对电子注进行了流体动力学建模，但在小信号近似下，该理论的准确性与合理性已在广泛的工程和设计中得到了证明。

电荷波描述了电子的群聚。其导致电子注和慢波结构中的模式之间的能量交换以及电子排斥和自感应力(空间电荷效应)。行波管的一维线性皮尔斯理论假设时间谐波场量的表征为 $\mathrm{e}^{\mathrm{j}\omega t}$，如下所述(参见文献[1]和[18]中更详细的描述)。我们考虑一个电子注，它具有沿波导方向(定义为 z 方向)的平均(直流)电流 $-I_0=\rho_0 u_0$，其中 ρ_0 是单位长度方向的平均电子注电荷密度，u_0 是平均电荷速度。u_0 与电子注动能 V_0 在忽略相对论效应时的关系为 $V_0=u_0^2/2\eta$，$\eta=e/m=1.758\times10^{11}\,\mathrm{C/kg}$ 是电子荷质比，而 $-e$ 和 m 分别指电子电荷和质量。波导中的电磁场使电子注产生波动(调制或扰动)[4]，这种波动由电荷波电流的调制 I_{b} 以及电子注速度 U_{b} 的调制(其等效电压调制为 $V_{\mathrm{b}}=u_0 u_{\mathrm{b}}/\eta$ [5-6])来描述，与慢波结构中的电磁场具有相同的频率。因此，总的电子注电流为

$$-I_0+I_{\mathrm{b}}=(\rho_0+\rho_{\mathrm{b}})(u_0+u_{\mathrm{b}})=\rho_0 u_0+\rho_0 u_{\mathrm{b}}+\rho_{\mathrm{b}} u_0+\rho_{\mathrm{b}} u_{\mathrm{b}} \tag{2.28}$$

式中，ρ_{b} 是波动引起的电荷密度扰动，$\rho_{\mathrm{b}} u_{\mathrm{b}}$ 是扰动量的乘积。在小信号情况下，$|I_{\mathrm{b}}|\ll I_0$，总的电子注等效电压为 V_0+V_{b}，且 $|V_{\mathrm{b}}|\ll V_0$，调制的电荷波电流近似为

$$I_{\mathrm{b}}=\rho_0 u_{\mathrm{b}}+\rho_{\mathrm{b}} u_0 \tag{2.29}$$

这里，$\rho_{\mathrm{b}} u_{\mathrm{b}}$ 项被忽略，这在小信号情况下是一个很好的近似。等离子频率 ω_{p} 被定义为 $\omega_{\mathrm{p}}^2=$

$n_V e\eta/\varepsilon_0 = 2V_0 u_0/\varepsilon_0 A$，其中 n_V 是电子的体密度，A 是电子横截面积。当电子注面积有限(对应于有限的等离子体频率)时，电子注内的自生力会导致电子注发散，也称为空间电荷效应。电荷波的演化(沿 z 方向)方程很容易从运动方程和连续性方程导出：

26

$$\begin{cases} \mathrm{j}\omega V_b + u_0 \partial_z V_b = u_0(E_z + E_{sc}) \\ \mathrm{j}\omega I_b + u_0 \partial_z I_b = \mathrm{j}\omega\eta \dfrac{\rho_0}{u_0} V_{b0} \end{cases} \tag{2.30}$$

式中，E_z 是作用在电荷波上的电磁场分量，E_{sc} 为引起排斥力的空间电荷场。慢波结构采用等效传输线模型，其场的演化方程如下：

$$\frac{\partial V}{\partial z} = -\mathrm{j}\omega L I,\quad \frac{\partial I}{\partial z} = -\mathrm{j}\omega C V - \frac{\partial I_b}{\partial z} \tag{2.31}$$

这里，V 和 I 是传输线上的等效电压和等效电流，L 和 C 是传输线上的等效单位电感和等效单位电容，传输线的特征阻抗为 $Z = \sqrt{L/C}$。传输线中的电压与作用在电子上的纵向电场强度之间的关系为 $E_z = -\partial V/\partial z$。需要注意的是，源项 $-\partial I_b/\partial z$ 在过程的准稳定假设下是合理的：电子注上的电荷波在传输线上具有“镜像”，如文献[4]、[21]和[22]所述。因此，可将感应电流视为分布式并联电流源，如图 2.5(b)所示。

假设电磁场和电荷波在慢波结构-电子注耦合的系统中按照 $\mathrm{e}^{-\mathrm{j}kz}$ 的形式在空间中演化，其中 k 是耦合模式的复波数，那么在没有外部激励源作用下，可以求解方程(2.30)和(2.31)，获得波数相对于频率的模式色散方程。这个过程在各种教科书中都有描述，例如文献[18]和[23]。简化后，可以得到著名的单模行波管的精确色散关系：

$$(k^2 - \beta_c^2)[(k-\beta_0)^2 - \beta_p^2] = -\frac{\beta_c^3 \beta_0 I_0 Z}{2V_0} \tag{2.32}$$

其中，β_c 是单个传输线的波数(未考虑与电子注耦合)；β_0 是等效电子传输系数，定义为 $\beta_0 = \omega/u_0$，$\beta_p = \omega_p/u_0$。此外，为了描述行波管，通常会引入一个被称为皮尔斯参数的正实数小量 C，定义为

$$C^3 = \frac{I_0 Z}{4V_0} \tag{2.33}$$

其中，C 决定了行波管增益，因此也被称为皮尔斯增益参数。这样，色散方程被转换为以下四阶多项式：

$$(k^2 - \beta_c^2)[(k-\beta_0)^2 - \beta_p^2] = -2\beta_c^3 \beta_0 C^3 \tag{2.34}$$

假设 k 接近 β_c，并且 C 非常小，使得等式(2.34)的右侧的量级非常低，同时忽略反射波，四阶色散关系被简化为三阶形式：

$$(k - \beta_c)[(k-\beta_0)^2 - \beta_p^2] = -\beta_c^2 \beta_0 C^3 \tag{2.35}$$

通过进一步引入传播常数的增量 δ：

$$\delta = -\mathrm{j}\frac{k - \beta_0}{\beta_0 C} \tag{2.36}$$

使得色散方程的形式变为

27

$$\mathrm{j}(\delta + \mathrm{j}b)(\delta^2 + q) = (1 + Cb)^2 \tag{2.37}$$

其中，$b = (\beta_c - \beta_0)/\beta_0 C$ 是非同步参数，$q = 4QC = \beta_p^2/\beta_0^2 C^2$ 是空间电荷参数。通过求解上述具有 3 个复根的色散方程，可以找到电流和速度的本征态解。考虑互作用长度为 L 的有限

长慢波结构，并忽略慢波结构末端的反射，可以获得本征模的电压增益[假设初始预调制消失，即 $I_b(z=0)=V_b(z=0)=0$]，如下所示：

$$G_E = e^{-jL\beta_0}\sum_{k=1}^{3}\frac{\delta_k^2+q}{(\delta_k-\delta_l)(\delta_k-\delta_m)}e^{\delta_k\beta_0 CL} \tag{2.38}$$

其中，δ_k 是色散方程(2.37)的根。当 $\beta_c=\beta_0$(等价于 $v_{ph}=u_0$)时，可以实现同步互作用，其中 v_{ph} 是冷慢波结构的相速度(即与电子注耦合之前的相速度)。因此，发生同步互作用时 $b=0$。若假设一个小的空间电荷参数 $q/\delta^2 \ll 1$，则色散方程简化为以下简单形式：

$$\delta^3 = -j \tag{2.39}$$

根据等式(2.38)，在这种特殊情况下的功率增益由下式给出：

$$G = 10\lg|G_E|^2 = 20\lg\left|\frac{1}{3}\sum\nolimits_{k=1}^{3} e^{\delta_k\beta_0 CL}\right| \quad (\text{dB}) \tag{2.40}$$

在同步和小空间电荷效应的条件下，考虑互作用长度为 L 的行波管增益：在这种情况下，输出信号为对应于根是 $\delta_1=\frac{3}{2}-j\frac{1}{2}$ 的单一增长模式(其他根为 $\delta_2=\frac{\sqrt{3}}{2}-j\frac{1}{2}$ 和 $\delta_3=j$)。此时增益为

$$G = 20\lg\left[\frac{1}{3}e^{(\sqrt{3}/2)\beta_0 CL}\right] = -20\lg 3 + 20\frac{\sqrt{3}}{2}\beta_0 CL \tag{2.41}$$

这就是著名的皮尔斯增益公式[4]：

$$G = -9.54 + 47.3CN \tag{2.42}$$

这里，$N=L/\lambda$ 为系统中慢波的数量。

一般来说，慢波结构在给定频率下支持多个本征模。因此，这些本征模引起的激发场叠加后与电子注互作用。如果只有一种模式与电子注同步，从而产生互作用，则可以使用上述皮尔斯模型中的单传输线简化模型。但是，由于这种分析方式过于笼统，慢波结构的具体形式没有在皮尔斯模型中表现出来。一些常用的慢波结构包括螺旋线及其演变结构，例如环杆、环圈结构，以及耦合腔结构，这些器件天然是多模式的。鉴于近年来高功率高效率行波管和返波管的应用需求不断增长，探索非传统的多模式慢波结构对于提高行波管的峰值功率水平和工作效率具有重要的意义。

28

2.5　多模慢波结构的广义皮尔斯模型

在本节，我们提出一个在慢波结构中电子注和多种电磁模式之间互作用的理论，它是上述一维皮尔斯模型的推广。

2.5.1　无电子注的多传输线模型："冷"慢波结构

为确保后续的分析不失一般性，我们参考了具有多个弗洛凯-布洛赫本征波的周期性慢波结构，如图 2.4(a)所示。这些分析也适用于其他几个慢波结构。图 2.4(a)中所示的"冷"慢波结构中的场传播采用图 2.4(b)中所示的多传输线模型等效描述。一般来说，封闭金属波导中的导行电磁波通过横向电场强度和磁场强度表示，其中等效电压电流描述了沿 z 方向的传播。

设 $\boldsymbol{E}_t(\boldsymbol{r})$、$\boldsymbol{H}_t(\boldsymbol{r})$ 是"冷"均匀波导支持的模式叠加产生的总电场强度和磁场强度的横向分

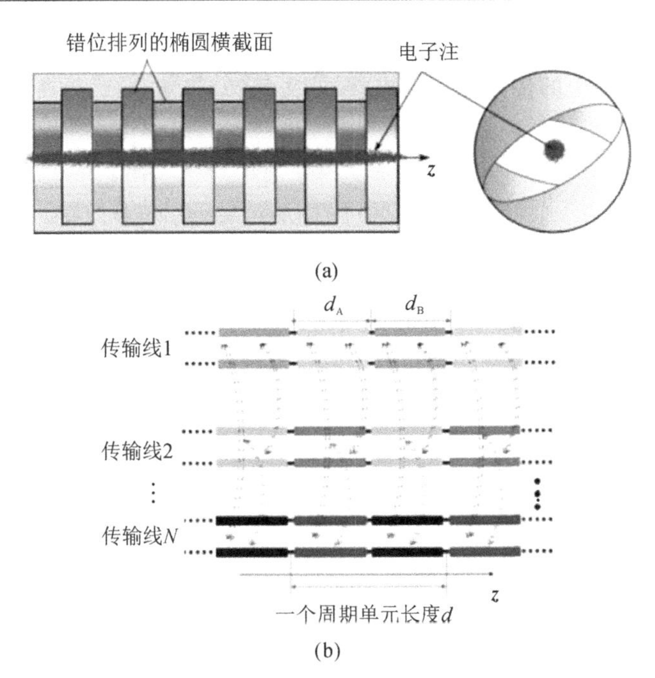

图 2.4 (a)圆形波导慢波结构与电子注互作用的例子,这样包含周期性金属的结构能够支持可能出现的多种简并波导模式,这种模式可能在与电子注互作用的强度方面展现一些优势。(b)用 N 个传输线组成的周期多传输线结构模拟具有 N 个本征模的冷慢波结构。在这个例子中,周期为 d 的单元由两段组成(用深浅不同的灰色表示)。每个段在 z 方向是均匀的,用传输线分布参数描述。在相邻段的每个连接处,模式是混合的,合理的设计可以使多重简并模式的出现成为可能(资料来源:Abdelshafy et al[26])

量。为简单起见,我们假设在均匀波导中分离变量是适用的,横向电场强度根据本征波展开为

$$\boldsymbol{E}_{\mathrm{t}}(\boldsymbol{r})=\sum_{n=1}^{N}\boldsymbol{e}_{\mathrm{n}}(x,y)V_{n}(z) \tag{2.43}$$

这里 $\boldsymbol{r}=x\hat{\boldsymbol{x}}+y\hat{\boldsymbol{y}}+z\hat{\boldsymbol{z}}$。类似地,横向磁场强度展开为

29

$$\boldsymbol{H}_{\mathrm{t}}(\boldsymbol{r})=\sum_{n=1}^{N}\boldsymbol{h}_{n}(x,y)\boldsymbol{I}_{n}(z) \tag{2.44}$$

式中,$\boldsymbol{e}_n(x,y)$ 和 $\boldsymbol{h}_n(x,y)$ 分别是电模式本征函数和磁模式本征函数,V_n 和 I_n 是描述电磁波沿 z 方向演化的场振幅(详见文献[25]中耦合模理论的描述,及文献[15]和[26]中导波在波导中的准确传输形式)。换言之,V_n 和 I_n 不是真实的电压和电流,但它们是具有与电压和电流相同单位的标量,并遵循真实双线传输线中相同的电压和电流的微分方程[15,26]。它们被简单地称为等效传输线电压和电流。这种描述也可用于周期性波导,其中每个单元由均匀波导段级联而成(即每个波导段内的波导横截面不变)。因此,我们用耦合传输线模型处理波导内任何均匀部分中沿 z 方向的波传播。基于等式(2.43)和(2.44),我们将电场强度和磁场强度的幅度视为 N 维矢量等效电压和电流相量。其定义分别为 $\mathbf{V}(z)=[V_1(z),V_2(z),\cdots,V_N(z)]^{\mathrm{T}}$ 以及 $\boldsymbol{I}(z)=[I_1(z),I_2(z),\cdots,I_N(z)]^{\mathrm{T}}$,其中 T 表示转置,下标 n 指第 n 个传输线。因此,图 2.4(a)中的周期性慢波结构可以由图 2.4(b)中的周期性多传输线很好地表示,用于所谓的“冷”情况,即不存在电子注。此外,对于包含电子注的“热”

慢波结构，其互作用系统的多传输线示意图如图 2.5 所示，其中对应的电流发生器负责把能量从电子注转移到波导中的传输电磁模式(详见文献[5]和[6])。

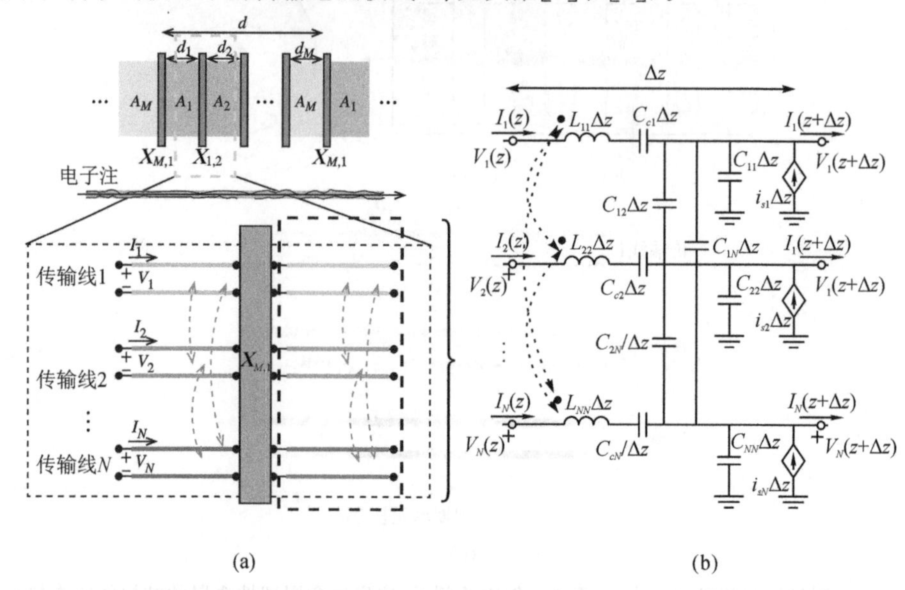

图 2.5 (a)采用多传输线对电子注与周期波导的互作用进行建模的示例。周期多传输线系统由 M 个均匀段 $A_1, A_2, \ldots, A_M$ 组成，通过耦合矩阵 $\boldsymbol{X}$ 连接，$\boldsymbol{X}$ 表示相邻段之间的接口。(b)多传输线各均匀段的分布式电路模型。每个传输线模型中的分布式电容器的串联分量用来“串联分”TM 波，而 i_{sn} 的并联分量用来描述电子注的效应。从电子注到射频电磁的能量传递是通过这些元件进行的。换言之，从电路的角度来看，电子注被看作一个独立的电流发生器，提供能量给多传输线(资料来源：Othman et al[6])

沿波导方向的传输线等效电压和电流的演变通过矢量形式的多传输线电报方程相互关联[13]：

$$\partial_z \boldsymbol{V}_z = -(\boldsymbol{R} + \mathrm{j}\omega \boldsymbol{L} - \mathrm{j}\frac{1}{\omega}\boldsymbol{C}_\mathrm{c}^{-1})\boldsymbol{I}(z) \tag{2.45}$$

$$\partial_z \boldsymbol{I}_z = -\mathrm{j}\omega \boldsymbol{C}\boldsymbol{V}(z) \tag{2.46}$$

其中，$\partial_z \equiv \partial/\partial_z$，$\boldsymbol{L}$、$\boldsymbol{C}$、$\boldsymbol{C}_\mathrm{c}$ 以及 $\boldsymbol{R}$ 是 $N \times N$ 矩阵，分别代表单位长度电感、电容以及多传输线部分的截止电容和电阻。

请注意，方程式中的截止电容矩阵 $\boldsymbol{C}_\mathrm{c}$ 代表波导中每种模式在低频时的截止条件，文献[6]模拟了空心波导中 TM^z (横磁场到 z)模式的行为[27]。实际上，在图 2.4(a)加载圆波导模式的全波模拟中可以观察到这种高通特性。文献[13]和[14]中给出了每单位长度传输线参数的性质，注意到电容分流矩阵的非对角项总是负值[13,28]，图 2.4(a)中的慢波结构系统中波的演化可以很方便地用一个空间变化的 N 维状态矢量来描述，该矢量由沿 z 方向变化的场量组成，即传输线电压和电流矢量，$\boldsymbol{\Psi}(z) = [\boldsymbol{V}^\mathrm{T}(z), \boldsymbol{I}^\mathrm{T}(z)]^\mathrm{T}$，即

$$\boldsymbol{\Psi}(z) = [V_1(z), \cdots, V_N(z), I_1(z), \cdots, I_N(z)]^\mathrm{T} \tag{2.47}$$

随后，将式(2.45)和式(2.46)中描述电压和电流空间演化的多传输线方程改写为多维一阶微分方程

$$\partial_z \boldsymbol{\Psi}(z) = -\mathrm{j}\boldsymbol{M}(z)\boldsymbol{\Psi}(z) \tag{2.48}$$

其中，$\boldsymbol{M}(z)$ 是 $2N \times 2N$ 系统矩阵，描述所有与 z 相关的“冷”多传输线参数。对于一个周

期性波导而言，$\boldsymbol{M}(z)$ 是周期性的。

2.5.2　多传输线与电子注互作用："热"慢波结构

我们使用多传输线方法研究了慢波结构中电子注与电磁波的互作用，如图 2.4(a)所示。使用多传输线方法将皮尔斯和同时代人提出的单模流体动力学互作用理论[1,4,29]扩展到多模互作用的情况(广义皮尔斯模型)[5]。与皮尔斯所做的类似，我们假设电子注的横截面非常小，并且沿 z 方向是无限的，忽略由于结构的有限长度[5]造成的电子的任何横向运动和边缘效应。这样可以将电子注视为平滑的电荷流，以电荷波原理的角度对其进行调制。通过研究文献[4]中的感应电荷波，考虑慢波结构模式与电子注的互作用，现在仅仅考虑与几个电磁导波互作用[5]。

时间谐波电磁波的传播用式(2.13)和式(2.14)中的等效传输线电压和电流以及它们与电子注电荷波的互作用来描述。可以定义两个用来描述变化的波的调制向量——电子注电流调制 I_{b} 和动态电压调制 V_{b}。这些量都遵循耦合多传输线电子注演化方程[30]。

$$\begin{cases}\partial_z \boldsymbol{V}(z) = -[\mathrm{j}\omega \boldsymbol{L}(z) + \boldsymbol{R}(z) - \mathrm{j}\omega \boldsymbol{R}_c^{-1}(z)]\boldsymbol{I}(z) \\ \partial_z \boldsymbol{I}(z) = -\mathrm{j}\omega \boldsymbol{C}(z)\boldsymbol{V}(z) - \partial_z[\boldsymbol{s}(z)\boldsymbol{I}_{\mathrm{b}}(z)]\end{cases} \tag{2.49}$$

$$\begin{cases}(\mathrm{j}\omega + u_0\partial_z)V_{\mathrm{b}}(z) = +u_0\partial_z[\boldsymbol{a}^{\mathrm{T}}(z)\boldsymbol{V}(z)] - \mathrm{j}\dfrac{2V_0\omega_{\mathrm{P}}^2}{I_0\omega}I(z) \\ (\mathrm{j}\omega + u_0\partial_z)I_{\mathrm{b}}(z) = \mathrm{j}\omega\dfrac{I_0}{2V_0}V_{\mathrm{b}}(z)\end{cases} \tag{2.50}$$

31

其中，方程(2.50)描述了耦合到多传输线的电荷波动力学；方程(2.49)类似方程(2.45)和(2.46)，除了额外的 $\partial_z[\boldsymbol{s}(z)\boldsymbol{I}_{\mathrm{b}}(z)]$ 项，它表示电子注电荷波对等效多传输线电压和电流的作用。耦合机制与原始皮尔斯理论中描述的相同，只是这里我们引入耦合参数 $\boldsymbol{a}$ 和 $\boldsymbol{s}$。向量 $\boldsymbol{s} = [s_1, s_2, s_3, \cdots, s_N]^{\mathrm{T}}$ 是无量纲数的列向量，这些数字被称为电流作用因子[5-6]，通常这个 s 向量表明了不同注流电荷波与不同的传输线发生的互作用。换句话说，我们假设电荷波可能不会与所有传输线完全相同地耦合。另一方面，向量 $\boldsymbol{a} = [a_1, a_2, a_3 \ldots a_N]^{\mathrm{T}}$ 是一个称为场互作用因子的无量纲实数向量，其分量描述了每个传输线对电子注电荷波的影响程度。然后我们方便地定义由沿 z 向变化的所有场量组成的 z 变化状态向量，分别是传输线电压和电流向量加上电荷波电流和动态电压调制 I_{b} 和 V_{b}，形式如下：

$$\boldsymbol{\Psi}_{\mathrm{b}}(z) = [\boldsymbol{V}^{\mathrm{T}}(z),\quad \boldsymbol{I}^{\mathrm{T}}(z),\quad I_{\mathrm{b}}(z),\quad V_{\mathrm{b}}(z)]^{\mathrm{T}} \tag{2.51}$$

然后将式(2.50)中的线性方程组改写为一阶偏微分方程输运方程：

$$\partial_z \boldsymbol{\Psi}_{\mathrm{b}}(z) = -\mathrm{j}\boldsymbol{M}_{\mathrm{b}}(z)\boldsymbol{\Psi}_{\mathrm{b}}(z) \tag{2.52}$$

这里，$\boldsymbol{M}_{\mathrm{b}}(z)$ 是 $2(N+1) \times 2(N+1)$ 互作用系统矩阵，N 是耦合矩阵的数目，其中包括耦合效应和损耗[5]。在构成图 2.5 中周期性慢波结构单元的每个段内，我们假设每个 $\boldsymbol{M}_{\mathrm{b}}(z)$ 中的 z 是不变的，即 z 是恒定的，也就是每个单元段内的横截面是均匀的。因此，在每个均匀段中，多传输线由恒定参数(单位长度的电感、电容和损耗)以及恒定耦合参数 $\boldsymbol{a}$ 和 $\boldsymbol{s}$ 来描述。在这一点上，我们可以利用这里总结的步骤来获得与电子注互作用的慢波结构的复本征模。对均匀波导情况的电子注的分析详见文献[5]，周期波导情况下的电子注分析详见文献[6]。

对于"热"均匀波导情况，可通过求解特征值问题找到均匀多传输线的 $2(N+1)$ 个波数：

$$\det[\boldsymbol{M}_{\mathrm{b}} - k\boldsymbol{1}] = \boldsymbol{0} \tag{2.53}$$

这里，$\boldsymbol{1}$ 是 $2(N+1)\times 2(N+1)$ 单位矩阵(周期性情况将在 2.6 节中描述)。

作为这里讨论的广义皮尔斯模型的说明性例子，我们首先考虑两个具有不同等效线电感和电容值的传输线(数值在文献[5]中给出)与电子注同等地互作用，其中 $\boldsymbol{s}=\boldsymbol{a}=\boldsymbol{1}$，$\boldsymbol{1}$ 定义了一个二维列向量。使用广义模型并通过求解方程 (2.53)，得到复传播常数 k 的 6 个解的实部($\beta=\mathrm{Re}\,k$) 和虚部($\alpha=\mathrm{Im}\,k$)，图 2.6 绘制了加载电子注的双传输线系统所支持模式的复传播常数 k 的 6 个解的实部($\beta=\mathrm{Re}\,k$)和虚部($\alpha=\mathrm{Im}\,k$)与 β_0 的关系。这些图是通过保持角频率 ω 不变和改变直流电子速度 u_0 得到的，图 2.6 中绘制的 6 个 k 解对应两个复数和 4 个实数波数。特别是在 4 个实值解中，2 个是正向($\beta>0$)波，2 个是反向($\beta<0$)波，纯实常数值等于 $+\beta_1$、$+\beta_2$ 和 $-\beta_1$、$-\beta_2$；其余 2 个复数解在图 2.6(a) 中具有相同的 k 实数值，可以看出，随着 β_0 线性增加，对应于复共轭根 $\beta\pm \mathrm{j}\alpha$，其虚部绘制在图 2.6(b)中。图 2.6(b) 还表明，我们假设 $\beta_{\mathrm{c},2}>\beta_{\mathrm{c},1}$，对于 $\beta_0\geqslant \max\{+\beta_{\mathrm{c},1},+\beta_{\mathrm{c},2}\}$，$\mathrm{Im}\,k$ 是非零的。此外，我们观察到 $\mathrm{Im}\,k$ 在 $\beta_0=\beta_{\mathrm{c},1}$ 附近也是非零的。然而，当 $\beta_{\mathrm{c},1}<\beta_0<\beta_{\mathrm{c},2}$ 时，$\mathrm{Im}\,k$ 在 β_0 的大范围内消失。此处提供此示例只是为了展示丰富的波数解结构，读者可以查阅文献[5]了解更多详细信息。

32

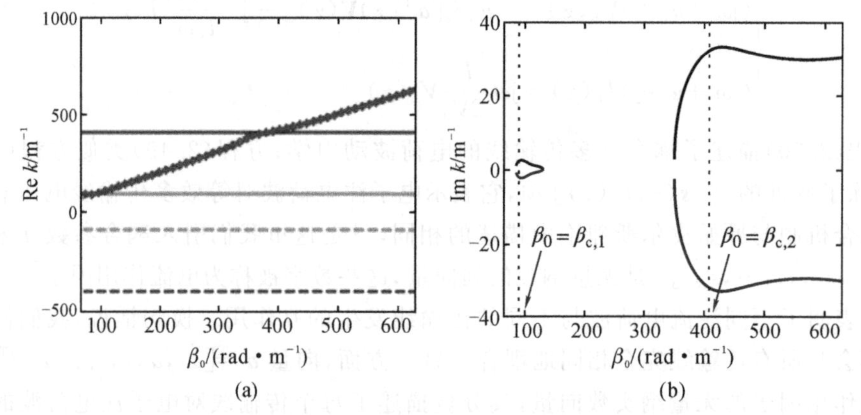

图 2.6 由在每个方向上支持两种模式(用两个传输线建模)与电子注互作用的慢波结构构成的系统具有 6 个本征模。在这里，我们绘制：(a) 6 个波数解的实值[$\beta=\mathrm{Re}(k)$]，其中 4 个波数解对应 2 个正波($\beta>0$)和 2 个反波($\beta<0$)，纯实常数值分别等于 $+\beta_1$、$+\beta_2$ 和 $-\beta_1$、$-\beta_2$，而其余 2 个对应于耦合到电子注的双传输线系统相对于 β_0 的复增长波解的实部；(b) k 的 6 个解的虚部(资料来源：Tamma and Capolino[5])

2.6 周期性慢波结构与转移矩阵法

我们使用文献[6]中详述的多传输线与电子注互作用的周期公式，进一步将前一小节中均匀波导的多模互作用公式推广至周期性多模慢波结构。我们假设与电子注互作用的周期性慢波结构是由 N 个耦合传输线表示，并且每个周期多传输线由多个级联段组成，在每个段内，慢波结构是均匀的，且 $\boldsymbol{M}_{\mathrm{b}}$ 与 z 无关，那么在该波导段内，方程(2.52)的解的形式为

$\boldsymbol{\psi}_{\mathrm{b}}(z)=\exp[-\mathrm{j}(z-z_0)\boldsymbol{M}_{\mathrm{b}}]\boldsymbol{\psi}_{\mathrm{b}}(z_0)$，式中，$\boldsymbol{\psi}_{\mathrm{b}}(z_0)$ 是同一波导段内或者坐标 z_0 处的边界条件。周期性有电子加载的“热”多传输线或无电子加载的“冷”多传输线的波数可通过下面讨论的转移矩阵法求出。每个多传输线段的 $2(N+1)\times2(N+1)$ 转移矩阵为 $\boldsymbol{T}_{\mathrm{b}}(z,z_0)=\exp[-\mathrm{j}(z-z_0)\boldsymbol{M}_b]$，因此每一部分内的状态矢量传播为

$$\boldsymbol{\psi}_{\mathrm{b}}(z)=\boldsymbol{T}_{\mathrm{b}}(z,z_0)\boldsymbol{\psi}_{\mathrm{b}}(z_0) \tag{2.54}$$

为了描述图 2.5 中多传输线系统中电压和电流本征态从一个多传输线段到另一个多传输线段的传播，需要考虑耦合这两个相邻多传输线的场界面转移矩阵。一般而言，多传输线可以有内部耦合，即每单位长度的多传输线参数 $\boldsymbol{L}$、$\boldsymbol{C}$、$\boldsymbol{C}_{\mathrm{c}}$ 和 $\boldsymbol{R}$ 的非对角元素，可以表示传输线之间的电感或电容耦合。不过，为了简单起见，我们现在考虑一个多传输线例子，其中传输线在每个段中是不耦合的，即 $\boldsymbol{L}$、$\boldsymbol{C}$、$\boldsymbol{C}_{\mathrm{c}}$ 和 $\boldsymbol{R}$ 是对角线矩阵，模式之间的耦合由图 2.5(a)中所示的相邻段之间的接口提供。我们同样假设，由于传输线段电短路，在分布的传输线参数中近似考虑了图 2.8 中界面不连续处激发的倏逝场产生的电抗耦合。通过将多传输线结果与提供良好精度的全波模拟进行比较，验证了这一假设。因此，模拟两个相邻多传输线段(每个段由两个传输线组成)之间“模式混合”的界面耦合矩阵如下：

$$\boldsymbol{\psi}_{\mathrm{b}}(z_+)=\boldsymbol{X}_{-,+}\,\boldsymbol{\psi}_{\mathrm{b}}(z_-) \tag{2.55}$$

$$\boldsymbol{X}_{-,+}=\begin{bmatrix}\boldsymbol{Q}(\varphi) & \boldsymbol{0} & \boldsymbol{0}\\ \boldsymbol{0} & \boldsymbol{Q}(\varphi) & \boldsymbol{0}\\ \boldsymbol{0} & \boldsymbol{0} & \boldsymbol{1}\end{bmatrix} \tag{2.56}$$

这里，$\boldsymbol{1}$ 是 2×2 单位矩阵；$\boldsymbol{Q}(\varphi)$ 是一个旋转矩阵，混合了两个连续多传输线段之间界面上的传输线电压和电流；z_- 和 z_+ 表示多传输线界面前后的纵坐标；φ 是混合参数。当在一个界面上忽略场的相位变化时，我们可以将 $\boldsymbol{Q}(\varphi)$ 写为

$$\boldsymbol{Q}(\varphi)=\begin{bmatrix}\cos\varphi & -\sin\varphi\\ \sin\varphi & \cos\varphi\end{bmatrix} \tag{2.57}$$

传输线 1 和传输线 2 之间的耦合(在界面上或在多传输线段内)对于建立类似简并带边的多模简并条件是必要的。实际上，要产生简并带边，至少需要两条传输线。在图 2.8 中，在实际波导中，φ 模拟了环轴的错位角，从而实现了上述简并带边调谐过程。“热”慢波结构与电子注互作用的方程(2.49)和(2.50)的解用转移矩阵 $\boldsymbol{T}_{\mathrm{b}}(z_1,z_0)$ 来得出。我们考虑一个周期性的多传输线结构，该结构具有长度为 d 的单位单元，包括如图 2.5(a)所示的 M 个级联结构，每个波导段由转移矩阵 $\boldsymbol{T}_{\mathrm{b},m}=\boldsymbol{T}_{\mathrm{b},m}(z_{m+1},z_m)$ 来表示，其中 $z_{m+1}-z_m=d_m$；任意连续段之间的耦合用 $\boldsymbol{X}_{m,m+1}$ 表示。我们通过级联各个段的转移矩阵(包括相邻段之间的界面处的模式混合)来获得“热”慢波结构单元的转移矩阵，比如：

$$\boldsymbol{T}_{\mathrm{b}}=\boldsymbol{T}_{\mathrm{b},M}\boldsymbol{X}_{M-1,M}\cdots\boldsymbol{T}_{\mathrm{b},2}\boldsymbol{X}_{1,2}\boldsymbol{T}_{\mathrm{b},1}\boldsymbol{X}_{M,1} \tag{2.58}$$

周期性耦合慢波结构的另一个重要例子是在单个段内具有内部耦合的慢波结构(这是在耦合模式理论中经常应用的假设)。这样的话，转移矩阵各个段由包括电感或电容的多传输线组成耦合。假设在这种波导中没有耦合界面矩阵 $\boldsymbol{X}$ (即 $\boldsymbol{X}=\boldsymbol{1}$)，则状态向量在单元间转移的单元的转移矩阵为

$$\boldsymbol{T}_{\mathrm{b}}=\boldsymbol{T}_{\mathrm{b},M}\boldsymbol{T}_{\mathrm{b},M-1}\cdots\boldsymbol{T}_{\mathrm{b},2}\boldsymbol{T}_{\mathrm{b},1} \tag{2.59}$$

以下获得本征模的过程适用于这两种情况，只需要知道单位单元转移矩阵，考虑一个无限长的周期性多传输线系统，我们寻求弗洛凯-布洛赫形式的状态向量 $\boldsymbol{\Psi}_{\mathrm{b}}(z)$的周期性解为

$$\boldsymbol{\Psi}_{\mathrm{b}}(z+d)=\mathrm{e}^{-\mathrm{j}kd}\boldsymbol{\Psi}_{\mathrm{b}}(z) \tag{2.60}$$

34 式中，k 是复布洛赫波数。然后，我们通过组合方程(2.60)和(2.54)写出本征系统为

$$\boldsymbol{T}_{\mathrm{b}}(z+d,z)\boldsymbol{\Psi}_{\mathrm{b}}(z)=\mathrm{e}^{-\mathrm{j}kd}\boldsymbol{\Psi}_{\mathrm{b}}(z) \tag{2.61}$$

它的本征值为 $\mathrm{e}^{-\mathrm{j}k_n d}$，其中 $n=1,2,\cdots,2(N+1)$。对于复数 k，通过求解特征方程来计算 $2(N+1)$个波数：

$$\det[\boldsymbol{T}_{\mathrm{b}}(z+d,z)-\mathrm{e}^{-\mathrm{j}kd}\mathbf{1}]=0 \tag{2.62}$$

我们称 $\boldsymbol{\Psi}_n(z)$为转移矩阵 $\boldsymbol{T}_{\mathrm{b}}\equiv\boldsymbol{T}_{\mathrm{b}}(z+d,z)$的第 n 个正则特征向量。请注意，所有的特征值都不依赖于 z，而状态特征向量依赖于定义单元的坐标 z。

2.7 与电子注同步的多个简并模

2.7.1 多模简并条件

简并的多个电磁模式的概念(因此，它们具有相同的波数、相速度和相同的极化状态，通过求助于异常简并点的一般概念来描述，并且异常简并点是周期性多传输线的参数空间中的一个点，在该点特征向量合并为单个简并特征向量)要求各种模式的独立偏振态在异常简并点处重合。在异常简并点中，传递矩阵 $\boldsymbol{T}$ 变得有缺陷，即其不能对角化。在这里，我们研究了周期性慢波结构中的四阶异常简并点在理想情况下没有损耗和增益，表明转移矩阵 $\boldsymbol{T}$ 的 4 个特征向量合并成一个简并特征向量。在四阶异常简并点中，对特征值问题，方程(2.61)没有提供特征向量的完整基。严格地说，这意味着我们无法找到一个非奇异的相似变换来对角化 $\boldsymbol{T}$。因此，在这种有缺陷的系统中，线性无关的特征向量可以从弗洛凯-布洛赫方程的广义形式中找到。

$$[\boldsymbol{T}-\mathrm{e}^{-\mathrm{j}dk_{\mathrm{d}}}\mathbf{1}]^q\boldsymbol{\Psi}_q^{\mathrm{g}}(z)=\mathbf{0},\qquad q=\{1,2,3,4\} \tag{2.63}$$

这里，$\boldsymbol{\Psi}_1^{\mathrm{g}}(z)\equiv\boldsymbol{\Psi}_1(z)$ 是正则或普通特征向量(与秩 1 的广义特征值相同)，而 $\boldsymbol{\Psi}_2(z)$、$\boldsymbol{\Psi}_3(z)$ 和 $\boldsymbol{\Psi}_4(z)$ 分别是秩 2、秩 3 和秩 4 的广义特征向量(参见文献[31]第 7 章中的广义特征向量详细信息)。

2.7.2 简并带边

简并带边是四阶异常简并点，仅当转移矩阵 $\boldsymbol{T}$ 类似于由下式给出的乔丹(Jordan)规范矩阵时才会出现：

$$\boldsymbol{T}=\boldsymbol{S}^{-1}\boldsymbol{\Lambda}\boldsymbol{S},\quad \boldsymbol{\Lambda}=\begin{bmatrix}\zeta_{\mathrm{d}} & 1 & 0 & 0\\ 0 & \zeta_{\mathrm{d}} & 1 & 0\\ 0 & 0 & \zeta_{\mathrm{d}} & 1\\ 0 & 0 & 0 & \zeta_{\mathrm{d}}\end{bmatrix} \tag{2.64}$$

其中，$\boldsymbol{S}=[\boldsymbol{\psi}_1^{\mathrm{g}}|\boldsymbol{\psi}_2^{\mathrm{g}}|\boldsymbol{\psi}_3^{\mathrm{g}}|\boldsymbol{\psi}_4^{\mathrm{g}}|]$，由 1 个正则特征向量和 3 个广义特征向量组成。所有广义特征向量都对应于一个重数为 4 的重合特征值 ζ_{d}，$\zeta_{\mathrm{d}}=\exp(-\mathrm{j}k_{\mathrm{d}}d)$ 且方程(2.64)中的 $\boldsymbol{\Lambda}$ 是 4×4 乔丹矩阵。这是在只有两个传输线的互易和线性结构中可以获得的最高阶简并，因为

35 它结合了所有支持的波(前向、后向和/或传播、倏逝)。因为在互易系统中仍然遵守 $\pm k_{\mathrm{d}}$ 对称

性，所以只有一个重数为 4 的退化特征值意味着特征值 k_d 必须满足 $k_d d=\pi$ 或 $k_d d=0$。因此，四阶异常简并点可以发生在 $k_d d=0$（且 $k_d=2\pi/d$）或 $k_d=\pi/d$（有时定义在 $k=0$ 和 $k=2\pi/d$ 之间，称为基本布里渊区的中心）处的带边缘上。图 2.7 示意性地描绘了四阶异常简并点附近的 4 个特征向量的演变。这些特征在图 2.7 中的多传输线的无电子加载的冷色散关系中可观察到。此处以及第 6 章的全波模拟和实验都展示了两种简并带边情况出现的示例。文献[32]首次用实验证明了金属圆波导中简并带边的存在。

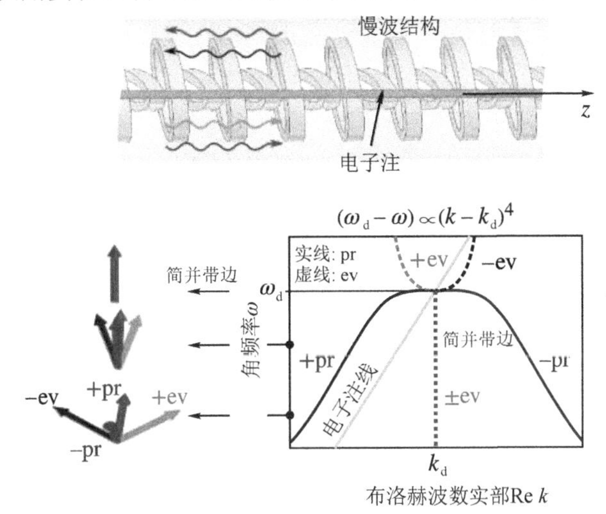

图 2.7　简并带边附近“冷”（即没有电子注）慢波结构的典型色散图，显示了 4 个布洛赫波数 k 与角频率的实部。简并带边条件的一个重要特征是，其代表 4 个模式的简并 $(\omega_d-\omega)\propto(k-k_d)^4$，色散曲线在简并带边角频率 ω_d 附近遵循渐近趋势，当电子注线在点 (ω_d, k_d) 处与色散曲线相交时，就有了我们所说的超同步机制，从而在简并带边振荡器中产生高效率功率输出。注意，当考虑与电子注互作用时，本章所述曲线变得复杂，即所有模式都有复波数，在 (ω_d, k_d) 点附近受到显著扰动，如图 2.9 所示

在图 2.8(a)和(b)中，我们展示了圆形金属波导的两个示例（从许多示例中选出）：一个由具有不同椭圆率的级联波导横截面组成；另一个周期性地加载有适当倾斜的金属椭圆环，以支持简并带边，这些环与 xOy 平面的主轴之间有一个角度为 φ 的方向偏差。对于文献[33]中报告的波导参数，图 2.8(c)展示了“冷”周期性多传输线中的 4 种模式（每个 $\pm z$ 各有 2 种方向，即前向和后向）的布里渊区色散关系 Re $k-\omega$ 图，该关系使用基于计算机模拟技术微波工作室（CST Microwave Studio）的有限元方法的全波模拟计算。此外，我们展示了 Re k 的对称正负分支。ω_d 附近 4 个模的色散关系渐近等价于 $(\omega_d-\omega)\approx h(k-k_d)^4$，其中 h 是取决于几何形状的常数，$h=1.76\times10^4\,\mathrm{m^4\cdot s^{-1}}$ 由渐近色散关系与全波模拟得到的传播模式色散进行拟合得到。图 2.8(c)中仅显示了色散图中具有消失特性的 Im k 的分支，如文献[7]、[10]和[33]中所述。波导设计工作在 S 波段，频率为 1.74 GHz。

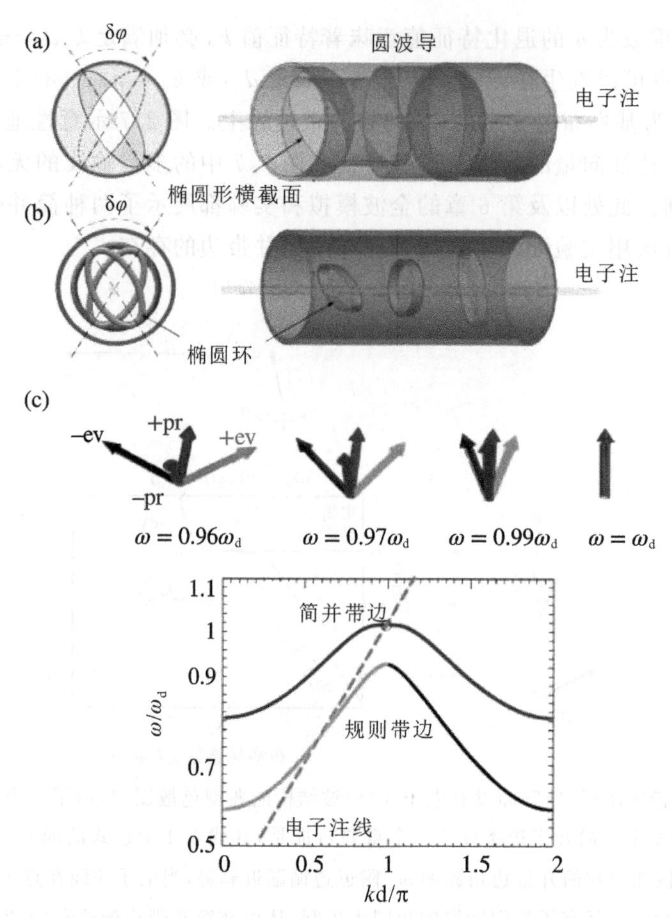

图 2.8 周期性金属慢波结构的示意图。该慢波结构支持多个布洛赫模式，并显示简并带边（即四模简并）。在(a)中，单位单元由具有不同椭圆率或方向的级联波导横截面组成；而在(b)中，周期性波导加载具有不同椭圆率或方向的环；(c)显示简并带边（四模简并）和规则带边（双模简并）特征的周期性慢波结构的代表性色散图[6]

在这里，我们研究了在多传输线结构中，由于 4 个慢波布洛赫模的简并导致电磁模的群速度显著降低，从而增强了从电子注到电磁引导模的能量转移。我们遵循广义皮尔斯模型，使用多传输线与文献[5]中推导出的电子注互作用的转移矩阵，并将其扩展到由 M 级联段 $A_1, A_2, \cdots, A_M$ 的周期性集合组成的多传输线的情况[如图 2.5(a) 所示]，详见文献[6]和 2.5 节的总结。假设每个多传输线段由 N 个传输线组成，如前所述，在相邻多传输线段之间的界面处相互耦合；假设电子注的横截面非常小，并且沿 z 方向是无限大的，忽略因结构的有限长度造成的任何电子的横向运动和边缘效应……所有其他假设也已在文献[6]中说明。为了保持一致性，我们关注的图 2.10 中的多传输线由 5 段 2 传输线组成。它们以模式混合的方式连接，以保证简并带边的存在。

2.7.3 超同步

上述多传输线方法的主要用途（详见文献[6]、[24]和[30]）是探索电子注和引导电磁波模式之间的新颖的电磁能量转换方案。我们首先讨论最新研究中提出的振荡方案[34]，其与使用图 2.8 或文献[33]中的波导结构获得的有限长度简并带边腔相关，例如与电子注互作用。我们将此类振荡器称为简并带边振荡器[34]。图 2.5(a)中描述的多传输线系统确实支持具有 4 种简并布洛赫模式的简并带边。我们想指出，4 种布洛赫模式中的每一种都被分解为无限多的弗洛凯谐波[6]。由于简并性，在“冷”慢波结构中，所有弗洛凯谐波的波数为 $k_n^p = \pi/d + F_p$，$F_p = 2\pi p/d$。其中 $p = 0, \pm 1, \pm 2, \cdots$，是弗洛凯谐波波数的系数。只有模式的慢谐波与平均速度为 u_0 的电子注相位同步，我们可以用系数 $p=0$ 来表示。因此，在带边的角频率 ω_d 处，4 个波数相同的慢布洛赫谐波 $k_d = \pi/d$，有 4 种不同的模式，构成了此处讨论的超同步条件，用下式表示：

$$u_0 \approx \frac{\omega_d}{k_d} = \frac{\omega_d d}{\pi} \tag{2.65}$$

条件式(2.65)是本节提出的基于 4 种简并模式同步的振荡方案的必要初步判据。通过在布里渊区中点 $k=\pi/d$ 处将“冷”结构色散和电子注线 $\omega(k)=ku_0$ 相交横切，求解方程(2.65)(如图 2.7 所示)找到所需的 u_0。对于小电子注电流 I_0[6]，“热”结构的色散图受到了一定程度的扰动，但对于大电子注电流，色散图发生了明显畸变。这意味着，严格来说，大电子注电流可能会失去简并性，尽管其仍可能出现有利的特性，需要数值验证。这种效应被称为“注流加载”，也发生在“标准”真空电子器件振荡器中。正如我们在下面讨论的，必须调整电子注平均速度 u_0 以实现最佳同步。注意，在简并带边点附近，色散图具有代表正群速度和负群速度模式的曲线，电子注在该点的同步也可能产生分布反馈。

图 2.7 和图 2.8 的色散图中的低频模态在通带和阻带之间表现出规则带边，这是周期结构的标准带边条件，其中两个本征模简并。图 2.7 和图 2.8 给出了更高阶的简并模式，当对环的错位角进行精确设计，如在图 2.7 的情况中，$\varphi=\varphi_{DBE}=68.8°$ 时，这些模态呈现出简并带边。如图 2.8(a)和(b)所示的波导在其色散图中出现简并带边的原因是 4 个模式之间的充分耦合(每个 $\pm z$ 方向有 2 个模式)。当两种极化在同一个单元内混合足够大的时候就可以实现这一点，详见文献[33]及本章前面所作的总结。当图 2.8 中给出的环在物理上错位排布 $\varphi=90°$ 时，该环在 xOy 平面上具有 90° 旋转对称性，可以得到两个垂直极化正交的简并模式[33]。因此，这不是一个包括极化态(特征向量)的简并。我们所感兴趣的多模简并的极化态也是简并的。

事实上，简并带边是通过对称性调整错位角 φ 获得的，而此时其他结构参数是固定的(详见文献[33])。因此，我们能够确定出现简并带边的错位角的范围。例如，当 φ 接近于 90° 或者 0° 时，由于不充分的模式合成，我们仅得到一个规则带边。因此，需要尝试不同的角度去建立简并带边模式。为了找到它，从 $k=k_d$ 处的色散关系中，当 $n=1,2,3$ 和 4 时，对于不同的 φ 值计算导数 $\partial^n\omega/\partial k^n$。随后，确定前 3 阶导数消失而第 4 阶导数不为零的精确角度 $\varphi=\varphi_{DBE}$。我们发现这满足简并带边色散关系 $(\omega_d-\omega)\approx h(k-k_d)^4$ 的条件，并且在 $\varphi=\varphi_{DBE}=68.8°$ 处简并带边存在。重要的是，如果几何结构发生变化或设计参数被缩放，简并带边条件将不会以此处相同的角度出现，而需要使用类似的方法找到错位角 φ_{DBE} 的精确值。由此产生的简并带边模式具有强大的轴向电场强度分量，与电子注的互作用增强。在下文中，我们将展示这种结构在增强弱电子注增益方面的潜力。为此，我们首先详细说明了等效多传输线的色散图，该多传输线支持与具有简并带边的圆形波导中相同色散的模式。需要注意的是，拥有强纵向电场(与轴向电子注互作用所必需的)与获得简并带边的电场强度无关。在轴向电场很弱甚至消失的模式之间可能存在简并条件。因此，对于所考虑的结构，必须满足既要实现四模简并条件，又要同时具有强纵向电场的双重要求。

2.7.4 周期性多传输线与电子注互作用的复色散特性

现在，我们通过求解方程(2.62)中的 $2(N+1)\times2(N+1)$ 矩阵的全部本征值问题来计算图 2.5 中与电子注互作用的“热”多传输线结构的复模态，这是使用上述广义皮尔斯模型获得的。因此，我们得到了 $2N+2$，$N=2$ 的布洛赫模式。它们不同于上述“冷”结构中的模式，尤其是在电磁波模式和电子注之间发生同步的频率区域。需要注意的是，在这种情况下，波数对称性不再成立，一般来说，如果 k 是一个解，根据电子注的非互易性质，$-k$ 就不是解。然而，由于多传输线与电子注互作用较弱，这种对称性几乎得到了满足。

由于电子注和多传输线之间的同步发生在简并带边区域，有 4 个重叠电磁模式，因此预计会发生强烈的互作用，将色散曲线的变形作为电子注电流强度的函数进行分析是非常必要的，如图 2.9 所示。为清楚起见，我们通过显示在归一化频率范围 $0.9\pi<kd<1.1\pi$ 中带边前后 k 的实部所显示的模态曲线如何在该区域分裂，来显示布里渊区中心(此处定义当 $0<kd<2\pi$ 时)的情形。请注意，“冷”多传输线(虚线曲线)中的简并带边如何受到与电子注互作用的干扰。

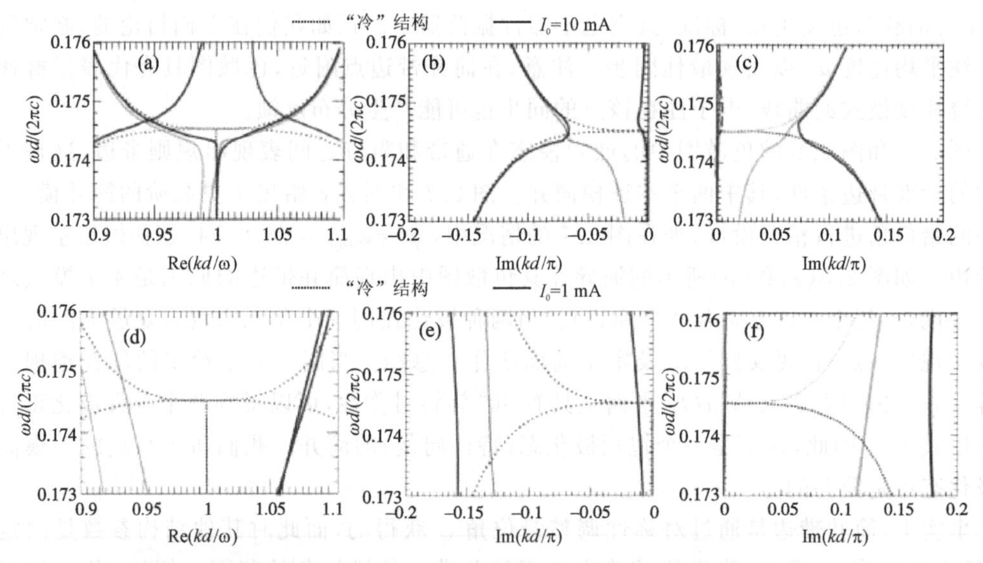

图 2.9 超同步条件：简并带边的 4 个模式与电子注互作用。这个条件在图 2.7 和图 2.8 中已描述，这里我们通过计算给出本征模色散图总结射频模式与电子注之间的耦合。针对两种不同的电子注平均电流(实线)以及图 2.5(a)中的“冷”多传输线结构，该结构在 $\omega d/(2\pi c)=0.1745$ 呈现简并带边(虚线)。我们绘制了 6 个布洛赫波数 k 与频率的关系曲线。在(a)和(d)中，我们画出了 k 的实部与频率的关系曲线，在(b)和(e)以及(c)和(f)中，我们画出了 k 的虚部与频率的关系。请注意，此处显示的实际分支位于 $kd=\pi$ 附近，即基本布里渊区和下一个布里渊区之间的边界，以显示靠近简并带边的带边缘处模式曲线的连续性。我们在(b)和(e)以及(c)和(f)中分别显示了 $\mathrm{Im}\,k<0$ 和 $\mathrm{Im}\,k>0$ 的色散曲线。复波数是模式表现出对流不稳定性所必需的(资料来源：Othman et al[6])

对于平均电子注直流电流 $I_0=10[\mathrm{mA}]$，与“冷”多传输线相比，简并带边条件(实线)恶化，并且模式不再完全满足典型简并带边的关系 $\Delta\omega\sim(\Delta k)^4$；然而，对于远离简并带边的频率(图 2.9 中未显示),4 种模式逐渐接近“冷”慢波结构模式。增加注流平均电流 I_0 会导致色散图变形更大,对于 $I_0=1$ A 的电流,无法再识别简并带边典型色散(实线),并且可能会失去与其相关的优势。这凸显了保持简并带边的小扰动(在增益方面),从而充分利用超同步机制的优势的重要性。

39

2.8　与多模相关的高增益

现在我们考虑图 2.10 中没有电子注时(即在“冷”周期慢波结构中),多传输线的 N 个单位单元组成的有限长度结构。多传输线电路的四端口网络表示如图 2.10 所示,同时带有终端阻抗以及电压发生器。我们还假设电荷波(电子注的小信号调制)以零预调制进入互作用区域(图 2.10 中的 $z=0$ 处),即 $I_b(0)=0$ 和 $V_b(0)=0$ 作为方程(2.52)的边界条件,亦即方程(2.57)* 中的 $\boldsymbol{\Psi}_b(z=0)$。另一边界条件 $V(z=0)$ 和 $I(z=0)$ 取决于电压发生器及其在 $z=0$ 时的内部阻抗(图 2.10)。边界条件的一般设置包括不同于图 2.10 中单一电源和负载示例的电源/负载拓扑。选择不同的激励阻抗和负载阻抗不会影响此处得出的结论。此外,调整这些边界甚至可能有利于优化结构的增益。再者,在 $z=0$ 处应用电荷波边界条件 I_b 和 V_b,表明此类边界条件提供了由电磁波激发的传播电荷波,该电荷波不会遇到图 2.10 中“收集器”侧的反射。因此,z 处的唯一状态向量 $\boldsymbol{\Psi}_b(z)$ 要使用 2.6 节中描述的传统转移矩阵方法进行评估。参考图 2.10,我们将传输线电路电压转移函数定义为波纹深度比:

40

$$T_F = V_L(\omega)/v_g \tag{2.66}$$

式中,$V_L(\omega)$ 是由于源电压 v_g 引起的终端阻抗 Z_L 处的负载电路电压。

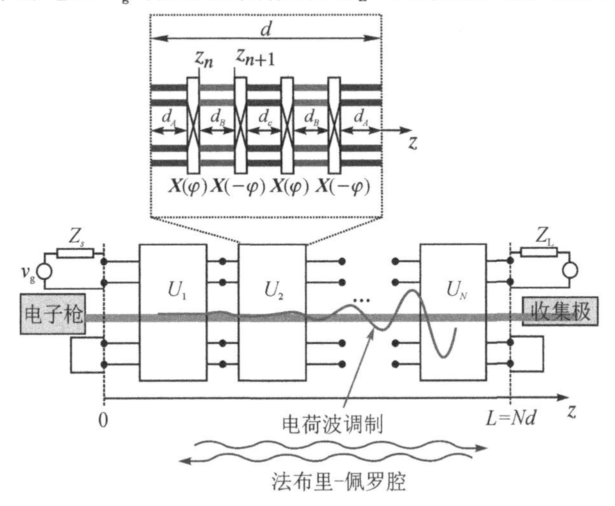

图 2.10　由 2 根传输线组成的周期性多传输线模拟有限长周期性慢波结构与电子注互作用的概念示例。N 个级联单位单元的序列形成法布里-佩罗腔。其中每个单位单元由 5 个双传输线段组成,在相邻段之间的界面处通过旋转矩阵 $\boldsymbol{X}$ 相互耦合。当模式以 2π 的倍数的总相位累积传播整个往返行程时,就会发生谐振。增加电子注电流 I_0[30],当慢波结构与电子注互作用系统的极点移动到不稳定区域时,这种结构将开始振荡(资料来源:Othman et al[30])

* 应为方程(2.60)。——译者注

我们感兴趣的是由法布里-佩罗谐振激发场产生驻波的情况，从而得到群速度方向相反的两种传播模式的相长干涉导致强烈的传输谐振。在这里，我们研究最接近简并带边频率谐振的法布里-佩罗谐振。这个谐振频率近似为 $\omega_{\mathrm{r,d}} \approx \omega_{\mathrm{d}} - h[\pi/(Nd)]^4$，其中 h 是拟合常数(详见[8,34])。法布里-佩罗谐振与简并带边条件的统一导致布洛赫波在多传输线末端的巨大失配。由于简并条件，存储的能量与结构两端逃逸出的能量相比会大幅增强，以致品质因子 Q 大幅增强[35]。文献[8]和[30]中报告了与增益增强相关的简并带边的各种一般特征。这里讨论的放大方案也被称为对流不稳定性。其中放大发生在电子注电流特定阈值以下，这在许多高功率器件中是典型的[18,36]。需要注意的是，在具有简并带边与电子注互作用的有限长度慢结构波中，最大增益不会恰好出现在 $\omega = \omega_{\mathrm{d}}$ 处，而是出现在接近“冷”结构的传输谐振角频率 $\omega_{\mathrm{r,d}}$ 的频率处。在 $\omega_{\mathrm{r,d}}$ 处，“冷”慢结构波支持布洛赫波数为 $k_{+\mathrm{pr}}(\omega_{\mathrm{r,d}}) \approx k_{\mathrm{d}} - \pi/(Nd)$（前向模式）和 $k_{-\mathrm{pr}}(\omega_{\mathrm{r,d}}) \approx k_{\mathrm{d}} + \pi/(Nd)$（后向模式）两种传播模式，以及具有布洛赫波数 $k_{\pm\mathrm{ev}}(\omega_{\mathrm{r,d}}) \approx k_{\mathrm{d}} \mp \mathrm{j}\pi/(Nd)$ [30]的两种倏逝模式。因此，我们选择电子注流速度 u_0，使其与前向传播模式的相速度相匹配，使得 $u_0 \approx \omega_{\mathrm{r,d}}/k_{+\mathrm{pr}} = \omega_{\mathrm{r,d}}/[k_{\mathrm{d}} - \pi/(Nd)]$。当 N 足够大时，该方程与式(2.65)吻合。我们在有限长度行波管的特定设计中选择了这样的 u_0 值，以实现高增益放大，而没有寻求彻底的优化。换言之，在 $\omega_{\mathrm{r,d}}/k_{\mathrm{d}}$ 附近微调 u_0 以使增益最大化是必需的，但为了简单起见，这里不做尝试。尽管如此，“冷”慢波结构在 $\omega_{\mathrm{r,d}}$ 经历了四模简并，从这个意义上说，激发的慢波结构使通过 4 个简并模式构成的场振幅大幅增长(参见文献[30]中的图 2.6)。因此，即使我们选择的 u_0 与条件(2.65)提供的略有不同，4 模同步的概念在有限长度结构中仍然有效，这要归功于谐振时所有 4 模的强激发。

41

实际上，对于较大的 N，我们使用 $\omega_{\mathrm{rd}} \approx \omega_{\mathrm{d}}$，因此，为了简单起见，在所有情况下，我们总是假设一个常数 u_0。下面我们取 $u_0 = 0.497c$，其中 $\omega_{\mathrm{rd}}/kd \approx 0.47c$。

在图 2.11(a)中，我们显示了当电子注在简并带边附近的频率范围内具有平均电流 $I_0 = 20\ \mathrm{mA}$ 时，小信号电压增益 $= 20\lg|T_{\mathrm{F}}|\ \mathrm{dB}$，此时增益最大。为了进行比较，我们展示了两种不同腔长度的增益(以 dB 为单位)，即 N 等于 21 个和 25 个单元，并观察增益如何随简并带边设计的错位角参数 φ 而变化。对于 3 个错位角，峰值增益略有不同，并出现在略微不同但都非常接近 ω_{d} 的频率上。

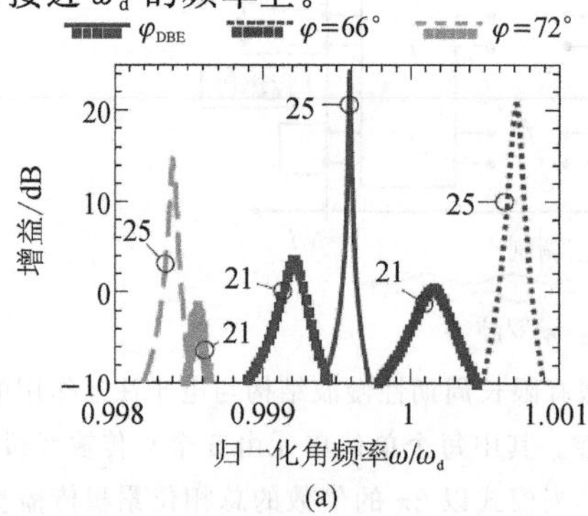

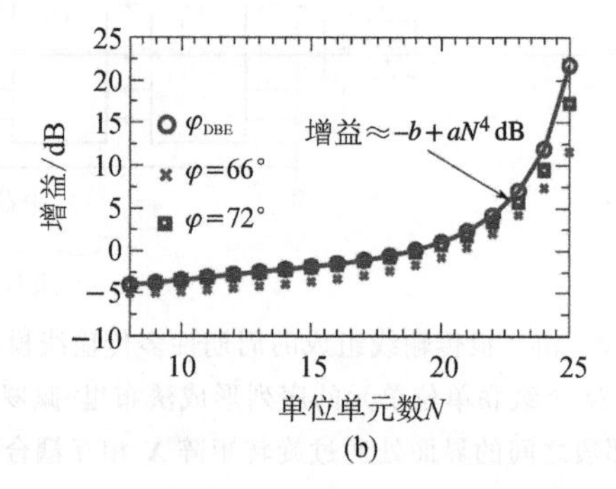

图 2.11　(a)图 2.10 假设平均电子注流 $I_0 = 20\ \mathrm{mA}$，速度 $U_0 = 0.497c$，多传输线系统的增益随频率变化的关系为 $20\lg|T_{\mathrm{F}}|$。该系统设计为在简并带边频率附近工作，我们通过扰乱提供简并带边的倾斜错位角来探索增益性能。考虑了两种不同的慢波结构长度，分别为 21 个和 25 个单元。(b)增益缩放与 3 个错位角的单位单元数 N 的关系，通过与此类拟合曲线的匹配[30]得到证实，变化的趋势关系为 $G_{\mathrm{DBE}} = -b + aN^4$(资料来源：Othman et al [30])

我们还表明,在平均电子速度 $u_0=0.497c$ 的相同情况下,当单元数从 11 增加到 25 时,增益显著增强。为了更好地量化这一特征,我们在图 2.11(b)中报告了在 3 种错位角参数值时,以 dB 为单位的增益随单元数 N 的函数变化[根据长度和参数的变化,在图 2.11(a)中峰值对应的频率下计算每种情况的增益]。增益随着 N 的增加而单调增加,对于最佳错位角参数 φ_{DBE},我们可以观察到最大增益[在图 2.11(b)所示的 N 值范围内]。

此外,增益的增加伴随着群速度急剧降低。结果表明,增益增强与群延迟的增加成正比[8,30]。根据这个假设,如图 2.11(b)所示,我们在通过最佳错位角参数 φ_{DBE} 的转移矩阵计算的增益上叠加了一个拟合公式

$$G_{\mathrm{DBE}} \approx -b + aN^4 \tag{2.67}$$

这里,a 和 b 是与电子注电流成正比的拟合常数,而 b 还考虑了由于在 $z=0$ 时施加在传输线上的边界条件导致的初始损耗,类似于非常小的空间电荷效应的传统皮尔斯模型[1,18]。在我们的例子中,获得的拟合常数为 $a\approx 5.1\times 10^{-5}$,$b\approx 4.9$。$R^2$ 值是一个介于 0 和 1 之间的数字。我们发现通过方程(2.67)获得最佳错位角参数 φ_{DBE} 计算增益的统计测量的值约为 0.995,证明了拟合很精确,因为它非常接近 1。

请注意,对于较小的 N 值[图 2.11(b) 中的 $N<15$],没有增益,因为交互系统的长度不足以引起显著的群聚,使得平均电子注电流为 20 mA 时产生放大。此外,在简并带边放大器中,4 个同步简并模式与电子注耦合且放大是电子注与这 4 种模式互作用的结果。因此,电路电压增益是计算结构中所有激发模式的,因为电压发射器将由于超同步而激发所有增长模式。然而,在皮尔斯型行波管中,只有一个呈指数增长(放大)的模式存在,因此增益自然会受该模式控制。根据皮尔斯公式(2.42),电压线性增益仅考虑了唯一的增长模式,这导致 $G_{\mathrm{Pierce}}\propto N$(见文献[18]第 8 章)。在简并带边放大器中,由于我们有 4 种简并模式,所以增益 DBE $\sim N^4$。一方面,我们再次指出,该区域对应于放大器的对流不稳定性操作(即放大器在零驱动模式下稳定,在多传输线中没有电磁信号输入)。另一方面,考虑到非线性和其他实际缺陷,大信号驱动的放大器稳定性是未来需要解决的另一个重要问题。请注意,增加行波管的长度,加上端部反射,超过临界长度会导致放大器进入绝对不稳定状态并振荡(不匹配行波管的典型情况[37-39])。因此,由于简并带边区域确定与慢波结构末端大的失配有关,振荡体系是使用 2.9 节要讨论的简并带边腔来构思的。对于放大区域,我们将在 2.11 节中讨论。在那里,我们利用了三模简并,与形成简并带边的模式相比,它不具有负的群速度。

2.9 多模同步振荡器中的电子注低启动电流

鉴于 2.8 节总结中的分析结果,现在我们继续分析有限慢波结构与电子注互作用导致的低启动电流振荡[34]。分析放大系统的稳定性和振荡方面的方法很少。在无限长的结构中,振荡的标准是从色散图中得出的,即在实数波数谱中存在一个间隙,对应的频率只能是具有负虚部的复数,这就表明了该结构的绝对不稳定性[40]。不稳定性也可以从布喇格(Briggs)[41]提出的标准中理解。我们感兴趣的是有限长慢波结构中的绝对不稳定性,它通过形成法布里-佩罗腔(Fabry-Pérot cavity,FPC)来促进由于其端部失配而产生的反馈机制。遵循 2.7.3 节中转移函数的扩展和式(2.65)中的超同步思想,我们通过研究在复角频

率 ω 平面中作为如图 2.10 中所示超同步操作的多传输线中的电子注流 I_0 的函数的转移函数 $T_F(\omega)$ 的复频率极点的位置，来进行固有频率分析。

反馈系统中启动振荡的巴尔克豪森(Barkhausen)稳定性准则[42-43]指出，有源器件中的正反馈必须满足以下条件：①信号腔内信号往返传播的相移 2π 的整数倍；②环路总增益应大于 1。前者是通过 $\omega_{r,d}$ 附近的法布里-佩罗谐振条件实现的(在冷结构中它将恰好在 $\omega_{r,d}$ 处)。后一种情况是通过将电子注作为放大源，向电磁模式传输足够的能量，以补偿系统和法布里-佩罗腔两端的往返损耗来实现的。转移函数 $T_F(\omega)$ 的复频率极点 ω_{pole} 包含谐振频率的信息以及腔的 Q 因子。这些极点对称地分布在复 ω 平面中，$\omega_{pole\pm}=\pm \mathrm{Re}\,\omega_{pole}+\mathrm{j}\mathrm{Im}\,\omega_{pole}$ 成对分布。对于一个稳定系统，其极点位置使 $\mathrm{Im}\,\omega_{pole}>0$；而若极点位置使得 $\mathrm{Im}\,\omega_{pole}<0$，则表明其系统不稳定。极点确定线性操作下任意输入的时域响应。$\mathrm{Im}\,\omega_{pole}<0$ 的极点，表明不稳定的状态，负责产生零驱动振荡(在这种情况下，零驱动意味着在多传输线中没有输入电磁信号)。为简单起见，我们首先考虑无损法布里-佩罗腔。本节末尾将给出金属损耗对启动电流的影响。

图 2.7 中的"热"慢波结构几何形状，可用来类比图 2.12 [34]中的多传输线。在图 2.12(b)和(c)中，我们绘制了最接近简并带边谐振角频率 $\omega_{r,d}$ 的极点的虚部和实部(为简洁起见，仅显示了具有正实部的极点)。$\omega_{r,d}$ 作为电子注电流 I_0 的函数，用于无损多传输线的转移函数。多传输线与发射器和负载位置如图 2.12(a)所示。图 2.12(b)中的曲线图表明，对于较小的注流，极点位于稳定区域(其中 $\mathrm{Im}\,\omega>0$)，而增加注流会使极点过渡到不稳定区域(其中 $\mathrm{Im}\,\omega<0$)，对应于触发振荡。极点的这种转变表明绝对不稳定性的开始，并给出了起始振荡电流或电子注电流阈值 I_{st}。我们根据超同步条件设计慢波结构-电子注互作用，选择电子注速度 u_0，使其接近式(2.65)的 4 个模式的相速度，因此慢波结构中注-波互作用主要影响简并带边频率附近的极点简并条件。这是通过观察转移函数的其他极点(其实部低于简并带边谐振频率)推断出来的。换言之，除与简并带边谐振相关的极点外，$|\mathrm{Re}\,\omega_{pole}|\approx\omega_{r,d}$ 不受图 2.12 所示范围内增加注流的显著影响(图 2.12 中未绘出这些其他极点)。这意味着，如果电子注电流在图 2.12 所示的阈值附近，那么接近简并带边频率的极点的影响将超过所有其他系统极点的影响。此外，通过研究式(2.57)中的错位角 φ 的变化，除 $\varphi=\varphi_{DBE}=68.8°$ 外，选择 $\varphi=66°$ 和 $\varphi=72°$，与本书第 6 章中的其他情况相比，简并带边具有最低注流的极点虚部的零交叉。此外，我们观察到，$\varphi=\varphi_{DBE}=68.8°$ 的特定极点的实部对电子注电流的变化不敏感，如图 2.12(b)所示，实曲线的 $\partial\mathrm{Re}\omega_{pole}/\partial I_0\approx 0$。有趣的是，简并带边附近的另外两种情况也有几乎恒定的 $\mathrm{Re}\,\omega_{pole}$。该分析表明，对于简并带边情况以及其他两种未完全满足简并带边条件的情况，增加电子注电流会达到开始振荡的阈值。因此，振荡与简并带边谐振模式有关，振荡频率将非常接近 $\omega_{r,d}$ [34]。此外，在所有这些情况下，ω 极点的实部并不强烈依赖于电子注电流，对于能够得到纯净频谱的振荡的情形，可以使用包括饱和效应在内的时域技术进一步研究。

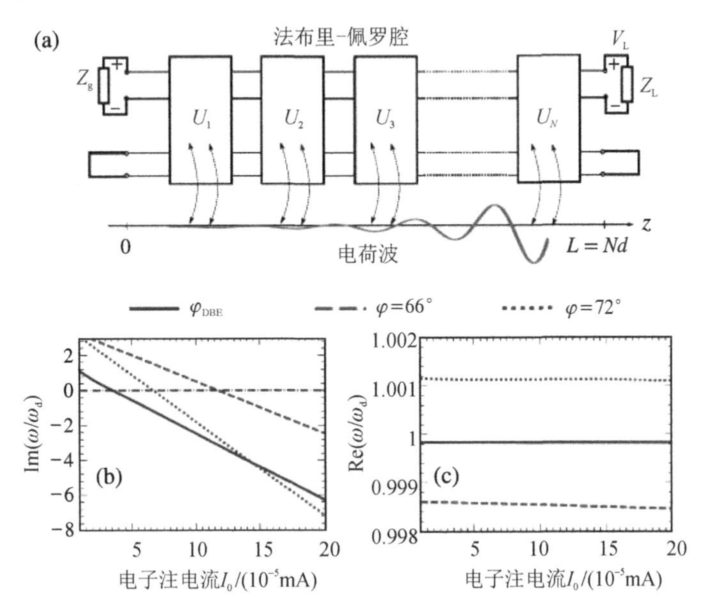

图2.12　(a)简并带边振荡器的等效多传输线与电子注互作用模型的示意图。慢波结构由两个有限长度的耦合传输线构成，表现出四模简并(即简并带边)。通过观察改变电子注电流 I_0 的系统极点位置来检查振荡条件。对于由 $N=32$ 个单元组成的慢波结构，与平均电流为 I_0 的电子注互作用，我们绘制了简并带边振荡器转移函数 $T_F(\omega)$ 的复弧度频率极点 ω(最接近简并带边频率的那一个)的(b)虚部和(c)实部。针对慢波结构中周期性嵌入结构的3个不同倾斜角度(通向简并带边理想的倾斜角度和围绕理想的倾斜角的另外两个角度)评估其极点位置和动力学。对于最佳条件(实线，与理想倾角参数 $\varphi=\varphi_{DBE}$ 相关)，极点以最小的电子注电流进入不稳定区域($\mathrm{Im}\,\omega<0$)，还要注意极点的实部(即振荡频率)对电子注电流 I_0 不敏感[34]

我们指出，电子注也会与另一个较低频率的模式互作用，如图2.8(c)所示，其中较低频率的前向模式分支表现出规则带边。我们在计算中会自动考虑到这一点。尽管在规则带边情况下，二者也实现了同步，与这种模式的互作用还是需要较大的起始振荡电子注电流，为该电子注与远离能带边的这种正向模式互作用。换言之，即使对于大的电子注电流，它振荡也会因对流不稳定性而产生作用，所以与具有最低启动电流的简并带边相关的超同步将在振荡中占有主导地位。此外，互作用阻抗和功率提取网络可以很容易地被设计出来，以减轻其他模式的激发，从而允许简并带边模式占主导地位。还必须注意的是，当多种模式同时选择振荡频率时，根据其品质因子和耦合效应，通常只有一个模式占主导地位。这通常发生在简并带边振荡器中，其中唯一的振荡频率在 $\omega_{r,d}$ 处观察到。我们在简并带边激光器的一个不同但相关的问题中发现了类似的机制[44]。

在图2.13中的阈值条件(启动振荡电流或电子注阈值电流条件)下，I_{st} 被定义为使得 $\mathrm{Im}\,\omega_{pole}=0$ 的电子注电流。参考图2.7(a)中的慢波结构几何结构，对应于文献[34]中分析的情况，我们随后在图2.14中计算了具有简并带边(相对于 $\varphi=\varphi_{DBE}=68.8°$)的无损法布里-佩罗腔的启动电流 I_{st}，以及具有66°和72°的两个不同 φ 值的无损法布里-佩罗腔的启动电流 I_{st}，作为单位单元数量 N 的函数变化(损耗将在后面考虑)。我们发现，采用 $\varphi=\varphi_{DBE}$ 的优化设计表现出非常低的启动电流。与 φ_{DBE} 略有偏差的其他两种情况也表现出低启动电流，但最佳设计(一种"冷"慢波结构表现出简并带边)的启动电流是最低的。我们还通过绘制拟合曲线，显示了简并带边情况下 N 较大时的阈值电流趋势：

$$I_{st}=\frac{\alpha}{N^5} \tag{2.68}$$

其中，$\alpha=9\times10^4$ A。当 N 较大(即 $N>16$)时，拟合曲线与通过基于前面讨论的转移矩阵方法的分析获得的阈值电流值一致，表明简并带边情况下的启动电流按与 $1/N^5$ 成正比的比例缩放。这意味着当慢波结构长度增大时，简并带边在高功率振荡器中的应用具有潜在优势。这种非常规缩放的原因是简并带边振荡器的 Q 因子也缩放为 $Q\approx N^5$，见文献[8]、[10]和[45]。为了进行比较，我们还使用公式 $I_{st}=V_0/(8ZN_\lambda^3)$ [46-47]，计算了相同长度、互作用阻抗 Z 等于图 2.14 中多传输线平均阻抗的标准返波振荡器中的启动电流。这里 $N_\lambda=L/\lambda_g$ 是返波振荡器的物理长度($L=Nd$)与引导波长 $\lambda_g=2\pi/k_d$ 之间的波纹深度比，这些值是在 $\omega=\omega_d$，$V_0=u_0^2/(2\eta)$ 和阻抗 $Z=51.6\ \Omega$ 下计算的。我们观察到，对于具有多个单元的结构，例如 $N>16$，简并带边的启动电流低于标准返波振荡器的启动电流。特别是对于 $N=48$ 个单元，简并带边的启动电流比标准返波振荡器的启动电流降低两个数量级。

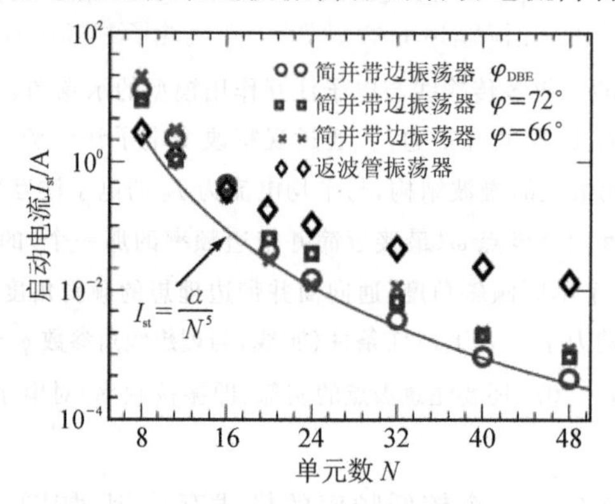

图 2.13　由简并带边的无损法布里-佩罗腔制成的简并带边振荡器的电子注启动电流 I_0(振荡阈值电流)，在超同步条件下按照方程(2.65)随传输线长度 Nd 的变化。损耗在图 2.14 中考虑。慢波结构由具有周期性单元结构(嵌入物)的金属波导制成，该周期性慢波结构中的嵌入物具有适当的倾斜角以满足简并带边条件(即 4 个简并模式)。比较嵌入物(单元结构)错位角与理想简并带边角度 $\varphi=\varphi_{DBE}$ 偏差的情况(满足简并带边条件)，我们给出了两种情况下的启动电流。为了比较，我们给出了具有相同长度的返波振荡器的启动电流图，与该启动电流相比，传统返波振荡器的启动电流要高出很多(资料来源：Othman et al[34])

接下来，我们研究空间电荷效应对电子注去群聚、慢波结构损耗以及起振条件的影响。46 电子注中内部作用力引起的空间电荷效应导致电荷波等离子体频率 ω_p 振荡[4,18,48]。空间电荷效应的散焦现象可以由 $\omega_p^2=2V_0u_0/(\varepsilon_0A)$ 定义的等离子体频率来解释，其中 A 是电子注横截面积，ε_0 是真空介电常数[4]。去群聚效应抵消了电子注中的群聚，并且通常会限制从电子注到慢波结构中电磁模式的能量转移[18]。因此，启动电流受空间电荷效应的影响。系统矢量 $\boldsymbol{\psi}(z)$ 的演变考虑了空间电荷的影响，如文献[29]中的方程(2)和文献[49]中的方程(4)所述，并将其包含在转移矩阵中。通过改变电子注面积 A，而其他结构参数保持不变，我们研究了等离子体频率如何改变起振条件。

此外，损耗会影响品质因子和振荡器性能，因此，为了提供有意义的评估，我们也对有损多传输线的情况进行了研究。通过考虑多传输线中分布式串联电阻率等于 0.2 Ω/m 来解释多传输线中的一般损耗，该分布串联电阻是从图 2.8(a)中“冷”周期环载波导的全波模拟得到的拟合数据中获得的。我们所提出的简并带边振荡器和标准返波振荡器之间的比较如图 2.14 所示，考虑了损耗和去群聚(空间电荷)效应。回想一下，在传统的返波振荡器中，ω_p/ω_d 的值是空间电荷效应的量度，与皮尔斯空间电荷参数有关(见文献[34])。我们考虑一个长度相等的简并带边振荡器和一个返波振荡器，$L=Nd$，$N=32$。我们回想一下，对于由 $N=32$ 个单元组成的无损耗慢波结构，当忽略空间电荷对去群聚的影响时(即可以假设电子注面积 $A\to\infty$ 或 $\omega_p\to 0$)，启动电流条件从图 2.14 获得，得到简并带边振荡器起振电流 $I_{st}\approx 4.1$ mA 与返波振荡器的启动电流 $I_{st}\approx 45.3$ mA 的比较结果，如图 2.13 所示。图 2.14(下方实线)显示了简并带边振荡器的情况，包括空间电荷效应引起的损耗和去群聚，作为归一化等离子体频率 ω_p/ω_d 的函数，范围为 $0.01\leqslant\omega_p/\omega_d\leqslant 0.07$。该结果表明，当空间电荷效应增加时，简并带边振荡器启动电流略微增加。

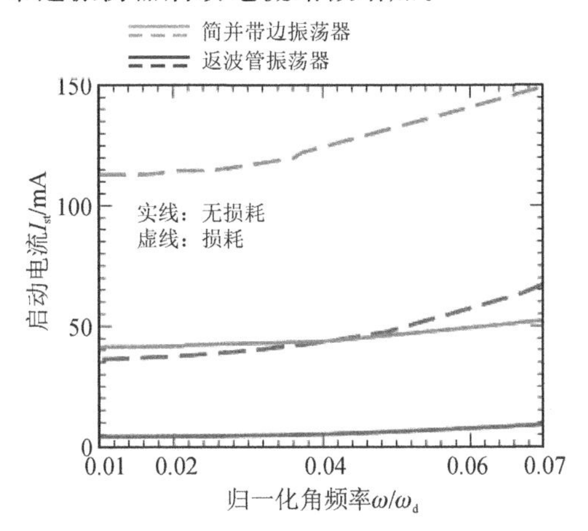

图 2.14　通过改变归一化等离子体频率 ω_p/ω_d 表示的空间电荷效应，比较了与电子注的四模式同步互作用获得的简并带边振荡器与返波振荡器。周期性慢波结构互作用长度固定在 $N=32$。考虑了无损情况和分布损耗为 0.2 Ω/m 的有损情况。这一结果表明，对于任何等离子体频率，简并带边振荡器的阈值都低于返波振荡器的阈值(资料来源：Othman et al[34])

对于返波振荡器，考虑空间电荷效应的启动电流不是简单地由 $I_{st}=V_0/(8ZN_\lambda^3)$ 给出，而是根据康普夫纳(Kompfner)和威廉姆斯(Williams)[47]以及约翰逊(Johnson)[50]的工作，通过求解极点的类皮尔斯方程来进行计算。比较图 2.14 中简并带边振荡器和返波振荡器的阈值电流，我们发现，即使考虑空间电荷对去群聚的影响，简并带边振荡器的阈值也比返波振荡器的阈值低得多，前者仅约为后者的 1/30。图 2.13 中的结果还表明，当考虑损耗时，简并带边振荡器和返波振荡器的启动电流都大于假定无损耗情况的阈值电流。然而，对于简并带边振荡器，保持相同的长度 L、相同的阻抗和相同的空间电荷参数时，其启动电流至少是返波振荡器的启动电流的一半。我们预计，如果慢波结构被精心设计为最大限度地减少损失，简并带边振荡器的优势将更加明显。正如预期的那样，我们观察到，对于返波振荡器和简并带边振荡器，随着归一化等离子体频率从 0.01 增大到 0.07，启动电流如预期那样单调增大，然而简并带边振荡器的启动电流还是远低于返波振荡器的启动电流。总之，考虑到空间电荷效应和损耗,在保持相同长度的情况下,简并带边振荡器的启动电子注电流小于标准返波振荡器的启动电子注电流。

2.10 波导内双异耦合传输线构成的慢波结构

如前所述,实现高阶简并色散曲线的一种方法是在一对非全同的传输线之间引入耦合。然后,将这些耦合的非全同传输线放置在传统波导中,构成一个具有高阶简并度(2 阶和 4 阶)色散曲线的慢波结构[51-52]。两根传输线之间的耦合参数取决于几何形状。这样可以得到双频带边,也称分裂带边[9-10],以及简并带边模式。

2.10.1 双异耦合的传输线对慢波结构的色散工程

一对全同传输线(包括它们之间的耦合)仅支持一个规则带边。然而,如果 2 根耦合的传输线非全同,如图 2.15(a)和(b)所示的 2 根传输线,其色散图如图 2.15(c)和(d)所示,则可能出现高阶简并的高阶模,甚至会出现如图 2.15(e)所示的双频带边模式。通常,双频带边谐振比简并带边谐振弱,对某些应用不太有用,因为其具有靠近的规则带边,规则带边的场强与 N^2 成正比。相反,如前所述,简并带边模式由于其在能带边的高阶简并性,因此振荡相当强。如图 2.15(f)所示,通过适当选择传输线之间的耦合强度,双频带边模式可以演变为简并带边模式,这可以通过修改射频结构的几何形状来实现,如图 2.16 所示。

我们也可以使用耦合模式理论[3, 53]对两根不同传输线中的模式进行分析,得出前面描述的经典传输线理论的替代(而非类似)公式。一般来说,在耦合模式理论中,对于任何连续耦合系统,耦合模式传播常数是每个非耦合模式的传播常数的函数,因此,耦合传输线对的传播常数写为

$$\beta_{\pm}=\frac{\beta_1+\beta_2}{2}\pm\sqrt{\left(\frac{\beta_1-\beta_2}{2}\right)^2-K_c^2} \tag{2.69}$$

其中,β_1 和 β_2 是 2 根未耦合传输线的两个传播常数,$\beta_{\pm}$ 是根据耦合模式理论的耦合传输线系统中的两个传播常数,K_c 是表示 β_1、β_2 模式之间耦合的量。该公式的一个示例可以在文献[51]和[52]中找到,即图 2.16 中基于蝶形双传输线的周期性慢波结构。

该慢波结构是表现出四模简并条件的周期性波导的另一个示例。周期性慢波结构的几何结构基于如图 2.16 所示的嵌入圆形金属波导中具有蝶形几何结构的非全同耦合传输线对偶结构。该单元由两对不相同的传输线组成,分别用椭圆线和杆状线表示,在图 2.16 中用不同的灰色阴影表示。4 根传输线(以不同的灰色阴影表示)在一组环中循环放置。这些位于椭圆中心的环除了对产生纵向电磁场的电很重要,还用于控制传输线对之间的互感和电容,以获得如上所述的高阶色散曲线。每对传输线(无论是以何种灰色阴影所表示的)本质上都是弯曲的环杆。有关如何找到合适的耦合参数的更多详细信息,参见文献[51]和[52]。这里我们只想强调,简并带边的获得是因为两个具有不同灰度的椭圆具有不同的维度,即两根传输线是非全同的,实际上这是形成四模简并的必要条件。

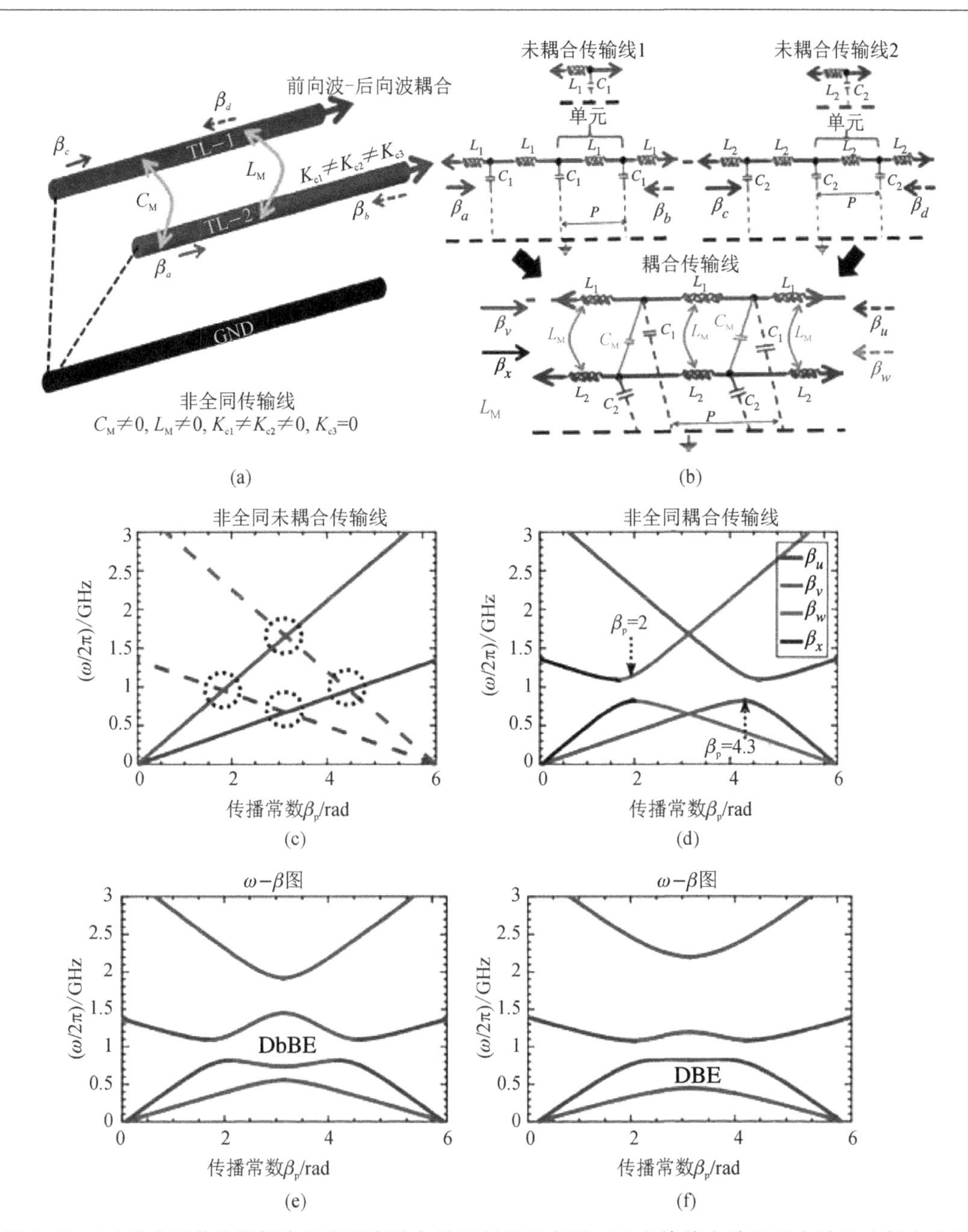

图2.15　(a)非全同传输线耦合以实现高阶色散机制的示意图；(b)支持前向波和后向波的未耦合传输线对和耦合的非全同传输线对；(c)每个受支持模式的未耦合传输线的 $\omega-\beta$ 色散图(实线表示正向模式，虚线表示反向模式)；(d)耦合两个非全同传输线以实现与规则带边模式相关的二阶色散；(e)双频带边色散曲线，即双传输线对的弱耦合；(f)双频带边色散曲线，即双传输线对的强耦合(资料来源：Zuboraj et al[51])

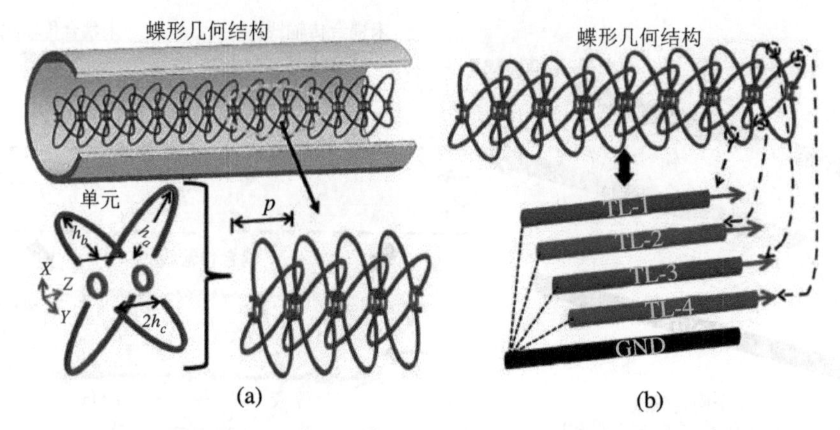

图 2.16 蝶形慢波结构放置在圆形波导内以实现简并带边模式。单元结构在圆波导下方给出。4 根传输线中的每一根都由一系列椭圆环组成。此外,传输线中心的环用于实现传输线之间的耦合[51]。如果暗灰色部分和浅灰色部分的尺寸不同,则可以获得更高阶的简并度(资料来源:Zuboraj et al[51])

此外,在圆形金属波导中引入蝶形几何结构,如图 2.16 所示,可以降低圆形金属波导内形成慢波的每个模式的截止频率[比较图 2.17(b)与图 2.17(a)],建立一个能够产生高功率的慢波结构。

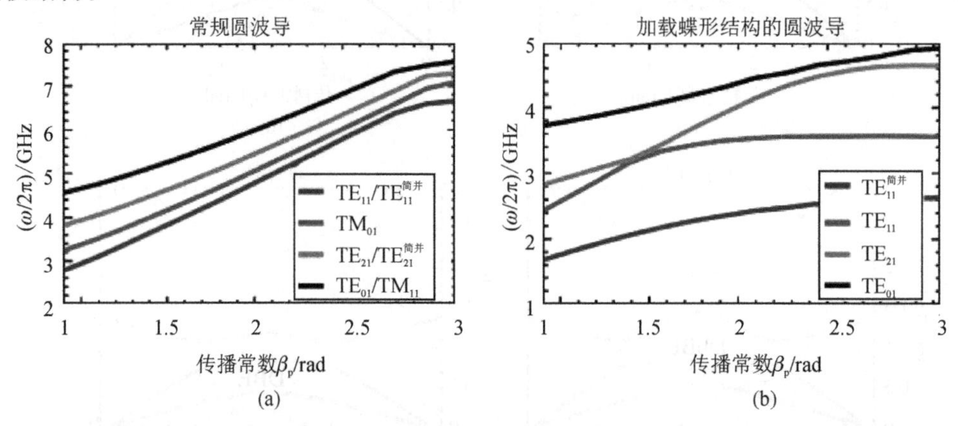

图 2.17 圆形波导内部有(a)和无(b)蝶形周期几何结构的色散图的比较。蝶形传输线结构的引入通过分裂 TE_{11} 简并模式来降低每个模式的截止频率。更重要的是,适当设计对称性破缺的蝶形结构可以使色散图中出现高阶简并,即可以获得简并带边(资料来源:Zuboraj et al[51])

2.10.2 基于蝶形结构的返波振荡器设计

如 2.7 节和 2.8 节所述,四模简并(即简并带边模式)对于用于真空电子器件的注-波互作用是有用的。但是,由于与简并带边模式相关的带窄宽,返波振荡器似乎是这种简并的合适应用。如前所述,振荡频率取决于电子注速度和后向波相速度的匹配,超同步条件是选择电子注速度 u_0 更加接近于简并条件下的简并带边模式(2.65)的相速度。图 2.18(a)显示了波导管内蝶形慢波结构的前 20 个模态的 $\omega-\beta$ 图及其与 52 kV 电子注线的交叉点的示意图。电子注原则上可以与在波导横截面中心具有电场 E_z 的所有模式互作用。图 2.18(b)

给出了基于该慢波结构的设计的返波振荡器，采用计算机模拟软件（CST）PIC（particle-in-cell，网格中粒子）模拟模块进行粒子模拟[51]。如图 2.16(a)所示，蝶形慢波结构被放置在波导的中心。返波振荡器从偏置为 52 kV 的圆形阴极获得 4 A 的实心电子注电流。文献[51]的结果表明，16 cm 长的真空电子器件在 3.34 GHz 下产生 68 kW 的功率，电子效率为 33%。通常，均质截面返波振荡器的电子效率为 15%～20%[54-55]。因此，通过在返波振荡器中使用蝶形几何结构引入简并带边模式，可以将电子转换效率提高 13%～18%。

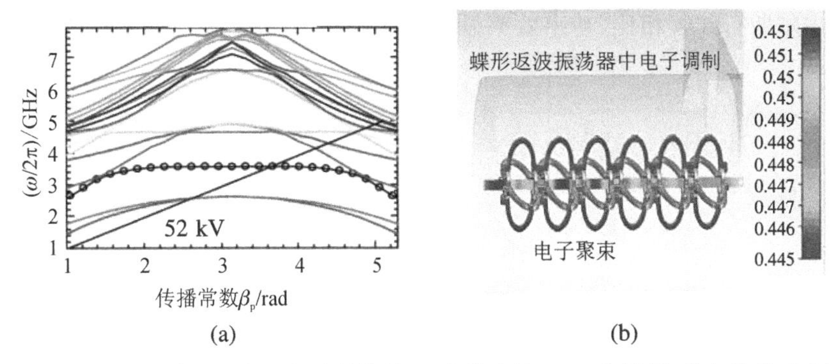

图 2.18　(a)图 2.16 中所示蝶形慢波结构前 20 个模式的 ω-β 色散图，其色散关系采用基于有限元法的全波模拟方法（HFSS）计算得到的色散关系。绘制出一条 52 kV、4 A 的电子注线以显示谐振点，该点是电子注线与简并带边附近的模式色散曲线的交点，在此发生注-波互作用以建立返波振荡器工作区域。(b)采用 CST PIC 模拟模块对基于蝶形几何结构的返波振荡器中注-波互作用进行 PIC 模拟，其互作用区由蝶形慢波结构构成（资料来源：Zuboraj et al[51]）

2.11　三本征模超同步：放大器中的应用

50

这里给出在慢波结构中发生的另一种有趣的同步机制，涉及三种简并电磁模式。当周期性慢波结构在静态拐点附近工作时，可以同时同步调制电荷波与沿 $+z$ 方向具有正相速度的 3 个弗洛凯-布洛赫本征互作用。如文献[56]中所述，“冷”周期、无损耗结构中的静态拐点（stationary inflection point，SIP）具有一个色散关系，在 ω_{SIP} 的邻域中，该色散关系由 k 中的三阶多项式近似表示为

$$D_{\mathrm{SIP}} \approx (\omega - \omega_{\mathrm{SIP}}) - h_{\mathrm{SIP}}(k - k_{\mathrm{SIP}})^3 = 0 \tag{2.70}$$

其中，ω_{SIP} 是 3 个本征模简并时的角频率，h_{SIP} 是取决于所选慢波结构几何形状的平坦度参数，k_{SIP} 是静态拐点处的弗洛凯-布洛赫波数。因此，在静态拐点角频率 ω_{SIP} 附近，存在 3 个由式(2.70)决定的具有不同弗洛凯-布洛赫波数 k 的本征模。其中 2 个具有复共轭波数，因此代表倏逝波，而第三个具有纯实弗洛凯-布洛赫波数，因此代表无损慢波结构中的传播波[如图 2.19(a)所示]。图中还显示了电荷波色散关系 $(u_0 k - \omega)^2 = 0$ 给出的所谓“电子注线”，其中 u_0 是电子注中电子的平均速度[1,4]。如图 2.19(a)所示，当选择电子注线与静态拐点相交时，会发生三本征模同步互作用。当慢波结构中本征模的相速度等于电子的速度 u_0 时，会建立与电子注的三本征模同步，即在所提出的方案中，行波管设计公式为

$$u_0 \approx \omega_{\mathrm{SIP}} / k_{\mathrm{SIP}} \tag{2.71}$$

我们在这里利用图 2.5(c)中的 3 个多传输线模型来模拟具有静态拐点的慢波结构的色

散关系与耦合的传输线(详见文献[58])。串联电容模拟金属波导中的截止频率(参见文献[27]第8章)。在2.5节[5,6,30]中提出的广义皮尔斯模型允许电子注与慢波结构中的多个波相互作用。与图2.8(b)中的四阶简并带边情况类似,当选择电子注线与静态拐点相交时,三本征模同步互作用发生,如图2.19(a)所示。这种机制主要有以下优势:①与周期性单模皮尔斯行波管相比,基于静态拐点的行波管的增益显著增强(对于相同长度和/或相同直流电源,增益高几个数量级);②静态拐点方案的增益带宽积显著改进;③与使用单条传输线建模的单模皮尔斯行波管相比,功率效率显著提高(尤其是对于高功率增益值)。

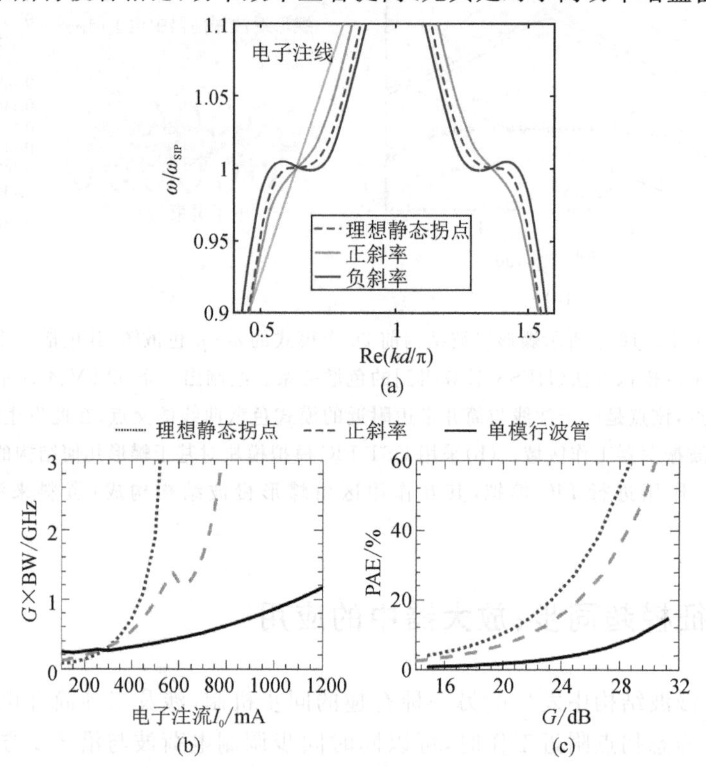

图2.19 (a)我们考虑一个基于电子注与3个简并射频模式同步的放大机制。冷慢波结构中理想的三模简并称为静态拐点,这是一个三模群速度都为零的点,围绕它的色散图仅显示正斜率(即正群速度)。冷慢波结构中模式的色散图的斜率可以设计为在静态拐点周围呈现正斜率、完全平坦的或负斜率(即分别为正、消失或负群速度)。零群速度的理想静态拐点情况用虚线表示。(b)与单模行波管(标准皮尔斯模型)相比,基于理想静态拐点和"正斜率"区域的行波管放大器的增益带宽积($G\times$BW),具有相同的特征阻抗、长度、负载与电子注电流I_0的关系。(c)三种状态下功率附加效率(power added efficiency,PAE)百分比与功率增益(dB)的对比分析[57]。与标准单模模式相比,理想的静态拐点和"正斜率"区域显示出更高的增益-带宽积和更高的功率增加效率百分比(资料来源:Yazdi et al[57])

我们所提出的方案的一个重要特征是可以设计色散关系的斜率以提高带宽。经过一些代数运算,我们可以将式(2.70)中的色散关系设计为斜率是倾斜的,作为与异常简并点的偏差。对于倾斜的静态拐点,色散近似为$D_{SIP}(\omega,k)$的扰动:

$$D_{SIP,titled}\approx D_{SIP}-v_t k=(\omega-\omega_{SIP})-a(k-k_{SIP})^3-v_t k=0 \tag{2.72}$$

式中,v_t是倾斜静态拐点情况下的最小群速度,该速度发生在原始静态拐点的波数$k=k_{SIP}$处。通过调整慢波结构参数,我们可以将色散图设计为在静态拐点频率附近具有小的正群速度($\partial\omega/\partial k>0$)或小的负群速度($\partial\omega/\partial k<0$),而不是零群速度的理想情况(见文献[58])。图 2.19(a)显示静态拐点频率附近的 3 种情况的色散图。其中,我们通过在基于 3 根耦合传输线的慢波结构设计中引入小的变化,获得了静态拐点周围的正斜率(浅灰色曲线)和负斜率(深灰色曲线)群速度(参见文献[58])。与倾斜区域相关联的局部负斜率有利于振荡器(绝对不稳定区域较小),而较小的正斜率对于放大器(对流不稳定区域)是有用的,如下文所述。

作为放大器的一个重要优点,我们在图 2.19(b)中绘制了理想静态拐点和正斜率放大区域的增益带宽乘积($G\times BW$)随电子注电流变化的关系曲线,并与周期性单传输线皮尔斯模型结果进行了比较。在图 2.19(b)中,$G\times BW$ 定义为最大功率增益和 3 dB 增益带宽的乘积。图 2.19(b)的结果表明,对于大于 $I_0=300$ mA 的电子注电流,两种静态拐点放大模式的机制都优于基于单传输线皮尔斯模型的传统放大模式机制。这里的增益已足够高,可以满足放大器应用的需要。

最后,我们研究放大器的另一个重要参数 PAE(power added efficiency,功率附加效率),其定义(以百分比表示)为

$$\mathrm{PAE}=(P_{\mathrm{out(RF)}}-P_{\mathrm{in(RF)}})/P_{\mathrm{DC}}\times 100\% \tag{2.73}$$

其中,P_{DC} 是直流电子注功率,而 $P_{\mathrm{in(RF)}}$ 和 $P_{\mathrm{out(RF)}}$ 分别是输入射频功率和总输出射频功率。我们发现,当比较 3 个增益相等的区域时,对于给定增益值,所需的电子注电流 I_0 越大,则 PAE 值越小。因此,在同等增益下,需要较小电子注电流的慢波结构具有最大的 PAE 值。在图 2.19(c)中,我们显示了上述 3 种慢波结构方案的 PAE 值与功率增益的关系(通过改变电子注电流 I_0 来改变功率增益)。我们的研究表明,与基于单传输线工作机制的放大器相比,基于静态拐点工作机制的放大器具有明显更高的 PAE 值,特别是在大功率增益下。需要注意的是,在这些简化模型中,如皮尔斯模型或广义皮尔斯模型中,PAE 值只是用来进行大概比较的,更合适的评估可以通过使用 PIC 全波模拟来实现。

为了给出"热"慢波结构在 ω_{SIP} 附近的色散图的变化(在电子注存在的情况下),我们求解了 2.5 节讨论的从广义皮尔斯模型得到的方程(2.61)中完整的 8×8 矩阵的特征值问题。因此,我们得到了 $2N+3$ 个布洛赫模式($N=3$)。它们不同于"冷"结构中的模态,特别是在电磁模与电子注发生同步的频率区域。我们在图 2.20 中绘制了在静态拐点频率附近的归一化波数范围 $0.35\pi<kd<0.85\pi$ 内"冷"结构(粗线)和"热"结构(细线)计算的 k 的实部,以显示该区域的模态曲线如何变形甚至分裂。注意,当慢波结构与电子注互作用时,在"冷"多传输线情况下(粗黑曲线)的静态拐点模式是如何变形的,以及这种扰动是如何随着电子注流强度的增大而增大的。在每个频率下,"热"慢波结构(即多传输线与电子注互作用)的色散图中有 8 个弗洛凯-布洛赫模态解。但图 2.20 中只显示了 5 个复模态解,因为其他 3 个的 Re k 为负数。

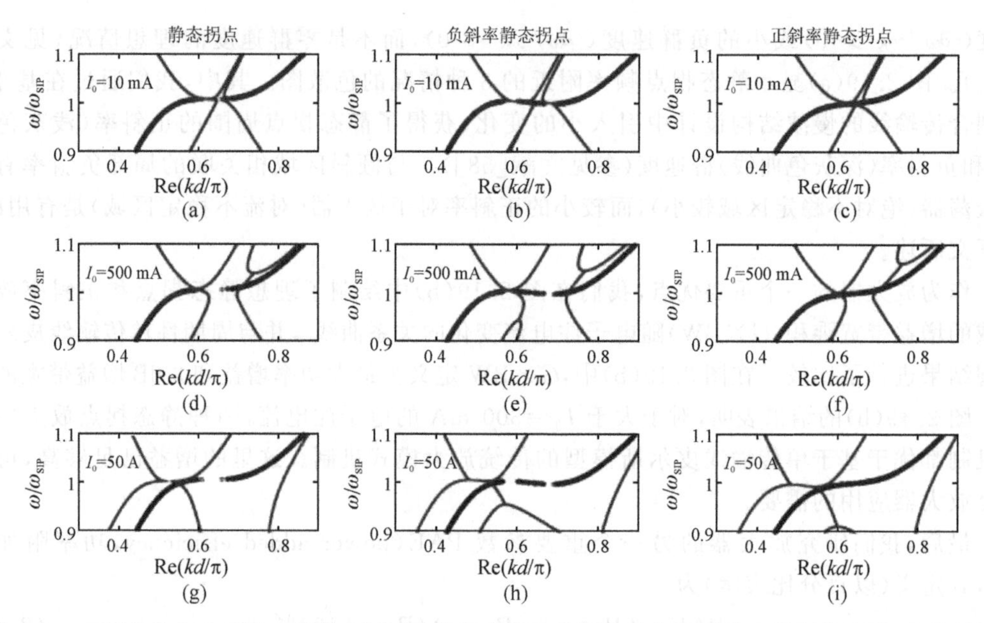

图 2.20 慢波结构与电子注互作用的“热”系统模态的色散图。我们特别给出了复弗洛凯-布洛赫波数 k 的实部随角频率的变化的 3 种情况：理想静态拐点、负斜率静态拐点和正斜率静态拐点情况。考虑 3 种不同的电子注电流 I_0 情况：(a) ～ (c)为 10 mA，(d)～(f)为 500 mA，(g) ～ (i)为 50 A。周期性慢波结构由 3 个周期多传输线组成。细实线表示电子注-射频波导互作用的“热”结构的色散，粗线则表示在“冷”无损耗慢波场结构中纯实波数的本征模[57]。注意，与“冷”慢波结构的色散图相比，互作用的“热”结构的色散图是如何变形的。电子注电流 I_0 越大，色散图(细线)对“冷”态(粗线)的修正越强(资料来源：Yazdi et al[57])

2.12 总结

我们将原来的皮尔斯模型[2,4]推广至包括与电子注[5]互作用带来的电荷波效应在内的多传输线的情况，并提供了基于支持多模式慢波结构的大功率电子注器件的研究框架。本章总结了用于研究电磁多模波动力学的“广义皮尔斯模型”的形式，包括周期慢波结构中各模态相互耦合的情况[6]。在慢波结构中出现多模简并的情况下，我们研究了其与电子注的互作用以及这种多模简并机制的优势。多模同步机制和能量从电子注转移到与电子注同步的各种模态有关。有一些特殊的多模简并条件，不仅意味着慢波结构中的两个或多个电磁模式具有相同的相速度(即相同的波数)，而且它们还具有相同的极化状态。这些多模简并条件被称为异常简并点，在本章中，我们只讨论了其中的两类——简并带边和静态拐点。不仅在无损结构中它们存在，在损耗较小或存在小扰动的结构中，也会存在基本多模态特征。为了能够模拟和预测这些与电子注同步的多模简并条件的波动力学过程，本章所阐释的多模传输线模型是一个必要的工具，正如原始皮尔斯模型是预测单模慢波结构与电子注互作用导致放大和振荡的波动力学所必需的。

54

多模同步机制增强了波与电子注的互作用，并且通过毫米波和太赫兹技术在微波发电方面具有优势。我们利用广义皮尔斯模型作为单模皮尔斯理论的推广，研究了多模慢波结构，揭示了基于四模简并带边和基于三模简并静态拐点的优点。四模简并在低阈值振荡器的光谱特性方面具有优势，具有合理的频谱特性，初步结果表明其获得了高功率效率。因此，这种多模工作模式可用于提高微波、毫米波和亚毫米波辐射源的性能。三模简并在增益带宽积和功率效率提高方面具有优势。必须注意的是，慢波结构中存在的增益（来自与电子注的互作用）扰乱了本章所述的两种理想多模简并条件，因此，非常高的功率区域可能会失去上述优势。然而，在高增益和高功率提取（辐射）存在的情况下，可以设想存在类似的多模简并条件，并且在这种情况下，应该进一步研究。本章总结的多传输线公式和广义皮尔斯模型是在复杂工作条件下预测波动力学的基本工具。

参考文献

1 Pierce, J. R. (1947). Theory of the beam-type traveling-wave tube. Proc. IRE 35 (2): 111 - 123.

2 Pierce, J. R. (1949). Circuits for traveling-wave tubes. Proc. IRE 37 (5): 510 - 515.

3 Pierce, J. R. (1954). Coupling of modes of propagation. J. Appl. Phys. 25 (2): 179 - 183.

4 Pierce, J. R. (1950). Travelling-Wave Tubes. Van Nostrand: Macmillan.

5 Tamma, V. A. and Capolino, F. (2014). Extension of the pierce model to multiple transmission lines interacting with an electron beam. IEEE Trans. Plasma Sci. 42 (4): 899 - 910.

6 Othman, M., Tamma, V. A., and Capolino, F. (2016). Theory and new amplification regime in periodic multi modal slow wave structures with degeneracy interacting with an electron beam. IEEE Trans. Plasma Sci. 44 (4): 594 - 611.

7 Figotin, A. and Vitebskiy, I. (2006). Frozen light in photonic crystals with degenerate band edge. Phys. Rev. E 74 (6): 066613.

8 Othman, M. A. K., Yazdi, F., Figotin, A., and Capolino, F. (2016). Giant gain enhancement in photonic crystals with a degenerate band edge. Phys. Rev. B 93 (2): 024301.

9 Figotin, A. and Vitebskiy, I. (2007). Slow-wave resonance in periodic stacks of anisotropic layers. Phys. Rev. A 76 (5): 053839.

10 Figotin, A. and Vitebskiy, I. (2005). Gigantic transmission band-edge resonance in periodic stacks of anisotropic layers. Phys. Rev. E 72 (3): 036619.

11 Pozar, D. M. (2009). Microwave Engineering. Wiley.

12 Collin, R. E. (2007). Foundations for Microwave Engineering. Wiley.

13 Paul, C. R. (2008). Analysis of Multiconductor Transmission Lines. Wiley.

14 Miano, G. and Maffucci, A. (2001). Transmission Lines and Lumped Circuits: Fundamentals and Applications. Academic Press.

15 Felsen, L. B. and Marcuvitz, N. (1994). Radiation and Scattering of Waves, vol. 31. Wiley.

16 Marcuvitz, N. (1951). Waveguide Handbook. The Institution of Engineering and Technology.

17 Bongard, F. , Perruisseau-Carrier, J. , and Mosig, J. R. (2009). Enhanced periodic structure analysis based on a multiconductor transmission line model and application to metamaterials. IEEE Trans. Microw. Theory Tech. 57 (11): 2715 - 2726.

18 Tsimring, S. E. (2006). Electron Beams and Microwave Vacuum Electronics, vol. 191. Wiley.

19 Figotin, A. and Reyes, G. (2013). Multi-transmission-line-beam interactive system. J. Math. Phys. 54 (11): 111901.

20 Figotin, A. and Reyes, G. (2015). Lagrangian variational framework for boundary value prob lems. J. Math. Phys. 56 (9): 093506.

21 Ramo, S. (1939). Currents induced by electron motion. Proc. IRE 27 (9): 584 - 585.

22 Ramo, S. (1939). Space charge and field waves in an electron beam. Phys. Rev. 56 (3): 276.

23 Gilmour, A. S. (2011). Klystrons, Traveling Wave Tubes, Magnetrons, Crossed-Field Amplifiers, and Gyrotrons. Artech House.

24 Abdelshafy, A. F. , Othman, M. A. K. , Yazdi, F. , Veysi, M. , Figotin, A. , and Capolino, F. (2018). Electron-beam-driven devices with synchronous multiple degenerate eigenmodes. IEEE Trans. Plasma Sci. 46 (8): 3126 - 3138.

25 Yariv, A. (1973). Coupled-mode theory for guided-wave optics. IEEE J. Quantum Electron. 9 (9): 919 - 933.

26 Marcuvitz, N. and Schwinger, J. (1951). On the representation of the electric and magnetic fields produced by currents and discontinuities in wave guides. i. J. Appl. Phys. 22 (6): 806 - 819.

27 Harrington, R. F. (1961). Time-Harmonic Electromagnetic Fields. McGraw-Hill.

28 Othman, M. A. K. and Capolino, F. (2017). Theory of exceptional points of degeneracy in uni form coupled-waveguides and balance of loss and gain. IEEE Trans. Antennas Propag. 65 (10): 1 - 15.

29 Kompfner, R. (1947). The traveling-wave tube as amplifier at microwaves. Proc. IRE 35 (2): 124 - 127.

30 Othman, M. A. K. , Veysi, M. , Figotin, A. , and Capolino, F. (2016). Giant amplification in degenerate band edge slow-wave structures interacting with an electron beam. Phys. Plasmas (1994-present) 23 (3): 033112.

31 Meyer, C. D. (2000). Matrix Analysis and Applied Linear Algebra, vol. 2. Siam.

32 Othman, M. A. K. , Pan, X. , Atmatzakis, Y. , and Christodoulou, C. G. (2017). Experimental demonstration of degenerate band edge in metallic periodically-loaded circular waveguide. IEEE Microw. Theory Tech. 1611 (8): 9.

33 Othman, M. and Capolino, F. (2015). Demonstration of a degenerate band edge in periodically-loaded circular waveguides. IEEE Microwave Wireless Compon. Lett. 25 (11): 700 - 702.

34 Othman, M. A. , Veysi, M. , Figotin, A. , and Capolino, F. (2016). Low starting

electron beam current in degenerate band edge oscillators. IEEE Trans. Plasma Sci. 44 (6): 918 - 929.

35 Nada, M. Y., Othman, M. A. K., Boyraz, O., and Capolino, F. (2018). Giant resonance and anomalous quality factor scaling in degenerate band edge coupled resonator optical waveguides. J. Lightwave Technol. 1. https://doi. org/10. 1109/JLT. 2018. 2822600.

36 Schamiloglu, E. (2001). High-Power Microwave Sources and Technologies. Wiley-IEEE Press.

37 Levush, B., Antonsen, T. M., Bromborsky, A. et al. (1992). Theory of relativistic backward-wave oscillators with end reflectors. IEEE Trans. Plasma Sci. 20 (3): 263 - 280.

38 Chu, K. R., Barnett, L. R., Chen, H. Y., Chen, S. H., Wang, Ch., Yeh, Y. S., Tsai, Y. C., Yang, T. T., and Dawn, T. Y. (1995). Stabilization of absolute instabilities in the gyrotron traveling wave amplifier. Phys. Rev. Lett. 74 (7): 1103.

39 Hung, D. M. H., Rittersdorf, I. M., Zhang, P., Chernin, D., Lau, Y. Y., Antonsen, Jr., T. M., Luginsland, J. W., Simon, D. H., Gilgenbach, R. M. (2015). Absolute instability near the band edge of traveling-wave amplifiers. Phys. Rev. Lett. 115 (12): 124801.　56

40 Sturrock, P. A. (1958). Kinematics of growing waves. Phys. Rev. 112 (5): 1488.

41 Briggs, R. J. (1964). Electron-Stream Interaction with Plasmas. Cambridge, MA: MIT Press.

42 Franklin, G. F., Powell, J. D., and Emami-Naeini, A. (2006). Feedback Control of Dynamics Systems. Pretince Hall Inc.

43 Skogestad, S. and Postlethwaite, I. (2007). Multivariable Feedback Control: Analysis and Design, vol. 2. New York: Wiley.

44 Veysi, M., Othman, M. A., Figotin, A., and Capolino, F. (2018). Degenerate band edge laser. Phys. Rev. B 97 (19): 195107.

45 Gutman, N., de Sterke, C. M., Sukhorukov, A. A., and Botten, L. C. (2012). Slow and frozen light in optical waveguides with multiple gratings: degenerate band edges and stationary inflection points. Phys. Rev. A 85 (3): 033804.

46 Walker, L. R. (1953). Starting currents in the backward-wave oscillator. J. Appl. Phys. 24 (7): 854 - 859.

47 Kompfner, R. and Williams, N. T. (1953). Backward-wave tubes. Proc. IRE 41 (11): 1602 - 1611.

48 Gilmour, A. S. (1994). Principles of Traveling Wave Tubes. Artech House.

49 Chu, L. J. and Jackson, J. D. (1948). Field theory of traveling-wave tubes. Proc. IRE 36 (7): 853 - 863.

50 Johnson, H. R. (1955). Backward-wave oscillators. Proc. IRE 43 (6): 684 - 697.

51 Zuboraj, A. M., Sertel, B. K., and Volakis, C. J. L. (2017). Propagation of degener-

ate band-edge modes using dual nonidentical coupled transmission lines. Phys. Rev. Appl. 7 (6): 064030.

52 Zuboraj, M. and Volakis, J. L. (2016). Curved ring-bar slow-wave structure for wideband MW-power traveling wave tubes. IEEE Trans. Plasma Sci. 44 (6): 903 - 910.

53 Watkins, D. A. (1958). Topics in Electromagnetic Theory. Wiley. New York.

54 Levush, B., Antonsen, Jr., T. M., Vlasov, A. N., Nusinovich, G. S., Miller, S. M., Carmel, Y., Granatstein, V. L., Destler, W. W., Bromborsky, A., Schlesiger, C., Abe, D. K., Ludeking, L. (1996). High-efficiency relativistic backward wave oscillator: theory and design. IEEE Trans. Plasma Sci. 24 (3): 843 - 851. https://doi.org/10.1109/27.533087.

55 Wang, Z., Gong, Y., Wei, Y., Duan, Z., Zhang, Y., Yue, L., Gong, H., Yin, H., Lu, Z., Xu, J., Feng, J. (2013). High-power millimeter-wave BWO driven by sheet electron beam. IEEE Trans. Electron Devices 60 (1): 471 - 477. https://doi.org/10.1109/TED.2012.2226587.

56 Figotin, A. and Vitebskiy, I. (2003). Electromagnetic unidirectionality in magnetic photonic crystals. Phys. Rev. B 67 (16): 165210.

57 Yazdi, F., Othman, M. A. K., Veysi, M. et al. (2018). A new amplification regime for traveling wave tubes with third order modal degeneracy. IEEE Trans. Plasma Sci. 46 (1). 43 - 56.

58 Yazdi, F., Othman, M. A. K., Veysi, M., Figotin, A., Capolino, F. (2018). A new amplification regime for traveling wave tubes with third order modal degeneracy. IEEE Trans. Plasma Sci. 46(1): 43 - 56.

第3章　拉格朗日函数中的广义皮尔斯模型

57

亚历山大·菲戈廷(Alexander Figotin)[1]

吉列尔莫·雷耶斯(Guillermo Reyes)[2]

[1]加州大学尔湾分校数学系,美国加利福尼亚州尔湾市,邮编:CA92697

[2]南加州大学数学系,美国加利福尼亚州洛杉矶市,邮编:CA90089

3.1　引言

本章主要研究行波管产生和放大微波辐射的理论问题。电磁辐射的产生和放大可以由大量不同设计的器件形成,具体取决于辐射的频率和功率。众所周知的微波放大器件包括微波激射器(maser)、磁控管(magnetron)、速调管(klystron)、行波管、正交场放大器(crossed-field amplifier)和回旋管(gyrotron)。无论它们有多么不同,都有一个共同的特征——电子注。

微波辐射通常由微波真空电子器件(vacuum electronic device,VED)产生。这种器件过去也被称为微波管,它们使用真空中的自由电子将能量从直流电源转换到(为)射频信号。换言之,通过电子注与合理设计的结构之间的互作用,电子的动能被转换为存储在电磁场中的电磁能量[1-4]。任何微波器件的工作原理都一样:由电子产生的相干辐射与由电磁辐射产生的电子群聚团之间的正反馈互作用。注流中,由电子的加速和减速形成的电子群聚构成了产生和放大电磁辐射的物理机制。

切连科夫辐射是一类重要的微波器件的工作原理,由带电粒子在支持慢波的介质中或附近传播而产生,微波相速度与粒子速度相当。这里的主要研究对象——行波管,就属于这一类。

行波管被广泛应用于卫星通信和雷达系统等多个领域。典型的行波管是一个细长的真空管,其中包含一束电子注,该电子注穿过射频电路(慢波结构)的中央。行波管的工作原理具体如下:在行波管结构的一端,射频电路被馈入一个要放大的低功率的射频信号。当射频信号以几乎与电子注相同的速度沿管传播时,电磁场作用在电子注上并形成电子群聚,从而形成所谓的空间电荷波。与空间电荷波相关的电磁场将在高频电路上感应更多的电流,从而增强电子群聚。因此当电磁场沿着慢波结构传播时,会累积并放大,直到达到饱和状态,并在输出端收集到较大的射频信号。慢波结构的作用是使电磁波减速,使之与电子注中的电子速度匹配,通常小于光速。这种同步作用是结构和电子注之间互作用所必需的,并且能够最佳地提取出电子的动能。一种典型的慢波结构是螺旋线,可以通过其螺距来降低电磁波的传播速度。关于行波管的设计和工作原理详见文献[1]、[2]、[4]和[5]。

58

皮尔斯(Pierce)提出了一种行波管的电子注有效互作用的数学模型[5,6,1]。该模型是最简单的模型,考虑了沿慢波结构的波放大、从电子注中提取能量以及在行波管中将其转换为微波辐射,分别参见文献[3]、文献[4],文献[1]、[4]、[7]和文献[2]、[4]。在3.3节中,我们将对该模型进行精确描述，如文献[6]第Ⅰ部分所述。上述表述是在时域中进行的，而其他表述则是在频域中进行的。尽管皮尔斯的模型很简单，但它能够对增益进行充分的估计，并在 20 世纪 50 年代有效地用于行波管的设计工作中。该模型抓住了波放大和注-波能量转换这两个显著特征，现在仍用于基本设计的估计中。皮尔斯提出的一维模型由两部分组成：①电子注的理想线性表示；②波导结构的无损传输线表示。假设传输线是均匀的，即电容和电感均匀分布。为了克服皮尔斯理论的局限性，已经发展出更复杂的非线性理论来模拟电子注和慢波系统所包含的非常复杂的物理过程[3-4,7]。因其非常复杂，往往需要大量的计算机模拟工作来实现。

在本章中，我们将皮尔斯的理论推广至另一种理论，即在保持其简单性和建设性的同时，能够适用于更复杂的慢波结构。我们首先为原始模型建立一个拉格朗日场框架。这种框架允许模型在两个方向上进行扩展：①用多传输线代替单个传输线；②不用均匀性假设，从而考虑由多传输线与电子注耦合组成的一般非均匀性系统。我们把这样的系统称为多传输线系统。将其扩展至多传输线系统的原因是，一般多传输下可以以所需的精度近似真实的波导结构。这些波导结构可以是同种类的，也可以是不同种类的(非均匀的)[8-10]。

拉格朗日公式的优点之一是，从诺特(Noether)定理可以快速得到守恒定律和守恒量及其通量的显式表达式。我们想指出，尽管守恒定律确实遵循欧拉-拉格朗日(Euler-Largange,E-L)演化方程，但没有系统的方法可以从这些方程中提取它们。此外，由于所有的动力学信息都包含在标量拉格朗日函数中，我们可以将放大机制和从电子注到微波辐射的能量转移的性质追溯到拉格朗日密度中的某些项。本章提出的现象学方法的特点之一是，它以某种形式将电子群聚作为放大的物理机制，从而提供有关这种现象的有价值的信息。

对于均匀多传输线系统，就像在原始皮尔斯理论[5-6,11]中一样，我们通过考虑场方程的指数增长本征模和相关的复值波数来研究放大现象。我们还提供了一个严格的证明：对于增长模式，能量总是沿着预期的方向流动，即从电子注流向多传输线。在这种情况下，可以采用解析方法分析本征模，给出它们的能量密度和能量通量分布的显式表达式，以及放大模式(增长模式)存在的充分条件。该分析中还推导了色散关系的一种特殊规范形式。该规范形式有一个显著的特征，即在其两项规范形式中，一项仅与多传输线有关，而另一项仅与注流参数有关。这种特殊结构大大简化了分析。

59

对于非均匀多传输线系统，其涉及的问题远远多于均匀多传输线系统。特别地，对于周期性多传输线系统，色散关系不是多项式，而需要使用弗洛凯理论的最一般形式[12,Ⅱ,Ⅲ]。对于这种一般情况，我们提出了系统研究的第一步，即将欧拉-拉格朗日场方程转化为正则哈密顿形式。这种特殊的哈密顿形式由空间变量中的一阶方程组组成，从而为弗洛凯理论[12,Ⅱ,Ⅲ]更有效地应用至周期结构研究中提供了基础。周期性多传输线系统的应用中还需要克服许多技术难点，有待于进一步研究。

沿用文献[13]，本章的结果可以扩展至多注流电子注，并包括去群聚效应。本章的结构如下：在 3.2 节中，简要总结我们的主要研究结果。3.3 节描述文献[6]第Ⅰ部分中提出的电子注与传输线互作用的皮尔斯模型。3.4 节讨论该模型的拉格朗日方法，包括对非均匀传输线和多传输线的推广。在后面的 3.6 节中，我们将探讨多传输线系统中与电子注动力学不稳定性相关的放大机制。适当的数学设置，特别是运用模型的哈密顿结构，旨在研究周期性情况下的本征模，这是 3.5 节的主题。在 3.7 节中，我们重点对均匀多传输线系统中的增长模式进行详细研究。3.8 节讨论一般能量守恒问题，以及在增长模式上电子注与多传输线之间的能量转移。在 3.9 节中，我们将展示我们的一般方法如何轻松地恢复皮尔斯的一些原始结果。最后，在 3.10 节中，我们收集了一些涉及的技术方面的主题。这些主题被推后讨论，以避免分散读者对本章主要思想的注意力。

3.2　主要结果

3.2.1　拉格朗日框架下的标准皮尔斯模型

在时域上，均匀传输线与电子注互作用的皮尔斯模型由二阶偏微分方程系统定义如下：

$$\begin{cases} \partial_z I = -C\,\partial_t V - \partial_z I_b,\ \partial T_z V = -L\,\partial_t I \\ \partial_t^2 I_b + 2u_0\,\partial_t\,\partial_z I_b + u_0^2\,\partial_z^2 I_b = -\sigma\,\dfrac{e}{m}\rho_0\,\partial_t\,\partial_z V \end{cases} \tag{3.1}$$

其中，t、z 分别为时间和纵向变量，$I=I(z,t)$、$V-V(z,t)$ 分别为通过电感元件的电流和并联电容元件沿线路两端的电压，$I_b=I_b(z,t)$ 表示电子注电流，L、C 分别为单位长度的电感和并联电容，u_0 为电子在电子注中的未受扰动的速度，ρ_0 为体积电子密度，m 和 e 为电子质量和电荷，σ 为电子注横截面积。式(3.1)中的前两个方程是沿传输线的通常的电报方程。第一个方程的附加项表示电子注的作用。而第三个方程来自应用于电子注上电子的牛顿第二定律。关于基本假设的详细描述和从第一原理详细推导在 3.3 节中给出。

我们证明上述方程组是由拉格朗日密度产生的：　60

$$\mathcal{L}(z,\partial_t Q,\partial_z Q,\partial_t q,\partial_z q) = \frac{L}{2}(\partial_t Q)^2 - \frac{1}{2}C^{-1}(\partial_z Q + \partial_z q)^2 + \frac{\xi}{2}(\partial_t q + u_0\,\partial_z q)^2 \tag{3.2}$$

其中，广义坐标(场) $Q(z,t)$ 和 $q(z,t)$ 分别表示在某个固定时刻 t_0 和在时间间隔(t_0，t)内，穿过传输线 z 点横截面(和电子注电流)的电荷量，且 $\xi=m/(\sigma e\rho_0)$。电压 V、电流 I 和 I_b 与电荷变量 Q 和 q 的关系如下[3.3 节中的式(3.21)及式(3.29)]：

$$\boldsymbol{V} = -\boldsymbol{C}^{-1}(\partial_z \boldsymbol{Q} + \partial_z \boldsymbol{q}),\quad I = \partial_t Q,\quad I_b = \partial_t q \tag{3.3}$$

3.2.2　多传输线

由式(3.2)可以得出如下结论：

$$\mathcal{L} = \frac{1}{2}\left\{(\partial_t \boldsymbol{Q},\boldsymbol{L}\,\partial_t \boldsymbol{Q}) - [\partial_z \boldsymbol{Q} + \partial_z \boldsymbol{q}\boldsymbol{B},\boldsymbol{C}^{-1}(\partial_z \boldsymbol{Q} + \partial_z \boldsymbol{q}\boldsymbol{B})]\right\} + \frac{\xi}{2}(\partial_t \boldsymbol{q} + u_0\,\partial_z \boldsymbol{q})^2 \tag{3.4}$$

式中，$\boldsymbol{Q}=\boldsymbol{Q}(z,t)=\left\{Q_i(z,t)\right\}_{i=1,2,\cdots,n}$ 表示在 n 个不同的传输线上流动的电荷，$\boldsymbol{L}$ 和 $\boldsymbol{C}$ 是传输线之间的互感和电容的对称矩阵，$\boldsymbol{B}$ 是所有分量都等于 1 的 n 维矢量(可能的结论将在 3.3 节讨论)，对应的二阶欧拉-拉格朗日方程为

$$\begin{cases} \boldsymbol{L}\,\partial_t^2 \boldsymbol{Q} - \partial_z[\boldsymbol{C}^{-1}(\partial_z \boldsymbol{Q} + \partial_z \boldsymbol{q}\boldsymbol{B})] = \boldsymbol{0} \\ \xi[\partial_t^2 \boldsymbol{q} + 2u_0\,\partial_t\partial_z \boldsymbol{q} + u_0^2\,\partial_z^2 \boldsymbol{q}] - \left\{\boldsymbol{B}^{\mathrm{T}},\partial_z[\boldsymbol{C}^{-1}(\partial_z \boldsymbol{Q} + \partial_z \boldsymbol{q}\boldsymbol{B})]\right\} = \boldsymbol{0} \end{cases} \tag{3.5}$$

在形式上，均匀与非均匀情形的区别表现为系统参数的空间依赖性，如 $\boldsymbol{L}=\boldsymbol{L}(z)$、$\boldsymbol{C}=\boldsymbol{C}(z)$ 等。注意，将方程(3.5)中第一个等式与电报方程(3.1)中的前两个方程进行比较，我

们可以很自然地通过下列方程定义电压 $\boldsymbol{V}$ 和电流 $\boldsymbol{I}$［参见 3.3 节中的式(3.21)、式(3.29)］：

$$\boldsymbol{V} = -\boldsymbol{C}^{-1}(\partial_z \boldsymbol{Q} + \boldsymbol{B}\,\partial_z \boldsymbol{q}), \quad \boldsymbol{I} = \partial_t \boldsymbol{Q}, \quad \boldsymbol{I}_\mathrm{b} = \partial_t \boldsymbol{q} \tag{3.6}$$

3.2.3 放大机理与负势能

这项工作的目标之一是确定多传输线系统中放大的数学机制。建立多传输线系统的拉格朗日场论并强调了其物理性质。式(3.2)中负责放大的关键项应该是与电子注有关的项：

$$\mathcal{L}_\mathrm{b} = \frac{\xi}{2}(\partial_t q + u_0\,\partial_z q)^2 \tag{3.7}$$

根据一般理论，我们可以通过展开表达式(3.7)来确定电子注的动能和势能，即

$$\mathcal{L}_\mathrm{b} = \frac{\xi}{2}(\partial_t q)^2 + \xi u_0\,\partial_t q\,\partial_z q + \frac{\xi}{2}u_0^2(\partial_z q)^2$$

电子注的势能项 $-\frac{\xi}{2}(u_0\,\partial_z q)^2$ 是一个负项。这是多传输线区别于普通振荡系统的一个显著特征，而在普通振荡系统中，势能始终为正。这个势能项的负号最终导致放大。

61 事实上，一个典型的振荡系统有一个正的势能，其与使系统走向平衡状态的力有关。最简单的例子是线性质量-弹簧系统或其电模拟——简单的 LC 振荡电路。线性质量-弹簧系统对应的拉格朗日量是

$$\mathcal{L}_1(x_1, x') = \frac{1}{2}mx'^2 - \frac{1}{2}kx^2; \quad \mathcal{L}_2(q, q') = \frac{1}{2}Lq'^2 - \frac{1}{2C}q^2$$

其中，m 是点的质量，k 是弹簧的胡克弹性系数，L 和 C 是电路的电感和电容，q 是电容器中的电荷。这种力导致稳定的运动，在其动能和势能形式之间具有振荡形式的能量传递（在电路情况下，电荷从电容器流向电感，反之亦然）。当势能为负时，如 $\mathcal{L}_\mathrm{b}$，会出现性质不同的图像。在这种情况下，合力使系统以指数增长的速率远离平衡。这种情况对应于在 $\mathcal{L}_1$ 中具有负的胡克系数 k，或在上述 $\mathcal{L}_2$ 中具有负电容。有趣的是，皮尔斯在研究传输线与电子注互作用时观察到了有效负电容[6]。

在 $\mathcal{L}_\mathrm{b}$ 中存在负的无限低势能，清楚地表明该模型是一个理想的模型。负势能项实际上代表了一种取之不尽、用之不竭的能源。这种能量可以转换成另一种形式的能量，例如电磁辐射的能量。这样一个理想的模型可用于描述直到饱和点的放大和增益。可以想象，通过在注流拉格朗日函数中引入一个附加的正势能项，能够对饱和现象进行唯象建模，该函数由一个系数较小的高阶多项式表示。当然，这会使理论变成非线性理论。

3.2.4 电子注不稳定性和简并电子注拉格朗日方法

式(3.7)中 $\mathcal{L}_\mathrm{b}$ 的另一个特征是其退化为二次型（在 $\partial_t q$ 和 $\partial_z q$ 中），表现为一个完美的 2 次方三项式，或者作为一个精确的回旋项。根据不稳定区域的一般理论[12]，这种退化是在适当扰动下产生不稳定的必要条件。从描述电子注动力学的二阶偏微分方程的角度来看，与普通波动中出现的双曲线相比，这种简并性表现为抛物线型。

3.2.5 对放大机制存在的完整描述

通过对一般均匀多传输线系统的放大区域的详尽分析，包括产生放大的精确条件，进一

步证明了拉格朗日方法和其哈密顿方法的威力和效率。特别是，如果 $0 \leqslant v_1 \leqslant v_2 \leqslant \cdots \leqslant v_n$ 表示多传输线作为一个独立系统的特征速度。我们证明，如果 $u_0 \leqslant v_1$，则总是存在放大区域：如果 $u_0 > v_1$，则只有式(3.7)中的 ξ 足够小时才会发生放大。我们还为一般均匀多传输线系统提供了透明形式的色散关系，包括可能的退化，以及式(3.7)中定义的电子注参数变得任意小或大时放大因子的渐近分析。极限 $\xi \to 0$ 和 $\xi \to \infty$ 分别对应于电子注的高、低电子密度。在文献[6]中，皮尔斯处理了大的 ξ 值，这使他能够(通过近似)将色散关系简化为一个精确可解的三阶方程，用于前向本征模。在 3.3 节中，我们将根据我们的方法评论皮尔斯取得的结果。

3.2.6　能量守恒和通量

62

我们采用的拉格朗日方法能够对能量问题进行详尽的分析，包括多传输线和电子注之间的整体能量守恒和能量转移。该分析得到了从电子注流向多传输线的功率 $P_{\mathrm{B \to MTL}}$ 的显式表达式，用以下形式的指数增长形式表示：

$$Q(z,t)=\hat{Q}\mathrm{e}^{-\mathrm{j}(\omega t-k_0 z)},\ q(z,t)=\hat{q}\mathrm{e}^{-\mathrm{j}(\omega t-k_0 z)},\ \operatorname{Im} k_0<0 \tag{3.8}$$

即下面的公式成立：

$$\langle P_{\mathrm{B \to MTL}}\rangle(z)=-\left[\omega\xi\,|k_0|^2\,|\hat{q}|^2(\operatorname{Re}\boldsymbol{v}_0-u_0)\operatorname{Im} v_0\right]\mathrm{e}^{-2(\operatorname{Im}k_0)z},\ v_0=\frac{w}{k_0} \tag{3.9}$$

我们证明，在公式(3.9)中，指数前面的常数为正，这意味着能量是从电子注流向多传输线。公式 (3.9) 还表明，传输至多传输线的功率在电子注的方向上呈指数增大。倏逝波的情况正好相反，其功率流向电子注，并在 $+z$ 方向呈指数减小。

3.2.7　负势能和一般增益介质

将拉格朗日系统中放大和增益与负势能项关联，是实现模拟增益介质的一般方法。有趣的是，众所周知，非均匀等离子体中的负能量波现象在唯象学层面上是被大家理解的，参见文献[14]的 7.7 节、文献[15]的 1.3 节、文献[16]的 3.1 节。这里引用的文献中给出的解释，本质上是依据近似唯象学模型，而在更加详细的理论中，波能密度对应于总系统能量密度的变化。这种负能量波通常发生在系统接近平衡时，具有稳定的流速，并且存在一种模式，将粒子的平均动能减小到初始平衡值以下。重要的是，负能量波和增益介质的概念与不稳定性密切相关。

这里提出的比较和对比增益建模的方法是具有指导意义的。用一个负势能项表示增益介质，而用传统方法将增益介质表示为负吸收系统。作为与后者相关的一个重要例子，考虑在文献[17]的第 3 部分描述的弱外部电场强度 $E=E_0\mathrm{e}^{-\mathrm{i}(\omega t-kx)}$ 中的无碰撞等离子体的方法。这种等离子体中的互作用是非局部的，因此，等离子体介电常数取决于 ω 和 k (所谓的“空间色散”)，并且具有导致耗散的非零虚部。介电常数的虚部和能量耗散分别由下面的公式给出：

$$\begin{cases} \varepsilon''=-\dfrac{4\pi^2 e^2 m}{k^2}\left[\dfrac{\partial f}{\partial p}\right]_{v=\omega/k} \\ Q=\dfrac{\omega}{8\pi}\varepsilon''\,|E|^2=-|E|^2\,\dfrac{\pi m e^2\omega}{2k^2}\left[\dfrac{\partial f}{\partial p}\right]_{v=\omega/k} \end{cases} \tag{3.10}$$

式中，m、e 分别是电子质量和电荷，f 是静止等离子体的动量分布函数。如果等离子体是各向同性的(也就是说，动量的分布函数只取决于$|p|$，或者在一维情况下，动量的分布函数是一个偶函数)，可以证明 $Q>0$，参见利夫希茨(Lifshitz)和皮塔耶夫斯基(Pitaevskii)在文献[17]的3.30节中所给出的，因而等离子体从场吸收能量，这种现象被称为朗道阻尼

63 (Landau damping)。然而，在各向异性情况下，$\left[\frac{\partial f}{\partial p}\right]_{v=\omega/k}$ 和 Q 值符号可能会反转，从而产生从电子到场的能量净流，并提供增益介质的示例。从式(3.10)可以清楚地看出，净能量通量取决于速度大于/小于波相速度的电子的相对数量。

我们在多传输线系统中建模增益的方法，与在上述等离子体示例中建模增益的传统方法之间的主要区别：传统的方法基本上基于开放系统的概念，且没有用增益的概念显式地建模，而是通过其对系统的影响来建模的；在我们的方法中，电子注与电场互作用形成一个保守系统，增益介质被显式地建模为具有负电势分量的拉格朗日系统中的电子注项。二者的另一个不同之处是，在多传输线系统中，空间电荷波速大于或小于波相速度时会产生增益。

事实上，一个因果耗散系统总是可以唯一地扩展至一个适当构造的保守系统[18-20]。那么人们是否可以对增益介质进行类似的构建？这是一个有趣的问题。对这个问题的探讨不在本章的讨论范围内，但我们打算在未来的工作中研究这个问题。

3.3 皮尔斯模型

在文献[6]第Ⅰ部分，皮尔斯提出了一维线性模型，用于描述电子注与周围波导的互作用。该模型基于以下假设：

假设Ⅰ：与平均或未受干扰的电子速度和电流相比，电子注上的电子速度和电流(所谓的交流分量)的调制很小。这一假设证明了在未扰动状态附近方程的线性化是正确的。设电子的总速度为 u_0+v，其中 u_0 是平均速度大小，v 是一个小扰动。类似地，设 $\rho_0+\rho$ 为总电子密度(每单位体积)，其中 ρ_0 是未受扰动的电子密度，ρ 是扰动的电子密度。设 σ 为电子注的横截面。然后，流过的总电流为 $I_T=I_0+I_b$，其中 $I_0=\sigma\rho_0 u_0$ 是直流电流，扰动电流由下式给出：

$$I_b=\sigma(\rho u_0+\rho_0 v+\rho v) \tag{3.11}$$

围绕直流状态的线性化，略去扰动中的二次项 ρv，可得

$$I_b=\sigma(\rho u_0+\rho_0 v) \tag{3.12}$$

接下来，线性电荷守恒方程可写为

$$\frac{\partial\rho}{\partial t}+\frac{\partial i}{\partial z}=\frac{\partial\rho}{\partial t}+\frac{1}{\sigma}\frac{\partial I_b}{\partial z}=0 \tag{3.13}$$

式中，t 代表时间，z 是纵向变量，i 是电流密度，$i=I_b/\sigma$。

假设Ⅱ：电子注被认为是一种连续介质(电子胶)，没有内应力，有一个独特的体积力，即由与波导上的信号相关的电场强度的轴向分量产生的力。

64 进一步假设电子胶中的电荷质量比精确为 e/m，其中 $e=-|e|$ 为电子电荷，m 为电子质量。因此，如果 $E=E_z$ 是场的轴向分量，则介质的运动方程为

$$\frac{\partial v}{\partial t}+(u_0+v)\frac{\partial v}{\partial z}=\frac{e}{m}E \tag{3.14}$$

其中,在等式左侧我们使用了通常的欧拉表达式来表示速度场 $v(z,t)$ 方面的加速度。线性化后,$v\frac{\partial v}{\partial t}$ 项被消去,从而产生

$$\frac{\partial v}{\partial t}+u_0\frac{\partial v}{\partial z}=\frac{e}{m}E \tag{3.15}$$

请注意,在皮尔斯的原著[6,I]中,电子的电荷表示为 $-e$,而这里只是 e。

实际上,文献[5]中介绍的完整皮尔斯模型也包括了电子注中的电子排斥力(所谓的空间电荷效应),另在文献[4]和[7]也可见。为了简单起见,这里我们不考虑这种影响,但我们提出可以这样做,并计划在未来报告此类问题的解决方法。对式(3.12)分别求 t 和 z 的导数,我们得到 $\partial v/\partial t$ 和 $\partial v/\partial z$ 以下表达式:

$$\frac{\partial v}{\partial t}=\frac{1}{\sigma\rho_0}\frac{\partial I_{\mathrm{b}}}{\partial t}-\frac{u_0}{\rho_0}\frac{\partial\rho}{\partial t},\quad \frac{\partial v}{\partial z}=\frac{1}{\sigma\rho_0}\frac{\partial I_{\mathrm{b}}}{\partial z}-\frac{u_0}{\rho_0}\frac{\partial\rho}{\partial z} \tag{3.16}$$

在上述第一个关系式中,我们利用式(3.13),用 $(-1/\sigma)(\partial I_{\mathrm{b}}/\partial z)$ 表示 $\partial\rho/\partial t$,并对所得关系关于 t 求导,可得

$$\frac{\partial^2 v}{\partial t^2}=\frac{1}{\sigma\rho_0}\frac{\partial^2 I_{\mathrm{b}}}{\partial t^2}+\frac{u_0}{\sigma\rho_0}\frac{\partial^2 I_{\mathrm{b}}}{\partial z\,\partial t} \tag{3.17}$$

接着,对式(3.16)中第二项关于 t 求导,再用 $(-1/\sigma)(\partial I_{\mathrm{b}}/\partial z)$ 表示 $\partial\rho/\partial t$,得到

$$\frac{\partial^2 I_{\mathrm{b}}}{\partial z\,\partial t}=\frac{1}{\sigma\rho_0}\frac{\partial^2 v}{\partial z\,\partial t}+\frac{u_0}{\sigma\rho_0}\frac{\partial^2 I_{\mathrm{b}}}{\partial z^2} \tag{3.18}$$

另一方面,对式(3.15)关于 t 求导可得

$$\frac{\partial^2 v}{\partial t^2}+u_0\frac{\partial^2 v}{\partial z\,\partial t}=\frac{e}{m}\frac{\partial E}{\partial t} \tag{3.19}$$

最后,我们将式(3.19)中的二阶导数替换为式(3.17)和式(3.18)中的表达式,得到电子注电流的二次方程

$$\partial_t^2 I_{\mathrm{b}}+2u_0\,\partial_t\partial_z I_{\mathrm{b}}+u_0^2\,\partial_z^2 I_b=\sigma\,\frac{e}{m}\rho_0\partial_t E \tag{3.20}$$

(为了简洁起见,在此处和接下来的内容中,我们使用 ∂_t^2 来表示 $\partial/\partial t^2$,∂_z^2 表示 $\partial/\partial z^2$,等等)。接下来,皮尔斯考虑了电子注与传输线的互作用。

假设Ⅲ:电子注对波导的作用相当于在线路上瞬间感应出分流电流。该感应电流与电子注电流大小相等,方向相反。根据这个假设,通常的传输线(电报)方程被修正为包括一个额外的源项[6,I]:

$$\partial_z I=-C\,\partial_t V-\partial_z I_{\mathrm{b}},\quad \partial_z V=-L\,\partial_t I \tag{3.21}$$

这里,同前述,$I=I(z,t)$ 和 $V=V(z,t)$ 分别表示通过电感元件的电流和传输线的并联电容元件上的电压,$C>0$ 和 $L>0$ 分别是单位长度的并联电容和电感。还要注意,在式(3.21)中,$\partial_z I$ 和 $\partial_z V$ 分别是通过并联电容元件的电流和每单位长度传输线的电感元件上的压降。源项 $\partial_z I_{\mathrm{b}}$ 的添加可以在过程准平稳的假设下得到证明:电子注上的电荷波"镜像"到传输线上。图 3.1 给出了其中一种被激发的传输线离散化单元的集中表达形式。感应电流可以被认为是一种分布式并联电流源。

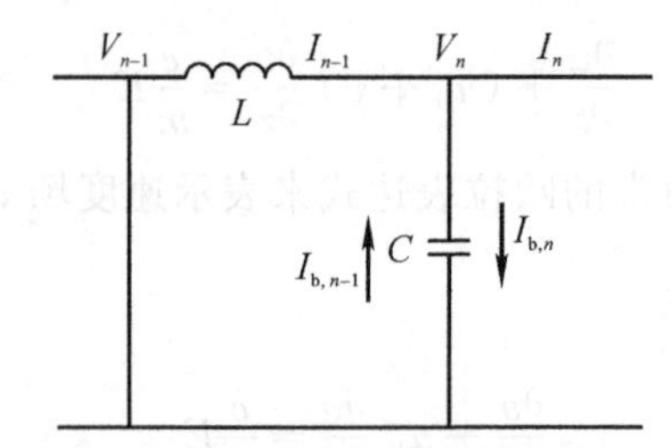

图 3.1 皮尔斯模型中的多传输线-电子注系统的离散单元，箭头表示电容器上感应的分流电流

和波导相关的电场强度的轴向分量与传输线电压有关：

$$E(z,t)=-\partial_z V(z,t) \tag{3.22}$$

将上式代入式(3.20)，得到等式

$$\partial_t^2 I_b+2u_0\,\partial_t\,\partial_z I_b+u_0^2\,\partial_z^2 I_b=-\sigma\,\frac{e}{m}\rho_0\,\partial_t\,\partial_z V \tag{3.23}$$

因此，根据文献[6]中第Ⅰ部分，方程(3.21)和(3.23)构成交互式传输线(transmission line-beam，TLB)系统的模型。

下面是一些评论。在最新的研究文献中，考虑了改进版本线性皮尔斯的模型，参见示例[2,4]。这些版本考虑了更精细的特征，例如群聚饱和，或保留了原始版本方程(3.11)和方程(3.14)中等存在的非线性。尽管这些丰富的模型无疑更现实，并且基于它们的数值计算可能能够与实验保持更好的一致性，但它们几乎不能进行分析处理。特别是，它们不具有拉格朗日框架结构。皮尔斯的模型虽然简单，但能够描述放大机制，并且如本章引言中所述，可以推广至多传输线系统的情况，并允许在所有情况下进行充分的数学分析。考虑到实际波导在原则上可以通过多传输线以任意精度近似[8-10]，这种概括为优化设计开辟了新的视角，这也正是我们研究的最终目标。

3.4 皮尔斯模型的拉格朗日形式

在本节中，我们将构建基于皮尔斯模型的拉格朗日场理论。拉格朗日理论提供了从电子注到辐射的放大和能量转移的数学机制的更为深入的见解。

3.4.1 拉格朗日公式

线性方程组(3.21)～(3.23)作为与某个二次拉格朗日方程相关联的欧拉-拉格朗日方程出现。为了了解这一点，让我们首先引入分别与电流 I 和 I_b 有关的电荷变量 Q 和 q。

66

$$I=\partial_t Q,\quad I_b=\partial_t q \tag{3.24}$$

因此，变量 Q、q 表示在时间间隔 (t_0,t) 内通过点 z 处的传输线(分别为电子注)横截面的电荷量，其中 t_0 是某个固定的参考时间。然后，交互式传输线系统方程(3.21)和(3.23)采用以下形式：

$$\partial_z Q=-CV-\partial_z q,\quad \partial_z V=-L\,\partial_t^2 Q \tag{3.25}$$

$$(\partial_t+u_0\,\partial_z)^2 q=-\frac{\sigma\omega_p^2}{4\pi}\partial_z V \tag{3.26}$$

式中，ω_p 是文献[21]的 2.2 节中的等离子体频率(采用高斯单位制定义)：

$$\omega_p^2 = \frac{-4\pi e\rho_0}{m} \tag{3.27}$$

由于处理非均匀(特别是周期性)进度传输线并不难,我们假设从现在开始 L 和 C 可以是位置相关的,即

$$C = C(z), \quad L = L(z) \tag{3.28}$$

注意到式(3.25)中的第一个等式,很容易得到电压矢量 $\boldsymbol{V}$ 的以下表示:

$$\boldsymbol{V} = -\boldsymbol{C}^{-1}\partial_z(\boldsymbol{Q}+\boldsymbol{q}) \tag{3.29}$$

将上述 $\boldsymbol{V}$ 的表达式代入方程(3.25)的第二部分和方程(3.26),产生以下电荷的交互式传输线演化方程:

$$\boldsymbol{L}\partial_t^2\boldsymbol{Q} - \partial_z[\boldsymbol{C}^{-1}\partial_z](\boldsymbol{Q}+\boldsymbol{q}) = \boldsymbol{0} \tag{3.30}$$

$$\xi(\partial_t + u_0\partial_z)^2\boldsymbol{q} - \partial_z[\boldsymbol{C}^{-1}\partial_z](\boldsymbol{Q}+\boldsymbol{q}) = \boldsymbol{0}, \quad \xi = \frac{4\pi}{\sigma\omega_p^2} = \frac{m}{\sigma e\rho_0} > 0 \tag{3.31}$$

通过观察我们发现,上述演化方程是以下拉格朗日方程的欧拉-拉格朗日方程:

$$\mathcal{L}(z, \partial_t\boldsymbol{Q}, \partial_z\boldsymbol{Q}, \partial_t\boldsymbol{q}, \partial_z\boldsymbol{q}) = \frac{L}{2}(\partial_t\boldsymbol{Q})^2 - \frac{1}{2}\boldsymbol{C}^{-1}(\partial_z\boldsymbol{Q} + \partial_z\boldsymbol{q})^2 + \frac{\xi}{2}(\partial_t\boldsymbol{q} + u_0\partial_z\boldsymbol{q})^2 \tag{3.32}$$

实际上,对于一般的拉格朗日密度 $\mathcal{L} = \mathcal{L}(t, z; \boldsymbol{Q}, \partial_t\boldsymbol{Q}, \partial_z\boldsymbol{Q}; \boldsymbol{q}, \partial_t\boldsymbol{q}, \partial_z\boldsymbol{q})$,欧拉方程形式为

$$\begin{cases} \partial_t \dfrac{\partial\mathcal{L}}{\partial(\partial_t\boldsymbol{Q})} + \partial_z \dfrac{\partial\mathcal{L}}{\partial(\partial_z\boldsymbol{Q})} - \dfrac{\partial\mathcal{L}}{\partial\boldsymbol{Q}} = \boldsymbol{0} \\ \partial_t \dfrac{\partial\mathcal{L}}{\partial(\partial_t\boldsymbol{q})} + \partial_z \dfrac{\partial\mathcal{L}}{\partial(\partial_z\boldsymbol{q})} - \dfrac{\partial\mathcal{L}}{\partial\boldsymbol{q}} = \boldsymbol{0} \end{cases} \tag{3.33}$$

一个简单的计算证实了将公式(3.33)应用于由(3.32)定义的拉格朗日方程,得到了产生交互式传输线的演化方程(3.30)和(3.31)。初始的皮尔斯方程是 $\boldsymbol{L}$、$\boldsymbol{C}$ 作为常量的一种特殊情况。

至于 $\mathcal{L}$(这里 $\mathcal{L}$ 是指一般的拉格朗日密度函数)的单位是能量/长度,正如拉格朗日密度所预期的那样。在这方面,我们提醒读者,我们使用的是高斯单位制,电荷^2=力×长度^2,与高斯版本的库仑定律 $F = q_1q_2/r^2$ 一致。

我们做最后一个观察:假设传输线上电子注感应的电流将电子注上的电荷完美地“镜像”到波导上。根据拉莫(Ramo)定理[4,22]思想,这个假设可以被证明是“准静态”区域的近似。根据一些作者——例如康普夫纳(R. Kompfner)[23]或巴克(R. J. Barker)[2,4]所发表的论文,在处理真实器件时,系数 $\chi \in (0,1)$ 必须包含在式(3.21)中 $\partial_z\boldsymbol{I}_b$ 的前面[根据式(3.25)]来解释实际感应电流,$\chi = 1$ 被视为理想情况。

67

拉格朗日方法可以很容易地处理一般情况。然而,为了使论述尽可能简单,我们只考虑理想情况。

3.4.2 多传输线模型的推广

众所周知,相当广泛的波导可以用多传输线来近似[9]。我们引入的拉格朗日公式使得皮尔斯模型的相应推广变得简单。实际上,假设我们有 $n+1$ 根导体,其中一根接地,比如第 $n+1$ 根。我们用 $\boldsymbol{V}(z,t) = \{V_i(z,t)\}_{i=1,2,\cdots,n}$ 表示前 n 个导体上相对于地的电压的 n 维向量列,用 $\boldsymbol{I}(z,t) = \{I_i(z,t)\}_{i=1,2\cdots,n}$ 表示流过它们的电流向量列,并且令

$$Q(z,t)=\{Q_i(z,t)\}_{i=1,2,\cdots,n}\ ,\ Q_i(z,t)=\int^t I_i(z,s)\mathrm{d}s$$

设$\boldsymbol{L}=\boldsymbol{L}(z)$、$\boldsymbol{C}=\boldsymbol{C}(z)$是自感、互感和电容的$n\times n$矩阵，众所周知，它们是正对称的(厄米)矩阵。下式给出式(3.32)的自然推广形式：

$$\mathcal{L}=\frac{1}{2}\left\{(\partial_t\boldsymbol{Q},\boldsymbol{L}\partial_t\boldsymbol{Q})-\left[\partial_z\boldsymbol{Q}+\partial_z\boldsymbol{q}\boldsymbol{B},\boldsymbol{C}^{-1}(\partial_z\boldsymbol{Q}+\partial_z\boldsymbol{q}\boldsymbol{B})\right]\right\}+\frac{\xi}{2}(\partial_t\boldsymbol{q}+u_0\partial_z\boldsymbol{q})^2 \tag{3.34}$$

式中，(,)和[,]代表Re^n中的标量积，$\boldsymbol{B}$表示每个单元为1的列向量，即

$$\boldsymbol{B}=(1,1,\cdots,1)^{\mathrm{T}} \tag{3.35}$$

相应的欧拉-拉格朗日二阶系统是

$$\begin{cases}\boldsymbol{L}\partial_t^2\boldsymbol{Q}-\partial_z\left[\boldsymbol{C}^{-1}(\partial_z\boldsymbol{Q}+\partial_z\boldsymbol{q}\boldsymbol{B})\right]=\boldsymbol{0}\\ \xi\left[\partial_t^2\boldsymbol{q}+2u_0\partial_t\partial_z\boldsymbol{q}+u_0^2\partial_z^2\boldsymbol{q}\right]-\left\{\boldsymbol{B},\partial_z\left[\boldsymbol{C}^{-1}(\partial_z\boldsymbol{Q}+\partial_z\boldsymbol{q}\boldsymbol{B})\right]\right\}=\boldsymbol{0}\end{cases} \tag{3.36}$$

与上述第一个方程等价的广义电报方程，采用以下多传输线电压$\boldsymbol{V}$和电流$\boldsymbol{I}$、$\boldsymbol{I}_b$的矢量方程

$$\partial_z\boldsymbol{I}=-\boldsymbol{C}\partial_t\boldsymbol{V}-\partial_z\boldsymbol{I}_{\mathrm{b}}\boldsymbol{B},\quad \partial_z\boldsymbol{V}=-\boldsymbol{L}\partial_t\boldsymbol{I} \tag{3.37}$$

$$\boldsymbol{V}=-\boldsymbol{C}^{-1}(\partial_z\boldsymbol{Q}+\boldsymbol{B}\partial_z\boldsymbol{q}),\quad \boldsymbol{I}=\partial_t\boldsymbol{Q},\quad \boldsymbol{I}_{\mathrm{b}}=\partial_t\boldsymbol{q} \tag{3.38}$$

我们对向量$\boldsymbol{B}$的选择除了完美感应外，还假设电子注和不同传输线之间的互作用具有对称性。更现实的方法是，在向量$\boldsymbol{B}$中包括系数$\chi\in(0,1)$来考虑非对称互作用。正如我们在本节中已经提到的，我们的方法可以轻松处理此类影响。

请注意，如果我们通过设置$q=0$从系统中移除电子注，我们的模型与在合理假设下从麦克斯韦方程组推导出来的多路线互作用模型完全一致。参见文献[2]、[8]和文献[9]中1.4.1小节，可了解更多传输线互作用模型。

68

截至目前，我们得到的结论是：对于多传输线系统，场拉格朗日系统是由式(3.34)中的拉格朗日量$\mathcal{L}$和相应的欧拉-拉格朗日场方程(3.36)控制的。

3.5 多传输线系统的哈密顿结构

为了研究多传输线系统，特别是相关模式、它们的稳定性和放大现象，我们在变量z中利用了与拉格朗日方程(3.34)相关的哈密顿结构。通常，通过从拉格朗日到哈密顿的观点，我们可以将式(3.36)中的二阶欧拉-拉格朗日系统转换为一阶系统的形式，无论是关于t还是关于z。在3.5.1节中，我们将给出所需的通用二次拉格朗日方程的具体哈密顿形式。

3.5.1 二次拉格朗日密度的哈密顿形式

在本节中，我们讨论一组特殊的拉格朗日方程，即导数中的二次函数(并且独立于坐标和场)，多传输线系统是一个特殊的实例。因此，让我们考虑以下形式的二次拉格朗日密度：

$$\mathcal{L}(\boldsymbol{q}_{,t},\boldsymbol{q}_{,z})=\frac{1}{2}\partial_t\boldsymbol{q}^{\mathrm{T}}\boldsymbol{\alpha}\,\partial_t\boldsymbol{q}+\partial_t\boldsymbol{q}^{\mathrm{T}}\boldsymbol{\theta}\,\partial_z\boldsymbol{q}-\frac{1}{2}\partial_z\boldsymbol{q}^{\mathrm{T}}\boldsymbol{\eta}\,\partial_z\boldsymbol{q} \tag{3.39}$$

其中，$\boldsymbol{q}=\{q_j(z,t),j=1,2,\cdots,n\}$是取决于时间$t$和一维空间变量$z$的实值域，$\boldsymbol{q}_{,t}=\partial_t\boldsymbol{q}$、$\boldsymbol{q}_{,z}=\partial_z\boldsymbol{q}$和$\boldsymbol{\alpha}(z,t)$、$\boldsymbol{\eta}(z,t)$、$\boldsymbol{\theta}(z,t)$是具有实数元素的对称$n\times n$矩阵，即

$$\boldsymbol{\alpha}^{\mathrm{T}}=\boldsymbol{\alpha},\quad \boldsymbol{\eta}^{\mathrm{T}}=\boldsymbol{\eta},\quad \boldsymbol{\theta}^{\mathrm{T}}=\boldsymbol{\theta} \tag{3.40}$$

我们假设

$$\boldsymbol{\alpha}\ \text{和}\ \boldsymbol{\eta}\ \text{是可逆的} \tag{3.41}$$

拉格朗日密度式(3.39)可以被改写成以下形式，包括块矩阵：

$$\mathcal{L}=\frac{1}{2}\boldsymbol{u}^{\mathrm{T}}\boldsymbol{M}_{\mathrm{L}}\boldsymbol{u};\quad \boldsymbol{M}_{\mathrm{L}}=\begin{bmatrix}\boldsymbol{\alpha} & \boldsymbol{\theta}\\ \boldsymbol{\theta} & -\boldsymbol{\eta}\end{bmatrix},\quad \boldsymbol{u}=\begin{bmatrix}\partial_t\boldsymbol{q}\\ \partial_z\boldsymbol{q}\end{bmatrix} \tag{3.42}$$

这个拉格朗日密度的欧拉-拉格朗日方程是

$$[\partial_t\boldsymbol{\alpha}\,\partial_t+\partial_t\boldsymbol{\theta}\,\partial_z+\partial_z\boldsymbol{\theta}\,\partial_t-\partial_z\boldsymbol{\eta}\,\partial_z]\boldsymbol{q}=\boldsymbol{0} \tag{3.43}$$

现在，我们想把上面的二阶微分 $n\times n$ 系统改写成 $2n\times 2n$ 的一阶哈密顿系统，这两个系统都是相对于 t 和 z 的。考虑到这一点，我们引入正则动量：

$$\boldsymbol{p}_t=\frac{\partial\mathcal{L}}{\partial q_{,t}}=\boldsymbol{\alpha}\,\partial_t\boldsymbol{q}+\boldsymbol{\theta}\,\partial_z\boldsymbol{q},\quad \boldsymbol{p}_z=\frac{\partial\mathcal{L}}{\partial\boldsymbol{q}_{,z}}=\boldsymbol{\theta}\,\partial_t\boldsymbol{q}-\boldsymbol{\eta}\,\partial_z\boldsymbol{q} \tag{3.44}$$

上式可重写为

$$\boldsymbol{p}=\begin{bmatrix}\boldsymbol{p}_t\\ \boldsymbol{p}_z\end{bmatrix}=\begin{bmatrix}\boldsymbol{\alpha} & \boldsymbol{\theta}\\ \boldsymbol{\theta} & -\boldsymbol{\eta}\end{bmatrix}\begin{bmatrix}\partial_t\boldsymbol{q}\\ \partial_z\boldsymbol{q}\end{bmatrix}=\boldsymbol{M}_{\mathrm{L}}\boldsymbol{u} \tag{3.45}$$

为了得到关于 t 的一阶方程，我们选取一对参数 $\boldsymbol{p}_t$ 和 $\boldsymbol{q}$。我们省略了推导，只给出最终结果，有关细节可以在文献[24]中找到。我们引入以下辛矩阵：

69

$$\boldsymbol{J}=\begin{bmatrix}\boldsymbol{0} & -\boldsymbol{1}\\ \boldsymbol{1} & \boldsymbol{0}\end{bmatrix},\quad \boldsymbol{J}^2=-\boldsymbol{1},\quad \boldsymbol{J}=-\boldsymbol{J}^{\mathrm{T}} \tag{3.46}$$

然后，给出了欧拉-拉格朗日方程的哈密顿形式：

$$\partial_t\boldsymbol{W}=\boldsymbol{J}\boldsymbol{M}_{\mathrm{H}t}\boldsymbol{W},\quad \boldsymbol{W}=\begin{bmatrix}\boldsymbol{p}_t\\ \boldsymbol{q}\end{bmatrix} \tag{3.47}$$

其中

$$\boldsymbol{M}_{\mathrm{H}t}=\begin{bmatrix}\boldsymbol{\alpha}^{-1} & -\boldsymbol{\alpha}^{-1}\boldsymbol{\theta}\,\partial_z\\ \partial_z\boldsymbol{\theta}\boldsymbol{\alpha}^{-1} & -\partial_z\boldsymbol{\theta}\boldsymbol{\alpha}^{-1}\boldsymbol{\theta}\,\partial_z-\partial_z\boldsymbol{\eta}\,\partial_z\end{bmatrix}$$

为了得到关于 z 的一阶方程，我们选取了一对参数 $\boldsymbol{p}_z$ 和 $\boldsymbol{q}$。由此产生的标准形式是

$$\partial_z\boldsymbol{W}=\boldsymbol{J}\boldsymbol{M}_{\mathrm{H}z}\boldsymbol{W},\quad \boldsymbol{W}=\begin{bmatrix}\boldsymbol{p}_z\\ \boldsymbol{q}\end{bmatrix} \tag{3.48}$$

其中

$$\boldsymbol{M}_{\mathrm{H}z}=\begin{bmatrix}-\boldsymbol{\eta}^{-1} & \boldsymbol{\eta}^{-1}\boldsymbol{\theta}\,\partial_t\\ -\partial_t\boldsymbol{\theta}\boldsymbol{\eta}^{-1} & \partial_t\boldsymbol{\alpha}\,\partial_t+\partial_t\boldsymbol{\theta}\boldsymbol{\eta}^{-1}\boldsymbol{\theta}\,\partial_t\end{bmatrix}$$

请注意，式(3.44) 中第二个方程对 $\boldsymbol{p}_z$ 的定义意味着变量 $[\boldsymbol{p}_z,\partial_t\boldsymbol{q}]$ 和 $[\partial_t\boldsymbol{q},\partial_z\boldsymbol{q}]$ 之间存在一一对应的线性关系，即

$$\begin{gathered}\begin{bmatrix}\boldsymbol{p}_z\\ \partial_t\boldsymbol{q}\end{bmatrix}=\begin{bmatrix}\boldsymbol{\theta} & -\boldsymbol{\eta}\\ \boldsymbol{1} & \boldsymbol{0}\end{bmatrix}\begin{bmatrix}\partial_t\boldsymbol{q}\\ \partial_z\boldsymbol{q}\end{bmatrix}\\ \begin{bmatrix}\partial_t\boldsymbol{q}\\ \partial_z\boldsymbol{q}\end{bmatrix}=\begin{bmatrix}\boldsymbol{0} & \boldsymbol{1}\\ -\boldsymbol{\eta}^{-1} & \boldsymbol{\eta}^{-1}\boldsymbol{\theta}\end{bmatrix}\begin{bmatrix}\boldsymbol{p}_z\\ \partial_t\boldsymbol{q}\end{bmatrix}\end{gathered} \tag{3.49}$$

假设矩阵 $\boldsymbol{\eta}$ 是可逆的。

我们可以将系统(3.48)进一步转化为与能量守恒定律密切相关的另一种形式，即系统(3.48)可以改写为以下“哈密顿”形式：

$$\widetilde{\boldsymbol{J}}\,\partial_z \boldsymbol{W} = \mathrm{j}\,\partial_t \widetilde{\boldsymbol{M}} \boldsymbol{W},\quad \boldsymbol{W} = \begin{bmatrix} \boldsymbol{p}_z \\ \partial_t \boldsymbol{q} \end{bmatrix} \tag{3.50}$$

其中

$$\widetilde{\boldsymbol{J}} = \begin{bmatrix} \boldsymbol{0} & \mathrm{j}\boldsymbol{1} \\ \mathrm{j}\boldsymbol{1} & \boldsymbol{0} \end{bmatrix},\quad \widetilde{\boldsymbol{M}} = \begin{bmatrix} -\boldsymbol{\eta}^{-1} & \boldsymbol{\eta}^{-1}\boldsymbol{\theta} \\ \boldsymbol{\theta}\boldsymbol{\eta}^{-1} & -\boldsymbol{\alpha} - \boldsymbol{\theta}\boldsymbol{\eta}^{-1}\theta \end{bmatrix} \tag{3.51}$$

注意矩阵 $\widetilde{\boldsymbol{J}}$ 和 $\widetilde{\boldsymbol{M}}$ 分别是反厄米矩阵和厄米矩阵，即

$$\widetilde{\boldsymbol{J}}^{*} = -\widetilde{\boldsymbol{J}},\quad \widetilde{\boldsymbol{M}}^{*} = \widetilde{\boldsymbol{M}} \tag{3.52}$$

还要注意方程(3.50)和(3.51)中 $\boldsymbol{W}$ 和 $\widetilde{\boldsymbol{J}}$ 的定义暗示了恒等式：

$$\boldsymbol{W}^{*}\widetilde{\boldsymbol{J}}\boldsymbol{W} = \mathrm{j}[\boldsymbol{p}_z^{*}\,\partial_t \boldsymbol{q} + (\partial_t \boldsymbol{q})^{*}\,\boldsymbol{p}_z] = 2\mathrm{j}\mathrm{Re}\{(\partial_t \boldsymbol{q})^{*}\,\boldsymbol{p}_z\} \tag{3.53}$$

通过哈密顿方程理论，它可以与能量守恒定律联系起来，下面将显示这一点。

70

3.5.2 多传输线系统

为了与 3.5.1 节中使用的符号一致，从现在起，我们令 $q_1 = Q, q_2 = q, \boldsymbol{q} = (q_1, q_2)^{\mathrm{T}}$。这样非常方便地引入等价的拉格朗日函数 $\widetilde{\mathcal{L}} = \frac{1}{\xi}\mathcal{L}$，其中 $\mathcal{L}$ 的定义如式(3.34)所示。

$$\widetilde{\mathcal{L}} = \mathcal{L}_{\mathrm{b}} + \frac{\varepsilon}{2}\{(\partial_t \boldsymbol{Q}, \boldsymbol{L}\,\partial_t \boldsymbol{Q}) - [\partial_z \boldsymbol{Q} + \partial_z \boldsymbol{q}\boldsymbol{B}, \boldsymbol{C}^{-1}(\partial_z \boldsymbol{Q} + \partial_z \boldsymbol{q}\boldsymbol{B})]\} \tag{3.54}$$

其中，$\varepsilon = 1/\xi$，$\mathcal{L}_{\mathrm{b}}$ 是孤立电子注的拉格朗日函数。

$$\mathcal{L}_{\mathrm{b}} = \frac{1}{2}(\partial_t \boldsymbol{q} + u_0\,\partial_z \boldsymbol{q})^2 = \frac{1}{2}[(\partial_t \boldsymbol{q})^2 + 2u_0\,\partial_t \boldsymbol{q}\;\partial_z \boldsymbol{q} + u_0^2(\partial_z \boldsymbol{q})^2] \tag{3.55}$$

其中，$\varepsilon = 1/\xi$。方程(3.54)中的拉格朗日函数 $\widetilde{\mathcal{L}}$ 在其变量 $(\partial_t \boldsymbol{Q}, \partial_t \boldsymbol{q}, \partial_z \boldsymbol{Q}, \partial_z \boldsymbol{q})$ 中是二次的，即在新的符号中为 $(\partial_t \boldsymbol{q}, \partial_z \boldsymbol{q})^{\mathrm{T}}$。

$$\widetilde{\mathcal{L}} = \frac{1}{2}\,\partial_t \boldsymbol{q}^{\mathrm{T}}\boldsymbol{\alpha}\,\partial_t \boldsymbol{q} + \partial_t \boldsymbol{q}^{\mathrm{T}}\boldsymbol{\theta}\,\partial_z \boldsymbol{q} - \frac{1}{2}\,\partial_z \boldsymbol{q}^{\mathrm{T}}\boldsymbol{\eta}\,\partial_z \boldsymbol{q} \tag{3.56}$$

其中

$$\boldsymbol{\alpha} = \begin{bmatrix} \varepsilon\boldsymbol{L} & \boldsymbol{0} \\ \boldsymbol{0} & \boldsymbol{1} \end{bmatrix}, \boldsymbol{\theta} = \begin{bmatrix} \boldsymbol{0} & \boldsymbol{0} \\ \boldsymbol{0} & u_0 \end{bmatrix}, \boldsymbol{\eta} = \begin{bmatrix} \varepsilon\boldsymbol{C}^{-1} & \varepsilon\boldsymbol{C}^{-1}\boldsymbol{B} \\ \varepsilon\boldsymbol{B}^{\mathrm{T}}\boldsymbol{C}^{-1} & \varepsilon\boldsymbol{B}^{\mathrm{T}}\boldsymbol{C}^{-1}\boldsymbol{B} - u_0^2 \end{bmatrix} \tag{3.57}$$

或使用块矩阵

$$\widetilde{\mathcal{L}} = \frac{1}{2}\boldsymbol{u}^{\mathrm{T}}\boldsymbol{M}_{\mathrm{L}}\boldsymbol{u}，其中\ \boldsymbol{M}_{\mathrm{L}} = \begin{bmatrix} \boldsymbol{\alpha} & \boldsymbol{\theta} \\ \boldsymbol{\theta} & -\boldsymbol{\eta} \end{bmatrix}, \boldsymbol{u} = \begin{bmatrix} \partial_t \boldsymbol{q} \\ \partial_z \boldsymbol{q} \end{bmatrix} \tag{3.58}$$

让我们引入正则动量向量 $\boldsymbol{p} = (\boldsymbol{p}_t, \boldsymbol{p}_z)^{\mathrm{T}}$，与上面的向量 $\boldsymbol{u}$ 相关，通过

$$\boldsymbol{p} = \boldsymbol{M}_{\mathrm{L}}\boldsymbol{u} \tag{3.59}$$

式中，$\boldsymbol{M}_{\mathrm{L}}$ 与式(3.58) 相同。在下面的结果中，我们用变量 $\boldsymbol{p}_z$ 和 $\partial_t \boldsymbol{q}$ 来表达我们系统的动力学，结果可以从 3.5.1 节的一般结果直接获得。

请注意，根据等式(3.57)，由式(3.44)定义的向量 $\boldsymbol{p}_z$ 在这里采用以下形式：

$$\begin{cases} \boldsymbol{p}_z = f\boldsymbol{\theta}\,\partial_t\boldsymbol{q} - \boldsymbol{\eta}\,\partial_z\boldsymbol{q} = \begin{bmatrix} \varepsilon\boldsymbol{V} \\ u_0(\partial_t + u_0\,\partial_z)\boldsymbol{q} + \varepsilon\boldsymbol{B}^{\mathrm{T}}\boldsymbol{V} \end{bmatrix} \\ \boldsymbol{V} = -\boldsymbol{C}^{-1}(\partial_z\boldsymbol{Q} + \boldsymbol{B}\,\partial_z\boldsymbol{q}) \end{cases} \tag{3.60}$$

式中，$\boldsymbol{V}$ 是由式(3.38)定义的电压矢量。

定理 3.1　令 $\boldsymbol{B}$ 由式(3.35)定义，矩阵 $\boldsymbol{C}$ 和 $\boldsymbol{L}$ 有实数并且是正定的。那么二阶欧拉-拉格朗日系统方程(3.36)等价于 $2n$ 个一阶系统。

$$\widetilde{\boldsymbol{J}}\,\partial_z\boldsymbol{W} = \mathrm{j}\,\partial_t\widetilde{\boldsymbol{M}}\boldsymbol{W}, \boldsymbol{W} = \begin{bmatrix} \boldsymbol{p}_z \\ \partial_t\boldsymbol{q} \end{bmatrix} \tag{3.61}$$

式中，$\widetilde{\boldsymbol{J}} = \begin{bmatrix} 0 & \mathrm{j}\boldsymbol{1} \\ \mathrm{j}\boldsymbol{1} & 0 \end{bmatrix}, \widetilde{\boldsymbol{M}} = \widetilde{\boldsymbol{M}}(z) = \begin{bmatrix} -\boldsymbol{\eta}^{-1}(z)\boldsymbol{\eta}^{-1}(z)\boldsymbol{\theta} \\ \boldsymbol{\theta}\boldsymbol{\eta}^{-1}(z) - \boldsymbol{\alpha}(z) - \boldsymbol{\theta}\boldsymbol{\eta}^{-1}(z)\boldsymbol{\theta} \end{bmatrix}$　(3.62)

规范变量 $[\boldsymbol{p}_z, \partial_t\boldsymbol{q}]$ 的物理意义在于它们分别表示电压和电流。

现在考虑形式为 $\boldsymbol{q}(z,t) = \hat{\boldsymbol{q}}(z)\mathrm{e}^{-\mathrm{j}\omega t}$。在这种情况下，有

71

$$\boldsymbol{W}(z,t) = \begin{bmatrix} \boldsymbol{p}_z \\ \partial_t\boldsymbol{q} \end{bmatrix} = \hat{\boldsymbol{W}}(z)\mathrm{e}^{-\mathrm{j}\omega t}, \ \hat{\boldsymbol{W}}(z) = \begin{bmatrix} \hat{\boldsymbol{p}}_z(z) \\ -\mathrm{j}\omega\hat{\boldsymbol{q}}(z) \end{bmatrix} \tag{3.63}$$

方程(3.63)和哈密顿方程(3.61)简化为

$$\widetilde{\boldsymbol{J}}\,\partial_z\hat{\boldsymbol{W}} = \omega\widetilde{\boldsymbol{M}}\hat{\boldsymbol{W}} \tag{3.64}$$

该式也具有哈密顿结构。

备注：在我们的文献[24]中，当提出和证明定理 3.1 时，我们利用了德东德-外尔形式论(de Donder-Weyl formalism)。这包括一个推理，该推理取决于通常成立的多传输线矩阵的可逆矩阵。事实证明，式(3.57)～式(3.58)定义的皮尔斯-拉格朗日多传输线矩阵是简并的，因此上述推理无效。幸运的是，定理 3.1 的有效性很容易从变量 $[\boldsymbol{p}_z, \partial_t\boldsymbol{q}]$ 和 $[\partial_t\boldsymbol{q}, \partial_z\boldsymbol{q}]$ 之间的一对一线性对应关系(3.49)中得出，而不涉及任何德东德-外尔形式论。从矩阵的可逆性可以得出一一对应的关系。

3.6　作为放大源的电子注：不稳定性的作用

显然，电子注是多传输线系统中唯一的能量来源，并最终导致出现指数增长模式。在本节中，我们分析并确定电子注放大背后的数学机制。

为了追踪电子注的放大，我们将式(3.54)视为一个耦合系统，其中式(3.55)对应于主系统(电子注)，ε 是耦合参数。

与振荡系统不同，式(3.55)中的势能是负的。因此，电磁场能量增益起源于作为无限势能储存器的电子注。式(3.54)的结构表明，由式(3.31)定义的较小 ξ 值(以及相应的较大 ε 值)对应于强注流-结构耦合，以及电子注以电磁场形式有效地将其能量馈入传输线的区域。

3.6.1　空间电荷波动力学：本征模和稳定性问题

在本节中，我们将电子注电荷动力学作为一个孤立的系统来研究，由式(3.55)描述。

我们已经提到了 $u_0{}^2(\partial_z q)^2$ 作为能源项的作用。该项负责通过相关欧拉-拉格朗日方程的指数增长解来表现系统的不稳定性。拉格朗日函数中的回旋项 $u_0\partial_t q\ \partial_z q$ 提供了稳定效应。正如我们将看到的,对于拉格朗日方程(3.55)来说,不稳定性和稳定性之间的平衡正好在边缘。也就是说,这个拉格朗日量的一个小扰动可以使系统稳定或不稳定。

电子注拉格朗日量 $\mathcal{L}_\mathrm{b}$ 是 $(\partial_t q,\partial_z q)$ 中的二次函数,有

$$\mathcal{L}_\mathrm{b}=\frac{1}{2}\alpha(\partial_t q)^2+\theta\ \partial_t q\ \partial_z q-\frac{1}{2}\eta(\partial_z q)^2=\frac{1}{2}(\partial_t q,\partial_z q)^\mathrm{T}\boldsymbol{M}(\partial_t q,\partial_z q) \tag{3.65}$$

其中

$$\boldsymbol{M}=\begin{bmatrix}\alpha & \theta\\ \theta & -\eta\end{bmatrix}=\begin{bmatrix}1 & u_0\\ u_0 & u_0^2\end{bmatrix} \tag{3.66}$$

72 因此,在式(3.39)中,$\alpha=1,\theta=u_0,\eta=-u_0^2$。相应地,欧拉-拉格朗日方程(3.43)转变为

$$(\partial_t+u_0\ \partial_z)^2 q=0 \tag{3.67}$$

对二次拉格朗日函数应用能量 H 及其通量 S 的一般公式 (3.124)~(3.125) ,得到

$$H_\mathrm{b}[q]=\frac{1}{2}(\partial_t q)^2-\frac{u_0^2}{2}(\partial_z q)^2 \tag{3.68}$$

$$S_\mathrm{b}[q]=\partial_t q(u_0\partial_t q+u_0^2\partial_z q)=u_0\partial_t q(\partial_t q+u_0\partial_z q)=u_0(\partial_t q)^2+u_0^2\partial_t q\ \partial_z q \tag{3.69}$$

由于 $\mathcal{L}_\mathrm{b}$ 并不显式地依赖于时间 t,考虑能量守恒,式(3.130)可变为

$$\frac{\partial H_\mathrm{b}}{\partial t}+\frac{\partial S_\mathrm{b}}{\partial z}=0 \tag{3.70}$$

由于电子注参数在空间中是恒定的,可以利用色散关系来研究本征模。因此,如果在式(3.67) 中尝试 $q(z,t)=\mathrm{e}^{-\mathrm{j}(\omega t-kz)}$ 形式的解,可以得到

$$\omega^2-2u_0\omega k+u_0^2k^2=(\omega-u_0k)^2=0 \tag{3.71}$$

这里,$k_\omega=\omega/u_0$ 是一对实根。相应的本征模为 $\tilde{q}_1(z,t)=\mathrm{e}^{\mathrm{j}(k_\omega z-\omega t)}$ 和 $\tilde{q}_2(z,t)=z\mathrm{e}^{\mathrm{j}(k_\omega z-\omega t)}$,其对应的实部为

$$q_1(z,t)=\cos(kz-\omega t),q_2(z,t)=z\cos(kz-\omega t)$$

根据式(3.69)可得相关的能量通量:

$$S_\mathrm{b}[q_1]=0,\quad S_\mathrm{b}[q_2]=-u_0^2 z\omega\sin(kz-\omega t)\cos(kz-\omega t) \tag{3.72}$$

为了给出与守恒定律有关的有用推论,通常使用以下方法作时间平均运算,即对于在 $[0,\infty)$ 定义的(局部可积的)的函数 f,引入

$$\langle f\rangle=\lim_{T\to\infty}\frac{1}{T}\int_0^T f(t)\mathrm{d}t \tag{3.73}$$

这种时间平均运算具有如下特性:如果 f 是 $[0,\infty)$ 上的光滑有界函数,则

$$\langle\frac{\mathrm{d}f}{\mathrm{d}t}\rangle=\lim_{T\to\infty}\frac{1}{T}\int_0^T\frac{\mathrm{d}f}{\mathrm{d}t}\mathrm{d}t=\lim_{T\to\infty}\frac{1}{T}[f(T)-f(0)]=0 \tag{3.74}$$

关于参数的微分运算与时间平均运算可以相互转换,也就是说,如果 f 也(平滑地)依赖于某个参数 z,那么下面的恒等式成立:

$$\langle\partial_z f\rangle=\partial_z\langle f\rangle \tag{3.75}$$

取守恒定律方程(3.70)两边的时间平均值,并利用上述平均值的性质,得出结论:

$$\langle S_\mathrm{b}[q_2]\rangle(z)=\text{常数}$$

另一方面，从式(3.72)可以得出 $\langle S_b[q_2]\rangle(0)=0$。因此，$\langle S_b[q_2]\rangle(z)=0$。

从稳定的角度来看，这种情况非常糟糕。为了说明这一点，让我们在电子注色散关系式(3.71)中引入一个特殊的微扰：

73

$$\omega^2-2\alpha u_0\omega k+u_0^2k^2=0,\text{或}(\omega-\alpha u_0k)^2=(\alpha^2-1)u_0^2k^2$$

式中，α 是一实数。我们的情况对应于 $\alpha=1$。让我们考虑 α 接近1的行为。上面的二次方程有以下解：

$$k_\omega(\alpha)=\frac{\omega}{u_0}(\alpha\pm\sqrt{\alpha^2-1})$$

请注意，如果 $\alpha^2<1$，上述解成为复共轭；如果 $\alpha^2>1$，它们是不同的实解；$\alpha=1$ 对应于双实解，已经显示了简并性。我们感兴趣的一个重要课题是分析多传输线的结构，其参数在 z 轴上周期性地变化。弗洛凯理论，特别是弗洛凯乘法器，是处理此类情况的出色数学工具。如上所述，我们可以将耦合系统视为电子注的微扰。因此，根据具有任意周期(最终由结构周期决定)的弗洛凯理论来研究孤立电子注是有指导意义的。

单位周期的弗洛凯乘法器为 $\rho_\omega(\alpha)=e^{jk_\omega(\alpha)}$。很明显，在 $\alpha^2<1$ 的情况下，它们相对于复平面中的单位圆对称分布。圆外乘法器对应的解是一个增长波，而圆内乘法器对应的解是一个倏逝波。在 $\alpha^2>1$ 的相反情况下，两个根都位于单位圆上，相应的模式是纯振荡的。我们将这两种性质不同的扰动分别称为不稳定扰动和稳定扰动。若想通过将电子注耦合到多传输线进行放大，那么不稳定的情况是最有利的。

上面考虑的电子注方程的特殊扰动情况，是以查看系统在其参数扰动下的简并稳定性特性为目的的。对于系统来说，多传输线起着“扰动”的作用。在3.7节，我们将证明空间均匀多传输线系统所需的不稳定性和产生的放大可通过足够强的耦合(ξ 的较小值)实现。然而，由于多传输线的复杂性，在假设 u_0 不超过多传输线系统的第一本征速度的情况下，不稳定性也会在 ξ 较大时发生。

通过查看所涉及的偏微分方程的性质，可以进一步了解与不稳定性相关的放大的数学机制。其方程如下：

$$(\partial_t^2+2\alpha u_0\partial_t\partial_z+u_0^2\partial_z^2)q=0 \tag{3.76}$$

如果 $\alpha^2>1$，则该方程为双曲线方程。在这种情况下，有两个相同符号的传播速度 $v^\pm(\alpha)$，即

$$v^\pm(\alpha)=\frac{\omega}{k_\omega^\pm(\alpha)}=-u_0(\alpha\mp\sqrt{\alpha^2-1})$$

方程(3.76)的一般解形式为

$$q(z,t)=q_1(z-v^+t)+q_2(z-v^-t)$$

因此，任何在时间上有界的解(就像时间谐波解的情况一样)在空间中自动有界。换言之，时间范围内的谐波不能在空间中呈指数增长。

在临界情况下，$\alpha=1$，方程是抛物线型的。变量变换 $(z,t)\to(\xi,\eta)$，其中 $\xi=x-u_0t$，$\eta=ax+bt$，而 $b+au_0\neq0$，可以很容易地得出这种情况下的通解是

74

$$q(z,t)=zF(z-u_0t)+G(z-u_0t)=t\tilde{F}(z-u_0t)+\tilde{G}(z-u_0t)$$

其中，F、G、$\widetilde{F}$、$\widetilde{G}$ 是任意函数。特别地，任意速度为 u_0 的行波都是一个解。其次，时间上的有界性最多可以伴随空间线性增长。

如果 $\alpha^2<1$，我们面对的是没有波传播的椭圆方程情形。这是唯一允许指数放大的情形。实际上，变量 $(z,t)\to(\xi=t-\alpha u_0 z,\eta=-\sqrt{1-\alpha^2}u_0 z)$ 的线性变化将方程转换为拉普拉斯方程：

$$(\partial_\xi^2+\partial_\eta^2)q=0$$

它允许实解以 $q(\xi,\eta)=e^{\omega\eta}\cos(\omega\xi)$、$q(\xi,\eta)=e^{\omega\eta}\sin(\omega\xi)$ 等形式存在。这些实解表示空间放大波/倏逝波可用原始变量来表示。

3.7 均匀情况下的放大

这一节专门分析在均匀多传输线系统，即参数不随 z 变化的情况下，与呈指数增长的单一的模式相关的放大机制。对于实数 ω，可得到方程(3.36)的解：

$$\boldsymbol{Q}(z,t)=\hat{\boldsymbol{Q}}e^{-j(\omega t-kz)},\quad q(z,t)=\hat{q}e^{-j(\omega t-kz)},\tag{3.77}$$

式中，$\hat{q}$ 和 k 是复常量，$\hat{\boldsymbol{Q}}$ 是复向量。可以证明，在某些条件下，该方程存在真正复数的解，即非实数波数 k。

让我们回想一下，多传输线的特征速度是如下方程的根[8-9]：

$$|\boldsymbol{C}^{-1}-v^2\boldsymbol{L}|=0$$

由于 $\boldsymbol{L}$ 和 $\boldsymbol{C}$ 都是正定的，对称 $n\times n$ 矩阵 $\boldsymbol{L}^{-1/2}\boldsymbol{C}^{-1}\boldsymbol{L}^{-1/2}$ 具有正特征值 $0<\lambda_1\leqslant\lambda_2\leqslant\cdots\leqslant\lambda_n$，其多重特征值根据其多重性而被重复，则多传输线的特征速度为

$$\pm v_i，其中\ v_i^2=\lambda_i\tag{3.78}$$

定理 3.2　令 $u_0,\xi>0$. 如果①$0<u_0\leqslant v_1$ 或② $v_1<u_0$ 且 $\xi>0$ 足够小，恰好有两个真正复共轭值 k_0 和 k_0^*，使得式(3.77)是方程(3.36)的非平凡解。因此，假设 $\mathrm{Im}\,k_0<0$，得到相关的解：

$$\boldsymbol{Q}(z,t)=\boldsymbol{A}(z)e^{-j\omega t}e^{-[(\mathrm{Im}\,k_0)z]},\quad \boldsymbol{q}(z,t)=\boldsymbol{B}(z)e^{-j\omega t}e^{-[(\mathrm{Im}\,k_0)z]},\quad \boldsymbol{A}(z),\boldsymbol{B}(z)\neq 0\tag{3.79}$$

它们在 $+z$ 方向上呈指数增长，而与 k_0^* 相关的解呈指数衰减。下面对此简单给出证明，详细的证明可以在文献[24]中找到。将表达式(3.77)代入系统方程(3.36)，可以得到 $\hat{\boldsymbol{Q}}$、$\hat{q}$ 的 $n+1$ 个线性代数方程构成的方程组：

$$\begin{bmatrix}-v^2\boldsymbol{L}+\boldsymbol{C}^{-1} & \boldsymbol{D}\\ \boldsymbol{D}^{\mathrm{T}} & d-\xi(v-u_0)^2\end{bmatrix}\begin{bmatrix}\hat{\boldsymbol{Q}}\\ \hat{\boldsymbol{q}}\end{bmatrix}=\begin{bmatrix}0\\0\end{bmatrix}\tag{3.80}$$

75　其中，$v=\dfrac{\omega}{k}$ 及

$$\boldsymbol{D}=(D_i),D_i=\sum_j(\boldsymbol{C}^{-1})_{ij},d=\sum_i D_i\tag{3.81}$$

为简单起见，引入下述表达式：

$$\boldsymbol{A}(v)=-v^2\boldsymbol{L}+\boldsymbol{C}^{-1},\widetilde{\boldsymbol{A}}(v)=\begin{bmatrix}\boldsymbol{A}(v) & \boldsymbol{D}\\ \boldsymbol{D}^{\mathrm{T}} & d-\xi(v-u_0)^2\end{bmatrix} \tag{3.82}$$

只有 $|\widetilde{\boldsymbol{A}}(v)|=0$，方程(3.80)才有非平凡解。对应的 $2n+2$ 次多项式方程是系统用速度 v 表示的色散关系。在文献[24]中，证明了如果①或②成立，方程 $|\widetilde{\boldsymbol{A}}(v)|=0$ 只有一对复共轭解。在这里，我们概述该证明的主要逻辑。

首先，如果 $|\boldsymbol{A}(v)|\neq 0$，可得以下典范因子分解：

$$|\widetilde{\boldsymbol{A}}(v)|=|\boldsymbol{A}(v)|\{d-\xi(v-u_0)^2-\boldsymbol{D}^{\mathrm{T}}[\boldsymbol{A}(v)]^{-1}\boldsymbol{D}\} \tag{3.83}$$

对应 $|\boldsymbol{A}(v)|=0$ 的 v 值正好是波导的本征速度 $\pm v_i$。因此，$|\widetilde{\boldsymbol{A}}(v)|=0$ 的根不同于如下方程的根 $\pm v_i, i=1,2,\cdots,n$，如：

$$-\xi(v-u_0)^2=R(v) \tag{3.84}$$

其中

$$R(v)=\boldsymbol{D}^{\mathrm{T}}[\boldsymbol{A}(v)]^{-1}\boldsymbol{D}-d$$

分别代入描述系统的方程(3.84)的两个根。方程(3.84)中的有理函数 $R(v)$ 包含有关多传输线的相关信息，而等式左侧仅取决于电子注参数。在下文中，我们将函数 $R(v)$ 称为多传输线特征函数。它可以用特征速度明确地写成

$$R(v)=\sum_{i=1}^{n}\frac{\widetilde{D}_i^2}{v_i^2-v^2}-d \tag{3.85}$$

其中，$\widetilde{D}_i$ 是与 D_i 相关的常数。多传输线特征函数 R 的图形相对于垂直轴是对称的，由大量的分支组成，中心分支在 (0.0) 处具有最小值，$v>0$ 时有大量的分支增加，$v<0$ 时有大量的分支减少。由此很容易看出 $\lim\limits_{v\to\infty}R(v)=-d$。除此之外，如果至少有一个相关的 $\widetilde{D}_j$ 不消失，则 R 的图在 $v=\pm v_i$ 处具有垂直渐近线。渐近线的数量在 2～$2n$ 变化。方程(3.84)中的左侧是一条抛物线，顶点位于 $(u_0,0)$。

图 3.2 显示了对于双传输线系统的 R 和抛物线 $y=-\xi(v-u_0)^2$ 与电感和电容矩阵

$$\boldsymbol{L}=\begin{bmatrix}3,1\\1,3\end{bmatrix},\boldsymbol{C}=\begin{bmatrix}2,1\\1,3\end{bmatrix}$$

的图像。

特征速度的近似值为 $v_1=0.2655$ 和 $v_1=0.5953$。在图 3.2(a)中，$u_0=0.1$ 且 $\xi=5$；在图 3.2(b)中，$u_0=1.1$ 且 $\xi=7$。在第一种情况下，有 4 个实根和 2 个复根，因此存在一个放大区域；在第二种情况下，ξ 较大，所有的 6 个根都是实根，因此不存在放大区域。

重要的是要注意，抛物线总是与除中心分支以外的 R 的所有分支相交。对于小的 ξ，每个分支只相交一次，因此方程(3.84)的实根数正好是渐近线数，如图 3.2(a)所示。然而，对于较大的 ξ，实根的数量可能会超过渐近线的数量，如图 3.2(b)所示，其中较大的 ξ 值会与 R 图的最右侧分支产生 3 个交点。此外，如果 $u_0\leqslant v_1$(几何上，抛物线的顶点位于纵轴和第一条渐近线之间)，那么很明显，实根的数量等于渐近线的数量，而与 $\xi>0$ 的值无关。这些

事实可以根据单调性性质严格证明，而它们的几何解释非常透明，可以从图 3.2 中直观地观察到。

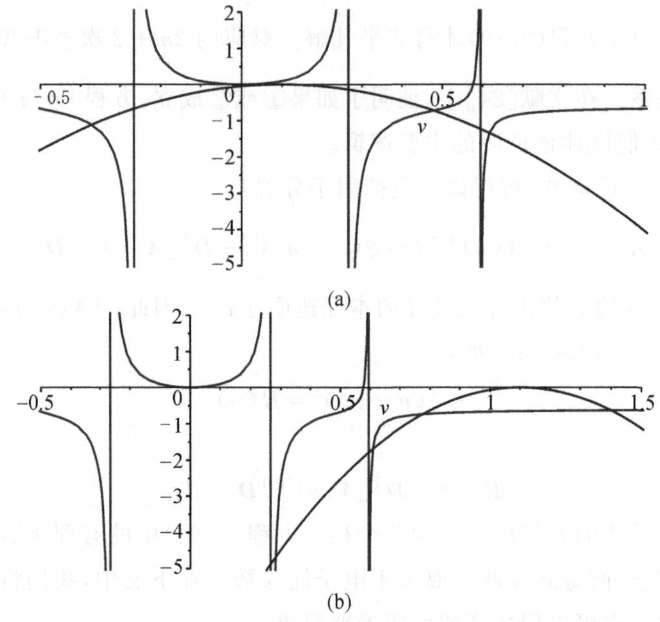

图 3.2　(a) $u_0 < v_1$：抛物线 $y = -\xi(v - u_0)^2$ 只与 $y = R(v)$ 的每个分支相交一次[$R(v)$见式(3.85)]，有 4 个实根。(b) $u_0 \geqslant v_1$：对于大的 ξ，抛物线与 $y = R(v)$ 的每个分支相交 3 次，有 6 个实根

在一般情况下，色散关系 $|\widetilde{\mathbf{A}}(v)|=0$ 的根刚好是方程(3.84)的根。但一般来说，v_i 中的一些也可以是根。当某些 v_i 是 $|\widetilde{\mathbf{A}}(v)|=0$ 的一个(或多个)实根时，R 图中的渐近线的数量相应减少。在①或②下，方程(3.84)的实根数也是如此。这个事实来自式(3.83)的因式分解。重要的是，在所有情况下，如果上述条件①或②成立，则 $|\widetilde{\mathbf{A}}(v)|=0$ 的实根总数为 $2n$。因此，我们得出结论：在①或②下，必然存在一对唯一的复共轭根。

由此不难估计在上述条件②下 ξ 应达到多小。在 $n=1$ 且 $u_0 > u_1$ 的情况下，ξ 有一个精确的标准，即产生放大的条件：

$$\xi < \xi_0 := \frac{L\gamma^2}{1-\gamma^{2/3}};\quad \gamma = \frac{v_1}{u_0} = \frac{1}{u_0\sqrt{LC}} \tag{3.86}$$

对于 $n>1$，也可以给出一个简单的充分条件。例如，可以强制使 $v=0$ 处的抛物线的左分支比 R 图中的 (v_1, u_0) 的最平坦点更平坦。

$$\xi < \xi_0 := \frac{\min_{v\in(v_1,u_0)} R'(v)}{2u_0} \tag{3.87}$$

这将导致随着 $u_0 \to \infty$，ξ_0 和 $\widetilde{\xi}_0$ 都变为零。$\widetilde{\xi}_0$ 的值并不是突变的，但我们没有努力去寻找。

因此，在上述假设下，系统在空间上也呈指数增长，在时间上呈现为指数衰减的时间谐波状态。

3.7.1 当 $\xi \to 0$ 和 $\xi \to \infty$ 时放大因子的渐近行为

77

让 k_0 表示 $\mathrm{Im}\ k_0 < 0$ 的复根，在 3.7 节中，我们证明了它在一定的条件下存在。研究放大因子 $-\mathrm{Im}\ k_0$ 作为电子注参数 $\xi \to 0$ 的渐近性以及它在 $\xi \to \infty$ 时的行为是很有趣的。如果我们用 $v_0 = \omega / k_0$ 表示 $\mathrm{Im}\ v_0 > 0$ 的对应速度，那么

$$\mathrm{Im}\ v_0 = \sqrt{K'\xi + o(\xi)} = \sqrt{K'}\sqrt{\xi} + o(\sqrt{\xi}) \qquad 当\ \xi \to 0$$

其中，K' 与 L、C、u_0 具体可见文献[24]，因此当 $\xi \to 0$，$K'' > 0$ 时，有

$$-\mathrm{Im}\ k_0 = \frac{\mathrm{Im}\ v_0}{|v_0|^2} \approx \frac{K''}{\sqrt{\xi}} \tag{3.88}$$

结论：在这个模型中，放大系数可以通过减小 ξ 来无限地改善。根据式(3.31)，这相当于增加 $\sigma\rho_0$，即电子注的线性电子密度。

另一方面，仅当 $0 < u_0 < v_1$ 时，$\xi \to \infty$ 时的 $\mathrm{Im}\ k_0$ 的极限值才有意义。在一条传输线情况下且 $u_0 = v_1$，可以证明，当 $\xi \to \infty$，$K''' > 0$ 时，有

$$-\mathrm{Im}\ k_0 = \frac{\mathrm{Im}\ v_0}{|v_0|^2} \approx \frac{K'''}{\sqrt[3]{\xi}} \tag{3.89}$$

皮尔斯考虑的方案对应于后一种情况(见 3.9 节)，其中对于 v 有两个接近于 $\pm u_0$ 的实数解，以及实部接近 u_0 两个复共轭解。此与 $u_0 < v_1$ 的情况类似，但在这种情况下，当 $\xi \to \infty$ 时，$-\mathrm{Im}\ k_0$ 有正极限。

3.8 能量守恒与传输

系统的守恒定律可以通过诺特定理获得，参见文献[25]的 38.2 节和 38.3 节，以及文献[26]的 13.7 节。我们将使用本章 3.10.1 节中导出的二次拉格朗日函数的能量和通量表达式。

现在考虑一个实时谐波本征模

$$q(z,t) = \mathrm{Re}[\hat{q}(z)\mathrm{e}^{-\mathrm{j}\omega t}] \tag{3.90}$$

有复值 $\hat{q}(z)$，求解欧拉-拉格朗日方程(3.43)。注意，$\langle q\rangle(z) = 0$，其中 $\langle\cdot\rangle$ 是式(3.73)中定义的时间平均算子。然而，如果

$$a(t) = \mathrm{Re}[\hat{a}\mathrm{e}^{-\mathrm{j}\omega t}]。 \tag{3.91}$$

其中，$\hat{a}$ 是复数值，$b(t)$ 由一个类似的公式定义，那么我们有

$$\langle ab\rangle = \frac{1}{2}\mathrm{Re}\{\hat{a}^*\hat{b}\} \tag{3.92}$$

将平均操作算子 $\langle\cdot\rangle$ 应用于守恒定律方程(3.123)中的时间谐波本征模 q，如式(3.90)所示，并使用方程(3.74)和(3.75)，可得

$$\partial_z\langle S\rangle(z) = 0 \tag{3.93}$$

意味着 $\langle S\rangle(z) =$ 常数。

另一方面，由式(3.125)定义的 S 可以写成两个实时谐波的乘积：

$$S(z,t)=\mathrm{Re}[\hat{A}(z)\mathrm{e}^{-\mathrm{j}\omega t}]\cdot\mathrm{Re}[\hat{B}(z)\mathrm{e}^{-\mathrm{j}\omega t}] \tag{3.94}$$

78 其中

$$\hat{A}(z)=\mathrm{j}\omega\hat{q}(z);\quad \hat{B}(z)=-\mathrm{j}\omega\theta\hat{q}(z)-\eta\,\partial_z\hat{q}(z) \tag{3.95}$$

利用式(3.92)，可得如下形式的能量通量守恒定律：

$$\langle S\rangle(z)=\frac{1}{2}\mathrm{Re}[\langle(-\mathrm{j}\omega\hat{q})^*(-\mathrm{j}\omega\theta\hat{q}-\eta\,\partial_z\hat{q})\rangle]=\frac{1}{2}\mathrm{Re}[\langle(-\mathrm{j}\omega\hat{q})^*\hat{p}_z\rangle]=\text{常数} \tag{3.96}$$

$\langle S\rangle(z)$的恒定性

$$\hat{\boldsymbol{W}}(z)=\begin{bmatrix}\hat{p}_z\\-\mathrm{j}\omega\hat{q}\end{bmatrix} \tag{3.97}$$

与其满足的哈密顿系统解的辛平方的恒定性有关，见式(3.64)。最后可得

$$\boldsymbol{W}^*\tilde{\boldsymbol{J}}\boldsymbol{V}=2\mathrm{j}\mathrm{Re}\{[-\mathrm{j}\omega\hat{q}(z)]^*[-\mathrm{j}\omega\theta\hat{q}(z)-\eta\,\partial_z\hat{q}(z)]\}=\text{常数}=4\mathrm{j}\langle S\rangle(z) \tag{3.98}$$

3.8.1 子系统之间的能量交换

本节讨论构成我们建立的系统的两个子系统——电子注和多传输线之间的能量平衡。正如皮尔斯[6]635 指出的那样，放大机制假定从电子注中提取的能量存储在电磁场中。换言之，能量的净流量必须有一个确定的符号。皮尔斯认定，这个条件是在确保存在指数增长解的其他条件之上附加的一个条件。从下面的内容可以看出，事实上，对于指数增长的解，这个条件是自动满足的。

在计算电子注和多传输线之间的能量通量时，我们利用拉格朗日边界条件。这种条件允许系统推导满足基本守恒定律的能量和通量表达式。我们可以继续使用 3.10.2 节的结果来构建更一般的耦合系统。

首先，我们应该将拉格朗日算子分成两部分 $\mathcal{L}=\mathcal{L}_1+\mathcal{L}_2$，其中$\mathcal{L}_1$ 和$\mathcal{L}_2$ 分别对应于多传输线和电子注，即

$$\begin{cases}\mathcal{L}_1(\boldsymbol{Q}_t,\boldsymbol{Q}_{;z})=\dfrac{1}{2}(\partial_t\boldsymbol{Q},\boldsymbol{L}\,\partial_t\boldsymbol{Q})^2-\dfrac{1}{2}(\partial_{;z}\boldsymbol{Q},\boldsymbol{C}^{-1}\,\partial_{;z}\boldsymbol{Q})^2\\[2ex]\mathcal{L}_2(\boldsymbol{q}_t,\boldsymbol{q}_z)=\dfrac{\xi}{2}(\partial_t\boldsymbol{q}+u_0\,\partial_z\boldsymbol{q})^2\end{cases} \tag{3.99}$$

其中，$\partial_{;z}\boldsymbol{Q}=\partial_z\boldsymbol{Q}+\boldsymbol{B}\,\partial_z\boldsymbol{q}$。

上述拉格朗日函数具有式(3.127)的结构，其中 $\boldsymbol{B}=(1,1,\cdots,1)^{\mathrm{T}}$。我们关于能量流的第一个结果包含在以下内容中。

定理 3.3 电子注提供给多传输线的单位长度瞬时功率由下式给出：

$$P_{\mathrm{B\to MTL}}=\partial_t\left[\frac{1}{2}(\boldsymbol{CV},\boldsymbol{V})+\frac{1}{2}(\boldsymbol{LI},\boldsymbol{I})\right]+\partial_z(\boldsymbol{I},\boldsymbol{V}) \tag{3.100}$$

其中，(,) 代表标量积，电压 $\boldsymbol{V}$ 和电流 $\boldsymbol{I}$ 由方程(3.6)定义，即

$$\boldsymbol{V}=-\boldsymbol{C}^{-1}(\partial_z\boldsymbol{Q}+\boldsymbol{B}\,\partial_z\boldsymbol{q}),\boldsymbol{I}=\partial_t\boldsymbol{Q} \tag{3.101}$$

79 **证明：**根据式(3.136)，从电子注流向(单位长度)多传输线的功率 $P_{\mathrm{B\to MTL}}$ 由下式给出：

$$P_{\mathrm{B\to MTL}}=-\frac{\partial\mathcal{L}_1}{\partial(\partial_{;z}\boldsymbol{Q})}\,\partial_{tz}^2\boldsymbol{q}=\partial_{;z}\boldsymbol{Q}^{\mathrm{T}}\boldsymbol{C}^{-1}\boldsymbol{B}\,\partial_{tz}^2\boldsymbol{q}=\partial_z\boldsymbol{I}_{\mathrm{b}}\sum_i D_i\,\partial_{;z}Q_i \tag{3.102}$$

其中，$D_i = \sum_j (\boldsymbol{C}^{-1})_{ij}$。

使用式(3.37)，我们根据式(3.101)定义的电流和电压重新构造 $P_{\mathrm{B\to MTL}}$ 的表达式。显然

$$\sum_i \partial_{;z} Q_i = \sum_i \sum_j (\boldsymbol{C}^{-1})_{ij} (\partial_z Q_i + \partial_z q B_i) = -\sum_j V_j$$

因此，根据式(3.37)，有

$$\begin{aligned} P_{\mathrm{B\to MTL}} &= -\sum_j \partial_z I_{\mathrm{b}} V_j = -(\partial_z I_{\mathrm{b}} \boldsymbol{B}, \boldsymbol{V}) = (\boldsymbol{C}\,\partial_t \boldsymbol{V}, \boldsymbol{V}) + (\partial_z \boldsymbol{I}, \boldsymbol{V}) \\ &= \partial_t \left[\frac{1}{2}(\boldsymbol{CV}, \boldsymbol{V})\right] + \partial_z (\boldsymbol{I}, \boldsymbol{V}) - (\boldsymbol{I}, \partial_z \boldsymbol{V}) \\ &= \partial_t \left[\frac{1}{2}(\boldsymbol{CV}, \boldsymbol{V})\right] + (\boldsymbol{L}\,\partial_t \boldsymbol{I}, \boldsymbol{I}) + \partial_z (\boldsymbol{I}, \boldsymbol{V}) \\ &= \partial_t \left[\frac{1}{2}(\boldsymbol{CV}, \boldsymbol{V}) + \frac{1}{2}(\boldsymbol{LI}, \boldsymbol{I})\right] + \partial_z (\boldsymbol{I}, \boldsymbol{V}) \end{aligned} \tag{3.103}$$

式(3.100)中的前两项对应于 $\partial_t H$，其中

$$H = \frac{1}{2}(\boldsymbol{CV}, \boldsymbol{V}) + \frac{1}{2}(\boldsymbol{LI}, \boldsymbol{I}) \tag{3.104}$$

这里，H 是存储在单位长度并联电容和电感中的总能量密度。最后一项 $P_{\mathrm{B\to MTL}}$ 表示能量通量 $S = (\boldsymbol{I}, \boldsymbol{V})$ 的散度。特别在单一传输线的特殊情况下，我们回到对应量的常用表达式：

$$P_{\mathrm{B\to MTL}} = \partial_t \left(\frac{1}{2}\boldsymbol{CV}^2\right) + \partial_t \left(\frac{1}{2}\boldsymbol{LI}^2\right) + \partial_z (\boldsymbol{IV}) \tag{3.105}$$

我们的下一个结果涉及(时间平均)功率流的方向。

定理 3.4　根据定理 3.2，设 k_0、v_0 表示根据定理 3.2 得到的唯一指数增长解的波数和速度的复值，则下面的公式适用于功率的时间平均值：

$$\langle P_{\mathrm{B\to MTL}} \rangle(z) = -\left[\omega \xi |k_0|^2 |\hat{q}|^2 (\mathrm{Re}\, v_0 - u_0) \mathrm{Im}\, v_0\right] \mathrm{e}^{-2(\mathrm{Im} k_0) z} \tag{3.106}$$

此外，对于所有 z，$\langle P_{\mathrm{B\to MTL}} \rangle(z) > 0$。因此，增长解的功率从电子注流向多传输线。

证明：首先，观察以下形式的实时谐波解

$$Q = \mathrm{Re}(\hat{\boldsymbol{Q}} \mathrm{e}^{\mathrm{j}(kz - \omega t)}), q = \mathrm{Re}(\hat{\boldsymbol{q}} \mathrm{e}^{\mathrm{j}(kz - \omega t)}) \tag{3.107}$$

这里，$\hat{\boldsymbol{Q}}$ 和 $\hat{\boldsymbol{q}}$ 是复常量。对于 $P_{\mathrm{B\to MTL}}$ 的表达式可以写成如下形式：

$$P_{\mathrm{B\to MTL}} = \partial_{;z} \boldsymbol{Q}^{\mathrm{T}} \boldsymbol{C}^{-1} \boldsymbol{B}\, \partial_{tz}^2 q = \mathrm{Re}[\hat{\boldsymbol{a}}(z) \mathrm{e}^{\mathrm{j}\omega t}] \cdot \mathrm{Re}[\hat{\boldsymbol{b}}(z) \mathrm{e}^{-\mathrm{j}\omega t}] \tag{3.108}$$

其中　80

$$\hat{\boldsymbol{a}}(z) = \mathrm{j}k \mathrm{e}^{\mathrm{j}kz} (\hat{\boldsymbol{Q}} + \boldsymbol{B}\hat{\boldsymbol{q}})^{\mathrm{T}} \boldsymbol{C}^{-1},\ \hat{\boldsymbol{b}}(z) = \omega k \hat{\boldsymbol{q}} \mathrm{e}^{\mathrm{j}kz} \boldsymbol{B} \tag{3.109}$$

将式(3.92)对时间平均，我们得到

$$\langle P_{\mathrm{B\to MTL}} \rangle(z) = \frac{\omega}{2} \mathrm{e}^{-2(\mathrm{Im} k) z} \mathrm{Im}\{|k|^2 [(\hat{\boldsymbol{Q}} + \boldsymbol{B}\hat{\boldsymbol{q}})]^{*\mathrm{T}} \boldsymbol{C}^{-1} \boldsymbol{B} \hat{\boldsymbol{q}}\} \tag{3.110}$$

现在假设 v_0 是系统方程(3.80)提供放大的复数根，那么，$k_0 = \omega / v_0$ 满足 $k_0^2 (\hat{\boldsymbol{Q}}^{\mathrm{T}} \boldsymbol{D} + \hat{\boldsymbol{q}} d) = \xi (\omega - k_0 u_0)^2 \hat{\boldsymbol{q}}$ 且 $\mathrm{Im}\, k_0 < 0$。在上述方程中取复共轭，并观察 $\boldsymbol{C}^{-1}\boldsymbol{B} = \boldsymbol{D}$ 和 $\boldsymbol{B}^{\mathrm{T}} \boldsymbol{C}^{-1} \boldsymbol{B} = d$，

我们可以将式(3.110)改写为

$$\langle P_{\mathrm{B\to MTL}}\rangle(z)=\frac{\omega\xi}{2}\mathrm{e}^{-2(\mathrm{Im}k_0)z}\mathrm{Im}\left[\frac{|k_0|^2}{k_0^{*2}}(\omega-u_0k_0^*)^2|\hat{q}|^2\right]$$
$$=\frac{\omega\xi|k_0|^2|\hat{q}|^2u_0^2}{2}\mathrm{e}^{-2(\mathrm{Im}k_0)z}\mathrm{Im}\left[\left(\frac{k_\mathrm{b}-k_0^*}{k_0^*}\right)^2\right] \tag{3.111}$$

这里,$k_\mathrm{b}=\dfrac{\omega}{u_0}$。就速度而言,我们有

$$\mathrm{Im}\left(\frac{k_\mathrm{b}-k_0^*}{k_0^*}\right)^2=\mathrm{Im}\left(\frac{v_0^*}{u_0}-1\right)^2=-\frac{2}{u_0^2}(\mathrm{Re}\ v_0-u_0)\,\mathrm{Im}\ v_0 \tag{3.112}$$

由于我们假设 $\mathrm{Im}\ v_0>0$,那么若 $\mathrm{Re}\ v_0\leqslant u_0$,对于所有 z,我们从式(3.111)中可得 $\langle P_{B\to\mathrm{MTL}}\rangle(z)\geqslant 0$。在文献[24]中,证明了情况总是如此,主要原因是在定理3.2中的假设下,抛物线 $y=-\xi(v-u_0)^2$ 关于纵轴缺乏对称性以及 $|\widetilde{A}(v)|=0$ 实根的关于纵轴的不对称性。这样,式(3.106)立即从式(3.111)和式(3.112)得出。

还要注意到,由于 $\mathrm{Im}\ k_0<0$,式(3.106)揭示 $\langle P_{\mathrm{B\to MTL}}\rangle$ 在 $+z$ 方向上增加。对于倏逝波,对应于 k_0^* 值,情况正好相反:能量从多传输线流向电子注,功率通量在 $+z$ 方向上减小。

3.9 重新审视皮尔斯模型

让我们根据一般理论来检验皮尔斯的原始结果。它们对应于 $n=1$,因此,$d=D=C^{-1}$ 和色散关系 $|\widetilde{A}(v)|=0$ 变为

$$(-v^2L+C^{-1})[C^{-1}-\xi(v-u_0)^2]-C^{-2}=0 \tag{3.113}$$

其中,根据 $k=\omega/v$,可得

$$-L\omega^2k^2+\xi(\omega-ku_0)^2(LC\omega^2-k^2)=0 \tag{3.114}$$

经过初等代数变换,上式变为

$$u_0^2k^4-2u_0\omega k^3+\left(1+\frac{1}{\xi}-LCu_0^2\right)\omega^2k^2+2LCu_0\omega^3k-LC\omega^4=0 \tag{3.115}$$

这正是文献[6]中式(1.16)的四阶方程。

81 传输线只有两个特征速度,即 $\pm v_1=\pm 1/\sqrt{LC}$,它们不是方程(3.113)的解。特征函数 R 的图形在 $v=\pm v_1$ 处只有两条垂直渐近线。文献[6]中考虑的特殊情况对应于大的 ξ,并且 $u_0=v_1$。正如我们所知,在这种情况下,任何 $\xi>0$ 都会发生放大。对于小的参数值,有

$$k_\mathrm{p}=\frac{\omega_\mathrm{p}}{u_0}=\frac{1}{u_0}\sqrt{\frac{4\pi}{\sigma\xi}} \tag{3.116}$$

皮尔斯认为对于前向未衰减波,$k\approx k_\mathrm{b}=\omega/u_0$。就速度而言,这意味着对于较大的 ξ 值,正实解 v_1^+ 非常接近于 u_0(抛物线变得非常窄,R 图的左右分支在渐近线附近相交,如图3.3所示)。

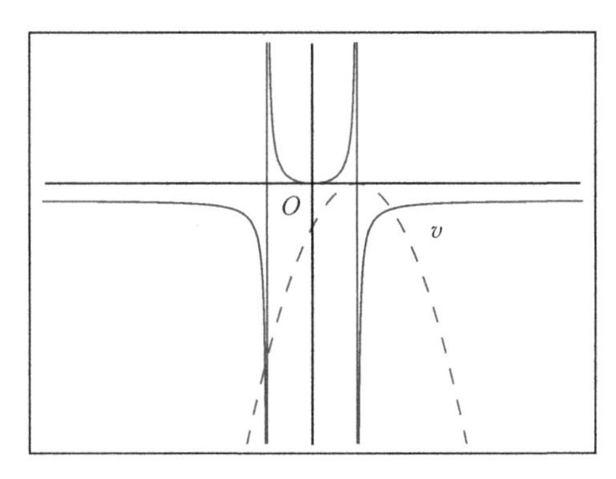

图 3.3　对于 $u_0 = v_1$ 皮尔斯色散关系：对于较大的 ξ，抛物线 $y = -\xi(v - u_0)^2$ 非常窄，与 $y = R(v)$ 的图形相交，与 v_1^+、$v_1^- \approx u_0$ 渐近线接近

因此，恒等式

$$2\mathrm{Re}\, v_0 + v_1^+ + v_1^- = 2u_0 \tag{3.117}$$

意味着 $\mathrm{Re}\, v_0 \approx u_0$，$\mathrm{Re}\, v_0^* \approx u_0$。因此，3 个解的实部接近 u_0，其余的实解接近 u_0。后者对应于返波。就波数而言，3 个解的实部接近 k_b。皮尔斯通过寻找形式为四阶方程(3.115)的解 (k)。

$$k = k_b + \mathrm{j}\delta$$

以小 δ（与 k_b 相比）的复数形式，消除了返波，得到了关于 δ 的色散关系方程(3.114)，这里 δ 满足

$$(\mathrm{j}\delta)^3(2 + \mathrm{j}\delta k_b^{-1}) = -L\xi^{-1}k_b^2(1 + \mathrm{j}\delta k_b^{-1})^2 \tag{3.118}$$

忽略 $\mathrm{j}\delta/k_b$，得出关于 δ 的皮尔斯的三次方程式：

$$\delta^3 = -\frac{Lk_b^2\xi^{-1}}{2}\mathrm{j} \tag{3.119}$$

它有 3 个复数根：

$$\delta_1 = c\mathrm{j},\delta_2 = c(-\sqrt{3} - \mathrm{j})/2,\delta_3 = c(\sqrt{3} - \mathrm{j})/2 \tag{3.120}$$

其中 $c = \sqrt[3]{Lk_b^2\xi^{-1}/2}$。这 3 个复数根分别对应于比电路的自然相速度快的未衰减波 $(v_1^+ > v_1 = u_0)$，增加和减少电子注的波。

82

对于几个全同的、非互作用的传输线，R 图中只有两条渐近线，见文献[24]。这一事实表明，我们可以用一条采用修正参数的等效传输线来表示这种电子注与系统的互作用。我们令 $C = \hat{C}Id_n$，$L = \hat{L}Id_n$，其中 $n \geqslant 2$，那么正好有两个特征速度 $\pm v_1$，其中 $v_1 = 1/\sqrt{\hat{L}\hat{C}}$。这两个特征速度必然是整个系统的特征速度，且每个有 $n-1$ 个根。多传输线的特征函数 $R(v)$ 具有显式表达式：

$$R(v) = \frac{n\hat{L}^{-1}\hat{C}^{-2}}{v_1^2 - v^2} - n\hat{C}^{-1} \tag{3.121}$$

如果我们选择 $\tilde{C} = \hat{C}/n$，$\tilde{L} = n\hat{L}$，则上述方程与参数为 $\tilde{C}$ 和 $\tilde{L}$ 的单一传输线的特征函数一致：

$$R(v)=\frac{\widetilde{L}^{-1}\widetilde{C}^{-2}}{v_1^2-v^2}-\widetilde{C}^{-1}$$

由于放大仅取决于色散关系的复数根，即正则色散关系的根，因此放大因子也一致，事实上，更一般的说法如下。

定理 3.5 设 $\boldsymbol{C}$ 和 $\boldsymbol{L}$ 分别为 n 线多传输线的电容和电感矩阵，如果

$$\boldsymbol{LC}=v_1^{-2}\boldsymbol{Id} \tag{3.122}$$

那么，由多传输线和给定电子注组成的系统的正则色散关系，与参数为

$$\widetilde{C}^{-1}=\sum_{i,j=1}^{n}(\boldsymbol{C}^{-1})_{ij},\quad \widetilde{L}=v_1^{-2}\widetilde{C}^{-1}$$

的单根传输线和电子注组成的系统的正则色散关系一致。

应注意的是，上述多线系统和简化（单线）系统在所有方面都不等同。实际上，多线系统允许本征频率为 $\pm v_1$ 的振荡模式，而等效单线系统则不允许振荡模式。然而，指数增长模式、倏逝模式以及两个本征速度不同于 $\pm v_1$ 的纯振荡模式是重合的。上述定理的证明是对相同传输线情况的直接推广，我们将其省略。

假设有 n 条相同的、未耦合的传输线，通过适当修改电子注参数，可以实现模式不同程度的减小。将式(3.121)的色散关系除以 n，可得出结论：系统与具有参数为 (ξ,u_0) 的电子注互作用，等价于具有参数为 $\hat{L}$ 和 $\hat{C}$ 的传输线与具有参数为 $(\xi/n,u_0)$ 的电子注互作用。然后，渐近公式 (3.88) 意味着，随着 $n\to\infty$ 增长，放大因子以 $\sqrt{n}$ 增长。

3.10 数学主题

3.10.1 基于诺特定理的能量守恒

定理 3.6 与时间无关的二次拉格朗日的能量守恒式(3.39)具有如下形式：

$$\partial_t H+\partial_z S=0 \tag{3.123}$$

83 其中，总能量 H 和总能量通量 S 由下式确定：

$$H=\frac{1}{2}\,\partial_t\boldsymbol{q}^{\mathrm{T}}\boldsymbol{\alpha}\,\partial_t\boldsymbol{q}+\frac{1}{2}\,\partial_z\boldsymbol{q}^{\mathrm{T}}\boldsymbol{\eta}\,\partial_z\boldsymbol{q} \tag{3.124}$$

$$S=\partial_t\boldsymbol{q}^{\mathrm{T}}\boldsymbol{\theta}\,\partial_t\boldsymbol{q}-\partial_t\boldsymbol{q}^{\mathrm{T}}\boldsymbol{\eta}\,\partial_z\boldsymbol{q}=\partial_t\boldsymbol{q}^{\mathrm{T}}(\boldsymbol{\theta}\,\partial_t\boldsymbol{q}-\boldsymbol{\eta}\,\partial_z\boldsymbol{q})=\partial_t\boldsymbol{q}^{\mathrm{T}}\boldsymbol{p}_z \tag{3.125}$$

证明：拉格朗日密度 $\mathcal{L}$ 不是 t 的显函数（这是系统封闭性的结果），因此，根据诺特定理中盖尔芬德(Gelfand)[25,38.2-3]、戈德斯坦(Goldstein)[26,13.7]的场论，能量守恒式(3.123)成立，能量和能量通量密度如下所示：

$$H=\sum_j\frac{\partial\mathcal{L}}{\partial(\partial_t q_j)}\,\partial_t q_j-\mathcal{L},\quad S=\sum_j\frac{\partial\mathcal{L}}{\partial(\partial_z q_j)}\,\partial_t q_j \tag{3.126}$$

通过简单的计算可得出式(3.124)和式(3.125)中给出的 H 和 S 表达式。在式(3.125)中，$\boldsymbol{p}_z$ 是 3.5.1 节中式(3.44)定义的正则动量。

3.10.2 子系统之间的能量交换

在本小节中，我们将推导由拉格朗日方程描述的封闭保守系统组成的两个系统之间能

量通量的一般公式 $\mathcal{L}=\mathcal{L}(q_t, q_z)$。考虑到多传输线系统拉格朗日函数，令 $\boldsymbol{q}=(Q, q)$，并假设 $\mathcal{L}$ 可以拆分为

$$\mathcal{L}=\mathcal{L}_1(\partial_t Q, \partial_{;z} Q)+\mathcal{L}_2(\partial_t q, \partial_z q) \tag{3.127}$$

其中，$\partial_{;z}\boldsymbol{Q}=\partial_z\boldsymbol{Q}+\boldsymbol{B}\,\partial_z\boldsymbol{q}$，且 $\boldsymbol{B}$ 是一个固定矩阵。式(3.127)中的拉格朗日密度 L 描述了两个耦合的互作用系统。通过式(3.127) 中的修正导数 $\partial_{;z}Q$ 的特殊形式的耦合，类似于电荷规范理论中的最小耦合。变量 q 起规范场势的作用，矩阵 $\boldsymbol{B}$ 起耦合常数的作用。相应的欧拉-拉格朗日方程为

$$\partial_t \frac{\partial \mathcal{L}_1}{\partial \partial_t \boldsymbol{Q}}+\partial_z \frac{\partial \mathcal{L}_1}{\partial \partial_{;z} \boldsymbol{Q}}=0 \tag{3.128}$$

$$\partial_t \frac{\partial \mathcal{L}_2}{\partial \partial_t q}+\partial_z\left[\frac{\partial \mathcal{L}_2}{\partial \partial_z q}+\frac{\partial \mathcal{L}_1}{\partial \partial_{;z} \boldsymbol{Q}}\boldsymbol{B}\right]=0 \tag{3.129}$$

其中，标量函数 $\mathcal{L}$ 关于列向量 $\boldsymbol{Q}$ 的导数 $\partial\mathcal{L}/\partial\boldsymbol{Q}$，可被视为与 $\boldsymbol{Q}$ 相同维度的行向量。因此可得，整个系统的能量守恒定律具有盖尔芬德[25, 38.2-3]、戈德斯坦[26, 13.7]给出的形式：

$$\partial_t H+\partial_z S=0 \tag{3.130}$$

其中，H 和 S 是下式定义的通量和能量通量密度：

$$H=H_1+H_2, \quad S=S_1+S_2 \tag{3.131}$$

单个能量和能量通量的表达式如下：

$$H_1=\frac{\partial \mathcal{L}_1}{\partial \partial_t \boldsymbol{Q}}\,\partial_t Q-\mathcal{L}_1(\partial_t Q, \partial_{;z} Q), \quad S_1=\frac{\partial \mathcal{L}_1}{\partial \partial_{;z} \boldsymbol{Q}}\,\partial_t Q \tag{3.132}$$

$$H_2=\frac{\partial \mathcal{L}_2}{\partial \partial_t q}\,\partial_t q-\mathcal{L}_2(\partial_t q, \partial_z q), \quad S_2=\left[\frac{\partial \mathcal{L}_2}{\partial \partial_z q}+\frac{\partial \mathcal{L}_1}{\partial \partial_{;z} \boldsymbol{Q}}B\right]\partial_t q \tag{3.133}$$

上述表达式意味着第一个系统具有以下恒等式：

84

$$\begin{aligned}\partial_t H_1 &=\frac{\partial \mathcal{L}_1}{\partial \partial_t \boldsymbol{Q}}\,\partial_t^2 Q+\partial_t\left(\frac{\partial \mathcal{L}_1}{\partial \partial_t \boldsymbol{Q}}\right)\partial_t Q-\frac{\partial \mathcal{L}_1}{\partial \partial_t \boldsymbol{Q}}\,\partial_t^2 Q-\frac{\partial \mathcal{L}_1}{\partial \partial_{;z} \boldsymbol{Q}}(\partial_{tz}^2 Q+B\,\partial_{tz}^2 q) \\ &=\partial_t\left(\frac{\partial \mathcal{L}_1}{\partial \partial_t \boldsymbol{Q}}\right)\partial_t Q-\frac{\partial \mathcal{L}_1}{\partial \partial_{;z} \boldsymbol{Q}}(\partial_{tz}^2 Q+B\,\partial_{tz}^2 q)\end{aligned} \tag{3.134}$$

$$\partial_z S_1=\partial_z\left(\frac{\partial \mathcal{L}_1}{\partial \partial_{;z} \boldsymbol{Q}}\right)\partial_t Q+\frac{\partial \mathcal{L}_1}{\partial \partial_{;z} \boldsymbol{Q}}\,\partial_{tz}^2 Q \tag{3.135}$$

方程(3.134)和(3.135)与欧拉-拉格朗日函数(3.128)相结合，得出第一个系统的能量守恒定律：

$$\partial_t H_1+\partial_z S_1=-\frac{\partial \mathcal{L}_1}{\partial \partial_{;z} \boldsymbol{Q}}B\,\partial_{tz}^2 q \tag{3.136}$$

其中，式(3.136)的右侧可以理解为从第二个系统进入第一个系统的功率流密度。对得到的第二个系统进行类似的计算，可得

$$\partial_t H_2=\frac{\partial \mathcal{L}_2}{\partial \partial_t q}\partial_t^2 q+\partial_t\left(\frac{\partial \mathcal{L}_2}{\partial \partial_t q}\right)\partial_t q-\frac{\partial \mathcal{L}_2}{\partial \partial_t q}\partial_t^2 q-\frac{\partial \mathcal{L}_2}{\partial \partial_z q}\partial_{tz}^2 q=\partial_t\left[\left(\frac{\partial \mathcal{L}_2}{\partial \partial_t q}\right)\partial_t q\right]-\frac{\partial \mathcal{L}_2}{\partial \partial_z q}\partial_{tz}^2 q \tag{3.137}$$

$$\partial_z S_2=\partial_z\left[\frac{\partial \mathcal{L}_2}{\partial \partial_z q}+\frac{\partial \mathcal{L}_1}{\partial \partial_{;z} \boldsymbol{Q}}B\right]\partial_t q+\left[\frac{\partial \mathcal{L}_2}{\partial \partial_z q}+\frac{\partial \mathcal{L}_1}{\partial \partial_{;z} \boldsymbol{Q}}B\right]\partial_{tz}^2 q \tag{3.138}$$

结合方程(3.137)和(3.138)以及第二个系统的欧拉-拉格朗日方程(3.129)，可得到以

下守恒定律：

$$\partial_t H_2 + \partial_z S_2 = \frac{\partial \mathcal{L}_1}{\partial \partial_{tz} Q} B \partial_{tz}^2 q \tag{3.139}$$

其中，式(3.139)的右侧可以解释为将能量从第一个系统传递到第二个系统的功率密度流。

请注意，关系式(3.136)和(3.139)的右侧，大小相同，符号相反。这可以看作是整个系统能量守恒的表现。事实上，通过增加式(3.136)和(3.139)，可回到式(3.130)。

3.11 总结

本章从拉格朗日的第一性原理出发，提出了多传输线系统的广义皮尔斯模型。这种广义的皮尔斯模型既适用于传统的周期性结构，也适用于高功率微波产生的超构材料结构。第4章将回顾使用不同慢波结构作为研究示例的慢波结构设计的色散工程学。

参考文献

1 Gilmour, A. S. (2011). Principles of Klystrons, Traveling Wave Tubes, Magnetrons, Cross-Field Amplifiers, and Gyrotrons. Artech House.

85 2 Barker, R. J., Booske, J. H., Luhmann, Jr., N. C., Nusinovich, G. S., Eds. (2005). Modern Microwave and Millimeter-Wave Power Electronics. Wiley.

3 Schachter, L. (2011). Beam-Wave Interaction in Periodic and Quasi-Periodic Structures, e. Springer.

4 Tsimring, S. (2007). Electron Beams and Microwave Vacuum Electronics. Wiley.

5 Pierce, J. (1950). Traveling-Wave Tubes. D. van Nostrand.

6 Pierce, J. (1951). Waves in electron streams and circuits. Bell Syst. Tech. J. 30: 626-651.

7 Gilmour, A. S. (1994). Principles of Traveling Wave Tubes. Artech House.

8 Nitsch, J., Gronwald, F., Wollenberg, G. (2009). Radiating Nonuniform Transmission-Line Systems and the Partial Element Equivalent Circuit Method. Wiley.

9 Paul, C. (2008). Analysis of Multiconductor Transmission Lines, 2e. Wiley.

10 Schwinger, J., DeRaad, L. L., Milton, K. A., Tsai, W.-Y. (1998). Classical Electrodynamics. Perseus Books.

11 Pierce, J. (1981). Almost All About Waves. MIT.

12 Yakubovich, V. and Starzhinskij, V. (1975). Linear Differential Equations with Periodic Coefficients. Wiley.

13 Figotin, A. (2020). An Analytic Theory of Multi-stream Electron Beams in Traveling Wave Tubes. World Scientific.

14 Bellan, P. (2006). Fundamentals of Plasma Physics. Cambridge University Press.

15 Hasegawa, A. (1975). Plasma Instabilities and Nonlinear Effects. Springer.

16 Melrose, D. (1989). Instabilities in Space and Laboratory Plasmas. Cambridge Univer-

sity Press.

17 Lifshitz, E. M. and Pitaevskii, L. P. (1981). Physical Kinetics, Course of Theoretical Physics, vol. 10. Butterworth-Heinemann.

18 Figotin, A. and Schenker, J. (2005). Spectral theory of time dispersive and dissipative systems. J. Stat. Phys. 118 (1/2): 199 - 263.

19 Figotin, A. and Shipman, S. (2006). Open systems viewed through their conservative extensions. J. Stat. Phys. 125 (2): 363 - 413.

20 Figotin, A. and Schenker, J. (2007). Hamiltonian structure for dispersive and dissipative dynamical systems. J. Stat. Phys. 128 (4): 969 - 1056.

21 Davidson, R. (2001). Physics of Nonneutral Plasmas. World Scientific.

22 Ramo, S. (1939). Currents induced by electron motion. Proc. IRE 27 (9): 584 - 585.

23 Kompfner, R. (1952). Traveling-wave tubes. Rep. Progr. Phys. 15: 275 - 327.

24 Figotin, A. and Reyes, G. (2013). Multi-transmission-line-beam interactive system. J. Math. Phys. 54: 111901.

25 Gelfand, I. (1963). Calculus of Variations. Prentice-Hall.

26 Goldstein, H., Poole, C., and Safko, J. et al. (2000). Classical Mechanics, 3e. Addison Wesley.

第4章 慢波结构设计中的色散工程学

乌谢·奇彭戈(Ushe Chipengo)[1] 尼鲁·K.纳哈尔(Niru K. Nahar)[2]
约翰·L.沃拉基斯(John L. Volakis)[3] 艾伦·D.R.费尔普斯(Alan D. R. Phelps)[4]
阿德里安·W.克罗斯(Adrian W. Cross)[4]
[1]安西斯(Ansys)公司,美国宾夕法尼亚州卡农斯堡市,邮编:PA15317
[2]俄亥俄州立大学电子科学实验室,美国俄亥俄州哥伦布市,邮编:OH43212
[3]佛罗里达国际大学工程与计算机学院,美国佛罗里达州迈阿密市,邮编:FL33174
[4]思克莱德大学物理系,英国拉纳克郡格拉斯哥市林荫路107号约翰·安德生楼,邮编:G4 0NG

4.1 引言

真空电子器件可通过不同的设计和互作用原理产生高功率电磁辐射。然而,所有这些器件都以某种方式影响高功率电子注与慢波结构(slow-wave structure,SWS)内的电磁模式互作用。在真空电子器件中对慢波结构的需求是切连科夫辐射所需的注-波模式同步条件的直接结果。也就是说,为了使电子注能量转换为电磁能量,电磁波的相速度必须近似等于电子注中电子的速度。虽然通常选择波导作为能量的传输介质,但波导无法为电磁模式的正常传播提供注-波模式同步条件。具体来说,电磁波在空心矩形波导中传输的相速度总是大于光速,即 $v_{ph} > c$。由于电子无法加速到大于光速 c,因此只能通过减慢电磁波相速度来实现电子注与电磁波的同步。这种慢波可以发生在慢波结构中。因此,慢波结构是真空电子器件的关键组成部分,因为它可以减慢电磁波的相速度,同时还提供了注-波模式能量转移的媒介。

降低电磁波传播速度的方式主要有两种。第一种方式是利用超构材料(metamaterial,MTM)来作为等效介质。具体来说,这项技术使用全金属超构材料结构来模拟常规电介质以实现波减速,还展示具有双负(double negative,DNG)本构参数($\varepsilon_r < 0, \mu_r < 0$)的超构材料结构以及如何应用于返波振荡器(backward wave oscillator,BWO)中实现返波。第二种方式,其机制涉及使用周期性结构和由此产生的空间谐波。这种慢波结构也将通过它们的反向空间谐波表现出返波传播特性。为了在特定频率下使波充分减速,促进切连科夫互作用,有必要仔细设计慢波结构以实现较好的色散特性。在本章中,我们将介绍使用不同慢波结构的色散工程学研究实例。在每种情况下,给定实例的具体目标都将驱动设计选择,然后我们将通过理论、计算和实验来验证这些选择。

88

4.2 基于超构材料互补开口谐振环的慢波结构

超构材料是由简单的亚波长单元构成的复合电磁结构,具有自然界中不易获得的新颖宏观特性。超构材料已在加速器、天线、电磁隐身和紧凑型传输线等领域得到广泛应用。在超构材料的众多新颖特性中，负折射率 $n(\omega)$ 是被研究最多的，也是最有趣的特性之一。特别是负折射率复合材料同时具有负有效介电常数 $\varepsilon_{\mathrm{eff}}(\omega)$ 和负有效磁导率 $\mu_{\mathrm{eff}}(\omega)$ [1]。该特性直接产生反向平行的相速度和群速度，从而导致返波传输。反向的群速度 v_{g} 会导致负折射率、反向多普勒效应和反向切连科夫辐射[2]等效应。

实际上，研究者们利用金属杆和开口谐振环(split ring resonator，SRR)的周期性排列，实现了具有负有效介电常数和负有效磁导率的超构材料[2-3]。对超构材料等效介质特性的研究，已促使其在高功率微波源(high-power microwave，HPM)中得到了各种应用。具体来说，超构材料被用来代替电介质，以在介电切连科夫类微波激射器件中[4]产生高功率微波。使用金属环模拟电介质，避免了实际电介质的缺陷，例如电介质充电和击穿，同时充分减慢了电磁波的速度。除此之外，研究者们还使用等效介质模型研究了双负超构材料可能产生的高功率微波[5]。虽然这种等效介质模型显示了切连科夫辐射的可能性，但该概念的实际应用并未得到解决。这是因为高功率电子注的存在使双负材料在高功率应用中变得复杂。超构材料必须提供足够的空间，以确保电子注尽量通过慢波结构而不被截获。该设计也应完全金属化，以避免产生电介质击穿或充电。双负材料的传统获得方式无法满足这些限制条件。具体而言，利用开口谐振环[3]实现了负磁导率 μ_{eff}。开口谐振环的角频率与磁导率之间的关系可表示为[1]

$$\mu_{\mathrm{eff}}(\omega)=1-\frac{F\omega_0^2}{\omega^2-\omega_0^2-\mathrm{j}\omega\Gamma} \tag{4.1}$$

其中，ω、ω_0、F 和 Γ 分别为入射电磁波的角频率、开口谐振环的谐振角频率、单元中开口谐振环内部所占的部分面积和耗散系数。另一方面，使用金属线模拟等离子体的行为，从而实现了与角频率相关的介电常数 $\varepsilon_{\mathrm{eff}}(\omega)$：

$$\varepsilon_{\mathrm{eff}}(\omega)=1-\frac{\omega_{\mathrm{p}}^2}{\omega^2} \tag{4.2}$$

这里，ω_{p} 是金属线的有效等离子体角频率，其取决于金属线阵列的几何特性。因此，可以将开口谐振环和金属线设计为具有重叠频带结构，其中等效介电常数 $\varepsilon_{\mathrm{eff}}$ 和等效磁导率 μ_{eff} 均为负值，从而实现双负材料。所设计的开口谐振环由于有固有电介质，从而无法应用于高功率微波，因此也无法满足全金属设计约束条件。再则，金属线会严重阻碍电子注路径。正因如此，为了实现反向切连科夫辐射，必须开发一种新技术，以同时实现高功率微波应用中所需的负磁导率和负介电常数。

4.2.1　加载互补开口谐振环板的超构材料波导的设计

89

互补开口谐振环(complementary split ring resonator，CSRR)是全金属亚波长单元，可用于复合材料设计以实现材料的双负特性。图 4.1 显示了开口谐振环及其互补结构型[6]。由于其为全金属设计，因此在高功率微波应用方面潜力巨大。然而，开口谐振环具有磁响应，其互补结构具有电响应，由巴比涅互补原理可知，互补开口谐振环可获得负介电常数[6]。文献[7]中使用互补开口谐振环设计了应用于高功率微波的负折射率超构材料波导(nagative index MTM waveguide，NIMW)。该设计采用了基于互补开口谐振环的超构材料板，如图 4.2[7]所示。文献[7]表明，工作在低于截止频率的波导可以同时获得负磁导率和负介电常数。该设计用于高功率微波，需要具有非零轴向电场强度分量[例如 $E_x\neq0$，见图 4.2

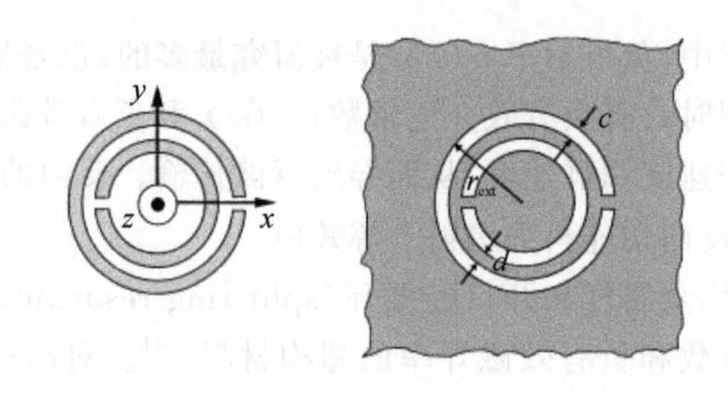

图 4.1 开口谐振环和互补开口谐振环的几何形状(资料来源:Falcone et al[6])

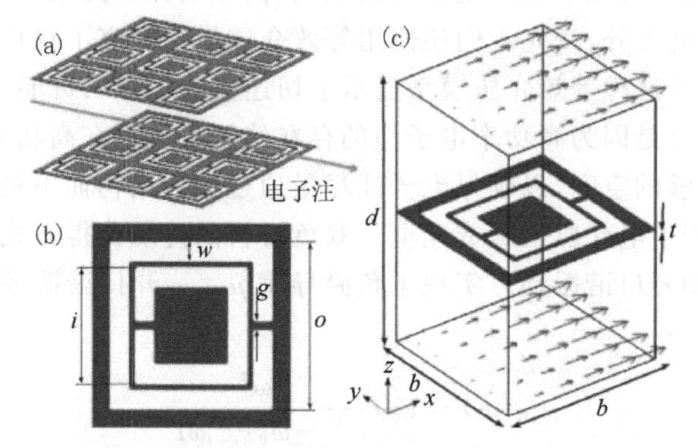

图 4.2 (a) 由互补开口谐振环组成的超构材料板;(b) 单个互补开口谐振环设计;
(c)显示与电子注互作用的轴向电场的互补开口谐振环设计(资料来源:Sharpiro et al[7])

(c)],从而使类横磁场性质的工作模式能与高功率电子注互作用。

由于具有双负特性,负折射率超构材料波导可以支持慢($v_{ph} < c$)反向波,文献[8]~[11]指出该慢波结构在返波振荡器中得到应用。基于文献[7]中的理论,采用图 4.3 所示的互补开口谐振环设计,实现了具有负介电常数的负折射率超构材料波导。基于洛伦兹模型,负折射率超构材料波导的等效介电常数 $\varepsilon_{eff}(\omega)$ 可以表示为[8]

$$\varepsilon_{eff}(\omega)=1-\frac{\omega_p^2}{\omega^2-\omega_0^2} \tag{4.3}$$

这里,ω_p 和 ω_0 分别表示互补开口谐振环的有效等离子体角频率和谐振角频率。如上所述,等效介电常数在互补开口谐振环的谐振角频率附近具有较高的值。特别是,当互补开口谐振环的角频率略低于谐振角频率时,将具有较大的正有效介电常数($\varepsilon_{eff} > 0$),反之,将具有较大的负有效介电常数($\varepsilon_{eff} < 0$)。如前所述,矩形波导工作在截止频率以下时具有负有效磁导率[8],即低于波导截止频率的 TM 模式等效于具有负有效磁导率介质,文献[12]给出了其有效磁导率 $\mu_{eff}(\omega)$ 公式:

90

$$\mu_{eff}(\omega)=1-\frac{\omega_c^2}{\omega^2} \tag{4.4}$$

这里,ω_c 为波导的截止角频率。当工作角频率低于截止角频率($\omega < \omega_c$)时,波导的等效磁导率为负,因此,利用工作在 S 波段的如图 4.3 所示的互补开口谐振环设计和 WR340 波导得到的慢波结构如图 4.4 所示。

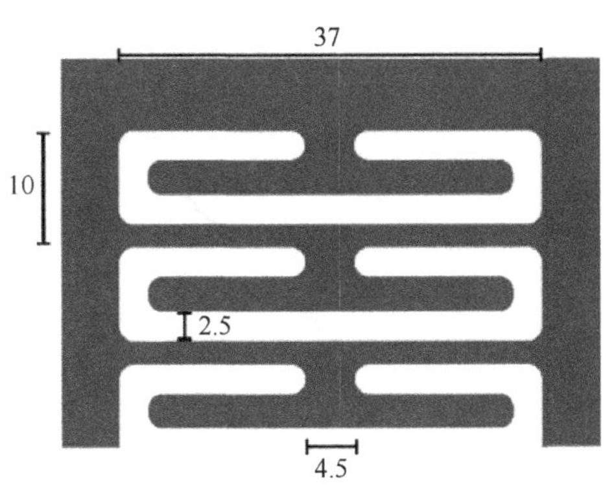

图 4.3　用于返波振荡器的互补开口谐振环超构材料设计(资料来源:Hummelt et al[11])

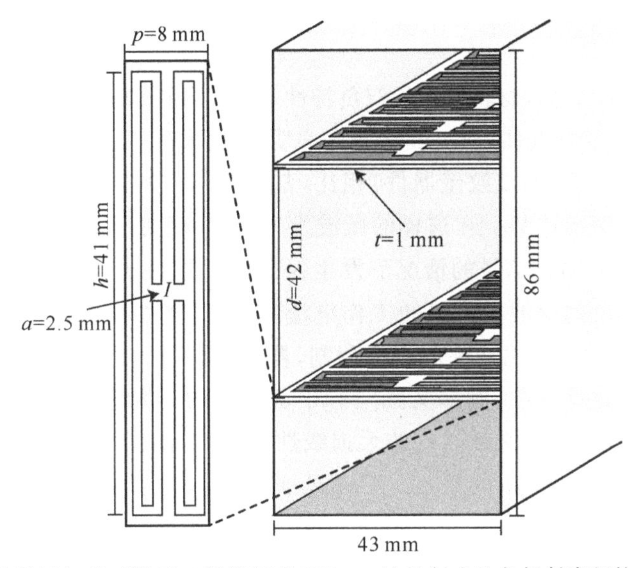

图 4.4　一种通过加载互补开口谐振环到 WR340 波导制成的负折射率超构材料波导板。波导在截止频率以下工作,以实现负磁导率

使用商用本征模解算器可得到加载互补开口谐振环的波导单个周期的色散特性。负折射率超构材料波导慢波结构的色散曲线如图 4.5[11] 所示。从图 4.5 中可以看出,前 4 个电磁模式成对存在,并且具有几乎相似的色散特性。具体来说,对称和反对称模式具有几乎相同的色散曲线,仅波导内的电场分布不同。

在对称模式中,在超构材料板上传播的电场强度是同相的;在反对称模式中,负折射率超构材料波导板上的电场强度的相差为弧度 π。波导内电场方向的这种差异导致不同的注-波互作用特性。由于负折射率超构材料波导的双负特性,图 4.5 所示的色散曲线具有两个主要的典型特征。首先,由于色散曲线的斜率为负,因此在低阶模式 2.2～2.7 GHz 下具有负折射率模式。这表明这两种模式都是反向波。其次,在 WR340 波导中,低阶类横磁场模式在截止频率以下传播。WR340 波导中 TM_{11} 模式的截止频率为

$$f_c=\frac{1}{2\pi\sqrt{\varepsilon_0\mu_0}}\sqrt{\left(\frac{m\pi}{a}\right)^2+\left(\frac{n\pi}{b}\right)^2} \tag{4.5}$$

因此,对于 $a=86$ mm 和 $b=43$ mm 的 WR340 波导,TM_{11} 模式 ($m=1,n=1$) 的截止频率为

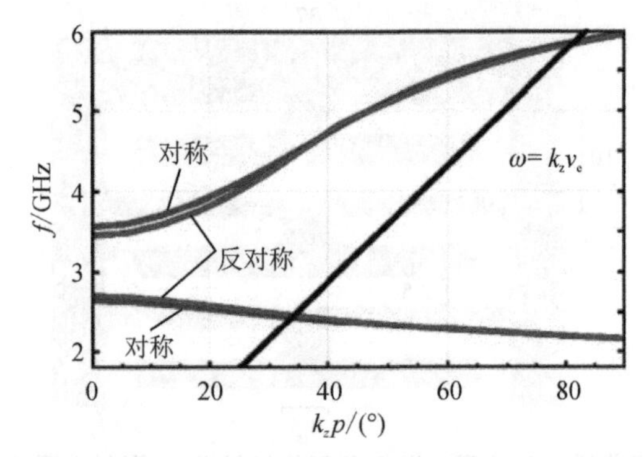

图 4.5　可在如图 4.4 所示的加载互补开口谐振环的 WR340 波导中传播的最低阶模式的色散曲线(资料来源:基于 Hummelt et al[11])

3.90 GHz。由于负折射率超构材料波导的双负特性,低阶类横磁场模式可以在截止频率以下传播。模式色散曲线与电子注线(500 kV)的交点也表明,该模式在关注频率带内具有慢波特性。

与传统的返波振荡器(如波纹壁器件)相比,基于超构材料的返波振荡器(MTM-BWO)具有众多引人注目的突出优势。在这样的微波发生器中,存在开启振荡的电流 I_{st}。当电流大于 I_{st} 时,器件在没有输入信号的情况下发生振荡。I_{st} 取决于器件的几何形状、互作用模式和电子注参数。传统的返波振荡器的工作电流约为 I_{st} 的 3 倍。当电流增大到远超过启动电流(＞7 倍)时会导致输出功率的自动调制,器件随即进入随机状态。研究者们在理论和实验中都发现到了这种现象,例如文献[13]中所描述的。为了预估基于超构材料的返波振荡器的启动电流,我们基于文献[14]的无损线性理论给出耦合阻抗:

$$Z=\frac{|E_{\omega}|^{2}}{2k_{z0}^{2}P} \tag{4.6}$$

式中,$|E_{\omega}|$ 是与电子注平行且同相的电场强度分量,P 是功率通量,k_{z0} 是轴向波数。基于 HFSS(high frequency structure simulator,高频结构仿真软件)模拟得到负折射率 TM 模式的电场强度和磁场分布,接下来计算得出耦合阻抗的数值解,为 $Z=46\ \Omega$,则启动电流为

92

$$I_{st}=4U_{0}\frac{(CN)_{st}^{3}\lambda_{z}^{3}}{ZL^{3}} \tag{4.7}$$

式中,U_0 是电子注电压,$\lambda_z=2\pi/k_z$ 为纵向波长(96 mm),L 为结构总长度,$N=L/\lambda_z$ 是纵向波数,C 是皮尔斯参数。皮尔斯参数由下式给定:

$$C^{3}=\frac{I_{0}Z}{4U_{0}} \tag{4.8}$$

式中,I_0 为电子注电流。根据文献[14]中的表 8.1,起振条件 $(CN)_{st}=0.314$。从式(4.7)可得,随着器件长度从 350 mm 至 550 mm 的变化,启动电流为 25 A 至 6 A 不等。

4.2.2　加载互补开口谐振环板的超构材料波导的制造与冷测

4.2.1 节中设计的负折射率超构材料波导慢波结构的色散曲线表明,在 WR340 波导中可能存在工作在截止频率以下的返波传输的类 TM 模式。为了实现该功能,需要介电常数和磁导率都为负值。在冷测中,工作在 S 波段的慢波结构如图 4.4 所示。该实验验证了低

于截止频率的传播特性。实验的开展基于加载两片互补开口谐振环板的 WR340 波导。冷测实验可通过两种方式实现。第一种冷测实验是在 WR340 波导的短截面上加载互补开口谐振环板，通过将加载部分连接到两个 WR284 波导端口来激励负折射率超构材料波导完成，如图 4.6 所示[8]。

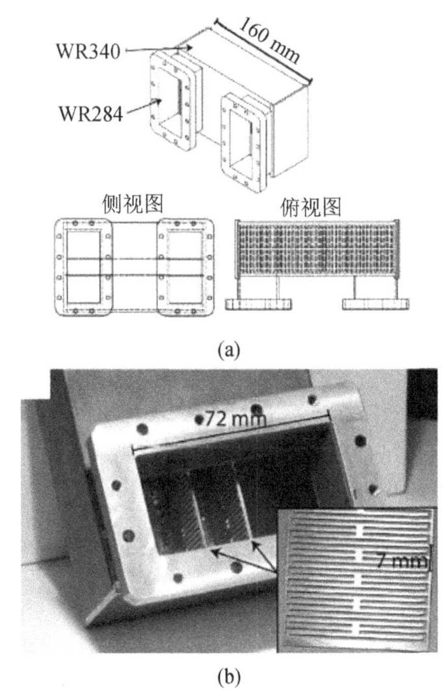

图 4.6 (a)为冷测实验制作的缩短的慢波结构截面示意图；(b)制造的互补开口谐振环和带有超构材料板的 WR340 波导管截面(资料来源：Hummelt et al[8]，经 IEEE 许可)

缩短后的慢波结构的 S_{21} 参数如图 4.7[8] 所示。从图中可以看出，被测结构的通带为 2.5～2.75 GHz。此外，预测结果与实测结果之间有较好的一致性。如前所述，在 WR340 波导中传播的类 TM 模式的截止频率为 3.9 GHz。因此，由于电磁波在低于波导截止频率以下传播，这只能通过将波导视为双负介质来解释。

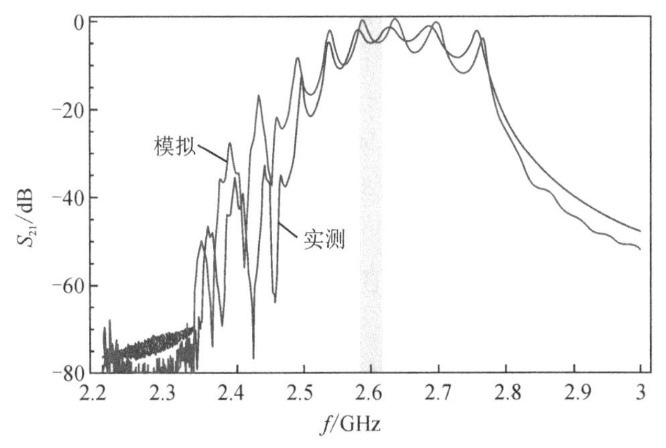

图 4.7 缩短的(160 mm)超构材料慢波结构冷测的模拟和实测 S_{21} 值

(资料来源：Hummelt et al[8])

第二种冷测实验涉及制造一个完整的结构，最终将用于实际的热测实验。冷测的关键目标是确认返波在全长(376 mm)的慢波结构上传播。每个超构材料板具有 47 个周期，通过将超构材料板安装在 WR340 波导内来构造慢波结构。通过放置在超构材料波导两侧的 4 个 WR284 波导端口进行模式激发和 S_{21} 参数测量，如图 4.8 所示。S_{21} 的实测和模拟结果如图 4.9 所示。从图中可以看到，在目标频率(2.6 GHz)附近可观测到清晰的传输特性。

图 4.8　(a) 加工的用于冷测的波导组件；(b)组装的超构材料波导；(c)制造的互补开口谐振环板

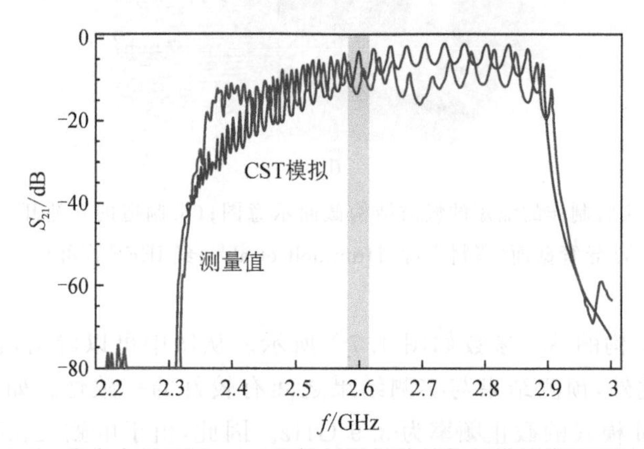

图 4.9　来自全长(376 mm)超构材料慢波结构的模拟值和测量值。浅灰色竖条突出显示预期的工作频率

我们利用这种设计进行了 PIC(particle-in-cell，网格中粒子)模拟，以预测返波振荡器工作时的性能。在电子注电压和电流分别为 500 kV、80A 的情况下，该返波振荡管在 2.6 GHz 时可以产生 5.75 MW 的输出功率，对应的效率为 14%[8]。

94

4.3　基于宽边耦合开口谐振环的超构材料慢波结构

在 4.2 节中，超构材料慢波结构是通过加载有互补开口谐振环的矩形波导实现在低于截止频率的 TM 模式下工作来设计的。为了使电磁波能够在截止频率以下传播，需要注意波导必须表现为负折射率超构材料波导。具体来说，慢波结构需要同时具有负有效介电常数和负磁导率。负介电常数由互补开口谐振环提供[6]。研究表明，在 TM 模式下工作在截止频率以下的矩形波导具有负等效磁导率[15]。虽然这种慢波结构设计能产生 MW 级功率[8,11]，但其振荡开始所需时间约为 258 ns，而典型的 GW 级 Sinus 6 脉冲的持续时间约为 10 ns。因此，为了产生大于 100 MW 的功率，我们需要具有更短上升沿的慢波结构。

在本节中，我们将介绍基于超构材料的慢波结构设计，用于产生高功率（>100 MW）微波。这种设计的特点是宽边开口环加载在圆柱形波导管中，并使用金属支架接地。此结构与 4.2 节中的设计之间的关键区别在于：双负特性的实现方式不同。具体而言，此结构使用宽边耦合开口谐振环提供负有效磁导率 $\mu_{\text{eff}}(\omega)$。负有效介电常数 $\varepsilon_{\text{eff}}(\omega)$ 将由在截止频率以下工作的类横电场（TE-like）模式提供。而在 4.2 节的方案中负介电常数和负磁导率分别由互补开口谐振环和在截止频率以下工作的类 TM 模式提供。

4.3.1　加载宽边耦合开口谐振环的超构材料波导的设计

为了使慢波结构在极高功率（>100MW）条件下运行，设计必须完全金属化，避免介质充电和击穿。由于 GW 功率级别的电子注源大多具有较短的脉宽（≈10 ns），因此慢波结构的上升时间必须非常短。而且，为了在返波振荡器中使用慢波结构，其色散必须呈现返波（$v_g < 0$，$v_{ph} > 0$），并具有足够强的轴向电场（E_z）以有效调制电子注。

如前所述，为了在基于超构材料的慢波结构中设计返波传播，需要一种双负介质。负有效介电常数通过在截止频率以下工作的类 TE 模式来实现。众所周知，在 z 方向传播的空波导内的色散关系由下式给出：

$$\beta_{\perp}^2 + \beta_z^2 = k^2 \tag{4.9}$$

这里，$\beta_{\perp}$ 和 β_z 分别代表横向和轴向波数，传播常数 k 由下式给出：

$$k = \omega\sqrt{\varepsilon_{\text{eff}}\mu_{\text{eff}}} \tag{4.10}$$

其中，ε_{eff} 和 μ_{eff} 分别为等效介电常数和等效磁导率。文献[15]给出了超构材料中与频率相关的等效介电常数：

$$\varepsilon_{\text{eff}} = \varepsilon_0\left(1 - \frac{\omega_p^2}{\omega^2}\right) \tag{4.11}$$

这里，ω_p 是等效的电等离子体角频率。需要注意的是，这种等效的等离子体角频率并不是由实际等离子体产生的，其仅用于表示如开口谐振环和互补开口谐振环等亚波长结构是如何模拟磁和电等离子体的。等效磁导率为

$$\mu_{\text{eff}} = \mu_0\left(1 - \frac{\omega_p^2}{\omega^2}\right) \tag{4.12}$$

式中，ω_p 为等效的磁等离子体角频率。根据文献[15]，可得在波导中低于截止角频率的主要 TE 模式可以模拟在无损等离子体介质中传播的 TEM 波。因此，使用式(4.11)，在低于截止频率的 TE 模式下工作的空波导的等效介电常数可表示为

$$\varepsilon_{\text{eff}} = \varepsilon_0\left(1 - \frac{\omega_c^2}{\omega^2}\right) \tag{4.13}$$

这里，ω_c 为波导的截止角频率。为了引入负磁导率，在波导中加载宽边耦合开口谐振环以完成设计[16]。图 4.10 显示了超构材料慢波结构的单个单元，其中慢波结构的尺寸如表 4.1 所示。

95

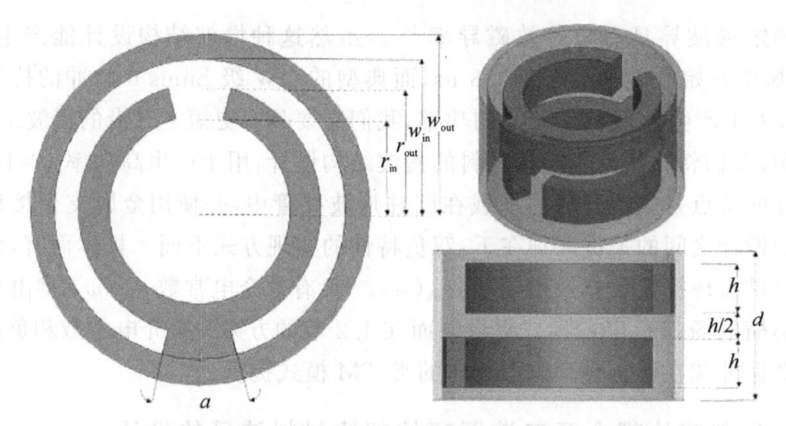

图 4.10 一个超构材料慢波结构。该设计由一个圆柱形波导组成，该波导加载有接地的侧面激励的交替开口环（资料来源：Yurt et al[16]）

表 4.1 图 4.10 中慢波结构的尺寸

参数	值
r_{in}	1.5 cm
r_{out}	2 cm
w_{in}	2.4 cm
w_{out}	2.8 cm
α	30°
h	1 cm
d	3 cm

该慢波结构的色散曲线如图 4.11 所示。此色散图中所关注的模式，是在 1.5 GHz 附近与电子注线相交的返波模式。如图所示，该模式具有类 TE_{21} 模式的电场分布。对于内半径为 2.4 cm 的波导，TE_{21} 模式的截止频率为 6.07 GHz。因此，此处显示的类 TE_{21} 模式在截

96

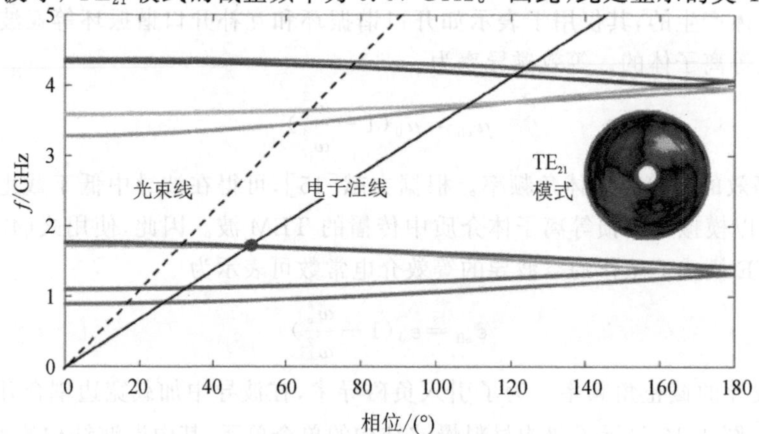

图 4.11 图 4.10 所示慢波结构中前 8 个模式的色散曲线，以及 400 kV 电子注（$v = 0.72c$）和光（$v = c$）的色散线

止频率以下工作为返波。此色散图表明，在 1.3 ～ 1.6 GHz 的频率范围内，开口环加载波导表现出双负特性。

该慢波结构主要用于返波振荡器。返波振荡器通常使用轴向对称的 TM 模式，例如 TM_{01} 模式，因为其具有较强的轴向电场强度 E_z 来调制电子注。由于该慢波结构的负介电常数由低于截止频率的 TE 模式提供，因此其电子注调制由混合 TE_{21} 模式实现。该模式不是纯 TE 模式，因为它在开口环附近有非零电场分量的电场强度 E_z。轴向电场是由传播的 TE_{21} 模式在遇到由开口环引入波导的不连续性时造成的反射引起的。虽然开口环附近存在电场强度分量 E_z，但这些场在慢波结构轴线处迅速衰减为零。因此，为了将电子注耦合到慢波结构，需要在环附近传播环形电子注。

4.3.2 加载宽边耦合开口谐振环的超构材料波导的制造与冷测

图 4.11 所示的色散曲线表明，返波 TE_{21} 模式在波导中以 1.3 ～ 1.6 GHz 的频率传播。此频率范围远低于空波导中该模式的截止频率 6.07 GHz。因此，这种返波模式的存在与负磁导率和负介电常数有关。在冷测中，图 4.10 所示的加工制造的慢波结构在预期的频率下被激发，以测试类 TE 模式在截止频率以下是否能传播。冷测的另一个目的是利用 S 参数提取磁导率和介电常数，并证明该等效介质的本构参数确实同时为负。图 4.12 给出了为激发 TE 模式而制造的慢波结构和特殊模式发射器。测量方法如下：在波导的两端各放置两个模式发射器以测量 S_{11} 和 S_{21} 响应。

97

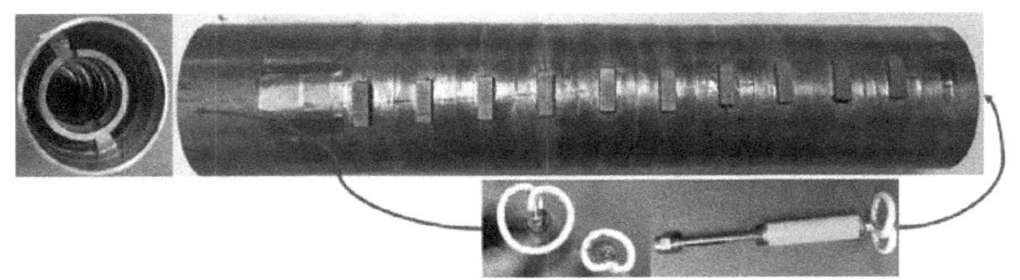

图 4.12　根据图 4.10 制造的慢波结构以及 TE_{21} 模式发射器

（资料来源：Yurt et al[16]，经 AIP 出版公司许可）

慢波结构的 S_{21} 响应如图 4.13 所示。尽管模拟结果和测量结果之间存在明显差异，但这可归因于结构中产生的有限损耗和非理想模式激发。众所周知，损耗降低了谐振结构的 Q 值。由于慢波结构的双负特性源于开口环的谐振，因此损耗会影响测量结果。不管这种差异如何，很明显，波导管显示出清晰的通带和阻带。为了证明等效介电常数和磁导率在模拟预测返波的频率区域为负，我们使用了文献[17]中的逐步提取技术。图 4.14 为从测量的 S_{11} 和 S_{21} 中提取的等效介电常数和等效磁导率。图中的阴影区域为等效介电常数和磁导率均为负值的频带，证明已实现获得双负介质的目的。利用 $2T$ 磁场引导的 400 kV、4.5 kA 电子注进行 PIC 模拟，预测在 1.4 GHz 频处可以产生 260 MW 的输出功率，对应效率为 15%[16]。

4.4 具有简并带边的加载虹膜环的波导慢波结构

高功率微波源的工作原理是将高功率电子注中的电子动能转换为电磁辐射。这些器件的运行基于切连科夫辐射。众所周知，为了使电子注与电磁模式互作用，模式相速度必须与

98

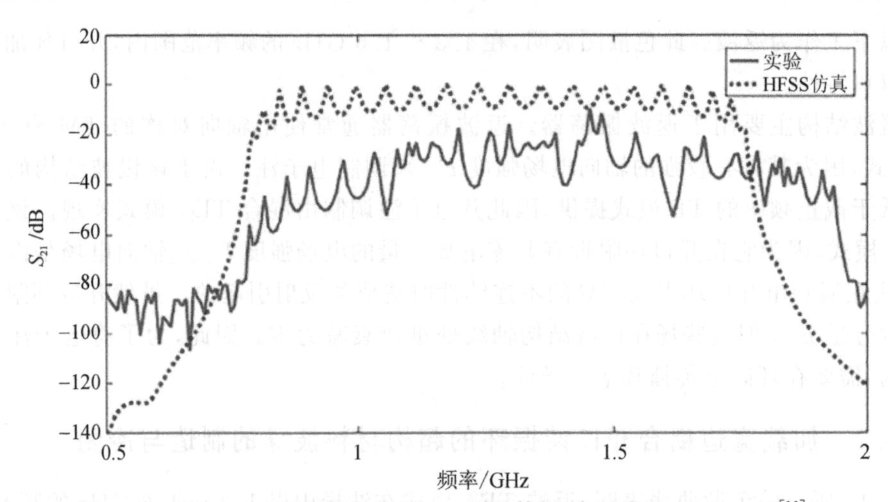

图 4.13 图 4.12 所示慢波结构的 S_{21} 测量数据(资料来源：Yurt et al[16])

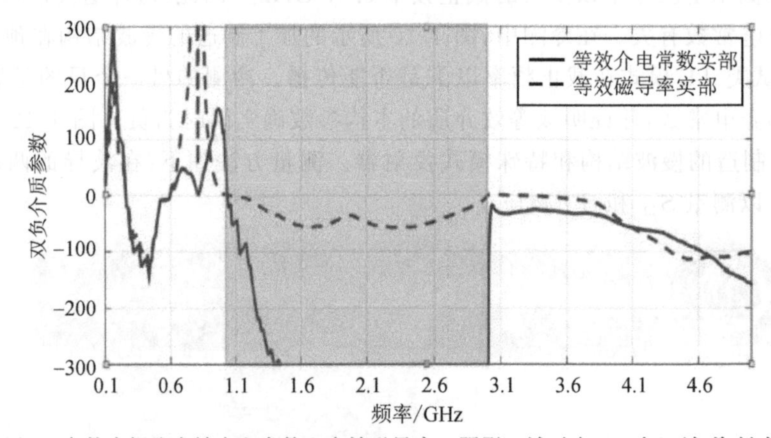

图 4.14 从测量的 S 参数中提取有效介电常数和有效磁导率。阴影区域对应于双负区域(资料来源：Yurt et al[16])

电子的物理速度相匹配。对于高功率应用，波导被用作默认的互作用介质。波导中模式传播的一个关键特征是，所有电磁模式的相速度都大于光速（$v_{ph} > c$）。由于电子不能被加速到大于真空中的光速，因此我们使用慢波结构来降低电磁波的相速度，以促进波束模式同步。

在 4.2 节中，我们说明了如何通过使用具有负介电常数 ε_{eff} 和负磁导率 μ_{eff} 的超构材料来减慢波的相速度，并使模式的相速度减小到原来的 $\frac{1}{\sqrt{\varepsilon_{r,eff}\mu_{r,eff}}}$。因此，基于超构材料的慢波结构的波减速机制源于其等效的介质特性，而另一种减慢波导中电磁波的方法是周期性地加载金属结构，或者在波导壁上以 p 为周期制造波纹。此类波纹结构与超构材料的色散工程学的主要区别在于，超构材料使用明显小于波长（$p < \lambda/10$）的亚波长结构，而此类波纹结构中的周期性排列具有与波长长度相当的周期（$p \approx \lambda/2$）。

99

由于周期性波纹慢波结构的尺寸与波长相当，因此电磁波不再像超构材料那样对它们的存在视而不见。这意味着波纹减速机制是通过其他方式实现的，因为等效介质方法不再适用。周期结构的减速机制可用弗洛凯定理解释。该定理指出，周期性结构的相邻单元内

的电磁场的稳态解仅随一个复数常数变化。该常数对于所有相邻单元都是相同的[18]。这可以表示为

$$E(x,y,z-p)=e^{ik_0p}E(x,y,z) \tag{4.14}$$

式中，$\boldsymbol{E}$、k_0 和 p 分别为电场强度、传播常数和周期性结构的周期。对于有耗慢波结构，k_0 是一个复数，而对于无耗慢波结构，k_0 是实数。根据弗洛凯定理，电场强度在 z 方向（$\boldsymbol{E}_p$）上是周期性的，可以用傅里叶级数表示为

$$E_p(x,y,z)=\sum_{n=-\infty}^{n=+\infty}E_n(x,y)e^{-jk_nz} \tag{4.15}$$

式中，k_n 为第 n 次空间谐波的传播常数。因此，单模由无数个空间谐波组成。每个空间谐波都是麦克斯韦方程组的解，然而，只有完整的空间谐波集才能够满足慢波结构壁施加的边界条件。因此，对于每个空间谐波，其传播常数 k_n 为

$$k_n=k_0+\frac{2\pi n}{p} \tag{4.16}$$

第 n 次空间谐波的相速度表示为

$$v_{\text{phase},n}=\frac{\omega}{k_n}=\frac{\omega}{k_0+\dfrac{2\pi n}{p}} \tag{4.17}$$

其中，ω 是传播模式的角频率。当 $k_n>k_0$ 时，波的相速度小于光速 c，因此，与电子注耦合的是慢相速空间谐波。对于特定模式，只需将一个空间谐波耦合到电子注。一旦一个空间谐波被耦合，那么在注-波互作用下其他所有空间谐波的振幅都将被放大[19]。典型周期性结构的色散曲线表现出规则带边(regular band edge,RBE)。这些规则带边是两个简并模式(返波模式和前向波模式)在色散曲线的 π 模点附近耦合的结果。另一个值得关注的带边是简并带边(degenerate band edge,DBE)。规则带边需要 2 种模式耦合，而简并带边需要 4 种模式耦合[20]。简并带边的一个关键特征是简并频率 ω_d 处的群速度等于零。对简并带边的早期观测是在光子学中进行的，因此导致所谓的冻结模式[21]。虽然当平面波以群速度为零的频率入射到周期结构上时，预计会出现全反射，但在文献[21]中证明，透射波可以作为冻结模式出现在周期结构内。文献[21]中一个更值得关注的发现是，冻结模式的振幅可以比入射波的振幅高得多(按数量级)。这种巨大的增益增强在特殊的光子晶体中得到了证实，而这些光子晶体是使用错位的各向异性电介质层堆叠制成的[22]。在文献[23]中，使用印刷式耦合传输线对冻结模式进行了实验研究。

如前所述，简并带边的特征在于群速度 v_g 为零，这导致在简并带边频率处周期性结构内的场幅度显著增强。低群速度和强轴向电场强度 E_z 对于高功率微波应用非常有吸引力，因为它们理论上可以显著提高行波管的增益。以简并带边频率或接近简并带边频率工作可提高效率，并显著降低返波振荡器的启动电流[20]。理解和掌握如何实现增益/效率增强的一种简单方法是考虑慢波结构的互作用阻抗 K_{cn}，其由下式给出： 100

$$K_{cn}=\frac{|E_{zn}|^2p}{2k_n^2(W_e+W_m)v_g} \tag{4.18}$$

其中，E_{zn} 为第 n 次空间谐波电场强度的 z 分量，p、W_e 和 W_m 分别为慢波结构周期长度、存储的电场能和磁场能。从式(4.18)能明显看出，可以通过降低群速度 v_g 或增加电场强度的

轴向分量 E_z 来增加互作用阻抗。而这两点都可以在简并带边频率处或其附近实现。确切地说，在简并带边区域及其附近，电场强度显著增加，而群速度接近于零。

考虑到这一点，我们的设计目标将是为高效高功率微波产生器件设计具有简并带边特性的慢波结构。除在工作频率上存在简并带边之外，其产生的电场必须主要是TM模式，以确保电场可以调制电子注。

4.4.1　加载虹膜的简并带边慢波结构的设计

在周期性结构中实现简并带边条件的一个关键要求是具有一定程度的各向异性。这是因为各向异性允许周期结构同时支持多个波极化(偏振)。如前所述，产生简并带边的条件是要有4种模式来耦合。为了达到简并带边的条件，椭圆环被加载到低于截止频率的圆柱形波导中，如图4.15[19-20, 22]所示。表4.2给出了慢波结构的尺寸。该设计的一个关键点是对准角，因为它控制了传播模式的各向异性程度。在设计慢波结构时，除对准角之外的所有参数都保持不变，慢波结构的色散使用全波商业解算器 (CST Microwave Studio)来确定。对于对准角的每个值，取色散的前4阶偏导($\frac{\partial^n \omega}{\partial k^n}$, $n=1,2,3,4$)，如图4.16所示。简并带边对准角 φ_{DBE} 被定义为前3阶偏导为零的角度($\frac{\partial^n \omega}{\partial k^n}=0$, $n=1,2,3$)。

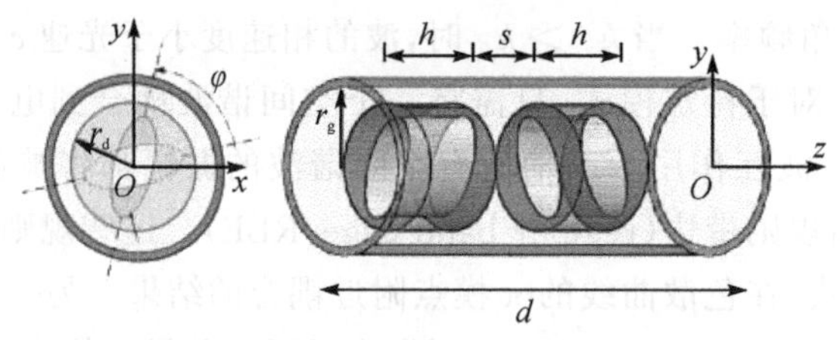

图4.15　具有简并带边色散的加载虹膜的圆柱波导，虹膜的排列角度对简并带边条件有很大影响

101

表4.2　图4.15所示的慢波结构的尺寸，简并带边对准角为61°

参数	值/mm
h	10
s	3.8
d	40
r_d	30
a	25
b	10
r_g	40

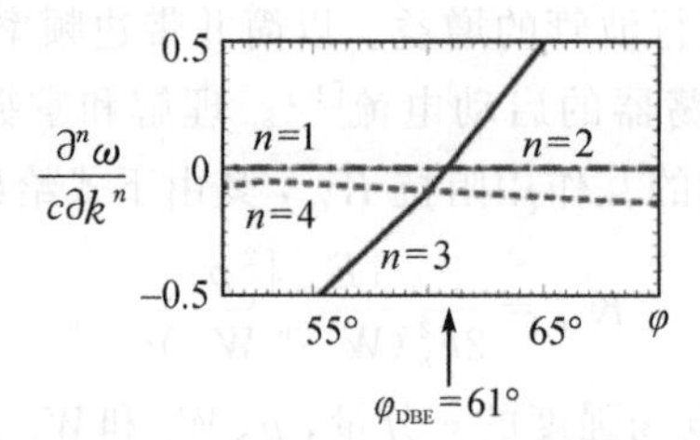

图4.16　角频率 ω 对波数 k 的前4阶偏导是由不同对准角 φ 下的模拟色散关系推导而来的

对表4.2中的慢波结构使用这种技术，简并带边对准角为 $\varphi_{DBE}=61°$，由此得到的色散曲线如图4.17所示。正如第2章中提到的，实现简并带边需要4个简并模式。如图4.17所示，2个传播模式和2个倏逝模式在简并带边频率 ω_d 处耦合。实线表示属于传播模式的波数的实部，虚线表示属于倏逝模式的波数的实部。对于高于简并带边角频率（$\omega>\omega_d$）的频率，4种模式都是倏逝的。如图4.17所示，这4种模式在简并带边频率处合并。图中所示的简并带边的色散关系可以表示为[24]

$$\omega-\omega_d=\alpha(k-k_d)^4 \tag{4.19}$$

这里，$k_d=\pi/d$ 和 α 分别表示简并带边波数和几何常数。如式(4.19)所示，在简并带边频率下，存在4种可能的 k 解。$\omega<\omega_d$ 时，这两个传播模式的波数 k_{pr} 为实数，由文献[20]给出：

$$k_{pr}\approx k_d\pm\frac{|\omega_d-\omega|^{1/4}}{\alpha} \tag{4.20}$$

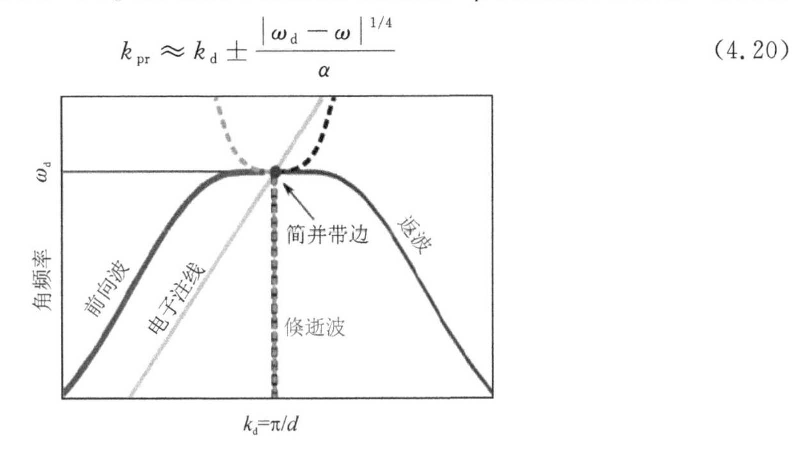

图4.17　在简并带边频率处合并产生简并带边条件的4种模式的色散关系，实线表示传播模式，而虚线表示倏逝模式

$\omega<\omega_d$ 时，两种倏逝模式的复波数由文献[20]给出：

$$k_{ev}\approx k_d\mp \mathrm{j}\frac{|\omega_d-\omega|^{1/4}}{\alpha} \tag{4.21}$$

$\omega>\omega_d$ 时，所有模式都是倏逝的，并且具有由双复共轭对表示的复波数[20]：

$$k_{ev}\approx k_d\pm \mathrm{j}(1\mp \mathrm{j})\frac{|\omega_d-\omega|^{1/4}}{\sqrt{2}\alpha} \tag{4.22}$$

如图4.17所示的简并带边的慢波结构可用于高功率微波源，如简并带边振荡器(degenerate band edge oscillator,DBEO)。同只有一个弗洛凯谐波与电子注互作用的常规返波振荡器相比，简并带边振荡器的注-波互作用很有趣，因为电子注在简并带边频率处与4个简并模式的弗洛凯空间谐波耦合[20]。由于电子注与4个空间谐波同步，这种情况被称为超同步[19]。

4.4.2　加载虹膜的简并带边慢波结构的制造与冷测

为了验证在慢波结构中观察简并带边的可能性，我们制造了加载虹膜的简并带边慢波结构并进行了冷测。这一制造过程分3个步骤：首先，制作铜椭圆环；然后，将这些环安装在支撑泡沫上，因为最初的设计采用浮动环；最后，将安装在支撑泡沫上的椭圆铜环加载到光滑的圆柱形波导上。由此制造的慢波结构如图 4.18 所示。色散测试通过缩短圆柱形波导的两端并测量 S_{11} 参数来完成。利用合成技术从 S 参数中提取色散曲线[25]，推导出慢波结构的色散关系，如图 4.19 所示。图 4.19 表明，测量结果和模拟结果之间有很好的一致性，表明在 2.16 GHz 下存在简并带边。在聚焦磁感应强度为 0.15 T，电子注电压和电流分别为 490 kV 和 80 A 的情况下，PIC 模拟结果表明，在 3.8 GHz 下得到了 20MW 峰值输出功率，对应的峰值功率效率为 49%。

102

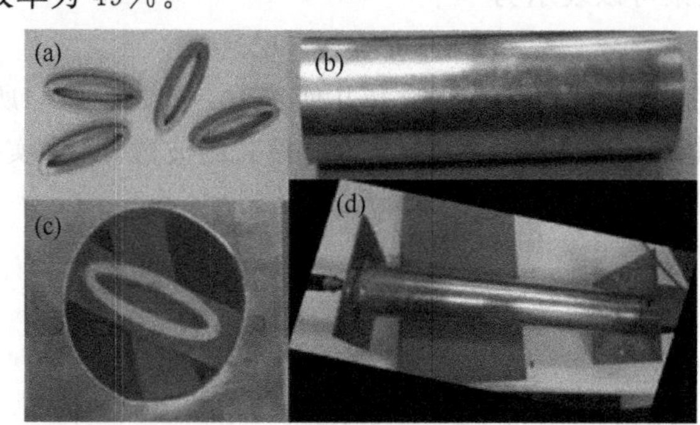

图 4.18 加载虹膜的简并带边慢波结构的制造组件：(a)椭圆铜环；(b)空圆柱形波导；(c)支撑在泡沫上的椭圆铜环；(d) S_{11} 参数测量装置

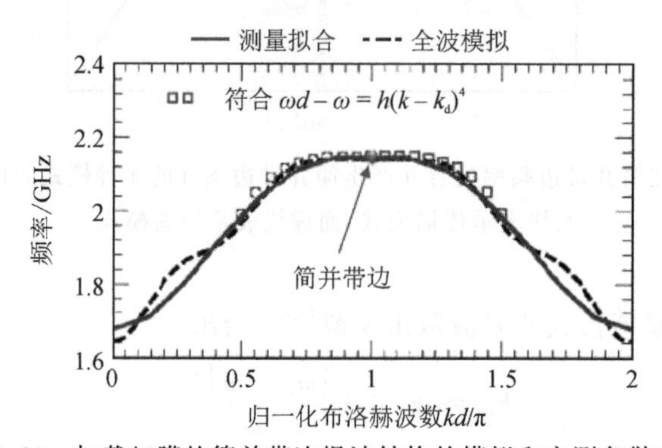

图 4.19 加载虹膜的简并带边慢波结构的模拟和实测色散曲线

4.5 基于二维周期性表面晶格的慢波结构

近年，研究者们对可以在亚毫米波频率范围内工作的高功率源产生了浓厚的兴趣。太赫兹和毫米波高功率微波源在等离子体诊断、火山监测、药品质量控制、武器的无创传感和高数据速率通信等方面都有应用[26-27]。

103

虽然真空电子器件已经在 S 波段和其他低频段达到了 GW 级功率的水平，但由于其固有的基本物理限制，在亚毫米波段产生高功率输出极具挑战性。具体而言，由于亚毫米波高功率源的尺寸较小，因此在高功率条件下将其应用扩展至更高频率，对其来说是一个挑战。在 S 波段，典型慢波结构横向尺寸为自由空间波长 λ_0 的量级，因此产生了 100 MW 的功率对应 1 MW/cm^2 的功率密度。而在太赫兹频率下，慢波结构的典型横向尺寸为 $\lambda_0/10$，因此 1 MW/cm^2 功率密度只对应于 100 W 的功率[26]。由于射频击穿可能导致脉冲缩短和对互作用结构的不可逆损坏,功率密度是真空电子器件中的一个高度限制性参数。

高频真空电子器件的另一个关键挑战是慢波结构制造。慢波结构的尺寸与工作频率成反比,因此,当接近太赫兹频率时,制造公差要求在微米范围内,以满足制造过程中小于10%的误差条件。考虑到这些挑战,一个简单的解决方案是将亚毫米级真空电子器件与具有大横向尺寸的慢波结构或互作用结构结合在一起。通过扩大慢波结构,峰值输出功率将显著增加,同时对公差的要求没那么严格,降低了制造难度。虽然超大的慢波结构很有吸引力,但其性能会因模式竞争而大大降低。具体而言,超大慢波结构支持多种模式同时与电子注互作用,导致效率降低和多频工作,表现为输出频谱杂乱。

为了模式竞争的影响,同时保留大尺寸慢波结构的优势属性,我们需要应用模式控制技术。在大尺寸慢波结构中,模式控制的一种有效方法是"锁定"工作模式,从而有效地抑制电子注与不同频率的其他模式互作用。研究证明,体模式可以与表面模式耦合并同步,从而建立单频本征模[28-29]。圆柱形波导内的表面模式可以通过在波导壁中引入扰动来激励。这些扰动可以看作是深度远小于工作波长的空腔造成的。这些扰动的另一个关键特征是其显现为二维波纹。这些扰动是由在角向和纵向上的波纹形成的空腔来实现的。这里将其与传统慢波结构的波纹做个比较。传统慢波结构的波纹通常更大,并且沿着纵向设计和完成。其通过使每个微扰腔中的场与波导中传播的体波同步,实现"锁定"本征模频率的目的。而二维周期表面晶格的一个更值得关注的特性是,由于其亚波长扰动深度,其可以作为一种有效的超构电介质,覆盖在圆柱形波导的内部。众所周知,用电介质涂覆波导壁会使传播模式的相速度降低到原来的 $\frac{1}{\sqrt{\varepsilon_r}}$。因此,超构电介质可以被用作传统电介质的切连科夫微波激射器中的电介质。这种慢波结构的优点是它可以在高频下容纳更高的功率,且慢波结构可以用全金属设计来避免电介质击穿,同时有效地控制工作模式。 104

4.5.1　二维周期性表面晶格慢波结构的设计

二维晶格可以通过在光滑波导的壁上进行周期性扰动来实现。每个扰动的强度 Δr 满足远小于工作波长($\Delta r \ll \lambda$)的要求。文献[28]给出了波导的半径 r:

$$r = r_0 + \Delta r \cos(k_z z)\cos(m\phi) \tag{4.23}$$

这里,$k_z = \frac{2\pi}{d_z}$,d_z 为扰动的纵向周期,m 为描述角向变化次数的晶格数,r_0 为光滑波导的平均半径。这些扰动描述了波导壁中的小空腔,如图 4.20 所示。这种慢波结构是独特的,因为它在横向和纵向平面上都有波纹。扰动作为小散射体来激励表面波。每个散射体都提供各自的电场,这些电场被限制在每个微扰单元(见图 4.20)中。整个慢波结构的本征模只有在各个散射体的场同步时才会形成[28]。源场由在截止频率附近工作的角向对称的 TM_{0n} 模式提供。众所周知,在截止频率附近,某些模式的场在波导壁之间振荡。这种接近截止频率的振荡模式在扰动的每个单元周围激发电流,从而产生表面波。然后,这个表面波被散射到传播的体波中。 105

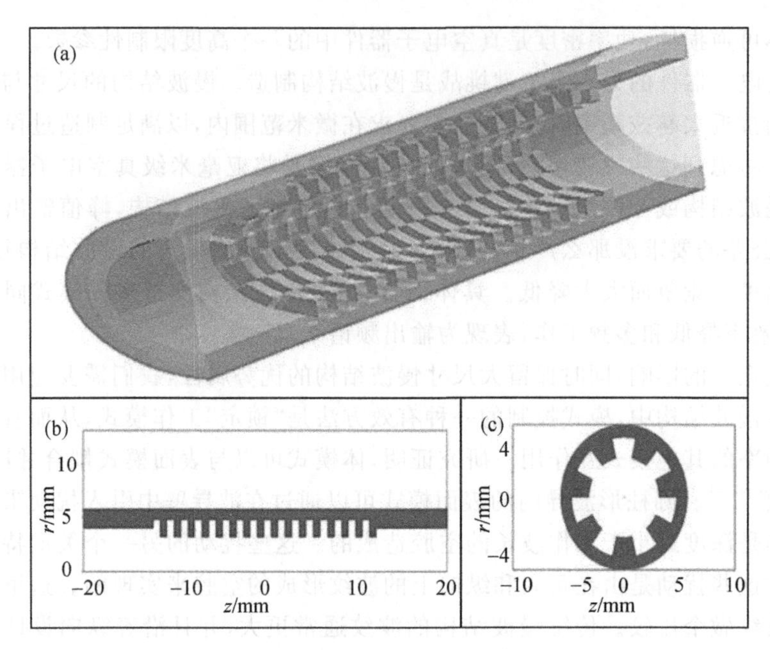

图 4.20 (a)一个二维周期性表面晶格慢波结构;(b)慢波结构的纵向视图;(c)慢波结构的横向视图

利用弗洛凯定理,表面波的纵向电磁波可表示为[28]

$$E_z=\sum_{m_s}F_{m_s}^{\mathrm{E}}(k_{\perp s}r)\sin(m_s\phi)\sum_{q=-\infty}^{\infty}E_q(z)\mathrm{e}^{-\mathrm{j}qk_z z} \tag{4.24}$$

$$H_z=\sum_{m_s}F_{m_s}^{\mathrm{H}}(k_{\perp s}r)\cos(m_s\phi)\sum_{q=-\infty}^{\infty}H_q(z)\mathrm{e}^{-\mathrm{j}qk_z z} \tag{4.25}$$

这里,E_z 和 H_z 为构成混合 EH 模式的表面波场分量;沿 z 方向的周期性产生空间谐波,其中 q 是谐波数;m_s 为沿角向的变化数,下标"s"强调该表达式与表面波有关;R_{LS} 为表面模式的横波数;$F_{m_s}^{\mathrm{E}}$ 和 $F_{m_s}^{\mathrm{H}}$ 表示 m 阶圆柱函数。当远离二维周期表面晶格时,这些圆柱函数变成了修正的贝塞尔函数的组合。这导致表面波在远离二维周期表面晶格时衰减。

文献[28]给出了横向体对称 TM_{0n} 模式:

$$E_z=\mathrm{J}_0(k_{\perp v}r)\sum_{q=-\infty}^{\infty}E_q^v(z)\mathrm{e}^{-\mathrm{j}qk_z z} \tag{4.26}$$

这里,J_0 为普通贝塞尔函数,下标"v"指体模式。文献[28]、[29]对耦合机制进行了缜密的讨论。需要重点注意的是,在慢波结构内产生的总场是表面模式和体模式的叠加($\boldsymbol{E}_{\mathrm{tot}}=\boldsymbol{E}_{\mathrm{surf}}+\boldsymbol{E}_{\mathrm{total}}$),如图 4.21 所示。文献[29]给出了由此产生的耦合模式色散关系:

$$(\omega^2-\Lambda^2)[\Lambda^4-2\Lambda^2(2+\Gamma^2+\omega^2)+(2-\Gamma^2+\omega^2)^2]=2\alpha^4(2-\Gamma^2+\omega^2-\Lambda^2) \tag{4.47}$$

式中,Γ 为与结构几何形状相关的参数,被用作失谐参数,因为二维周期表面晶格和波导的几何形状决定了二维周期表面晶格中单独的场与体模式耦合并同步的频率;α 为描述体波与表面波耦合强度的耦合参数;ω 和 Λ 分别表示可变角频率和归一化波数。图 4.22 给出了这种关系的色散曲线,并将其置于低耦合($\alpha=0.1$)和高耦合($\alpha=1$)这两种条件下。

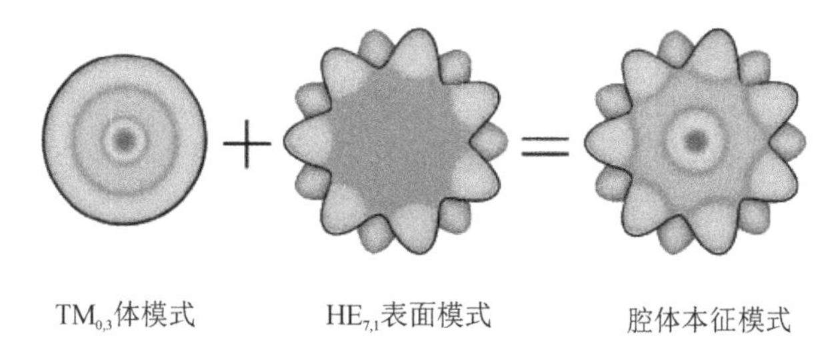

图 4.21　使用与二维周期表面晶格上的表面模式耦合的体横向对称模式形成的本征模，所得场是各个场的叠加(资料来源:Phipps et al[30])

106

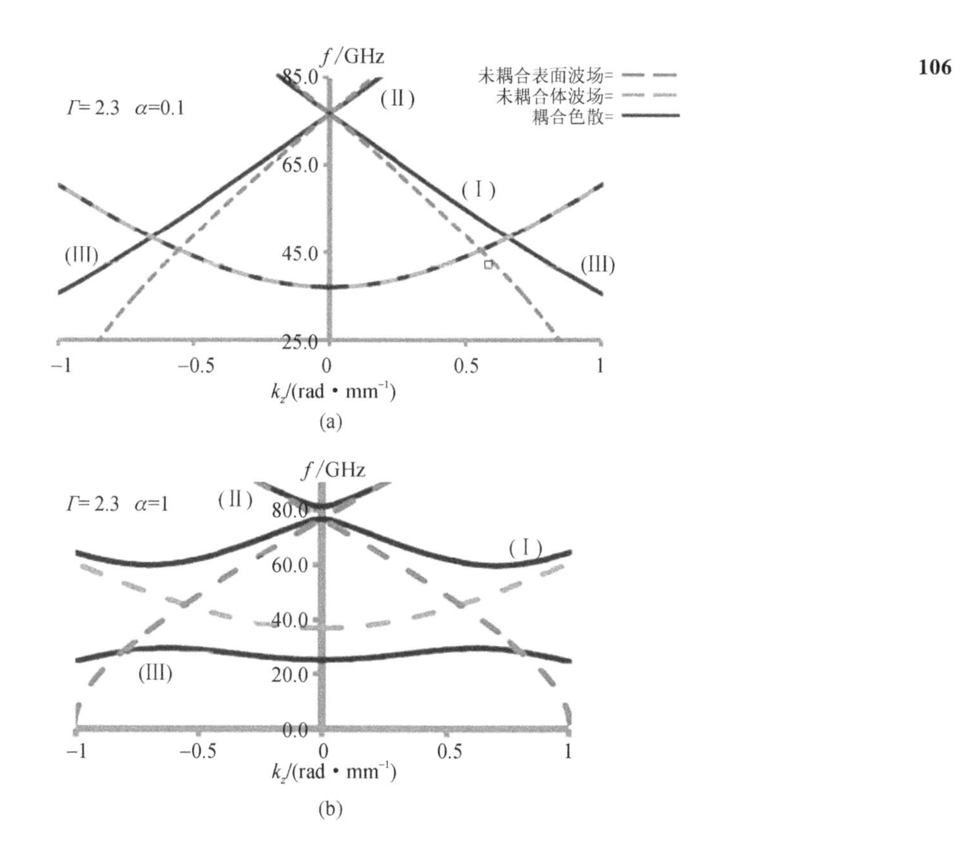

图 4.22　(a)圆柱表面周期晶格和光滑波导的低耦合条件(小 α 值)色散曲线;(b)圆柱表面周期晶格和光滑波导的高耦合条件(大 α 值)色散曲线(资料来源:Konoplev et al[29])

正如预期的那样,在低耦合条件下,体模式和表面模式的色散曲线基本上没有变化,而在高耦合条件下,两个模式耦合导致色散曲线存在明显的差异。还应注意,耦合参数与二维周期表面晶格波纹的振幅成正比。

4.5.2　二维周期性表面晶格慢波结构的制造与冷测

在 4.4 节中,我们展示了如何将在截止频率附近工作的体轴对称模式耦合于二维周期性表面晶格上的倏逝的表面模式。为了从实验上验证这种耦合,我们制造了一个基于二维周期表面晶格的圆柱波导。此制造过程分为两步。第一步,在铝模型上加工二维正弦波纹轮廓。第二步,使用电铸将铜沉积在铝模型的表面;等沉积足够的铜后,使用碱性溶液溶解铝模型[27]。图 4.23 显示了由此所制造的基于二维周期表面晶格的圆柱形二维慢波结构。

图 4.23 制造的具有二维周期性内表面的圆柱形波导

(资料来源:Konoplev et al,经 AIP 出版公司许可)

冷测通过激励波导的 TM_{01} 模式来进行,测量了基于二维周期表面晶格的波导的传输特性(S_{21})。基于理论证明,预计二维周期表面晶格波导的 S_{21} 参数将显示于最小传输处的频谱间隙。测量的 S_{21} 中的这些最小值对应于本征模的激励[27]。在存在本征模的频率处,观察到最小传输,由于谐振,场能量在波导内被捕获,之后,在晶格内损耗。由此测得的 S_{21} 数据如图 4.24 所示。如预测的那样,参数 S_{21}(实心深灰色曲线)图中显示了 87 GHz 的本征模的激励,从而验证了模式耦合的存在。值得注意的是,光滑波导(浅灰色曲线)并没有像预期的那样表现出与模式耦合相关的传输间隙。对基于二维周期表面晶格的慢波结构进行 PIC 模拟研究发现,在电子注电压和电流分别为 150 kV 和 20 A 的条件下,切连科夫微波激射器在 103.6 GHz 处可以产生 300 kW 的输出功率,对应的效率为 10%[30]。

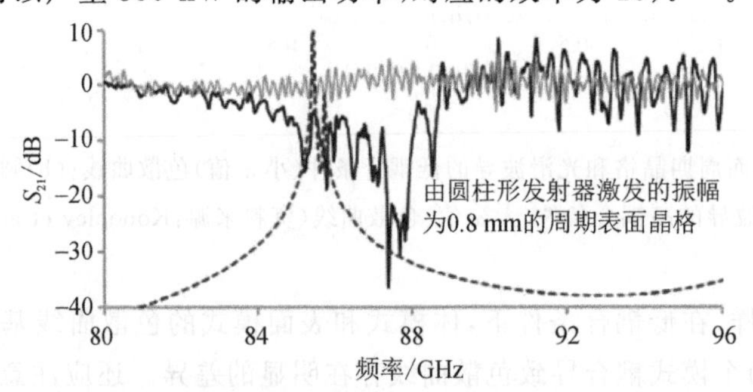

图 4.24 这里比较了振幅为 0.8 mm 的周期性表面晶格波导(深灰色实线)和没有周期性表面晶格的光滑波导(浅灰色实线)的 S_{21} 参数值。二维周期性表面晶格本征模激发导致 S_{21} 最小化。灰色虚线表示二维周期性表面晶格本征模激发的理论预测的振幅(资料来源:Konoplev et al[27])

4.6　用于高功率行波管放大器的弯曲环杆慢波结构

行波管放大器(traveling wave tube amplifier,TWTA)是一种被广泛应用于雷达和卫星通信系统中的高功率微波源。传统上,行波管放大器选择螺旋线慢波结构。这是因为螺旋线慢波结构表现出非常低的色散。低色散是行波管放大器慢波结构的关键特性,因为该器件是基于切连科夫辐射工作的。具体而言,为了使电子注和电磁模式以特定频率交换能量,电磁波的相速度 v_{ph} 必须与电子注的速度相匹配。因此,为了确保在宽频率范围内放大,慢波结构必须在宽频率范围内提供具有相同相速度 v_{ph} 的模式。螺旋线慢波结构具有这种理想的相速度响应,因其表现出非常低的色散,从而成为低功率、宽带应用的理想选择。然而,该螺旋线会受到弱互作用阻抗 K_c、强空间谐波和低相速度 $v_{ph}=0.3c$ 的影响,这样的缺点使得螺旋线慢波结构不适合高功率(1 MW)应用。文献[31]给出了行波管放大器的相对论增益:

$$G=-9.54+47.3CN \qquad (\mathrm{dB}) \tag{4.28}$$

其中,$C=[K_c]^{\frac{1}{3}}\left[\dfrac{eI}{4\gamma^3 m v_e^2}\right]^{\frac{1}{3}}$,而 K_c 为

$$K_c(\omega)=\frac{E_{\mathrm{axial}}^2}{2\beta^2 P} \tag{4.29}$$

这里,β、K_c、γ、m、e、v_e、E_{axial} 和 P 分别为慢波系统中的电磁波传播常数、互作用阻抗、电子注相对论参数、电子质量、电子电荷、电子速度、轴向电场强度和功率流,I 为电子注电流。因此,如上所示,行波管放大器的增益与互作用阻抗成正比。尤其是在高频时,因为轴向电场强度 E_z 很弱,螺旋线慢波结构的互作用阻抗很低。具体来说,螺旋线慢波结构提供的电场被束缚在金属表面,随着向轴心靠近,电场会显著衰减。另一方面,螺旋线慢波结构不期望的空间谐波会携带走大量能量,从而限制其增益。对于高功率行波管放大器,需要高能电子注,这意味着需要很高的电子速度。因此,所需的慢波结构必须提供具有高相速度的模式,以便与高能电子注的速度同步。

考虑到上述情况,我们需要设计出具有高互作用阻抗、高相速度和能有效抑制其他空间谐波的行波管放大器慢波结构。我们研究的弯曲环杆慢波结构可以满足在 S 波段产生 MW 级功率的高功率行波管放大器[32]的需求。弯曲环杆慢波结构是一种通过两条相同传输线之间的互感耦合实现波减速的耦合传输线慢波结构。传输线呈椭圆形弯曲并通过金属环周期性地连接,如图 4.25 所示[32]。

4.6.1　弯曲环杆慢波结构的设计

弯曲环杆慢波结构的设计用于满足宽带、MW 级功率行波管放大器的要求。如图 4.25 所示,该设计具有两条相同的传输线,它们通过金属环感应耦合。该慢波结构通过增加每单位周期的有效电感来实现波的减速。单位长度的传输线具有自己的电感和电容(L,C),两条传输线之间的金属环增加了彼此的耦合电感 L_M。虽然各条传输线的椭圆形轮廓(参见图 4.25)旨在增加互感,但使用耦合的直线形传输线可以更直观地解释波减速机制。图 4.26 显示了我们将用于此分析的环杆慢波结构。

环杆慢波结构上的杆被视为两条带有电压(V_1,V_2)和电流(I_1,I_2)的传输线(TL_1,TL_2)。由于两条传输线是相同的,因此它们具有相同的本构参数(L,C)和因金属环的存在而产生的耦合电感(L_M)。

109

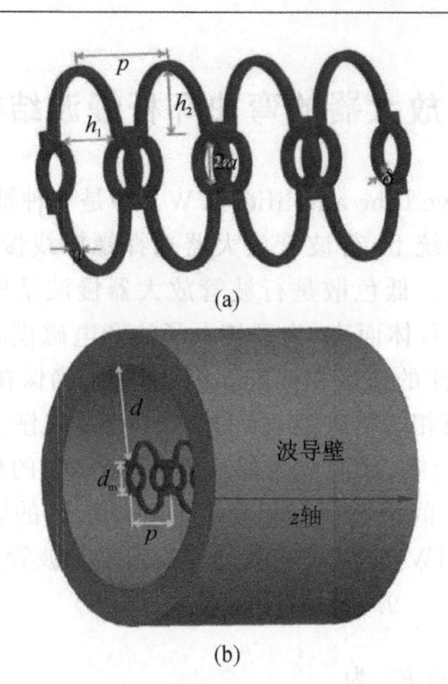

图 4.25 (a) 弯曲环杆结构尺寸：周期(节距) $p = 22$ mm，半径 $a = 4.5$ mm，宽度 $w = 2$ mm，厚度 $\delta = 2$ mm，$h_1 = 8$ mm，$h_2 = 12.8$ mm。(b)加装慢波结构的波导尺寸：$d = 57$ mm，$d_m = 11$ mm，$p = 22$ mm(资料来源：Zuboraj and Volakis[32])

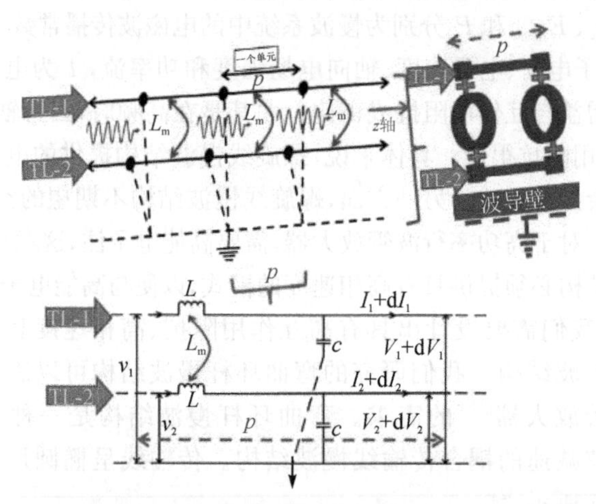

图 4.26 弯曲环杆慢波结构的等效电路模型。此设计是弯曲环杆慢波结构的简化版(资料来源：Zuboraj and Volakis[32])

考虑到这一点，第 2 章中讨论的传输线的电报方程采用如下形式[32]：

$$\frac{\partial^2 V_1}{\partial Z^2} = LC\frac{\partial^2 V_1}{\partial t^2} + L_M C\frac{\partial^2 V_2}{\partial t^2} \tag{4.30a}$$

$$\frac{\partial^2 V_2}{\partial Z^2} = L_M C\frac{\partial^2 V_1}{\partial t^2} + LC\frac{\partial^2 V_2}{\partial t^2} \tag{4.30b}$$

$$\frac{\partial^2 I_1}{\partial Z^2} = LC\frac{\partial^2 I_1}{\partial t^2} + L_M C\frac{\partial^2 I_2}{\partial t^2} \tag{4.30c}$$

$$\frac{\partial^2 I_2}{\partial Z^2}=L_M C\frac{\partial^2 I_1}{\partial t^2}+LC\frac{\partial^2 I_2}{\partial t^2} \tag{4.30d}$$

为了求解方程(4.30a)～(4.30d)，假设波动解具有 $e^{j(\omega t-\beta_z)}$ 的形式，得到色散关系式： 110

$$(\omega^2 LC-\beta_z^2)^2-\omega^4 L_M^2 C^2=0 \tag{4.31}$$

该色散关系有 4 个根，对应于 4 个不同的传播常数(每条传输线对应 2 个)。传播常数由下式给出[32]：

$$\beta_1=\pm\omega\sqrt{(L-L_M)C} \tag{4.32a}$$

$$\beta_2=\pm\omega\sqrt{(L+L_M)C} \tag{4.32b}$$

这里，传播常数 β_1、β_2 对应于两条传输线上可能的正向波和返波。对于这些传播常数，电磁波可以以下列相速度传播：

$$v_1=\pm\frac{\omega}{\beta_1}=\pm\sqrt{\frac{1}{(L-L_M)C}}>c \tag{4.33a}$$

$$v_2=\pm\frac{\omega}{\beta_2}=\pm\sqrt{\frac{1}{(L+L_M)C}}<c \tag{4.33b}$$

方程(4.33a)描述了快波在环杆慢波结构上传播的可能性。然而，需要注意的是方程(4.33b)描述的慢波。具体而言，耦合电感导致波减速的方式与电介质的机制相同。在明确了简化弯曲环杆传输线的特性及其作为人工电介质的潜力之后，该理论可以推广至弯曲环杆传输线。通过将椭圆积分应用于毕奥-萨伐尔定律，可以计算弯曲环杆慢波结构的耦合电感 L_M。尽管这种方法非常精确，但椭圆积分使这种分析变得复杂。更简单、更直观的方法是考虑椭圆杆如何改变环杆传输线的初始耦合电感(L_{M0})。这可以通过比较直线杆与椭圆杆的电流和磁链面积来实现。导线承载的电流与导线的长度 l 成反比，磁链与被磁通量截取的面积 A 成正比。由于电感定义为 $L=\phi/I$，电感的增加与椭圆环的面积和长度有关 $\phi/I\leftrightarrow A/l$ [32]。椭圆环引起的几何变化如图 4.27 所示。

因此，椭圆传输线的互感可以表示为[32]

$$L_M=\frac{\left(1+\frac{\pi h_1}{4a}\right)}{E(m)}\times L_{M0} \tag{4.34}$$

式中，a 和 h_1 是弯曲环杆慢波结构的几何尺寸，如图 4.27 所示；$E(m)$ 是第二类椭圆积分：

$$E(m)=\int_0^{\pi/2}\sqrt{1-(m^2-1)\sin^2\theta}\,d\theta \tag{4.35}$$

这里，椭圆的长短轴比 m 由(h_2/h_1)给出，如图 4.27 所示。使用此耦合电感和文献[32]的耦合模式分析来确定色散曲线，可得出以下色散关系：

$$\beta_{c1}=\frac{\pi}{p}+\sqrt{\left(\beta_0-\frac{\pi}{p}\right)^2-K^2} \tag{4.36a}$$

111

$$\beta_{c2}=\frac{\pi}{p}-\sqrt{\left(\beta_0-\frac{\pi}{p}\right)^2-K^2} \tag{4.36b}$$

式中，β_{c_1} 和 β_{c_2} 是当圆柱形波导加装弯曲环杆慢波结构时，在圆柱形波导中传播的正向波和返波的传播常数。利用 L、C 替换 ε、μ，得到人工电介质加载的圆柱波导中 TM_{01} 模式的色

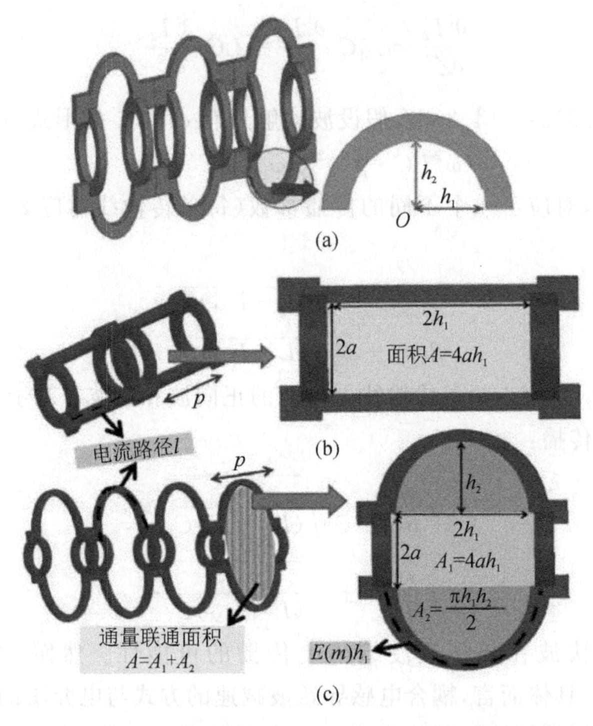

图 4.27 (a)弯曲环杆慢波/环路的弯曲部分的几何概述；(b)直传输线的长度和通量面积；(c)椭圆传输线的长度和通量面积的相对增量(资料来源：Zuboraj and Volakis[32])

散关系为 $\beta_0=\sqrt{\omega^2(L+L_{\mathrm{M}})C-\dfrac{\chi_{01}}{a}}$。在此色散关系中，使用 L_{M} 激发弯曲环杆的人工电介质特性。在式(4.36a)和(4.36b)中，p 为弯曲环杆慢波结构的周期，χ_{mn} 为 m ($m=0,1,2,3,\cdots$)阶第一类贝塞尔函数的第 n ($n=0,1,2,3,\cdots$)个根。因此，弯曲环杆慢波结构的完整色散关系是前后向传输的 TM_{01} 类模式耦合的结果。这种耦合由文献[32]给出的耦合参数 K 描述：

$$K=\frac{\left(1+\dfrac{\pi h_1}{4a}\right)}{E(m)}\sqrt{\frac{\beta_p\beta_q}{|\beta_p-\beta_q|}} \tag{4.37}$$

式中，$\beta_p=\sqrt{\omega^2(L+L_{\mathrm{M}})C-\dfrac{\chi_{01}}{a}}$，$\beta_q=\dfrac{2\pi}{p}-\sqrt{\omega^2(L+L_{\mathrm{M}})C-\dfrac{\chi_{01}}{a}}$。方程(4.36a)～(4.36b)这两种色散关系对应在 π 点附近耦合的返波和正向波，以形成规则带边。弯曲环杆慢波结构的色散曲线如图 4.28 所示[32]。

弯曲环杆慢波结构特性分析表明，可通过椭圆杆的轴比($m=h_2/h_1$)控制相速度。具体而言，轴比的增加可导致相速度的降低。椭圆杆还可以通过提高轴向电场强度来提高互作用阻抗，原因是边界条件迫使金属杆表面的轴向电场强度变为零，因为这些电场与金属杆表面相切。通过将杆移离中心，电场强度在慢波结构轴附近不再为零。弯曲环杆慢波结构的另一个优点是，与波纹波导慢波结构相比，它的色散显著降低[32]。

112

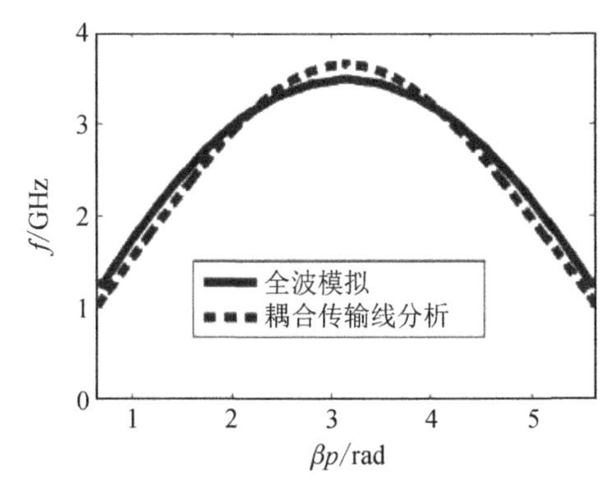

图 4.28　TM_{01} 工作模式下，模拟和计算得到的加载弯曲环杆慢波结构的圆柱形波导中的色散关系

（资料来源：Zuboraj and Volakis[32]）

4.6.2　弯曲环杆慢波结构的制造与冷测

4.6.1 节的耦合传输线分析预测了弯曲环杆慢波结构上的慢波传播。这是通过弯曲传输线的电感耦合 L_M 实现的。为了验证慢波现象，文献[33]中制造了一个弯曲环杆慢波结构并对其进行了冷测。弯曲环杆慢波结构的制造分两步完成。第一步，使用高精度水射流切割机在铜片上切割出椭圆传输线和耦合环；第二步，在切割慢波结构部件后，将其焊接在一起，如图 4.29[33] 所示。

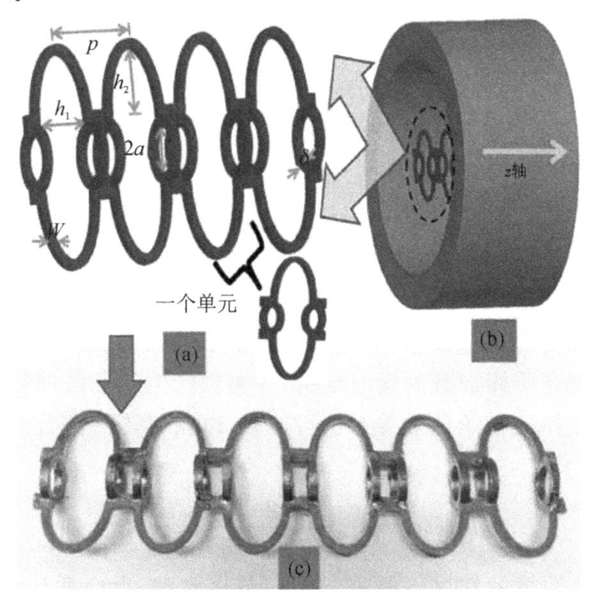

图 4.29　(a)一个弯曲环杆慢波结构：$p = 22$ mm，$a = 4.5$ mm，$w = 2$ mm，$\delta = 2$ mm，$h_1 = 8$ mm，$h_2 = 12.8$ mm。(b) 加载弯曲环杆慢波结构的波导。(c) 将椭圆传输线和环焊接构建的慢波结构

（资料来源：Zuboraj et al[33]）

将制造的弯曲环杆慢波结构加载到圆柱形波导中。为了避免与波导壁接触，弯曲环杆慢波结构被加装在 $\varepsilon_r = 1.3$ 的低密度聚苯乙烯泡沫塑料介电板上。使用金属端盖令圆柱形　113

波导的两端短路以形成谐振腔。使用连接到VNA(vector network analyser,矢量网络分析)的简易探针来激发空腔,并使用 S_{11} 参数测量该结构的谐振。众所周知,当适当激发时,n 周期慢波结构将表现出 $n+1$ 个谐振。图4.29所示的6单元慢波结构提供了与激发的 TM_{01} 模式相关的7个谐振。使用文献[25]的高精度合成技术,文献[33]在实验中测定了弯曲环杆慢波结构的色散关系。图4.30显示了波导负载、实验装置、测量的谐振和导出的色散关系[33]。

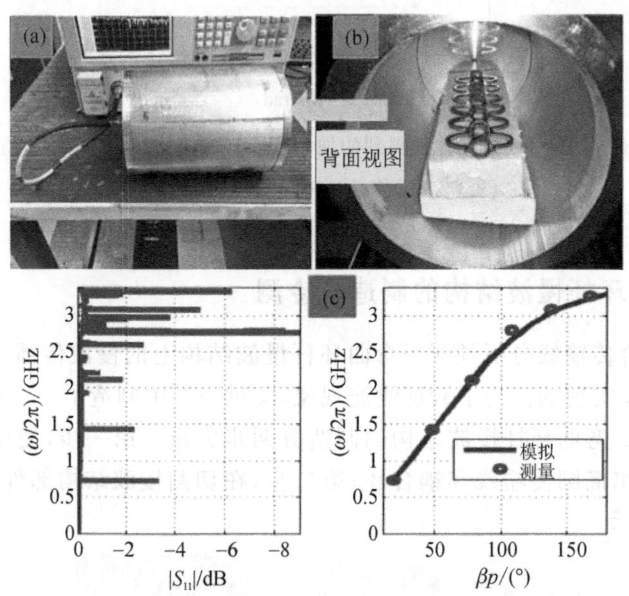

图4.30　(a)加载腔连接VNA的测量平台;(b)圆柱形腔的内部视图展示慢波结构的安装;(c)从(a)中的空腔测得的谐振,以及导出的色散关系与模拟结果对比(资料来源:Zuboraj et al[33],经IEEE许可)

如图4.30所示,测量结果和模拟结果之间有很好的一致性。此测试中的一个关键误差源是所加载的波导自身。具体来说,由于激励探针和慢波结构耦合环的轴之间未对准,预计会出现一定程度的不对称模式激发,这种未对准可能导致观察到的谐振频率发生轻微偏移。

冷测的第二个目标是使用文献[34]中的扰动技术确定弯曲环杆慢波结构的互作用阻抗。该技术将高密度电介质棒加载到慢波结构,并测量产生的色散曲线,然后将该扰动色散关系与没有加载电介质棒的初始色散关系进行比较,以获得传播常数变化 $\Delta\beta$。互作用阻抗 $K_c(\omega)$ 可以表示为[33-34]

$$K_c(\omega)=\frac{2}{\beta_c\pi\varepsilon_0(\varepsilon_r-1)r_b^2}\frac{\Delta\beta}{\omega} \tag{4.38}$$

式中,β_0 为在没有电介质棒的情况下测得的轴向传播常数,电介质棒的介电常数和半径分别用 ε_r 和 r_b 表示。使用这种技术,将半径为4 mm的氧化铝棒($\varepsilon_r=9.5\sim9.8$)嵌入金属环之间,然后和前文一样,确定 ω-β 扰动关系,以获得传播常数的变化 $\Delta\beta(\omega)$。该测量结果和实验装置如图4.31[33]所示,测量结果和模拟结果之间有很好的一致性。使用此弯曲环杆慢波结构和262 kV、12 A电子注,在PIC模拟中得到了1.02 MW的峰值输出功率,在1.8～2.4 GHz频率范围内,增益为29 dB增益,电子效率为25%。

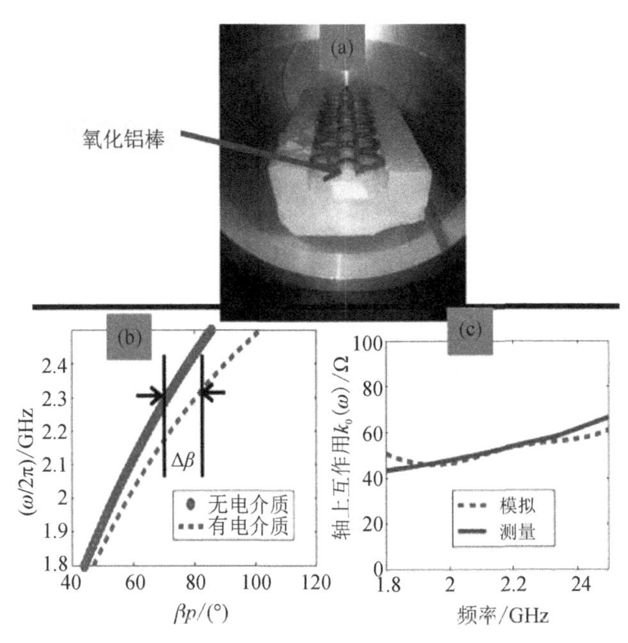

图 4.31 (a) 将氧化铝棒嵌入慢波结构中的测量装置；(b)测量的色散曲线用于确定传播常数 $\Delta\beta$ 的变化；(c)测量和模拟的互作用阻抗(资料来源：Zuboraj et al[33]，经 IEEE 许可)

4.7 具有空腔凹槽和金属环嵌入的波纹圆柱慢波结构

在 4.2～4.6 节中，我们引入了基于超构材料的慢波结构，为电子注和电磁波互作用提供了全金属互作用介质。具体来说，基于超构材料的慢波结构由以下三种结构组成：在截止频率以下工作的基于互补开口谐振环的波导、加载宽边开口环的波导和二维周期性表面晶格。这三种结构设计有一个共同的波减速机制，即利用超构材料替代人工电介质。具体来说，超构材料创建了一种有效的介质，该介质具有与块状电介质材料相同的特性。例如，在具有相对介电常数 ε_r 的电介质中传播的波的相速度由 v_{ph} 降低为 $v_{ph}/\sqrt{\varepsilon_r}$。这种电介质可以用于切连科夫微波激射器，然而，电介质的充电和击穿使块状电介质在高功率应用中没有吸引力。使用这种等效介质概念，可以在具有负介电常数和负磁导率($\varepsilon_r<0,\mu_r<0$)的特殊超构材料组合中观察到返波的传播。在最新的研究中，研究者们利用超构材料使波减速和返波传播的特性，研发了基于超构材料的返波振荡器[8,11,16]和基于超构材料的切连科夫微波激射器[30]等器件。 115

另一种减慢电磁波并实现返波传播的方法是使用周期性结构。虽然超构材料严格来说是周期性结构，但其周期长度远小于波长($p<\lambda/10$)，而常规周期性结构的周期长度更接近波长($p\approx\lambda/2$)。弗洛凯定理解释了周期性结构的波减速机制。如前所述，该定理表明相邻周期单元内的电磁场的稳态解仅因复常数而变化。这个常数对于所有相邻的单元都是相同的[18]。该理论的直接结果是空间谐波的出现。方程(4.14)～(4.17)解释了基于空间谐波的波减速机制。由于存在具有反向平行相速度(v_{ph})和群速度(v_g)的空间谐波，使得返波传播成为可能。

波纹波导是基于空间谐波概念的一种最常见的慢波结构。基于波纹波导的慢波结构很具吸引力，因为其提供了能够产生和维持高峰值功率（MW～GW 级）的全金属设计。此外，由于波纹位于慢波结构的壁中，因此慢波结构不像螺旋线结构和其他结构那样需要电介质支撑。我们注意到波纹波导和二维周期表面晶格波导之间的一个关键区别是，后者在角向（ϕ 向）和轴向（z 向）都具有周期性，而前者仅在轴向具有周期性。通过改变圆柱形波导的轴向波纹轮廓，已经实现了基于半圆形、梯形、正弦和矩形波纹的慢波结构[35-38]。

波纹波导慢波结构主要用于高功率返波振荡器。人们对返波振荡器的兴趣仍然存在，因为当使用如前文所述的传统慢波结构时，这些器件能够以 15%～40%的效率可靠地产生 MW～GW 级的电磁辐射。返波振荡器的一个关键问题是模式控制。具体而言，电子注可以激发比预期的互作用模式更多的模式，预期的互作用模式通常是 TM_{01} 模式。虽然这些异常的模式可能无法实现与电子注互作用，但其会影响互作用模式的整体纯度。模式纯度非常重要，因为它与互作用阻抗 K_{cn} 直接相关。如前所述，慢波结构的互作用阻抗是描述电子注和电磁波之间耦合强度的参数。返波振荡器的效率可以通过增加互作用阻抗来提高，描述为

$$K_{cn}=\frac{|E_{zn}|^2 p}{2k_n^2(W_e+W_m)v_g} \tag{4.39}$$

式中，E_{zn} 为第 n 次空间谐波电场强度的 z 分量，k_n、p、W_e 和 W_m 分别为第 n 次空间谐波的波数、慢波结构周期长度、存储的电场和磁场能量。从式(4.39)可以看出，轴向电场的大小对互作用阻抗有很大影响。因此，在互作用模式中，具有较高纯度的 TM_{01} 模式对最大化电场强度 E_z 至关重要。TM_{01} 模式纯度受限于该模式不是圆柱形波导内的主要模式。具体而言，TE_{11} 模式在圆柱形波导中占主导地位。因此，由于通带重叠，电子注可以激发 TE_{11} 模式和 TM_{01} 模式。虽然 TM_{01} 模式之间仍存在切连科夫互作用，但 TE_{11} 模式或其他可能的模式会降低 TM_{01} 模式纯度。模式不纯的另一个后果是产生具有多个异常的频率分量的输出信号。如 4.2～4.6 节所述，互作用阻抗也可以通过降低互作用模式的群速度来增加。这是通过在 4.2～4.6 节中使用简并带边概念[20]实现的。考虑到这一点，高效率返波振荡器慢波结构的设计目标就是通过支持具有低群速度的纯 TM_{01} 模式的周期性结构。这种设计将导致高互作用阻抗，从而提高整体器件的效率。此外，纯互作用模式将得到单一输出频率。一个更理想的设计目标是使 TM_{01} 模式在返波振荡器中占主导地位，同时避免模式通带重叠。这种色散关系将是理想的，因为它将保证最大模式纯度。

116

4.7.1 具有空腔凹槽和金属环嵌入的波纹圆柱慢波结构的设计

如 4.6 节所述，为了在返波振荡器中实现高效率和纯输出信号频谱，慢波结构设计必须支持具有高互作用阻抗和高模式纯度的 TM_{01} 模式（通常）。传统的慢波结构波纹轮廓是正弦曲线形或矩形。虽然正弦波纹轮廓因没有锋利的边缘而具有较高的击穿阈值，但难以制造，而矩形波纹波导慢波结构具有更高的互作用阻抗，且更容易制造，但其拐角附近存在强电场，会增加真空击穿的可能性。图 4.32 显示了传统的矩形波纹慢波结构及其色散关系。如图 4.32 所示，TE_{11} 模式在这个慢波结构中占主导地位，而且 TE_{01} 和 TE_{11} 这两种模式都具有高群速度 v_g。

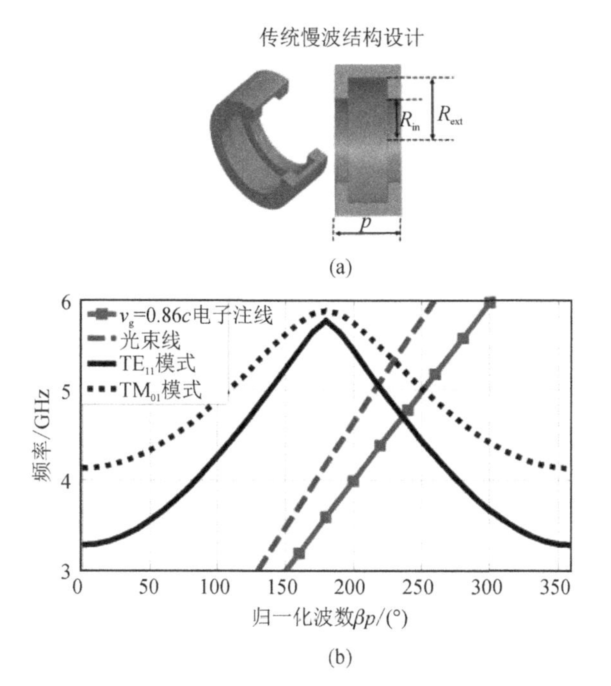

图 4.32　(a)传统波纹慢波结构设计：$p = 30\ \text{mm}$，$R_{\text{int}} = 26.25\ \text{mm}$，$R_{\text{ext}} = 30\ \text{mm}$。(b)传统波纹慢波结构内 TM_{01} 模式和 TE_{11} 模式的色散曲线

通过增加慢波结构单元的谐振，可以显著降低慢波结构的 $\partial\omega/\partial\beta$。这可以通过增加波纹深度来实现。除增加波纹深度外，还可以通过在每个单元中添加空腔凹槽和嵌入金属环来降低群速度[39]。这种设计是在文献[39]中提出的，如图 4.33 所示。

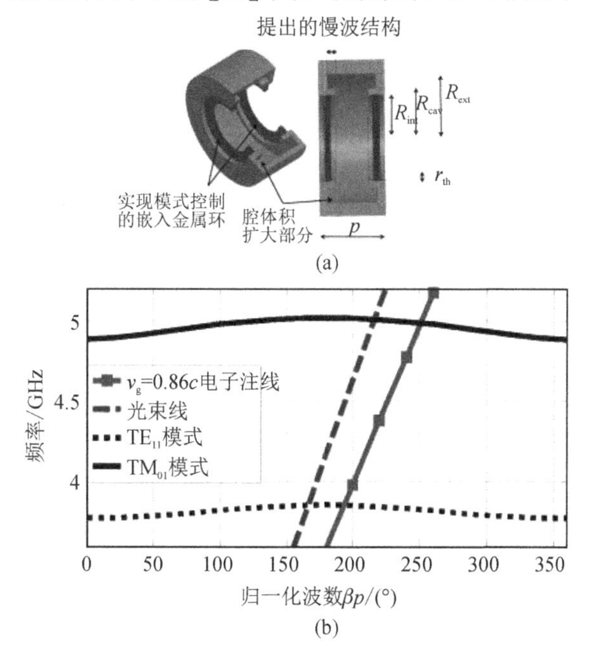

图 4.33　(a)提出的具有空腔凹槽和金属环嵌入的深波纹慢波结构：$p = 30\ \text{mm}$，$r_{\text{th}} = i_{\text{c}} = 4\text{mm}$，$R_{\text{int}} = 20\ \text{mm}$，$R_{\text{cav}} = 24\ \text{mm}$，$R_{\text{ext}} = 30\ \text{mm}$。(b)使用新慢波结构波导的 TM_{01} 和混合 TE_{11} 模式的色散曲线

这里所提出的慢波结构与传统的慢波结构相比，在色散关系方面的关键区别在于：前者的 TM_{01} 模式和 TE_{11} 模式都具有平坦的色散曲线。因为群速度 v_g 等于色散曲线的斜率 $\delta\omega/\delta\beta$，图 4.34 给出了具有小波纹深度比（$R_{int}/R_{ext}=0.875$）的慢波结构的群速度 v_g。

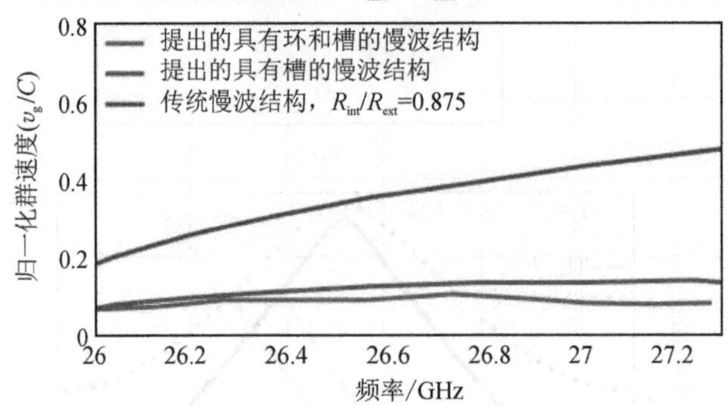

图 4.34　给定 $R_{ext}=4.8$ mm 和 $p=5$ mm 的不同波纹深度的 TM_{01} 群速度图。所提出的慢波结构的波纹深度比为 0.67

图 4.34 中还给出了如文献[39]中所述具有空腔凹槽和金属环嵌入的不同波纹深度比（$R_{int}/R_{ext}=0.67$）波纹慢波结构的群速度。如图所示，较深的波纹和凹槽大大降低了群速度，而嵌入金属环则导致群速度的进一步降低至最低限度。然而，如图 4.35 所示，金属环为慢波结构提供了模式控制能力。

这种慢波结构的一个更有趣的方面是模式优势反转。也就是说，TM_{01} 模式在这里所提出的慢波结构占主导地位（见图 4.33）。相比较而言，对于图 4.32 中所示的传统波纹慢波结构的色散曲线，正如在常规圆柱形波导中的情况一样，TE_{11} 模式自然占主导地位。对于模式优势反转，我们可以通过使用空腔凹槽和嵌入金属环来实现。空腔凹槽和嵌入金属环独立影响 TM_{01} 模式和 TE_{11} 模式的截止频率。具体来说，空腔凹槽降低了 TM_{01} 模式的截止频率，而金属环嵌入提高了 TE_{11} 模式的截止频率。这是因为这两种模式具有不同的场分布模式，这使它们对几何形状变化具有独特的响应。通过平衡金属环嵌入尺寸 r_{th} 和空腔凹槽的尺寸 i_c（如图 4.33 所示），在文献[39]中实现了模式优势反转和隔离通带。为了明确模式优势反转和隔离通带的影响，我们研究了由 6 个单元组成的 2 个慢波结构的电场，其中，第一个慢波结构是由传统单元组成，第二个慢波结构使用所提出的新单元结构。为了观察产生的电场，每个慢波结构在其各自通带中的频率下被激发。图 4.35 给出了每个慢波结构的电场。从中可以看出，在 3 GHz 时，传统慢波结构的 TM_{01} 模式和 TE_{11} 模式具有重叠的通带。这些重叠的通带导致电场的激发，其总极化是 TE_{11} 模式和 TM_{01} 模式叠加的结果。图 4.35(a)中的电场强度轴向分量 E_z 比(b)中的弱，当所提出的慢波结构在 2.6 GHz 下被激发时，能观察到显著的差异，其中只有 TM_{01} 模式可以传播，如 4.35(b)所示。图 4.35 显示，我们所提出的慢波结构中产生的电场是纯 TM_{01} 模式的电场。

由于群速度降低和电场强度 E_z 增强，我们所提出的慢波结构实现了两倍于传统慢波结构的互作用阻抗[39]。

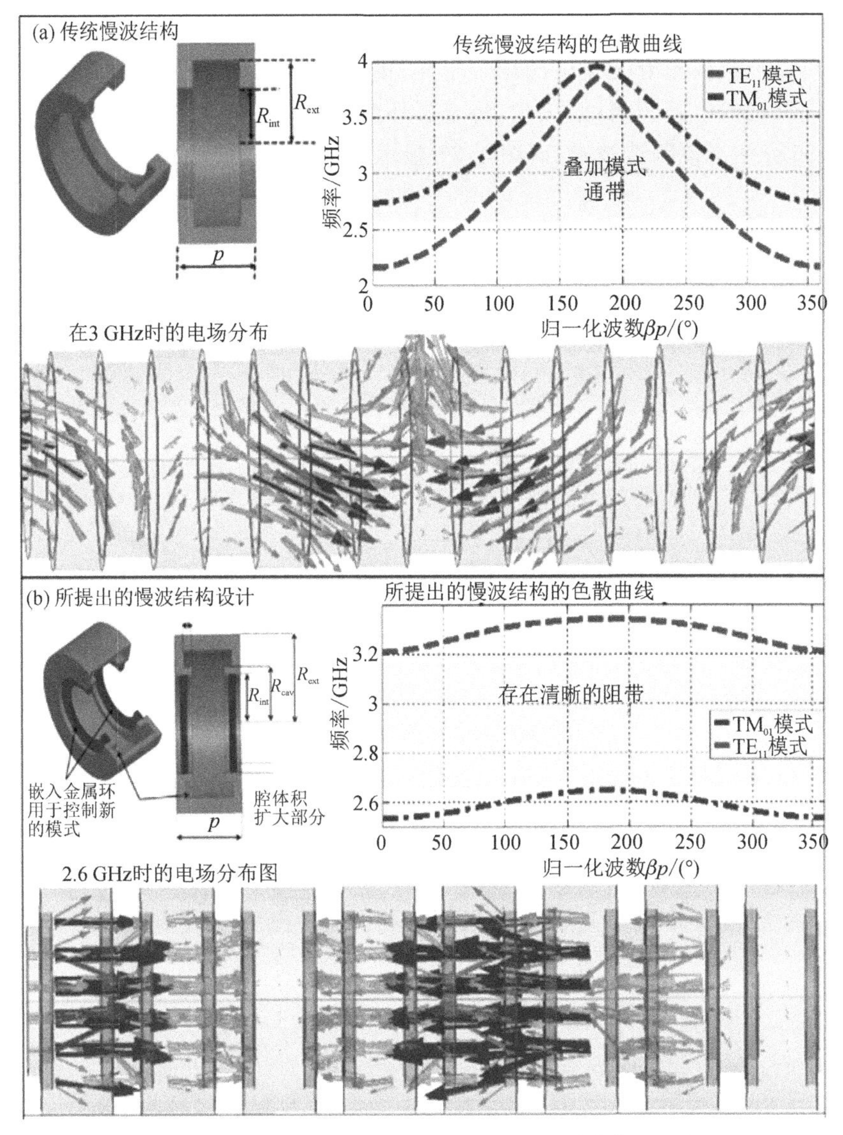

图 4.35　(a) 具有 TE_{11} 模式和 TM_{01} 模式的传统慢波结构的色散曲线，以及 3 GHz 时 $p = 45$ mm、$R_{ext} = 45$ mm、$R_{ext} = 40$ mm 的电场分布；(b)具有嵌入环的新型慢波结构的色散曲线，显示了在 S 波段 TE_{11} 模式和 TM_{01} 模式之间的清晰阻带，以及 $p = 45$ mm，$R_{ext} = 45$ mm，$R_{cav} = 35$ mm，$R_{int} = 30$ mm，$r_{th} = i_c = 5$ mm

4.7.2　具有空腔凹槽和金属环嵌入的均匀波纹圆柱慢波结构的制造与冷测

先前提出的慢波结构展示了在常规波导中通常无法观察到的新特性。虽然通过模拟预测了模式优势反转、模式通带隔离和异常模式纯度，但对其进行实验验证非常重要。在本节中，我们将介绍所提出的慢波结构的制造和冷测，以便通过实验验证慢波结构的色散特性。尽管这种慢波结构的新颖波纹轮廓设计保证了新的电磁特性，但其制造并不容易。这是因为空腔凹槽和金属环嵌入在加工制造中很难实现(见图 4.33)。尽管电铸是一种可能的制造技术,但它是一种昂贵且耗时的工艺。文献[40]介绍了一种三级制造工艺:第一步,慢波结构被分解为可以加载到光滑波导中的单个单元;第二步,周期性平面被移动了半个周期,以暴露原本无法靠近的空腔凹槽;第三步,将金属环集成到每个单元中,并作为单个单元进行加工。图 4.36 介绍了该制造技术,而图 4.37 显示了制造的慢波结构的组件。

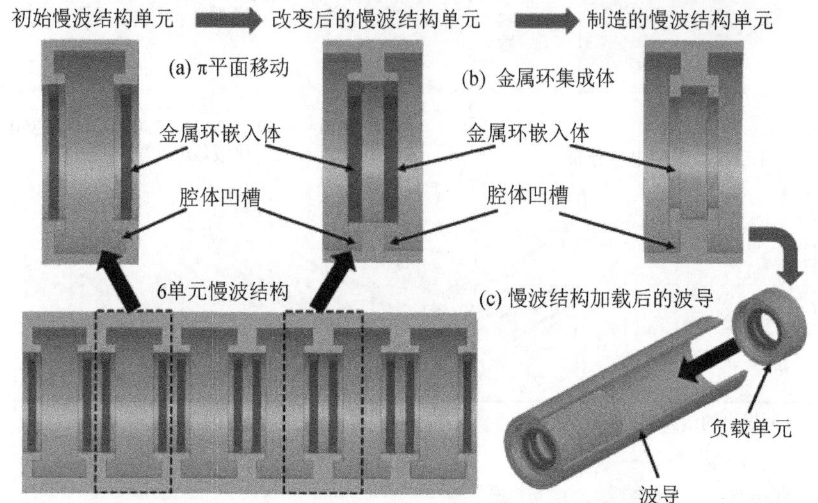

图 4.36 慢波结构制造工艺:(a)π 平面移动以暴露凹槽,以便于制造;(b)金属环封装;(c)加载单元以制成慢波结构波导

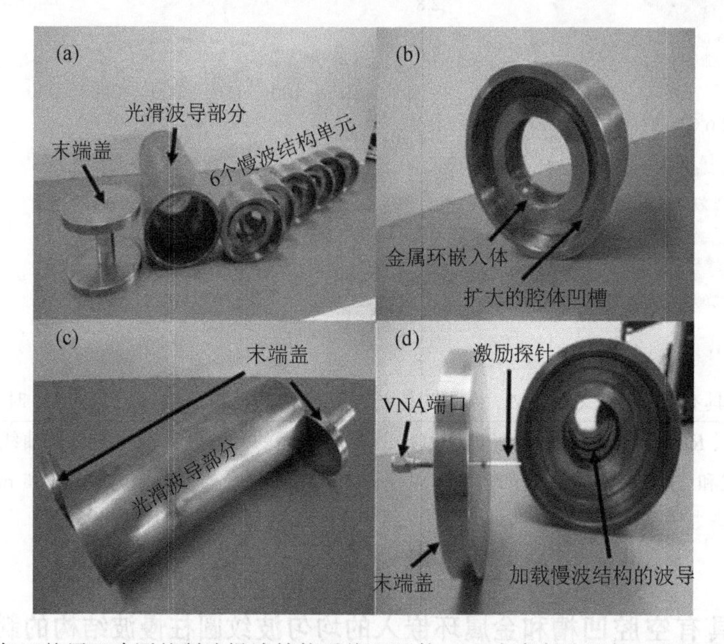

图 4.37 加工的用于冷测的制造慢波结构系统和组件:(a) 全套制造组件;(b)慢波结构单元;(c)形成空腔的端盖;(d) 放置在慢波结构波导端盖上的激励探针

120 如图 4.37 所示,还制造了端盖和激励探针。使用文献[25]中的高精度合成技术获得了该慢波结构的色散特性。如图 4.37 所示,使用 6 个慢波结构单元和 2 个端盖形成一个空腔,装入光滑的波导管中。文献[40]中,测量了慢波结构腔的谐振特性,并用于推导慢波结构的 TM_{01} 模式色散曲线。图 4.38 显示了实验获得的色散曲线与模拟色散曲线的对比,可

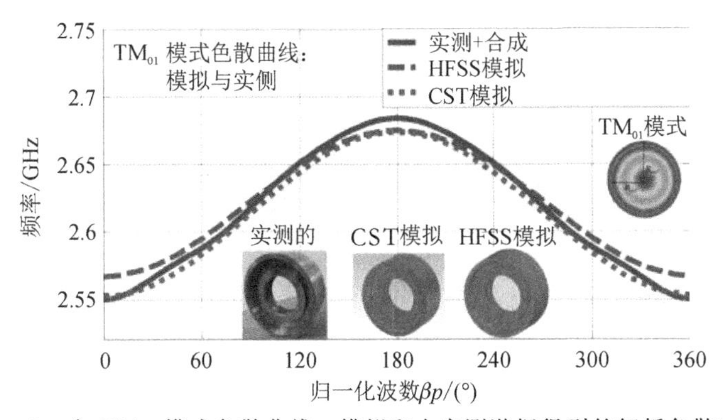

图 4.38　全 TM_{01} 模式色散曲线。模拟和由实测谐振得到的解析色散曲线

以看出，实测色散曲线和模拟色散曲线之间的一致性非常好。

为了验证模式优势反转，即 TM_{01} 模式作为慢波结构中的第一个传播模式出现，慢波结构腔在更宽的频率范围内被激发。在 1～4 GHz 频率范围内观察到的 S_{11} 数据，如图 4.39 所示。测量结果表明，对于低于 2.5 GHz 的频率，不存在模式，慢波结构在截止条件下运行。在 2.5～2.7 GHz 频率范围内，可以观察到属于先前验证的 TM_{01} 模式的明显谐振。在 TM_{01} 模式谐振之后，可以观察到对应于另一个阻带的平坦 S_{11} 响应。在 3.2～3.4 GHz 频率范围内，可以观察到对应于 TE_{11} 模式的弱谐振。由于激励探针的几何形状的影响，这些谐振很弱。具体来说，图 4.37 中所示的探针旨在耦合到 TM 模式，因为它会激发轴向电场强度 E_z。另一方面，TE 模式被该探针弱激发，因为它们仅在横向平面中具有电场强度分量 $E(\phi,\rho)$。从图 4.39 所示的结果可以清楚地看出，模式优势反转已经实现，并经过实验验证。 121

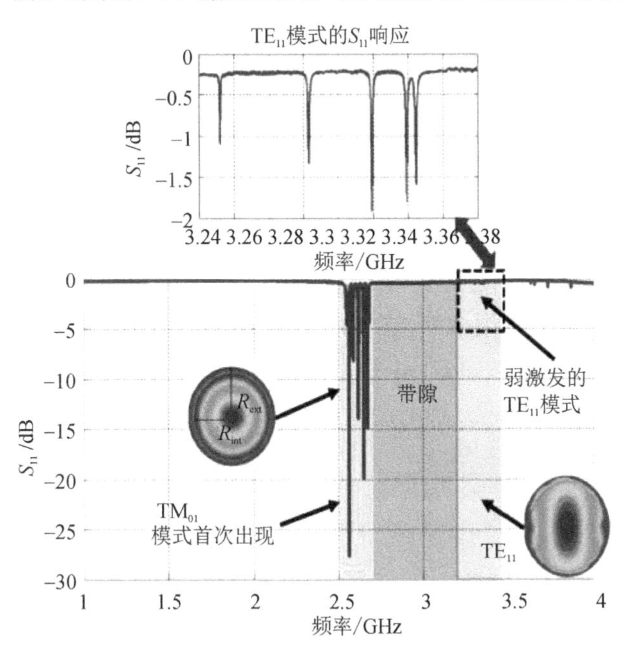

图 4.39　测得的用于生成与图 4.35(b)对应的色散曲线的慢波结构的 S_{11} 响应

4.7.3 具有空腔凹槽和金属环嵌入的非均匀波纹圆柱慢波结构的设计、制造与冷测

如前所述,使用均匀慢波结构时,返波振荡器的电子转换效率为15%~40%。返波振荡器的效率受到高度加速的电子的限制,这些电子离开慢波结构时比进入慢波结构时具有更多动能。这种异常情况是由于返波振荡器中的电场分布造成的。具体来说,慢波结构枪端的电场最强,因为波在与电子注传播方向相反的方向上被激发并逐渐放大。因此,在进入慢波结构时,一些电子会被电磁波大大加速,加速的电子有效地从互作用模式中吸收能量。如果这些高度加速的电子离开慢波结构而不落入电磁波的减速周期中,则会限制注-波互作用的效率。

考虑到这一点,我们可以在这些高度加速的电子离开慢波结构之前,通过从这些电子中提取能量来提高振荡器的效率。对此,我们可以利用沿慢波结构的电磁波相速度的非均匀分布来完成,而传统方法是通过利用在互作用频率下具有不同相速度的两部分慢波结构合成单个慢波结构[41-46]来完成。利用我们的方法,可以实现40%~50%的效率。

122

在文献[39]和[47]中,设计了一种基于4.7.2节中介绍的新型单元结构的高效三段非均匀慢波结构。在本节中,我们介绍缩比至S波段的非均匀慢波结构的制造和冷测。我们使用上一节中介绍的技术制造不均匀的慢波结构,通过指定每组慢波结构单元的周期长度($p_1=45$ mm,$p_2=55$ mm,$p_3=65$ mm)来制造慢波结构的三个部分,所有其他尺寸保持不变。因此,我们总共制造了7个慢波结构单元并将其加载到光滑的波导中。图4.40给出了制造的慢波结构的三个部分和相应的实验装置。使用相同的谐振测量技术[25],可以观察到8个谐振,并用于推导3段非均匀的色散特性。

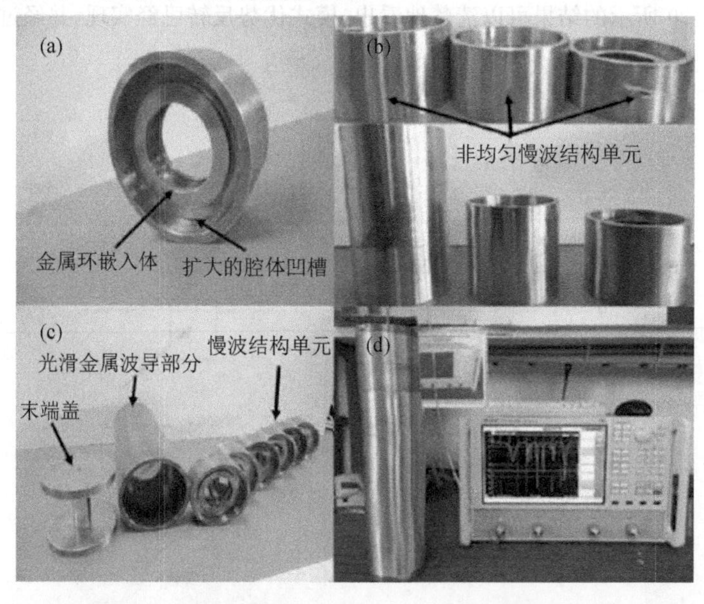

图4.40 制造的慢波结构组件:(a)单个慢波结构单元;(b)非均匀慢波结构的三个部分,每个部分具有不同的周期长度;(c)用于组装的光滑波导和环;(d)激励探针和装配的慢波结构

图4.41给出了从图4.40所示实验中获得的慢波结构的色散曲线,以及周期长度$p=45$ mm时均匀慢波结构的色散曲线。

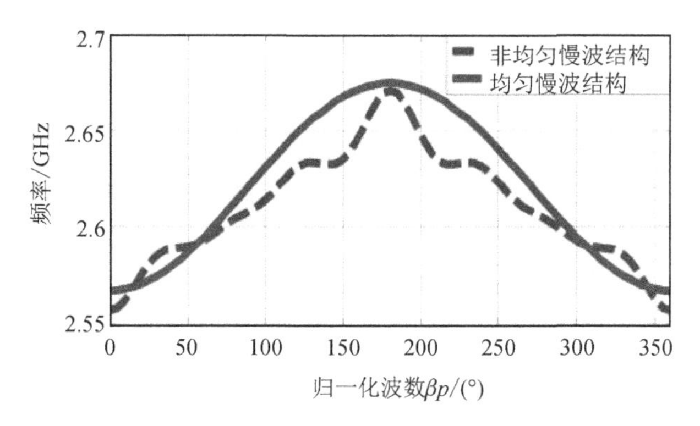

图 4.41 测得的均匀和非均匀慢波结构的 TM_{01} 模式的色散曲线。注意非均匀慢波结构表现出的高阶色散

非均匀慢波结构在其色散曲线上以多个二次拐点(multiple secondary inflection point, MSIP)的形式表现出高阶色散特性。PIC 模拟表明,非均匀慢波系统的高效工作点对应于多个二次拐点频率。这是因为多个二次拐点的特点是具有非常低的群速度的几乎平坦的色散区域。如前所述,降低群速度会增加互作用阻抗,从而提高效率。图 4.42 显示了实验测得的均匀和非均匀慢波结构的群速度图。 123

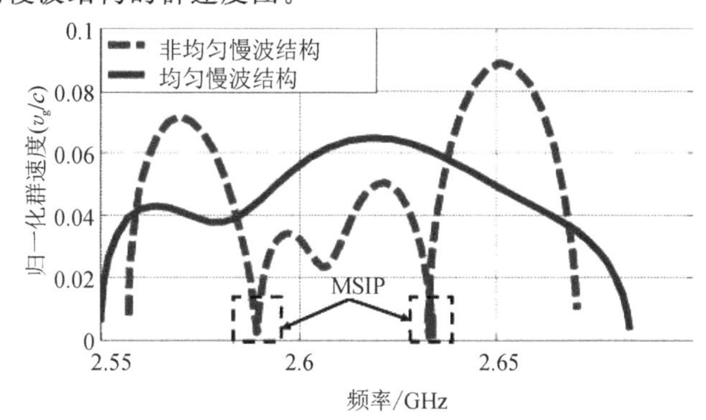

图 4.42 测得的均匀和非均匀慢波结构的归一化群速度 v_g 与工作频率的关系

从图 4.42 中可以看出,群速度在多个二次拐点附近接近零($v_g \approx 0$)。然而,均匀的慢波结构没有表现出接近零的群速度。基于该冷测的非均匀三段慢波结构,PIC 模拟预测了其在 2.62 GHz 时的输出功率为 8.25 MW,对应的峰值功率效率为 70%。基于这种设计的 X 波段和 Ka 波段返波振荡器也已经被提出,并进行模拟研究[39,47]。

4.8 总结

本章介绍了多频段高功率微波源所使用的多种慢波结构。这里介绍的慢波结构主要通过使用等效介质(基于超构材料的慢波结构)和空间谐波(周期结构)概念来实现波减速和返波传播。基于简并带边和非均匀慢波结构,提出了提高返波振荡器效率的技术。二维周期性表面晶格被提出作为高频高功率微波源的候选结构。耦合模式理论也用于宽带、高功率行波管慢波结构的设计。总之,本章展示了如何通过色散控制来显著提高高功率微波源的性能。

参考文献

1 Smith, D. R. and Kroll, N. (2000). Negative refractive index in left-handed materials. Phys. Rev. Lett. 85: 2933 - 2936.

2 Smith, D. R., Padilla, W. J., Vier, D. C. et al. (2000). Composite medium with simultaneously negative permeability and permittivity. Phys. Rev. Lett. 84: 4184 - 4187.

124 3 Pendry, J. B., Holden, A. J., Robbins, D. J., and Stewart, W. J. (1999). Magnetism from conductors and enhanced nonlinear phenomena. IEEE Trans. Microw. Theory Tech. 47 (11): 2075 - 2084.

4 Shiffler, D., Luginsland, J., French, D. M., and Watrous, J. (2010). A Cerenkov-like maser based on a metamaterial structure. IEEE Trans. Plasma Sci. 38 (6): 1462 - 1465.

5 French, D. M., Shiffler, D., and Cartwright, K. (2013). Electron beam coupling to a metamaterial structure. Phys. Plasmas 20 (8): 083116.

6 Falcone, F., Lopetegi, T., Laso, M. A. G. et al. (2004). Babinet principle applied to the design of metasurfaces and metamaterials. Phys. Rev. Lett. 93: 197401.

7 Shapiro, M. A., Trendafilov, S., Urzhumov, Y. et al. (2012). Active negative-index metamaterial powered by an electron beam. Phys. Rev. B 86: 085132.

8 Hummelt, J. S., Lewis, S. M., Shapiro, M. A., and Temkin, R. J. (2014). Design of a metamaterial-based backward-wave oscillator. IEEE Trans. Plasma Sci. 42 (4): 930 - 936.

9 Hummelt, J., Lewis, S., Xu, H. et al. (2015). Fabrication and test of a high power S-band meta material backward-wave oscillator. 2015 IEEE International Vacuum Electronics Conference (IVEC), pp. 1 - 2.

10 Hummelt, J., Lu, X., Xu, H. et al. (2016). High power microwave generation from a metamate rial waveguide. 2016 IEEE International Vacuum Electronics Conference (IVEC), pp. 1 - 3.

11 Hummelt, J. S., Lu, X., Xu, H. et al. (2016). Coherent Cherenkov-cyclotron radiation excited by an electron beam in a metamaterial waveguide. Phys. Rev. Lett. 117: 237701.

12 Shvets, G. (2003). Photonic approach to making a metrial with a negative index of refraction. Phys. Rev. B 67 (3): 1 - 8.

13 Ginzburg, N. S., Zaitsev, N. I., Ilyakov, E. V. et al. (2002). Observation of chaotic dynamics in a powerful backward wave oscillator. Phys. Rev. Lett. 89: 1 - 4.

14 Tsimring, S. E. (2007). Electron Beams and Microwave Vacuum Electronics. Hoboken, NJ: Wiley.

15 Esteban, J., Camacho-Penalosa, C., Page, J. E. et al. (2005). Simulation of negative permittivity and negative permeability by means of evanescent waveguide modes-theory and experiment. IEEE Trans. Microw. Theory Tech. 53 (4): 1506 - 1514.

16 Yurt, S. C. , Fuks, M. I. , Prasad, S. , and Schamiloglu, E. (2016). Design of a metamaterial slow wave structure for an o-type high power microwave generator. Phys. Plasmas 23 (12): 123115.

17 Luukkonen, O. , Maslovski, S. I. , and Tretyakov, S. A. (2011). A stepwise Nicolson - Ross - Weir-based material parameter extraction method. IEEE Antennas Wirel. Propag. Lett. 10: 1295 - 1298.

18 Gewartowski, J. W. and Watson, H. A. (1965). Principles of Electron Tubes. Princeton, NJ: D. Van Nostrand Company.

19 Othman, M. A. K. , Tamma, V. A. , and Capolino, F. (2016). Theory and new amplification regime in periodic multimodal slow wave structures with degeneracy interacting with an electron beam. IEEE Trans. Plasma Sci. 44 (4): 594 - 611.

20 Othman, M. A. K. , Veysi, M. , Figotin, A. , and Capolino, F. (2016). Low starting electron beam current in degenerate band edge oscillators. IEEE Trans. Plasma Sci. 44 (6): 918 - 929.

21 Figotin, A. and Vitebskiy, I. (2006). Frozen light in photonic crystals with degenerate band edge. Phys. Rev. E 74: 066613.

22 Othman, M. A. K. , Yazdi, F. , Figotin, A. , and Capolino, F. (2016). Giant gain enhancement in photonic crystals with a degenerate band edge. Phys. Rev. B 93: 024301.

23 Apaydin, N. , Zhang, L. , Sertel, K. , and Volakis, J. L. (2012). Experimental validation of frozen modes guided on printed coupled transmission lines. IEEE Trans. Microw. Theory Tech. 60 (6):1513 - 1519.

24 Othman, M. A. K. and Capolino, F. (2015). Demonstration of a degenerate band edge in periodically-loaded circular waveguides. IEEE Microw. Wirel. Compon. Lett. 25 (11): 700 - 702.

125

25 Guo, H. , Carmel, Y. ; Lou, W. R. et al. (1992). A novel highly accurate synthetic technique for determination of the dispersive characteristics in periodic slow wave circuits. IEEE Trans. Microw. Theory Tech. 40 (11): 2086 - 2094.

26 Booske, J. H. (2008). Plasma physics and related challenges of millimeter-wave-to-terahertz and high power microwave generation. Phys. Plasmas 15 (5): 055502.

27 Konoplev, I. V. , Phipps, A. R. , Phelps, A. D. R. et al. (2013). Surface field excitation by an obliquely incident wave. Appl. Phys. Lett. 102 (14): 141106.

28 Konoplev, I. V. , MacLachlan, A. J. , Robertson, C. W. et al. (2011). Cylindrical periodic surface lattice as a metadielectric: Concept of a surface-field Cherenkov source of coherent radiation. Phys. Rev. A 84: 013826.

29 Konoplev, I. V. , MacLachlan, A. J. , Robertson, C. W. et al. (2012). Cylindrical, periodic surface lattice - theory, dispersion analysis, and experiment. Appl. Phys. Lett. 101 (12): 121111.

30 Phipps, A. R. , MacLachlan, A. J. , Robertson, C. W. et al. (2014). Numerical analysis and experi mental design of a 103 GHz Cherenkov maser. 2014 39th International

Conference on Infrared, Millimeter, and Terahertz Waves (IRMMW-THz), pp. 1 - 2.

31 Shiffler, D., Nation, J. A., Schachter, L. et al. (1991). A high power two stage traveling-wave tube amplifier. J. Appl. Phys. 70 (1): 106 - 113.

32 Zuboraj, M. and Volakis, J. L. (2016). Curved ring-bar slow-wave structure for wideband MW-power traveling wave tubes. IEEE Trans. Plasma Sci. 44 (6): 903 - 910.

33 Zuboraj, M., Chipengo, U., Nahar, N. K., and Volakis, J. L. (2016). Experimental validation of slow-wave phenomena in curved ring-bar slow-wave structure. IEEE Trans. Plasma Sci. 44 (9): 1794 - 1799.

34 Wang, P., Carter, R. G., and Basu, B. N. (1994). An improved technique for measuring the pierce impedance of helix slow-wave structures. 24th European Microwave Conference, pp. 998 - 1003.
doi: 10.1109/EUMA.1994.337343.

35 Amin, M. R. and Ogura, K. (2007). Dispersion characteristics of a rectangularly corrugated cylindrical slow wave structure driven by a non relativistic annular electron beam. IET Microw. Antennas Propag. 1 (3): 575 - 579.

36 Barroso, J. J., Leite, J. P., and Kostov, K. G. (2002). Cylindrical waveguide with axially rippled wall. J. Microwav. Optoelectron. 2 (6): 75 - 89.

37 Leite, J. and Barroso, J. (2004). The sinusoidal as the longitudinal profile in backward-wave oscillators of large cross sectional area. Braz. J. Phys. 34 (4b): 1577 - 1582.

38 Vlasov, A. N., Shkvarunets, A. G., Rodgers, J. C. et al. (2002). Overmoded GW-class surface-wave microwave oscillator. IEEE Trans. Plasma Sci. 28 (3): 550 - 560.

39 Chipengo, U., Zuboraj, M., Nahar, N. K., and Volakis, J. L. (2015). A novel slow-wave structure for high-power ka-band backward wave oscillators with mode control. IEEE Trans. Plasma Sci. 43 (6): 1879 - 1886.

40 Chipengo, U., Nahar, N. K., and Volakis, J. L. (2016). Cold test validation of novel slow wave structure for high-power backward-wave oscillators. IEEE Trans. Plasma Sci. 44 (6): 911 - 917.

41 Levush, B., Antonsen, Jr., T. M., Vlasov, A. N. et al. (1996). High-efficiency relativistic backward wave oscillator: theory and design. IEEE Trans. Plasma Sci. 24 (3): 843 - 851.

42 Korovin, S. D., Pegel, I. V., Polevin, S. D. et al. (1993). Efficiency increase of relativistic BWO. 9th IEEE International Pulsed Power Conference, Volume 1, p. 392.

126 43 Korovin, S. D., Polevin, S. D., Roitman, A. M., and Rostov, V. V. (1996). Relativistic backward wave tube with nonuniform phase velocity of the synchronous harmonic. Russ. Phys. J. 39: 1206 - 1209.

44 Kitsanov, S. A., Klimov, A. I., Korovin, S. D. et al. (2003). Decimeter-wave resonant relativistic BWO. Radiophys. Quantum Electron. 46 (10): 797 - 801.

45 Wen, G., Xie, F., Li, J., and Liu, S. (2000). Study of a X-bank relativistic backward wave oscillator with variable couple impedance. Int. J. Infrared Millimeter Waves

21 (12)：2107 - 2113.

46 Korovin，S. D.，Polevin，S. D.，Rostov，V. V.，and Roitman，A. M. (1992). The nonuniform-phase-velocity relativistic BWO. 1992 9th International Conference on High-Power Particle Beams，Volume 3，pp. 1580 - 1585.

47 Chipengo，U. and Volakis，J. L. (2015). A highly efficient X band BWO with an inhomogeneous slow wave structure. 2015 IEEE Pulsed Power Conference (PPC)，pp. 1 - 4.

第5章 麦克斯韦方程组的微扰分析

罗伯特·利普顿(Robert Lipton)[1]
安东尼·波利齐(Anthony Polizzi)[2]
洛肯德拉·塔库尔(Lokendra Thakur)[3]
[1]路易斯安那州立大学数学系,美国路易斯安那州巴吞鲁日市,邮编:LA70803
[2]西诺乌斯金融公司,美国佐治亚州哥伦布市,邮编:GA31901
[3]麻省理工学院-哈佛大学布罗德研究所,美国马萨诸塞州坎布里奇市,邮编:MA02142

5.1 引言

从工作运行的角度来看,行波管放大器(traveling wave tube amplifier,TWTA)可以看作是加装有介质外壳和穿过其中心的电子注的波导。电子注平行于波导运动,并受到沿其运动方向的强均匀磁场的约束。为了说明这个问题,令电子注周围为真空,并将其置于同心圆柱形介质外壳内。当介质的介电常数大于1时,该结构就是一种慢波结构(slow wave structure,SWS),就可能从行波管(traveling wave tube,TWT)中获得放大[1-2]。遗憾的是,大多数电介质材料不能满足高功率应用的要求,并且在几个工作脉冲后会发生击穿。此外,希夫勒(Shiffler)等[3]提出了亚波长全金属互作用结构,该结构可以等效为介电常数大于1的电介质。这为使用超构材料作为设计方案实现全金属注-波互作用结构的行波管提供了范例。

在我们的研究中,首先,我们忽略有限长度效应,并对加载亚波长金属互作用结构的无限长行波管放大器区域进行色散分析。在创新研发过程中,将二次扰动分析[4-7]应用于麦克斯韦方程组,用于模拟无限长放大器内的注-波互作用。由于横磁场(transverse magnetic,TM)模式和混合模式都与电子注相互耦合,因此我们强调了这两种模式,渐近分析提供了一种主阶理论,从中提取了放大器的主阶色散关系。我们先考虑不连接到波导外壁的周期性全金属互作用结构,见图5.1和图5.2。分析表明,这些亚波长结构可以建模为加载等效电介质材料的波导,如图5.3所示。如果该结构像波纹波导那样连接到波导的外壁,那么可将其建模为具有有效各向异性表面阻抗的理想圆柱形波导的主阶,如图5.4所示。这些现象已在文献[8]和[9]中进行了报告。

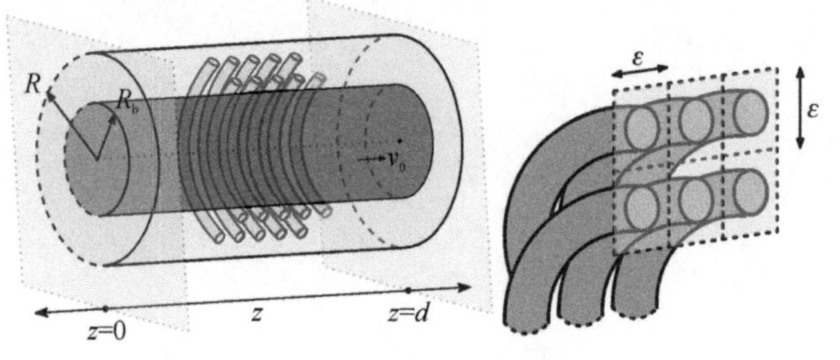

图5.1 左图为无限长行波管的一段,包含电子注,其周围是周期性同心环绕的金属环,金属环嵌入在主体材料中,主体材料的介电特性与真空的介电特性相同;右图是介电常数为ε的中周期互作用结构的放大视图

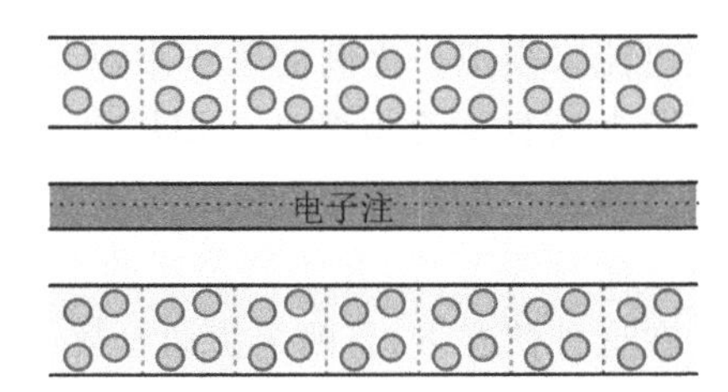

图 5.2　无限长行波管的横截面图，显示电子注被周期性同心金属环包围，金属环嵌入主体材料中，其介电性能与真空的介电性能相同

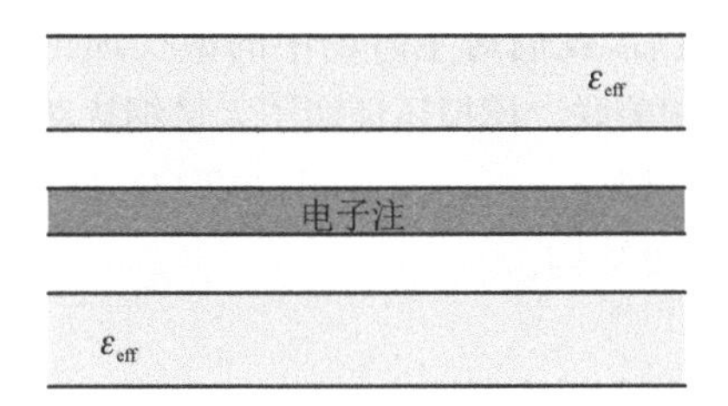

图 5.3　无限长行波管的横截面图，显示电子注被由金属环周期排列制成的等效介质包围

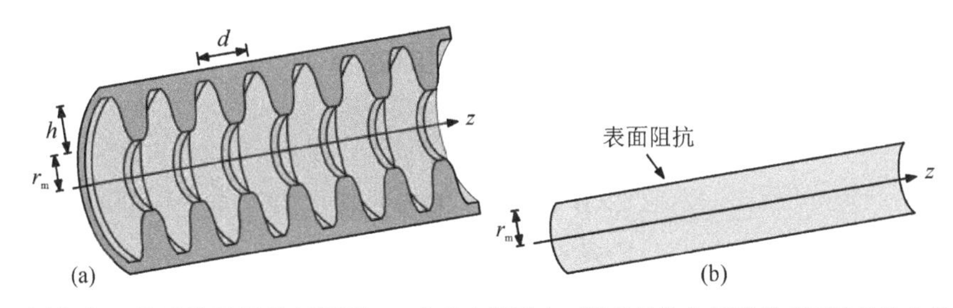

图 5.4　(a)周期为 d 的波纹波导的剖视图；(b)由具有等效表面阻抗的均匀圆形横截面波导给出的均匀化限制

其次，我们将加载等效介质的有限尺寸行波管放大器建模为由 3 个组件——馈电波导、有限长度行波管放大器区域和输出波导——组成的短的切连科夫系统。整个系统由发射器来激励。这些组件中的每一个都具有不同的特征阻抗，并且在放大器的输入和输出末端都可能发生反射。其目的是描述互作用结构的几何形状对传输模式的影响，以及对传输峰值的增益和带宽的影响。我们沿用沙赫特(Schäcter)等提出的方法[2]，并使用馈电波导中的入射波和反射波、行波管放大器区域内的互作用的主模以及输出波导中从放大器区域发射的空间电荷波来计算传输模式场型，以传输系数来描述诸多不同全金属注-波互作用结构的频率函数。为此，我们研究了由具有菱形横截面的金属环制成的互作用结构。嵌入物几何形状通过其相对于周期单元的填充率以及与形状偏心率相关的长宽比进行标记，如图 5.11 所示。作为参考，我们使用沙赫特等选择的各向同性介电常数计算传输系数[2]（如图 5.12 所示），并将其用作基准，以证明改变金属互作用结构对行波管性能的影响，如图 5.13 和 5.14 所示。

128

129

最后，我们采用不同的微扰方法，并考虑长度为 d 的波纹振荡器。假设电子注为圆形电子注，可建模为一个圆柱体，电子注发生器与波导平行，电子注半径小于波导半径。我们首先找到在没有电子注的情况下振荡器所支持的驻波模式。当电子注开启时，振荡器用与电场的轴向分量成比例的电子注电流来模拟。比例常数 α 乘以自由空间介电常数 ε_0，可以看作一个在空间和时间上都具有色散特性的介电常数。根据电场强度的轴向分量，介电常数提供了电子注电流的本构关系。这正是皮尔斯理论给出的流体动力学近似，适用于文献[1]的第 4 章中描述的场。我们应用微扰展开式，并将振荡器的麦克斯韦方程组的解写成无电子注情况下驻波模式的微扰。在这种情况下，有两个扰动参数：第一个扰动参数与驻波模式和振荡器频率之间的频率差成正比。此处振荡器频率为 ω，驻波频率为 ω_0，频率差为 $\delta\omega=\omega-\omega_0$。第二个扰动参数是电子注电流和电场强度之间的耦合。我们根据无量纲微扰来研究微扰理论参数 $\mathrm{d}(\delta\omega)/c$ 和 α。对于主阶，我们发现其类似于文献[1]的第 4 章中提出的三阶皮尔斯多项式的根决定了 $\delta\omega$。然后，我们对主阶场中的微扰理论进行数值模拟以计算 $\delta\omega$，并将上升时间与波纹的几何结构相关联。模拟还证实了无量纲扰动参数 $\mathrm{d}(\delta\omega)/c$ 和 α 都很小。

尽管该分析是在考虑超构材料（metamaterial，MTM）慢波结构的情况下提出的，但该方法也适用于传统的周期性慢波结构。

5.2 悬浮互作用结构中的增益

下面对具有亚波长无限长金属注-波互作用结构的行波管放大器进行色散分析。如果电子注的横截面半径 r 小于 R_b，即 $0<r<R_\mathrm{b}$，那么，在 $-\infty<z<+\infty$ 区域内的麦克斯韦方程组为

$$\begin{cases}\nabla\times\boldsymbol{E}=-\mathrm{j}\omega\boldsymbol{B}\\ \nabla\times\boldsymbol{B}=\mathrm{j}\omega\mu_0\varepsilon_0\boldsymbol{E}+\mu_0\boldsymbol{J}\\ \nabla\cdot\boldsymbol{B}=0\end{cases}\tag{5.1}$$

其中，电流密度 $\boldsymbol{J}$ 由式(5.2)给出。这里假设纵向动量分布很窄，因此电子注中的电子动力学由流体动力学近似描述[1-2,10-11]。在流体动力学近似下，电流密度与电场强度的关系如下：

$$\boldsymbol{J}=J_z\boldsymbol{e}_z=-\mathrm{j}\omega_0\frac{\omega_\mathrm{p}^2}{\gamma^3(\omega-v_0k)^2}E_z\boldsymbol{e}_z\tag{5.2}$$

其中，$\beta=v_0/c$，$\gamma=(1-\beta^2)^{-1/2}$，$\omega_\mathrm{p}$ 为等离子频率，$\omega_\mathrm{p}^2=e^2n_0/(m\varepsilon_0)$，$e$ 为电子电荷，n_0 为电子密度，m 为电子质量[11]。

130

在注-波互作用区域 $R_\mathrm{b}<r<R$，$-\infty<z<+\infty$，金属环外的麦克斯韦方程组由下式给出：

$$\begin{cases}\nabla\times\boldsymbol{E}=-\mathrm{j}\omega\boldsymbol{B}\\ \nabla\times\boldsymbol{B}=\mathrm{j}\omega\mu_0\varepsilon_0\boldsymbol{E}\\ \nabla\cdot\boldsymbol{B}=0\end{cases}\tag{5.3}$$

在金属环边界上电场强度的切向分量为 $\mathbf{0}$，即 $\boldsymbol{n}\times\boldsymbol{E}=\mathbf{0}$，其中 $\boldsymbol{n}$ 是金属环表面向内的单位法向量。在金属环上 $r=R$，$\boldsymbol{n}\times\boldsymbol{E}=\mathbf{0}$，其中 $\boldsymbol{n}$ 是波导向外的单位法向量。金属环的几何形状相对于变量 θ 是对称的，相对于变量 (r,z) 是周期性的，其中周期与 ε 周期相同，见图 5.1。

我们找到了 TM 模式的色散关系，其形式为 $\boldsymbol{B}=\boldsymbol{e}_\theta\psi_\theta(r,z)\mathrm{e}^{-\mathrm{j}kz}$。将此模式代入式(5.1)和式(5.3)得到如下的方程：

$$\nabla\times\boldsymbol{\varepsilon}^{-1}(\omega,k)\,\nabla\times\boldsymbol{B}=\frac{\omega^2}{c^2}\boldsymbol{B}\tag{5.4}$$

其中,电子注中的磁感应强度为 $\boldsymbol{B}$,$0<r<R_{\mathrm{b}}$,介电张量为

$$\boldsymbol{\varepsilon}^{-1}(\omega,k)=\boldsymbol{e}_r\times\boldsymbol{e}_r+\boldsymbol{e}_\theta\times\boldsymbol{e}_\theta+\boldsymbol{e}_z\times\boldsymbol{e}_z\left(1-\frac{\omega_{\mathrm{p}}^2}{\gamma^3(\omega-v_0k)^2}\right)^{-1} \tag{5.5}$$

在 $R_{\mathrm{b}}<r<R$ 区域中,有

$$\nabla\times\nabla\times\boldsymbol{B}=\frac{\omega^2}{c^2}\boldsymbol{B} \tag{5.6}$$

在金属环的表面和 $r=R$ 上,有

$$n\times\nabla\times\boldsymbol{B}=\boldsymbol{0}$$

这里的目的是找到与行波管内增益相关的 (ω,k) 对,对于一个真实频率 ω,具有正虚部的复波数 k。从式(5.5)可以清楚地看出,电子注可以表示为与空间和时间色散都相关的介电张量。

在 5.2.1 节中,我们提出了 TM 模式的二次渐近展开,并提取出了行波管内包含亚波长周期金属互作用结构色散的主阶理论。这些是以各向异性等效介电张量的分量形式来表示的。在 5.2.2 节中,我们将这些简化,以获得类皮尔斯色散关系,用于表征与行波管内部增益相关的不断增长的 TM 模式。

5.2.1　各向异性等效特性和色散关系

在本节中,我们将开展式(5.4)和式(5.6)的解 $\boldsymbol{B}=\boldsymbol{e}_\theta\psi(r,z)\mathrm{e}^{-\mathrm{j}kz}$ 的二次渐近展开表达式推导。对于 $R_{\mathrm{b}}<r<R$,以及 $0\leqslant\theta<2\pi$ 的任意值,环截面在矩形 $R_{\mathrm{b}}<r<R$,$-\infty<z<+\infty$ 内周期性分布。用 ε 表示周期的边长与 R 之间的波纹深度比。这里 $\varepsilon=\frac{1}{n}$,n 为整数。包含在 $R_{\mathrm{b}}<r<R$,$-\infty<z<+\infty$ 内的每个周期单元的中心坐标由 $(\varepsilon[\frac{r}{\varepsilon}],\varepsilon[\frac{z}{\varepsilon}])$ 给出,其中 $[s]$ 表示数 s 的整数部分(大于 s 的最接近整数)。矩形 $R_{\mathrm{b}}<r<R$,$-\infty<z<+\infty$ 内的任意点 (r,z) 可以写为 $(\varepsilon[\frac{r}{\varepsilon}]+\varepsilon\rho,\varepsilon[\frac{z}{\varepsilon}]+\varepsilon y)$,其中 $(\rho,y)=(\frac{r}{\varepsilon}-[\frac{r}{\varepsilon}],\frac{z}{\varepsilon}-[\frac{z}{\varepsilon}])$ 位于由 $-\frac{1}{2}<\rho<\frac{1}{2}$,$-\frac{1}{2}<y<\frac{1}{2}$ 给出的单位周期单元 Y 内。$\psi(r,z)$ 的二次展开式可以表示为

$$\psi(r,z)=\psi(r,\rho,y)=\psi_0(r)+\varepsilon\psi_1(r,\rho,y)+\varepsilon^2\psi_2(r,\rho,y)+\cdots \tag{5.7}$$

其中,$\psi(r,\rho,y)$ 在 (ρ,y) 方向具有周期性,且以 Y 为周期单元。当角频率 ω 固定的时候,波数 k 展开为　131

$$k=k_0+\varepsilon k_1+\varepsilon^2k_2+\cdots \tag{5.8}$$

将这些展开式代入式(5.4)和式(5.6),并通过 ε 的等幂次方可得出用于确定主阶项 $\boldsymbol{B}=\boldsymbol{e}_\theta\psi_0(r)\mathrm{e}^{-\mathrm{j}k_0z}$ 的 ω 和 k_0 之间相关的主阶色散关系的均质化方程和边界条件。均质化方程和边界条件由下式给出:

$$\nabla\times\boldsymbol{\varepsilon}^{-1}(\omega,k_0)\nabla\times\boldsymbol{e}_\theta\psi_0(r)\mathrm{e}^{-\mathrm{j}k_0z}=\frac{\omega^2}{c^2}\boldsymbol{e}_\theta\psi_0(r)\mathrm{e}^{-\mathrm{j}k_0z} \tag{5.9}$$

在电子注内,$0<r<R_{\mathrm{b}}$,其中介电张量为

$$\boldsymbol{\varepsilon}^{-1}(\omega,k)=\boldsymbol{e}_r\otimes\boldsymbol{e}_r+\boldsymbol{e}_z\otimes\boldsymbol{e}_z\left[1-\frac{\omega_{\mathrm{p}}{}^2}{\gamma^3(\omega-v_0k]^2}\right)^{-1} \tag{5.10}$$

在区域 $R_{\mathrm{b}}<r<R$ 内,有

$$\nabla\times(\boldsymbol{\varepsilon}_{\mathrm{eff}})^{-1}\nabla\times\boldsymbol{e}_\theta\psi_0(r)\mathrm{e}^{-\mathrm{j}k_0z}=\frac{\omega^2}{c^2}\boldsymbol{e}_\theta\psi_0(r)\mathrm{e}^{-\mathrm{j}k_0z} \tag{5.11}$$

$\boldsymbol{B}$ 同样满足边界条件,这样 $\boldsymbol{n}\times(\boldsymbol{\varepsilon}_{\mathrm{eff}})^{-1}\nabla\times[\boldsymbol{e}_\theta\psi_0(r)\mathrm{e}^{-\mathrm{j}k_0z}]$ 在 $r=R$ 和 $r=R_{\mathrm{b}}$ 边界上为 $\mathbf{0}$:

$$\boldsymbol{n}\times(\boldsymbol{\varepsilon}_{\mathrm{eff}})^{-1}\nabla\times\boldsymbol{e}_\theta\psi_0(r)\mathrm{e}^{-\mathrm{j}k_0z}\big|_{r=R_b^+}=\boldsymbol{n}\times\boldsymbol{\varepsilon}^{-1}(\omega,k_0)\nabla\times[\boldsymbol{e}_\theta\psi_0(r)\mathrm{e}^{-\mathrm{j}k_0z}]\big|_{r=R_b^-} \tag{5.12}$$

等效介电张量 $\boldsymbol{\varepsilon}_{\mathrm{eff}}$ 由包含环截面的单位周期单元 Y 上引起的局部场问题来计算。环横截面的边界用 ∂P 表示,由真空环绕的环的单位单元部分用 M 来表示。垂直于 ∂P 指向朝外的单位矢量用 $\boldsymbol{n}=n_r\boldsymbol{e}_r+n_y\boldsymbol{e}_z$ 表示。等效介电张量写为

$$\boldsymbol{\varepsilon}_{\mathrm{eff}}=\boldsymbol{\varepsilon}_{rr}^{\mathrm{eff}}\boldsymbol{e}_r\otimes\boldsymbol{e}_r+\boldsymbol{\varepsilon}_{zz}^{\mathrm{eff}}\boldsymbol{e}_z\otimes\boldsymbol{e}_z \tag{5.13}$$

$\boldsymbol{\varepsilon}^{\mathrm{eff}}$ 的分量由下式给出:

$$\boldsymbol{\varepsilon}_{rr}^{\mathrm{eff}}=\int_P(\nabla\varphi^\rho(\rho,y)+\boldsymbol{e}_r)\mathrm{d}\rho\,\mathrm{d}y \tag{5.14}$$

$$\boldsymbol{\varepsilon}_{zz}^{\mathrm{eff}}=\int_P(\nabla\varphi^y(\rho,y)+\boldsymbol{e}_z)\mathrm{d}\rho\,\mathrm{d}y \tag{5.15}$$

其中,φ^ρ 和 φ^y 以 Y 为周期,分别是在真空区域 M 的方程

$$\nabla^2\varphi^\rho=0,\nabla^2\varphi^y=0 \tag{5.16}$$

和在环横截面表面上的方程

$$\boldsymbol{n}\cdot(\nabla\varphi^\rho+\boldsymbol{e}_r)\big|_{\partial P}=0 \tag{5.17}$$

$$\boldsymbol{n}\cdot(\nabla\phi^y+\boldsymbol{e}_z)\big|_{\partial P}=0 \tag{5.18}$$

的解。这里,$\nabla=\boldsymbol{e}_r\partial\rho+\boldsymbol{e}_z\partial y$。对不同横截面形状的等效系数 $\boldsymbol{\varepsilon}_{rr}^{\mathrm{eff}}$ 和 $\boldsymbol{\varepsilon}_{zz}^{\mathrm{eff}}$ 通过数值方法计算得到。文献[8]中提供了用于提取均质化问题的二次展开方法的概述。

在电子注区域 $0<r<R_{\mathrm{b}}$ 内均质化问题的解 $\boldsymbol{B}=\boldsymbol{e}_\theta B_\theta=\boldsymbol{e}_\theta\psi_0(r,z)\mathrm{e}^{-\mathrm{j}k_0z}$ 由下式给出:

$$B_\theta=C_0\mathrm{J}_1(\nu_{\mathrm{b}}r)\mathrm{e}^{-\mathrm{j}k_0z} \tag{5.19}$$

132　在超构材料的 $R_{\mathrm{b}}<r<R$ 区域中,我们在行波管外壁上应用边界条件,可得到

$$B_\theta=C_2T_1(\nu_{\mathrm{d}}r)\mathrm{e}^{-\mathrm{j}k_0z} \tag{5.20}$$

其中

$$T_1(\nu_{\mathrm{d}}r)=\mathrm{J}_1(\nu_{\mathrm{d}}r)\mathrm{Y}_0(\nu_{\mathrm{d}}R)-\mathrm{Y}_1(\nu_{\mathrm{d}}r)\mathrm{J}_0(\nu_{\mathrm{d}}R) \tag{5.21}$$

$$\nu_{\mathrm{b}}^2=\left(1-\frac{\omega_{\mathrm{p}}{}^2}{v_0\gamma^3\left(\frac{\omega}{v_0}-k_0\right)^2}\right)^{-1}\times\left(\frac{\omega^2}{c^2}-k_0^2\right) \tag{5.22}$$

$$\nu_{\mathrm{d}}^2=\varepsilon_{zz}^{\mathrm{eff}}\frac{\omega^2}{c^2}-\frac{\varepsilon_{zz}^{\mathrm{eff}}}{\varepsilon_{rr}^{\mathrm{eff}}}k_0^2 \tag{5.23}$$

色散关系由传输条件式(5.12)得出。从现在开始,我们关注主阶行为,并写成 $k=k_0$。频率 ω 和传播常数 k 之间的色散关系具有以下形式:

$$D_{\mathrm{act}}(\omega,k)=0 \tag{5.24}$$

其中,D_{act} 定义为

$$D_{\text{act}}(\omega,k)=D_{\text{beam}}(\omega,k)F_{\text{beam}}(\omega,k)+\varepsilon_{zz}^{\text{eff}}D_{\text{pass}}(\omega,k)F_{\text{pass}}(\omega,k) \tag{5.25}$$

D_{act} 的 4 个分量写为

$$D_{\text{beam}}=\varepsilon_{zz}^{\text{eff}}\nu_{\text{d}}\mathrm{T}_0(\nu_{\text{d}}R_{\text{b}})\mathrm{Y}_1(\nu_{\text{vac}}R_{\text{b}})-\nu_{\text{vac}}\mathrm{Y}_0(\nu_{\text{vac}}R_{\text{b}})\mathrm{T}_0(\nu_{\text{d}}R_{\text{b}}) \tag{5.26}$$

$$F_{\text{beam}}=\varepsilon_b^{-1/2}\mathrm{J}_1(\nu_BR_{\text{b}})\mathrm{J}_0(\nu_{\text{vac}}R_{\text{b}})-\mathrm{J}_0(\nu_bR_{\text{b}})\mathrm{J}_1(\nu_{\text{vac}}R_{\text{b}}) \tag{5.27}$$

$$D_{\text{pass}}=-\nu_{\text{vac}}\varepsilon_{zz}^{\text{eff}}\mathrm{J}_0(\nu_{\text{vac}}R_{\text{b}})\mathrm{T}_1(\nu_{\text{d}}R_{\text{b}})-\nu_{\text{d}}\mathrm{J}_1(\nu_{\text{vac}}R_{\text{b}})\mathrm{T}_0(\nu_{\text{d}}R_{\text{b}}) \tag{5.28}$$

$$F_{\text{pass}}=-\mathrm{J}_1(\nu_bR_{\text{b}})Y_0(\nu_{\text{vac}}R_{\text{b}})+\varepsilon_b^{-\frac{1}{2}}\nu_{\text{d}}\mathrm{J}_0(\nu_bR_{\text{b}})\mathrm{Y}_1(\nu_{\text{vac}}R_{\text{b}}) \tag{5.29}$$

同时，定义 ε_{b} 为

$$\varepsilon_{\text{b}}=\left[1-\frac{\omega_{\text{p}}^2}{v_0\gamma^3\left(\dfrac{\omega}{v_0}-k_0\right)^2}\right]^{-1} \tag{5.30}$$

其中

$$\mathrm{T}_0(\nu_{\text{d}}R_{\text{b}})=\mathrm{J}_0(\nu_{\text{d}}R_{\text{b}})\mathrm{Y}_0(\nu_{\text{d}}R)-\mathrm{Y}_0(\nu_{\text{d}}R_{\text{b}})\mathrm{J}_0(\nu_{\text{d}}R) \tag{5.31}$$

在 5.2.2 节中，我们使用文献[2]中的沙赫特等提出的微扰方法，简化了这种色散关系。

5.2.2　色散问题的类皮尔斯解法

133

对于 ω 固定且没有电子注的情况，传播常数 $k=k^{(0)}$ 是无源结构色散关系的根：

$$D_{\text{pass}}(\omega,k^{(0)})=0 \tag{5.32}$$

令

$$\alpha=\frac{\omega_{\text{p}}^2}{v_0^2\gamma^3\left(\dfrac{\omega}{v_0}-k\right)^2} \tag{5.33}$$

根据沙赫特等方法，假设电子注不会显著影响波导中的场，并假设 $\alpha\ll 1$。ω 固定，将 D_{act} 展开为 α 和 k 的函数，是关于 $\alpha=0$ 和 $k=k^{(0)}$ 的泰勒级数。令 $k=k^{(0)}+q$，则有

$$D_{\text{act}}(\alpha,k)=D_{\text{act}}(0,k^{(0)})+\partial_kD_{\text{act}}(0,k^{(0)})q+\partial_\alpha D_{\text{act}}(0,k^{(0)})\alpha+o(\alpha,q) \tag{5.34}$$

忽略 D_{act} 展开式中的高阶项，我们得到 q 的三阶方程：

$$(\Delta k-q)^2q=-K^3 \tag{5.35}$$

其中，$\Delta k=\dfrac{\omega}{v_0}-k^{(0)}$ 是电子注的相速度与无源结构中的传播常数之差，K^3 是此处给出的非归一化皮尔斯因子：

$$K^3=\left(\frac{e\eta_0I}{mc^2(\beta\gamma)^3\pi R_{\text{b}}^2}\right)\frac{\partial_\alpha D_{\text{act}}(0,k^{(0)})}{\partial_kD_{\text{act}}(0,k^{(0)})} \tag{5.36}$$

式(5.36)有 3 个根：一个实根和一对复共轭根。q_j 表示 3 个根，$j=1,2,3$。注-波互作用结构的波数由 $k_j=k^{(0)}+q_j$，$j=1,2,3$ 给出。具有正虚部的三阶方程的复数根 q 对应于增长波，并与系统增益相关[11]。

全金属互作用结构的效应被编成程序计算色散关系式(5.35)中出现的等效介电性质。在无限长行波管内的距离 d 上观察到的增益为 $20\lg\{\exp[(\mathrm{Im}\ q)d]\}$，其与对于不同的超构材料互作用结构的有限长度($d=15\text{cm}$)器件的传输系数，皆显示在图 5.13 和图 5.14 中。对于有限长度器件，我们将在 5.4 节中讨论。

5.3 互作用结构的增益

在本节中，我们考虑由波导表面上的深波纹制成的注-波互作用结构。为此，我们对波导中的电磁场进行了二次渐近展开。在文献[6]和[7]中，该方法已应用于涉及粗糙界面和粗糙边界的电介质问题。

在一种新的研究中，我们使用这种方法来实现完美的传导表面，并使波导的粗糙表面在波纹周期 d 趋于零时均匀化。当周期设定为零时，波纹的深度保持固定。这与完美的导电边界条件一起允许我们提取一个等效表面阻抗。表面阻抗或导纳 Y_{ad} 由式(5.54)定义，是频率的函数，计算结果如图 5.8 所示。当没有电子注时，从方程 (5.54) 中，可以看到局部谐振通过主阶色散关系直接影响波导的色散特性。第 6 章描述和分析了这种现象。当存在电子注时，色散关系允许以复数的传播常数和增益来表示。我们应用类似于文献[2]的论点，并基于弱注-波互作用的假设获得简化的色散关系。简化的色散关系通过一个类三阶皮尔斯多项式(5.97)的根给出。

134

5.3.1 模型描述

波纹波导是一种无限长的圆柱形波导，其横截面在径向呈周期性变化。波导的最小半径为 r_m，最大半径为 r_m+h，波纹深度为 h。边界的周期性变化包含在环形区域 $\{r \mid r_m \leqslant r \leqslant r_m+h\}$，其平面视图见图 5.7，剖视图见图 5.4(a)。变化的周期由 d 表示，并且相对于内半径 r_m 而言较小，即 $d<r_m$。而波纹的深度 h 并不小，内外半径之比 $r_m/(r_m+h)$ 可取区间 (0,1] 内的任意值。这里波纹的宽度是周期 d 中波导半径 r 超过 r_m 的部分。当波导的横截面半径为 r_m 时，除周期的无限小部分外，在极限情况下会获得无限薄的波纹，其中 $r_m \leqslant r \leqslant r_m+h$，见图 5.5(d)。

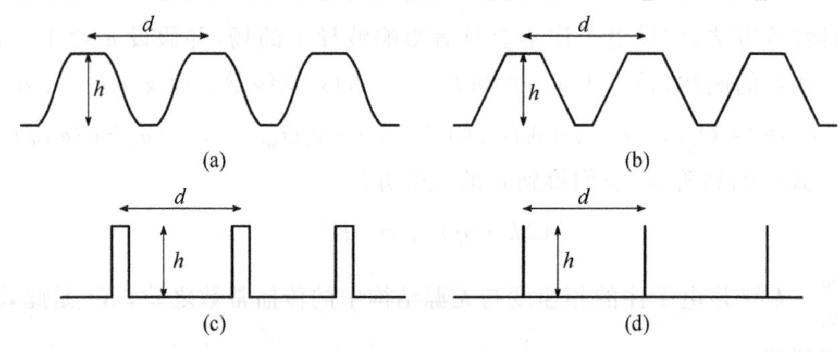

图 5.5 考虑的波纹几何形状：(a) 截断的正弦波纹；(b) 截断的锯齿波纹；(c) 矩形波纹；(d) 无限薄的波纹

周期性波纹的示例包括周期为 d 的正弦波纹、锯齿波纹和矩形波纹等，见图 5.5。波纹形状最初是在单位周期上定义的，并且波纹的缩放通过改变 d 来描述。可通过定义在 $r_m \leqslant r \leqslant r_m+h$ 上的形状函数 $\theta(r)$ 来定义波纹剖面，这里 $\theta'(r)>0$ 和 $|\theta(r)|<\infty$，见图 5.6。

我们假设波导内部是真空的，而其周围的金属壳可被看作理想导体，因此波导中的电场和磁场满足麦克斯韦方程组，因其壳体表面满足理想导体边界条件，故在薄的导电壳内的电场和磁场均为零。我们的渐近分析结果得到 $d=0$ 时的表面阻抗模型，其中周期性波纹被围绕波导区 $\{r \mid r \leqslant r_m\}$ 的阻抗表面代替。等效表面阻抗由式(5.54)给出，并适用于一般时间谐波解，包括由 TE 模式和 TM 模式混合而成的混合模式。

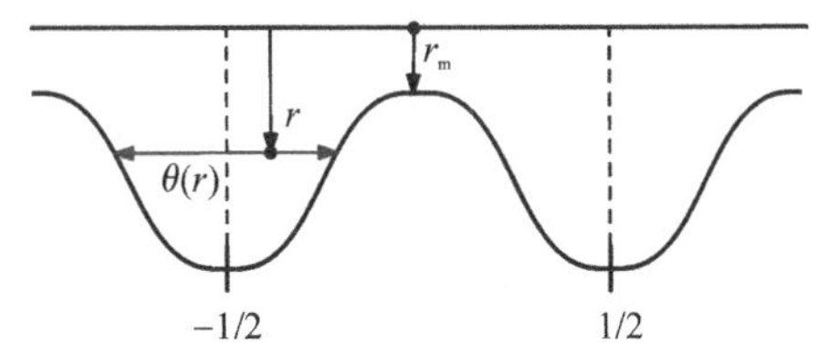

图 5.6　具有单位周期波纹和轮廓函数 $\theta(r)$ 的单位周期几何结构

5.3.2　波导中的物理与麦克斯韦方程组

在本章中，通过重新缩放单位周期几何图形（见图 5.6）来表示周期性波纹，以便波纹在 $y=z/d$ 中是单位周期的。传播模式的波长由 λ 表示。我们更为关注亚波长传播，$d \ll \lambda$，尽管在某些情况下 d 可以是 1/4 波长或 1/2 波长。圆柱形波导具有波纹外壁，并且 $\theta(r)$ 为用来描述作为 r 的函数的波纹形状的轮廓函数。在本章中，我们研究了矩形波纹轮廓[12]以及锯齿波纹、正弦波纹和无限薄波纹的轮廓，如图 5.5 所示。

我们假设波导内的电场强度和磁感应强度具有时谐形式：

$$\boldsymbol{E}=\boldsymbol{E}(y,z,r,\varphi)\,\mathrm{e}^{\mathrm{j}\omega t},\boldsymbol{B}=\boldsymbol{B}(y,z,r,\varphi)\,\mathrm{e}^{\mathrm{j}\omega t} \tag{5.37}$$

式中，$\boldsymbol{E}$ 和 $\boldsymbol{B}$ 在“快” y 变量中是单位周期的，$y=z/d$。此处，(z,r,φ) 表示规范柱坐标。$\boldsymbol{E}$ 和 $\boldsymbol{B}$ 在 z 上都表现出周期为 d 的缓慢变化。　135

波导分为 3 个同心子域，分别用 Ω_B、Ω_W 和 Ω_I 表示。这里，Ω_B 为圆柱形电子注域；Ω_W 为波导内环形圆柱区域，$r_b \leqslant r \leqslant r_m$；$\Omega_I$ 为波纹内部区域，$r_m \leqslant r \leqslant r_m+h$，如图 5.7 所示。

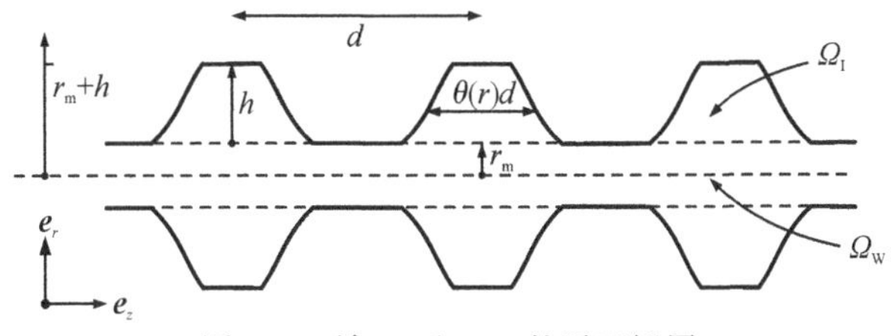

图 5.7　域 Ω_I 和 Ω_W 的平面视图

电子注内部 Ω_B 的场用 $\boldsymbol{E}^B$、$\boldsymbol{B}^B$ 表示，Ω_W 内部的场用 $\boldsymbol{E}^W$、$\boldsymbol{B}^W$ 表示，Ω_I 内部的场由 $\boldsymbol{E}^I$、$\boldsymbol{B}^I$ 表示。当我们采用 $\mathrm{e}^{\mathrm{j}\omega t}$ 表示时谐波行为时，在 Ω_B 上，场以电子注为电流源，求解时谐麦克斯韦方程组，在 $0<r<r_b$，$-\infty<z<\infty$ 区域内由下列方程组给出：

$$\begin{cases}\nabla\times\boldsymbol{E}^B=-\mathrm{j}\omega\boldsymbol{B}^B\\ \nabla\times\boldsymbol{B}^B=\mathrm{j}\omega\mu_0\varepsilon_0\boldsymbol{E}^B+\mu_0\boldsymbol{J}^B\\ \nabla\cdot\boldsymbol{B}^B=\boldsymbol{0}\end{cases} \tag{5.38}$$

其中，ε_0 和 μ_0 是真空中的磁导率和介电常数。

这里，采用流体动力学近似[1-2,10-11]假设，给出了电子注电流密度 $\boldsymbol{J}^B$：　136

$$\boldsymbol{J}^B=-\mathrm{j}\omega\varepsilon_0\frac{{\omega_p}^2}{\gamma^3(\omega-v_0k)^2}E_z^B\boldsymbol{e}_z \tag{5.39}$$

其中，$\beta=v_0/c$，$\gamma=(1-\beta^2)^{-1/2}$，$\omega_p$ 为等离子体角频率，$\omega_p^2=e^2n_0/(m\varepsilon_0)$，$n_0$ 为未扰动电子密度，m 为电子质量[11]。在波导内部电子注的外部的 Ω_W 区域，量 $\boldsymbol{E}^W$ 和 $\boldsymbol{B}^W$ 满足时谐麦克斯韦方程组：

$$\begin{cases}\nabla\times\boldsymbol{E}^{W}=-j\omega\boldsymbol{B}^{W}\\ \nabla\times\boldsymbol{B}^{W}=j\omega\mu_0\varepsilon_0\boldsymbol{E}^{W}\\ \nabla\cdot\boldsymbol{B}^{W}=0\\ \nabla\cdot\boldsymbol{E}^{W}=0\end{cases}\tag{5.40}$$

在 Ω_I 中，$\boldsymbol{E}^I$、$\boldsymbol{B}^I$ 满足：

$$\begin{cases}\nabla\times\boldsymbol{E}^{I}=-j\omega\boldsymbol{B}^{I}\\ \nabla\times\boldsymbol{B}^{I}=j\omega\mu_0\varepsilon_0\boldsymbol{E}^{I}\\ \nabla\cdot\boldsymbol{B}^{I}=0\\ \nabla\cdot\boldsymbol{E}^{I}=0\end{cases}\tag{5.41}$$

在波导的外边界上，用 $\boldsymbol{v}$ 表示单位外法向量场，我们应用理想导体边界条件：

$$\boldsymbol{E}^I\times\boldsymbol{v}=\boldsymbol{0},\quad \boldsymbol{B}^I\cdot\boldsymbol{v}=0\tag{5.42}$$

对于 $y_-(r_m)<y<y_+(r_m)$，波导边界在 $r=r_m$ 处可以有平坦部分，见图 5.7。这里我们再提一次，波导的边界是一个由内部电场和磁场为零的理想导体构成的金属壳。考虑到这一点，对于 $r=r_m$，我们将 $\boldsymbol{E}^I$ 和 $\boldsymbol{B}^I$ 扩展至其值为零到平坦部分。我们将此结果写成

$$\begin{cases}\boldsymbol{E}^I(y,r_m,z,\varphi)=\boldsymbol{0},\quad y_-(r_m)<y<y_+(r_m)\\ \boldsymbol{B}^I(y,r_m,z,\varphi)=\boldsymbol{0},\quad y_-(r_m)<y<y_+(r_m)\end{cases}\tag{5.43}$$

通过此扩展，我们再次在 $r=r_m$ 上使用连续性条件：

$$\begin{cases}(\boldsymbol{E}^W-\boldsymbol{E}^I)\times\boldsymbol{e}_r=\boldsymbol{0}\\ (\boldsymbol{B}^W-\boldsymbol{B}^I)\cdot\boldsymbol{e}_r=0\end{cases}\tag{5.44}$$

用 $\langle q\rangle=\int_{-\frac{1}{2}}^{\frac{1}{2}}q(y)\mathrm{d}y$ 表示单位周期内变量 q 在 y 方向上 $[-1/2,1/2]$ 内的平均值，则 $r=r_m$ 时的均匀传输条件为

$$\begin{cases}\langle\boldsymbol{B}^W-\boldsymbol{B}^I\rangle\times\boldsymbol{e}_r=\boldsymbol{J}(r,\varphi,z)\\ \langle\varepsilon_0\boldsymbol{E}^W-\varepsilon_0\boldsymbol{E}^I\rangle\cdot\boldsymbol{e}_r=\rho(r,\varphi,z)\end{cases}\tag{5.45}$$

这里，$\boldsymbol{J}(r,\varphi,z)$ 和 $\rho(r,\varphi,z)$ 是平均表面电流和平均电荷密度。表面电流和电荷密度没有明确规定，但定义为方程式(5.45)左侧给出的电场强度和磁感应强度在 y 方向上突变的平均值。

137

5.3.3 主阶色散行为的扰动级数

由于我们更为关注亚波长传播，$d\ll\lambda$，我们将 $\boldsymbol{E}^B$、$\boldsymbol{B}^B$、$\boldsymbol{E}^W$、$\boldsymbol{B}^W$、$\boldsymbol{E}^I$、$\boldsymbol{B}^I$ 在二阶展开为

$$\begin{cases}\boldsymbol{E}^B=[\boldsymbol{E}^{B0}(y,z,r,\varphi)+d\boldsymbol{E}^{B1}(y,z,r,\varphi)+o(|d^2|)]e^{j\omega t}\\ \boldsymbol{B}^B=[\boldsymbol{B}^{B0}(y,z,r,\varphi)+d\boldsymbol{B}^{B1}(y,z,r,\varphi)+o(|d^2|)]e^{j\omega t}\\ \boldsymbol{E}^W=[\boldsymbol{E}^{W0}(y,z,r,\varphi)+d\boldsymbol{E}^{W1}(y,z,r,\varphi)+o(|d^2|)]e^{j\omega t}\\ \boldsymbol{B}^W=[\boldsymbol{B}^{W0}(y,z,r,\varphi)+d\boldsymbol{B}^{W1}(y,z,r,\varphi)+o(|d^2|)]e^{j\omega t}\\ \boldsymbol{E}^I=[\boldsymbol{E}^{I0}(y,z,r,\varphi)+d\boldsymbol{E}^{I1}(y,z,r,\varphi)+o(|d^2|)]e^{j\omega t}\\ \boldsymbol{B}^I=[\boldsymbol{B}^{I0}(y,z,r,\varphi)+d\boldsymbol{B}^{I1}(y,z,r,\varphi)+o(|d^2|)]e^{j\omega t}\end{cases}\tag{5.46}$$

我们将级数 (5.46) 代入麦克斯韦方程式(5.38)、(5.40) 和(5.41)，理想导体边界条件式(5.42)，传输条件式(5.44)和(5.45)，以获得描述波导内存在电子注时的传播场的主阶理论。

电子注中，$0<r<r_b$，其主阶为

$$\nabla\times\boldsymbol{E}^{\mathrm{B0}}=-\mathrm{j}\omega\boldsymbol{B}^{\mathrm{B0}} \tag{5.47}$$

$$\nabla\times\boldsymbol{B}^{\mathrm{B0}}=\mathrm{j}\omega\mu_0\varepsilon_0\boldsymbol{E}^{\mathrm{B0}}+\mu_0\boldsymbol{J}^{\mathrm{B0}} \tag{5.48}$$

$$\nabla\cdot\boldsymbol{B}^{\mathrm{B0}}=0 \tag{5.49}$$

其中，采用流体动力学近似[1-2, 10-11]假设，给出电子注电流密度 $\boldsymbol{J}^{\mathrm{B0}}$ 为

$$\boldsymbol{J}^{\mathrm{B0}}=\mathrm{j}\omega\varepsilon_0\frac{{\omega_{\mathrm{p}}}^2}{\gamma^3(\omega-v_0k)^2}\boldsymbol{E}_z^{\mathrm{B0}}\boldsymbol{e}_z \tag{5.50}$$

在电子注的外部波导内部区域 Ω_{W}，即 $r_{\mathrm{b}}<r<r_{\mathrm{m}}$，主阶为

$$\begin{cases}\nabla\times\boldsymbol{E}^{\mathrm{W0}}=-\mathrm{j}\omega\boldsymbol{B}^{\mathrm{W0}}\\ \nabla\times\boldsymbol{B}^{\mathrm{W0}}=\mathrm{j}\omega\mu_0\varepsilon_0\boldsymbol{E}^{\mathrm{W0}}\\ \nabla\cdot\boldsymbol{B}^{\mathrm{W0}}=0\\ \nabla\cdot\boldsymbol{E}^{\mathrm{W0}}=0\end{cases} \tag{5.51}$$

而在 $r=r_{\mathrm{m}}$ 区域时，各向异性等效边界阻抗条件为

$$\boldsymbol{E}_\theta^{\mathrm{W0}}\big|_{r=r_{\mathrm{m}}}=\boldsymbol{0} \tag{5.52}$$

以及

$$\boldsymbol{B}_\theta^{\mathrm{W0}}\big|_{r=r_{\mathrm{m}}}=\mu_0\mathcal{Y}_{\mathrm{ad}}\boldsymbol{E}_z^{\mathrm{W0}}\big|_{r=r_{\mathrm{m}}} \tag{5.53}$$

波纹内部电磁场的 $\boldsymbol{E}^{\mathrm{I0}}$ 和 $\boldsymbol{B}^{\mathrm{I0}}$ 的影响由等效表面导纳 $\mathcal{Y}_{\mathrm{ad}}$ 严格描述：

$$\mathcal{Y}_{\mathrm{ad}}(k,n)=\frac{\mathcal{Y}_0}{\mathrm{j}k}\partial_r\left[\theta(r)R(r)\right]\Big|_{r=r_{\mathrm{m}}} \tag{5.54}$$

其中，$\mathcal{Y}_0$ 为自由空间导纳，$R(r)$ 为如下常微分方程值问题的解：

$$\begin{cases}r\dfrac{\mathrm{d}}{\mathrm{d}r}\dfrac{r}{\theta(r)}\dfrac{\mathrm{d}}{\mathrm{d}r}\left[\theta(r)R(r)\right]+(r^2k^2-n^2)R(r)=0\quad r_{\mathrm{m}}<r<r_{\mathrm{m}}+h\\ R(r_{\mathrm{m}})=1\\ R(r_{\mathrm{m}}+h)=0\end{cases} \tag{5.55}$$

其中，$k^2=\omega^2/c^2$，$c=\dfrac{1}{\sqrt{\varepsilon_0\mu_0}}$。我们将等效表面导纳绘制为文献[12]中考虑的方形波纹波 138 导几何结构的频率函数，其中 $r_{\mathrm{m}}=1.6$ cm，$h=1.8$ cm，对应于深度比 $r_{\mathrm{m}}/(r_{\mathrm{m}}+h)=0.4706$，如图 5.8 所示。主阶理论及其推导的全部细节在文献[9]中给出。

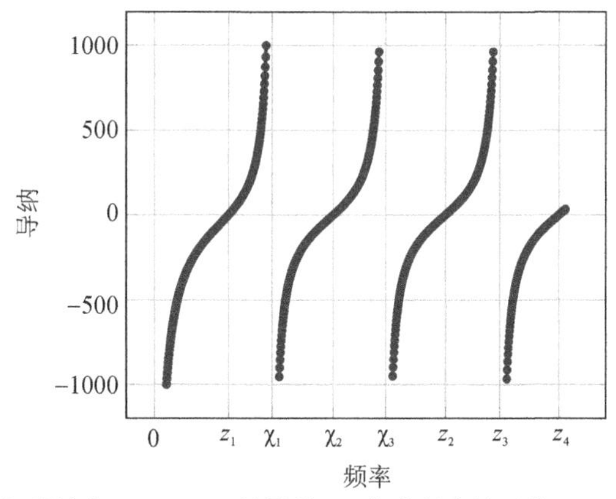

图 5.8　文献[12]中考虑的矩形波纹（$\theta\equiv1/2$)的导纳 $\mathcal{Y}_{\mathrm{ad}}$ 作为频率的函数。$r_{\mathrm{m}}=1.6$ cm，$h=1.8$ cm，对应于深度比 $r_{\mathrm{m}}/(r_{\mathrm{m}}+h)=0.4796$。在 kr_{m} 取值为 $\chi_1\approx2.8451$、$\chi_2\approx5.615$、$\chi_3\approx8.3953$ 的频率可以观察到谐振现象；在 $z_1\approx1.785$、$z_2\approx4.335$、$z_3\approx7.075$、$z_4\approx9.835$ 处可以观察到零点(资料来源：Yurt et al)

5.3.4 包含电子注的波纹慢波结构混合空间电荷模式增益的主阶理论

我们现在只考虑主阶理论并去除所有上标“W0”和“B0”。为了明确思路并简化计算，我们假设电子注充满波导内部，使得 $r_{\mathrm{m}}=r_{\mathrm{b}}$。我们现在假设式(5.47)～式(5.55)的混合模式时谐解的形式为

$$\boldsymbol{E}=\boldsymbol{E}(t,r,\theta,z)=[E_r(r,\theta)\boldsymbol{e}_r+E_\theta(r,\theta)\boldsymbol{e}_\theta+E_z(r,\theta)\boldsymbol{e}_z]\,\mathrm{e}^{\mathrm{j}(\omega t-\beta z)} \tag{5.56}$$

$$\boldsymbol{B}=\boldsymbol{B}(t,r,\theta,z)=[B_r(r,\theta)\boldsymbol{e}_r+B_\theta(r,\theta)\boldsymbol{e}_\theta+B_z(r,\theta)\boldsymbol{e}_z]\,\mathrm{e}^{\mathrm{j}(\omega t-\beta z)} \tag{5.57}$$

电子注内的麦克斯韦方程为

$$\begin{cases}\nabla\times\boldsymbol{E}=-\mathrm{j}\omega\boldsymbol{B}\\ \nabla\times\boldsymbol{B}=\mathrm{j}\omega\mu_0(\varepsilon_0E_\theta\boldsymbol{e}_\theta+\varepsilon_0E_r\boldsymbol{e}_r+\varepsilon_0(1-\alpha)E_z\boldsymbol{e}_z)\\ \qquad=\dfrac{\mathrm{j}\omega}{c^2}(E_\theta\boldsymbol{e}_\theta+E_r\boldsymbol{e}_r+(1-\alpha)E_z\boldsymbol{e}_z)\\ \nabla\cdot\boldsymbol{B}=0\end{cases} \tag{5.58}$$

此处，电子注电流由无量纲参数 α 给定的注-波耦合来表示。无量纲参数 α 为

$$\alpha=\frac{{\omega_{\mathrm{p}}}^2}{\gamma^3v_0^2\left(\dfrac{\omega}{v_0}-\beta\right)^2} \tag{5.59}$$

确定了柱坐标中场 $\mathrm{e}^{-\mathrm{j}\beta z}$ 对矢量 $\boldsymbol{E}$、$\boldsymbol{B}$ 的 z 分量的依赖性，麦克斯韦方程组(5.58)的前两个方程可以按分量写为

$$\frac{1}{r}\frac{\partial B_z}{\partial\theta}+\mathrm{j}\beta B_\theta=\frac{\mathrm{j}\omega}{c^2}E_{\mathrm{r}} \tag{5.60}$$

$$-\mathrm{j}\beta B_r-\frac{\partial B_z}{\partial r}=\frac{\mathrm{j}\omega}{c^2}E_\theta \tag{5.61}$$

139

$$\frac{1}{r}\frac{\partial}{\partial\theta}(rB_\theta)-\frac{1}{r}\frac{\partial B_r}{\partial\theta}=\frac{j\omega}{c^2}(1-\alpha)E_z \tag{5.62}$$

$$\frac{1}{r}\frac{\partial E_z}{\partial\theta}+\mathrm{j}\beta E_\theta=-\mathrm{j}\omega B_r \tag{5.63}$$

$$\mathrm{j}\beta E_r+\frac{\partial E_z}{\partial r}=\mathrm{j}\omega B_\theta \tag{5.64}$$

$$\frac{1}{r}\frac{\partial}{\partial r}(rE_\theta)-\frac{1}{r}\frac{\partial E_r}{\partial\theta}=-\mathrm{j}\omega B_z \tag{5.65}$$

其中

$${k_{\mathrm{c}}}^2=\left(\frac{\omega}{c}\right)^2-\beta^2 \tag{5.66}$$

用纵向分量 E_zB_z 求解横向分量 E_r、E_θ、B_r、B_θ，可得

$$E_r=-\frac{\mathrm{j}}{{k_c}^2}\left(\frac{\omega}{r}\frac{\partial B_z}{\partial\theta}+\beta\frac{\partial E_z}{\partial r}\right) \tag{5.67}$$

$$E_\theta=-\frac{\mathrm{j}}{{k_c}^2}\left(\frac{\beta}{r}\frac{\partial E_z}{\partial\theta}-\omega\frac{\partial B_z}{\partial r}\right) \tag{5.68}$$

$$B_r=\frac{\mathrm{j}}{{k_c}^2}\left(\frac{\omega}{c^2}\frac{1}{r}\frac{\partial E_z}{\partial\theta}-\beta\frac{\partial B_z}{\partial r}\right) \tag{5.69}$$

$$B_{\theta}=-\frac{\mathrm{j}}{k_{c}{}^{2}}\left(\frac{1}{r}\frac{\beta}{r}\frac{\partial B_{z}}{\partial\theta}+\frac{\omega}{c^{2}}\frac{\partial E_{z}}{\partial r}\right) \tag{5.70}$$

其中，E_z 的方程(5.62)和 B_z 的方程(5.65)分别变成了亥姆霍兹方程。方程(5.62)可以写成

$$\frac{1}{r}\frac{\partial}{\partial r}\left(-\frac{\mathrm{j}\beta}{k_{c}{}^{2}}\frac{\partial B_{z}}{\partial\theta}-\frac{\mathrm{j}\omega}{k_{c}{}^{2}c^{2}}r\frac{\partial E_{z}}{\partial r}\right)-\frac{1}{r}\frac{\partial}{\partial\theta}\left(\frac{\mathrm{j}\omega}{k_{c}{}^{2}c^{2}}\frac{1}{r}\frac{\partial E_{z}}{\partial\theta}-\frac{\mathrm{j}\beta}{k_{c}{}^{2}}\frac{\partial B_{z}}{\partial r}\right)=\frac{\mathrm{j}\omega}{c^{2}}(1-\alpha)E_{z} \tag{5.71}$$

上式可化简为两个独立变量的亥姆霍兹方程：

$$\frac{1}{r}\frac{\partial}{\partial r}\left(r\frac{\partial E_{z}}{\partial r}\right)+\frac{1}{r^{2}}\frac{\partial^{2}E_{z}}{\partial\theta^{2}}=-k_{c}{}^{2}(1-\alpha)E_{z} \tag{5.72}$$

再次使用 $E_z=E_z(r,\theta)\mathrm{e}^{-\mathrm{j}\beta z}$，令 $E_z(r,\theta)=R(r)T(\theta)$，则有

$$R''(r)T(\theta)+\frac{1}{r}R'(r)T(\theta)+\frac{1}{r^{2}}R(r)T''(\theta)+k_{c}{}^{2}(1-\alpha)R(r)T(\theta)=0$$

或者

$$r^{2}\frac{R''(r)}{R(r)}+r\frac{R'(r)}{R(r)}+r^{2}k_{c}{}^{2}(1-\alpha)=-\frac{T''(\theta)}{T(\theta)}\equiv\lambda$$

其中，λ 是常数(不要与波长混淆)。通过分离变量，我们得出

$$\begin{cases}T''(\theta)+\lambda T(\theta)=0\\ r^{2}R''(r)+rR'(r)+(r^{2}k_{c}{}^{2}(1-\alpha)-\lambda)R(r)=0\end{cases}$$

为了求得 $T''(\theta)+\lambda T(\theta)=0$ 的解($\sin\sqrt{\lambda}\theta,\cos\sqrt{\lambda}\theta$)，如果 $T''(\theta)+\lambda T(\theta)=0$ 在 $\theta=0,2\pi,\cdots$ 时是周期性的和连续的，令 $\sqrt{\lambda}$ 为整数。因此，$\lambda=n^2$，并且

$$T(\theta)=\mathrm{e}^{\mathrm{j}\sqrt{\lambda}\theta}=\mathrm{e}^{\mathrm{j}n\theta}$$

方程右侧的 R 满足贝塞尔方程：

140

$$r^{2}R''(r)+rR'(r)+\left[r^{2}k_{c}{}^{2}(1-\alpha)-\lambda\right]R(r)=0$$

令 $\xi=k_c(1-\alpha)^{1/2}r$，可以得到

$$\frac{\mathrm{d}R}{\mathrm{d}r}=\frac{\mathrm{d}R}{\mathrm{d}\xi}\frac{\mathrm{d}\xi}{\mathrm{d}r}=k_{c}(1-\alpha)^{1/2}\frac{\mathrm{d}R}{\mathrm{d}\xi},\quad\frac{\mathrm{d}^{2}R}{\mathrm{d}r^{2}}=\frac{\mathrm{d}^{2}R}{\mathrm{d}\xi^{2}}k_{c}{}^{2}(1-\alpha)$$

对于 R 的常微分方程可以写为

$$\xi^{2}\frac{\mathrm{d}^{2}R}{\mathrm{d}\xi^{2}}+\xi\frac{\mathrm{d}R}{\mathrm{d}\xi}+(\xi^{2}-n^{2})R=0$$

它是 n 阶贝塞尔方程的解：

$$R=C_{1}\mathrm{J}_{n}(\xi)+C_{2}\mathrm{Y}_{n}(\xi)$$

或

$$R(r)=C_{1}\mathrm{J}_{n}(k_{c}{}^{2}(1-\alpha)^{1/2}r)+C_{2}\mathrm{Y}_{n}(k_{c}(1-\alpha)^{1/2}r)$$

由于 $R(r)$ 在 $r\to0^{+}$ 时必须是有限值，我们取 $R(r)=C_1\mathrm{J}_n(k_c(1-\alpha)^{1/2})r$，因此有

$$E_{z}(r,\theta)=C_{1}\mathrm{J}_{n}(k_{c}(1-\alpha)^{1/2}r)\mathrm{e}^{\mathrm{j}n\theta} \tag{5.73}$$

且

$$E_{z}=E_{z}(r,\theta)\mathrm{e}^{-\mathrm{j}\beta z}=c_{E}\mathrm{J}_{n}(k_{c}(1-\alpha)^{1/2}r)\mathrm{e}^{\mathrm{j}(n\theta-\beta z)} \tag{5.74}$$

类似地，有关 B_z 的方程(5.65)可以写成

$$\frac{1}{r}\frac{\partial}{\partial r}\left(-\frac{\mathrm{j}}{k_c{}^2}\beta\frac{\partial E_z}{\partial\theta}-\frac{\mathrm{j}\omega}{k_c{}^2}r\frac{\partial B_z}{\partial r}\right)+\frac{1}{r}\frac{\partial}{\partial\theta}\left(\frac{\mathrm{j}}{k_c{}^2}\frac{\omega}{r}\frac{\partial B_z}{\partial\theta}+\frac{\mathrm{j}\beta}{k_c{}^2}\frac{\partial E_z}{\partial r}\right)=-\mathrm{j}\omega B_z \tag{5.75}$$

可以化简为

$$\frac{1}{r}\frac{\partial}{\partial r}\left(r\frac{\partial B_z}{\partial r}\right)+\frac{1}{r^2}\frac{\partial^2 B_z}{\partial\theta^2}=-k_c{}^2 B_z \tag{5.76}$$

如前所述,可以通过分离变量得到

$$B_z=B_z(r,\theta)\,\mathrm{e}^{-\mathrm{j}\beta z}=c_B\mathrm{J}_n(k_c r)\,\mathrm{e}^{\mathrm{j}(n\theta-\beta z)} \tag{5.77}$$

5.3.4.1 电子注中的混合模式

在 $0<r<r_{\mathrm{b}}$ 区域中,纵向场分量为

$$E_z=c_E\mathrm{J}_n(k_c\sqrt{1-\alpha}\,r)\,\mathrm{e}^{\mathrm{j}(n\theta-\beta z)} \tag{5.78}$$

$$B_z=c_B\mathrm{J}_n(k_c r)\,\mathrm{e}^{\mathrm{j}(n\theta-\beta z)} \tag{5.79}$$

横向场以纵向场分量 $\boldsymbol{E}_z$、$\boldsymbol{B}_z$ 的形式在式(5.67) ~ 式(5.70)给出:

$$E_r=-\frac{\mathrm{j}}{k_c{}^2}\left[\frac{\mathrm{j}n\omega}{r}c_B\mathrm{J}_n(k_c r)+\beta k_c\sqrt{1-\alpha}\,c_E\mathrm{J}_n'(k_c\sqrt{1-\alpha}\,r)\right]\mathrm{e}^{\mathrm{j}(n\theta-\beta z)} \tag{5.80}$$

$$E_\theta=-\frac{\mathrm{j}}{k_c{}^2}\left[\frac{\mathrm{j}n\beta}{r}c_E\mathrm{J}_n(k_c\sqrt{1-\alpha}\,r)-\omega k_c c_B\mathrm{J}_n'(k_c r)\right]\mathrm{e}^{\mathrm{j}(n\theta-\beta z)} \tag{5.81}$$

$$B_r=\frac{\mathrm{j}}{k_c{}^2}\left[\frac{\mathrm{j}\omega}{c^2}\frac{n}{r}c_E\mathrm{J}_n(k_c\sqrt{1-\alpha}\,r)-\beta k_c c_B\mathrm{J}_n'(k_c r)\right]\mathrm{e}^{\mathrm{j}(n\theta-\beta z)} \tag{5.82}$$

$$B_\theta=-\frac{\mathrm{j}}{k_c{}^2}\left[\frac{\beta}{r}\mathrm{i}nc_B\mathrm{J}_n(k_c r)+\frac{\omega}{c^2}k_c\sqrt{1-\alpha}\,c_E\mathrm{J}_n'(k_c\sqrt{1-\alpha}\,r)\right]\mathrm{e}^{\mathrm{j}(n\theta-\beta z)} \tag{5.83}$$

141

5.3.4.2 阻抗条件

在 $r=r_{\mathrm{b}}$ 上应用阻抗各向异性条件:

$$E_\theta\big|_{r=r_{\mathrm{b}}}=0 \tag{5.84}$$

和

$$B_\theta\big|_{r=r_{\mathrm{b}}}=\mu_0\mathcal{Y}_{\mathrm{ad}}E_z\big|_{r=r_{\mathrm{b}}} \tag{5.85}$$

其中,$\mathcal{Y}_{\mathrm{ad}}$ 由式(5.54)给出。在上面的混合模式中,相当于

$$\mu_0\mathcal{Y}_{\mathrm{ad}}=\frac{B_\theta}{E_z}\bigg|_{r=r_{\mathrm{b}}}=\frac{\dfrac{\beta n}{k_c{}^2 r_{\mathrm{b}}}c_B\mathrm{J}_n(k_c r_{\mathrm{b}})-\dfrac{\mathrm{j}\omega}{c^2k_c}(1-\alpha)^{1/2}c_E\mathrm{J}_n'[k_c(1-\alpha)^{1/2}r_{\mathrm{b}}]}{c_E\mathrm{J}_n[k_c(1-\alpha)^{1/2}r_{\mathrm{b}}]} \tag{5.86}$$

我们将其写成色散关系:

$$D_{\mathrm{act}}(\alpha,\beta)=\frac{\beta n}{k_c{}^2r_{\mathrm{b}}}c_B\mathrm{J}_n(k_cr_{\mathrm{b}})-\frac{\mathrm{j}\omega}{c^2k_c}(1-\alpha)^{1/2}c_E\mathrm{J}_n'[k_c(1-\alpha)^{1/2}r_{\mathrm{b}}]-\mu_0\mathcal{Y}_{\mathrm{ad}}c_E\mathrm{J}_n[k_c(1-\alpha)^{1/2}r_{\mathrm{b}}] \tag{5.87}$$

其中

$$c_E=a_n,\ c_B=-\mathrm{j}c^{-1}\bar{\Lambda}a_n \tag{5.88}$$

这里,常数 $\bar{\Lambda}$ 待定。耦合常数 $\bar{\Lambda}$ 通过式(5.84)确定,实际上是

$$E_\theta\big|_{r=r_{\mathrm{b}}}=-\frac{\mathrm{j}}{k_c{}^2}\left(\frac{\beta}{r}\frac{\partial E_z}{\partial\theta}-\omega\frac{\partial B_z}{\partial r}\right)\bigg|_{r=r_{\mathrm{b}}}=0 \tag{5.89}$$

或者使用方程(5.81)可获得 E_θ:

$$\frac{n\beta}{r_b}\mathrm{J}_n(k_c\sqrt{1-\alpha}\,r_b)+\omega k_c c^{-1}\bar{\Lambda}\mathrm{J}'_n(k_c r_b)=0 \tag{5.90}$$

这样就可求出常数 $\bar{\Lambda}$ ：

$$\bar{\Lambda}=-\frac{nc\beta}{\omega k_c r_b}\frac{\mathrm{J}_n(k_c\sqrt{1-\alpha}\,r_b)}{\mathrm{J}'_n(k_c r_b)} \tag{5.91}$$

则

$$c_B=-\mathrm{j}c^{-1}\bar{\Lambda}a_n=\frac{\mathrm{j}n\beta a_n}{\omega k_c r_b}\frac{\mathrm{J}_n(k_c\sqrt{1-\alpha}\,r_b)}{\mathrm{J}'_n(k_c r_b)}$$

而式(5.87)的色散关系为

$$D_{\mathrm{act}}(\alpha,\beta)=\left[\frac{\mathrm{j}n^2\beta^2}{\omega k_c{}^3 r_b{}^2}\frac{\mathrm{J}_n(k_c\sqrt{1-\alpha}\,r_b)}{J'_n(k_c r_b)}\right]\mathrm{J}_n(k_c r_b)-\frac{\mathrm{j}\omega}{c^2k_c}(1-\alpha)^{1/2}\mathrm{J}'_n[k_c(1-\alpha)^{1/2}r_b]-$$
$$\mu_0 Y_{\mathrm{ad}}\mathrm{J}_n[k_c(1-\alpha)^{1/2}r_b]=0 \tag{5.92}$$

5.3.4.3　冷结构

在没有电子注的情况下，$\alpha=0$，式(5.92)的色散关系变为

$$D_{\mathrm{act}}(0,\beta_0)=\left[\frac{\mathrm{j}n^2\beta_0^2}{\omega k_c{}^3 r_b{}^2}\frac{\mathrm{J}_n(k_c r_b)}{\mathrm{J}'_n(k_c r_b)}\right]\mathrm{J}_n(k_c r_b)-\frac{\mathrm{j}\omega}{c^2k_c}\mathrm{J}'_n(k_c r_b)-\mu_0 Y_{\mathrm{ad}}\mathrm{J}_n(k_c r_b)=0 \tag{5.93}$$

或

$$\frac{\mathrm{j}n^2\beta_0^2}{\omega k_c{}^3 r_b{}^2}\frac{\mathrm{J}_n(k_c r_b)}{\mathrm{J}'_n(k_c r_b)}-\frac{\mathrm{j}\omega}{c^2k_c}\frac{\mathrm{J}'_n(k_c r_b)}{\mathrm{J}_n(k_c r_b)}-\mu_0 Y_{\mathrm{ad}}=0 \tag{5.94}$$

5.3.4.4　皮尔斯理论

142

将 $D_{\mathrm{act}}(0,\beta_0)$ 展开成关于 $(\alpha,\beta)=(0,\beta_0)$ 的泰勒级数，对应于冷结构。β_0 是冷结构传播常数，我们使用惯例 $D_{\mathrm{act}}(0,\beta_0)=D_{\mathrm{cold}}(0,\beta_0)=0$。 因此

$$D_{\mathrm{act}}(\alpha,\beta)=D_{\mathrm{act}}(0,\beta_0)+\alpha\frac{\partial D_{\mathrm{act}}}{\partial\alpha}(0,\beta_0)+(\beta-\beta_0)\frac{\partial D_{\mathrm{act}}}{\partial\beta}(0,\beta_0)+o(|a|^2) \tag{5.95}$$

定义 $\Delta\beta$ 为

$$\Delta\beta\equiv\frac{\omega}{v_0}-\beta_0$$

且令

$$\beta=\beta_0+q$$

则无量纲常数为

$$\alpha=\frac{\omega_p{}^2}{\gamma^3v_0^2(\Delta\beta-q)^2}$$

色散关系为

$$0=D_{\mathrm{act}}(\alpha,\beta)$$
$$=\frac{\omega_p{}^2}{\gamma^3v_0^2(\Delta\beta-q)^2}\frac{\partial D_{\mathrm{act}}}{\partial\alpha}(0,\beta_0)+q\frac{\partial D_{\mathrm{act}}}{\partial\beta}(0,\beta_0)+o(|a|^2) \tag{5.96}$$

皮尔斯方程为

$$-\frac{\omega_{\mathrm{p}}^{2}}{\gamma^{3}v_{0}^{2}}\left[\frac{\partial D_{\mathrm{act}}}{\partial\alpha}(0,\beta_{0})\right]\left[\frac{\partial D_{\mathrm{act}}}{\partial\beta}(0,\beta_{0})\right]^{-1}=(\Delta\beta-q)^{2}q \tag{5.97}$$

在最近未发表的研究工作中，我们应用了方程(5.97)来寻找慢波结构的混合模式在微波频率波段的增益。

我们目前正在进行的研究工作是将方程(5.97)应用于与混合模式增益相关的波纹深度和频带的系统研究。

5.4　有限长度行波管内部的电动力学：传输线模型

图 5.9 给出了计算得到的短行波管系统的透射和反射关系图，已适当考虑了输入波导、互作用区域和输出波导中存在的所有电磁场和空间电荷波的互作用。对于一般情况，这需要使用无穷多个模式，以满足波导之间的传输条件。然而，这里考虑的系统在互作用区域内只激发一个增长传播模式，而所有其他传播模式是倏逝的。我们还假设在这些模式中存储的能量比在传播模式中的能量小得多。考虑到这些注意事项，我们在图 5.10 中给出了在传输线近似范围内建立的短行波管的电动力学模型[2]。这里，沿着传输线的电压波 $V=V(z)$ 等于电场强度的径向分量 $E_r(z)$，而电流波 $I=I(z)$ 等于磁场强度的角向分量 $H_\theta(z)$。

143

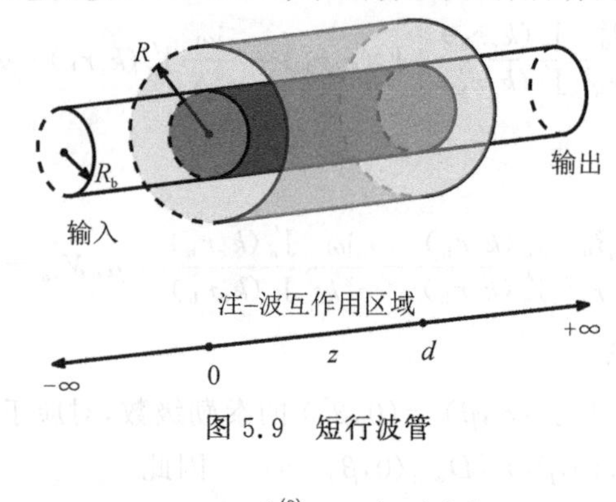

图 5.9　短行波管

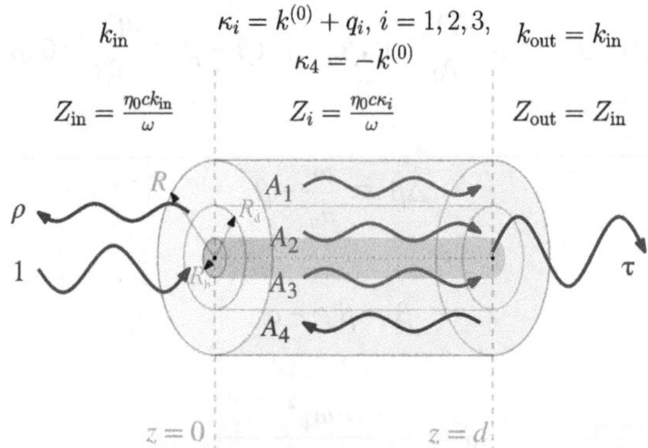

图 5.10　短行波管的传输线模型，传输系数 τ 表示器件中的电压增益

假设没有空间电荷波的入射，且沿传输线输入的电压波(由信号发生器激励的单位幅度)由入射波和幅度为 ρ 的反射波一同决定，在 $-\infty<z<0$ 区域，有

$$V(z)=\mathrm{e}^{-\mathrm{j}k_{\mathrm{in}}z}+\rho\mathrm{e}^{\mathrm{j}k_{\mathrm{in}}z} \tag{5.98}$$

传输线的波阻抗为

$$Z_{\text{in}}=E_r/H_\theta=\eta_0 ck_{\text{in}}/\omega \tag{5.99}$$

其中，$\eta_0=\sqrt{\mu_0/\varepsilon_0}$。电流相当于磁场强度的角向分量，对于 $-\infty<z<0$，由下式给出：

$$I(z)=\frac{1}{Z_{\text{in}}}\mathrm{e}^{-\mathrm{j}k_{\text{in}}z}-\frac{\rho}{Z_{\text{in}}}\rho\mathrm{e}^{\mathrm{j}k_{\text{in}}z} \tag{5.100}$$

根据沙赫特等[2]在互作用区域 $0\leqslant z\leqslant d$ 内的电动力学分析，可以构建四波模型：

$$V(z)=\sum_{i=1}^{3}A_i\mathrm{e}^{-\mathrm{j}k_iz}+A_4\mathrm{e}^{\mathrm{j}k^{(0)}z} \tag{5.101}$$

其中波数为

$$\kappa_i=k^{(0)}+q_i \qquad i=1,2,3 \tag{5.102}$$

这里，$k^{(0)}$ 是无限长注-波互作用区域中无电子注时的波数，是冷结构色散关系 $D_{\text{pass}}(\omega,k^{(0)})=0$ 的解。波数 κ_i 与无限长注-波互作用结构中的 3 个空间电荷波相关，其中 q_j 是式(5.35)的根。相关的波阻抗为

144

$$Z_{\text{bw}}^i=\eta_0 c\kappa_i/\omega,\qquad i=1,2,3 \tag{5.103}$$

$$Z_{\text{bw}}^4=-\eta_0 ck^{(0)}/\omega \tag{5.104}$$

互作用区域中的电流为

$$I(z)=\sum_{i=1}^{3}\frac{A_i}{Z_{\text{bw}}^i}\mathrm{e}^{-\mathrm{j}k_iz}-\frac{A_4}{Z_{\text{bw}}^4}\mathrm{e}^{\mathrm{j}k^{(0)}z} \tag{5.105}$$

沿着输出传输线，对于 $d<z<\infty$，电压波由从互作用区发射的两个空间电荷波和一个电磁模式组成：

$$V(z)=\tau\mathrm{e}^{-\mathrm{j}k_{\text{out}}z}+\sum_{j=1}^{3}B_i\mathrm{e}^{-\mathrm{j}\chi_iz} \tag{5.106}$$

电磁模式的波数 $k_{\text{out}}=k_{\text{in}}$，而发射的空间电荷波 χ_2、χ_3 由文献[2]给出：

$$\chi_2=\frac{\omega}{v_0}+\frac{\omega_{\text{p}}}{\gamma^{3/2}v_0}\sqrt{1+\left(\frac{cp_1}{\gamma\beta\omega R_{\text{b}}}\right)^2} \tag{5.107}$$

$$\chi_3=\frac{\omega}{v_0}+\frac{\omega_{\text{p}}}{\gamma^{3/2}v_0}\sqrt{1+\left(\frac{cp_1}{\gamma\beta\omega R_{\text{b}}}\right)^2} \tag{5.108}$$

相关的波阻抗为

$$Z_{\text{out}}=Z_{\text{in}} \tag{5.109}$$

$$Z_{\text{out}}^i=\eta_0 c\chi_i/\omega,\qquad i=2,3 \tag{5.110}$$

对于 $d<z<\infty$，沿着输出传输线的电流波为

$$I(z)=\frac{B_1}{Z_{\text{out}}}\mathrm{e}^{-\mathrm{j}k_{\text{out}}z}+\sum_{i=2}^{3}\frac{B_i}{Z_{\text{out}}^i}\mathrm{e}^{-\mathrm{j}\chi_iz} \tag{5.111}$$

最后，我们写出与流体动力学近似相关的电子注动力学方程。电子注调制由平均速度 v_0 相关的电子振荡 $\delta v(z)$ 给出，并且与轴向电场强度[2,10-11]成正比：

$$\delta v(z)=\frac{\mathrm{j}e}{m\gamma^3(\omega-v_0k)}E_z(z)=\frac{\mathrm{j}e}{m\gamma^3(\omega-v_0k)}\frac{1}{\eta_0 ck}E_r(z)=\frac{\mathrm{j}e}{m\gamma^3(\omega-v_0k)}\frac{1}{\eta_0 ck}V(z) \tag{5.112}$$

电子密度对其平均值 n_0 的扰动由下式给出：

$$\delta n(z)=\frac{n_0k}{\omega-v_0k}\delta v(z)=\frac{\mathrm{j}e}{mc\gamma^3(\omega-v_0k)^2}V(z) \tag{5.113}$$

145

5.4.1 传输线近似解

通过在 $z=0$ 和 $z=d$ 处应用 $V(z)$、$I(z)$、$\delta V(z)$ 和 $\delta n(z)$ 的连续性来确定电压波和电流波。对电压应用连续性 $V(z=0^-)=V(z=0^+)$，得到

$$1+\rho=\sum_{i=1}^{3}A_i+A_4 \tag{5.114}$$

根据电流连续性 $I(z=0^-)=I(z=0^+)$，可得

$$\frac{1}{Z_{\text{in}}}-\frac{\rho}{Z_{\text{in}}}=\sum_{i=1}^{3}\frac{A_i}{Z_{\text{bw}}^i}-\frac{A_4}{Z_{\text{bw}}^4} \tag{5.115}$$

根据电子振荡连续性 $\delta v(z=0^-)=\delta v(z=0^+)$ 可推导条件：

$$\frac{1}{k_{\text{in}}(\omega-v_0k_{\text{in}})}+\frac{\rho}{k_{\text{in}}(\omega+v_0k_{\text{in}})}=\sum_{i=1}^{3}\frac{A_i}{\kappa_i(\omega-v_0\kappa_i)}+\frac{A_4}{k^{(0)}(\omega+v_0k^{(0)})} \tag{5.116}$$

根据电子密度连续性条件 $\delta n(z=0^-)=\delta n(z=0^+)$ 可得

$$\frac{1}{(\omega-v_0k_{\text{in}})^2}-\frac{\rho}{(\omega+v_0k_{\text{in}})^2}=\sum_{i=1}^{3}\frac{A_i}{(\omega-v_0\kappa_i)^2}-\frac{A_4}{(\omega+v_0k^{(0)})^2} \tag{5.117}$$

同样地，在输出端 $z=d$ 应用电压连续性条件，则有

$$\sum_{i=1}^{3}A_i\mathrm{e}^{-\mathrm{j}\kappa_i d}+A_4\mathrm{e}^{\mathrm{j}k^{(0)}d}=\tau\mathrm{e}^{-\mathrm{j}k_{\text{in}}d}+\sum_{l=2,3}B_l\mathrm{e}^{-\mathrm{j}\chi_l d} \tag{5.118}$$

在输出端 $z=d$ 应用电流连续性条件，则有

$$\sum_{j=1}^{3}\frac{A_i\mathrm{e}^{-\mathrm{j}\kappa_i d}}{Z_{\text{bw}}^i}-\frac{A_4\mathrm{e}^{\mathrm{j}k^{(0)}d}}{Z_{\text{bw}}^4}=\frac{\tau\mathrm{e}^{-\mathrm{j}k_{\text{out}}d}}{Z_{\text{out}}^1}+\sum_{l=2,3}\frac{B_l\mathrm{e}^{-\mathrm{j}\chi_l d}}{Z_{\text{out}}^l} \tag{5.119}$$

在输出端 $z=d$ 施加电子振荡连续性条件，有

$$\sum_{i=1}^{3}\frac{A_i\mathrm{e}^{-\mathrm{j}\kappa_i d}}{\kappa_i(\omega-v_0\kappa_i)}+\frac{A_4\mathrm{e}^{\mathrm{j}k^{(0)}d}}{k^{(0)}(\omega+v_0k^{(0)})}=\frac{\tau\mathrm{e}^{\mathrm{j}k_{\text{out}}d}}{k_{\text{out}}(\omega-v_0k_{\text{out}})}+\sum_{l=2,3}\frac{B_l\mathrm{e}^{-\mathrm{j}\chi_l d}}{\chi_l(\omega-v_0\chi_x)} \tag{5.120}$$

在输出端 $z=d$ 施加电子密度连续性条件，则有

$$\sum_{i=1}^{3}\frac{A_i\mathrm{e}^{-\mathrm{j}\kappa_i d}}{(\omega-v_0\kappa_i)^2}-\frac{A_4\mathrm{e}^{\mathrm{j}k^{(0)}d}}{(\omega+v_0k^{(0)})^2}=\frac{\tau\mathrm{e}^{-\mathrm{j}k_{\text{out}}d}}{(\omega-v_0k_{\text{out}})^2}+\sum_{l=2,3}\frac{B_l\mathrm{e}^{-\mathrm{j}\chi_l d}}{(\omega-v_0\chi_x)^2} \tag{5.121}$$

我们应用数值迭代方法来求解方程(5.114)～(5.121)，并对于不同的注-波互作用结构，将传输系数描述为频率的函数。

5.4.2 结果讨论

现在来分析在图5.12～图5.14中展示的观察到的传输模式的定性趋势。我们通过单个金属嵌入物截面的填充率 θ（相对于单位单元大小）和纵横比 Λ 来表征超构材料几何结构。嵌入物的填充率是衡量其大小的指标，纵横比衡量其形状的偏心率。纵横比由 $\Lambda=b/a$ 定义，其中 b 对应于径向的横截面长度，a 对应于纵向的横截面长度。如图5.11所示，纵横比 $\Lambda<1$ 的截面对应于纵向偏心较大的嵌入物；纵横比 $\Lambda>1$ 对应于径向偏心。

146

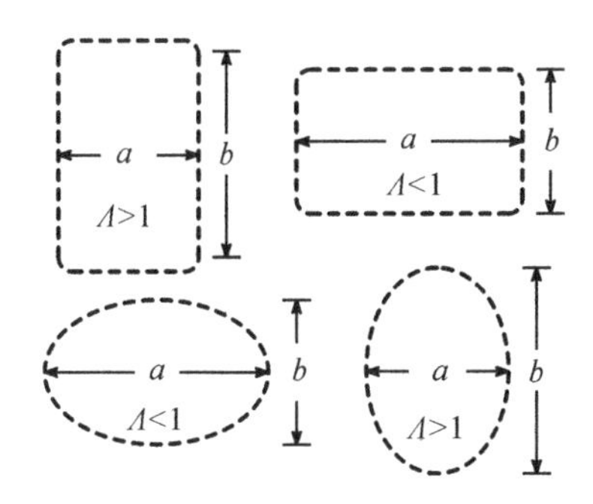

图5.11 不同纵横比 $\Lambda = b/a$ 对应的不同偏心率的菱形(上)和椭圆(下)的横截面。值为 a 的长度对应于 z 方向

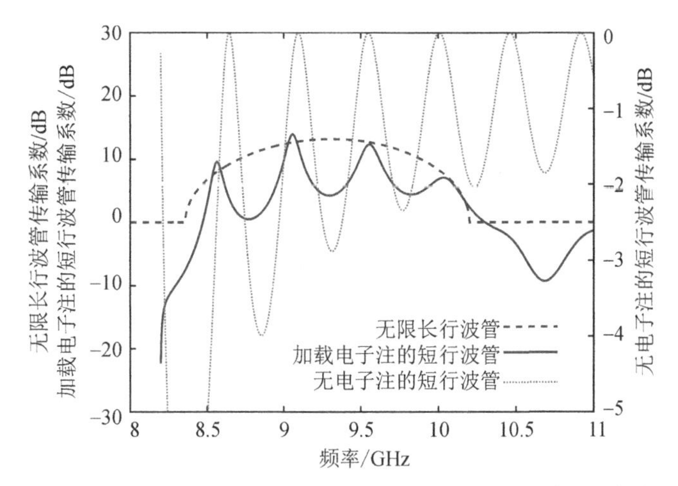

图5.12 对于1 kA电子注驱动的放大器中介电常数为3.5的各向同性介质,传输系数随频率变化

图5.12～图5.14是3个独立图形的组合。灰色实线是20lg{exp[(Im q)d]}与频率的关系图。此处Im{q}是与无限长行波管相关的增益因子。左轴是20lg{exp[(Im q)d]}以分贝(dB)为单位。深色曲线是短行波管器件的传输系数 τ 与频率的关系图。左边纵坐标是 τ 以分贝为单位的测量值。虚线是无电子注的短行波管的传输系数 τ,并以分贝为单位绘制在右边纵坐标上。这里没有增益,理想传输对应于零分贝损耗。

对放大器的所有传输特性进行计算并绘制成曲线,其中放大器长度为 $d=15$ cm、$R_b=1.4$ cm、$R=1.82$ cm,由1 kA电子注电流驱动,$\beta=v_0/c=0.9$。传输的峰和谷分别对应着短行波管的结构反射引起的有益的影响和无益的影响。

图5.12对应于沙赫特等的工作中考虑各向同性介电常数 $\varepsilon^{\text{eff}}\equiv 3.5$ 的情况[2]。这是使用具有对称横截面(例如填充率 $\theta=0.5508$ 的菱形横截面或填充率 $\theta=0.5410$ 的圆形横截面)的金属嵌入物实现的。我们可以以这种传输模式为基准,来标识改变纵横比和填充率对传输特性的影响。

147

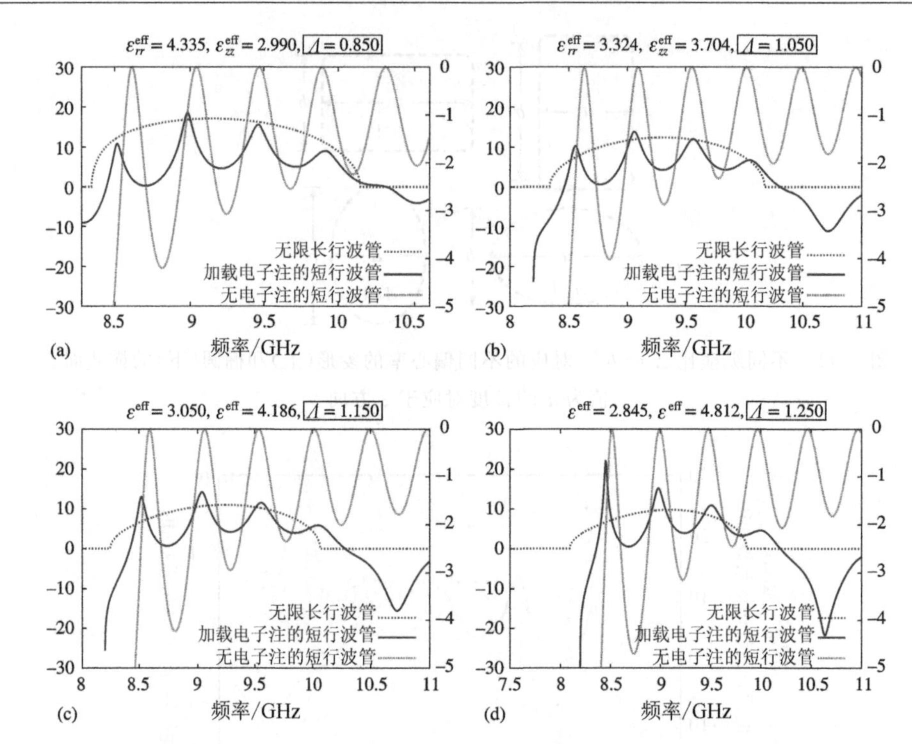

图 5.13　对于菱形嵌入物，具有固定填充率 $\theta=0.5508$ 情况下，纵横比 Λ 对增益的影响。(a) $\Lambda=0.850$；(b) $\Lambda=1.050$；(c) $\Lambda=1.150$；(d) $\Lambda=1.250$

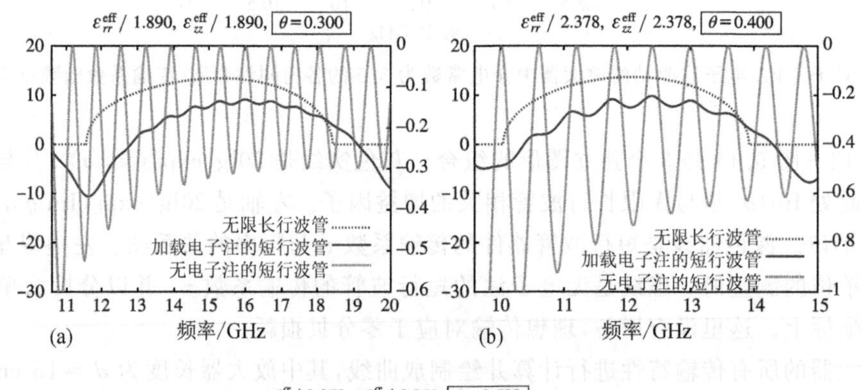

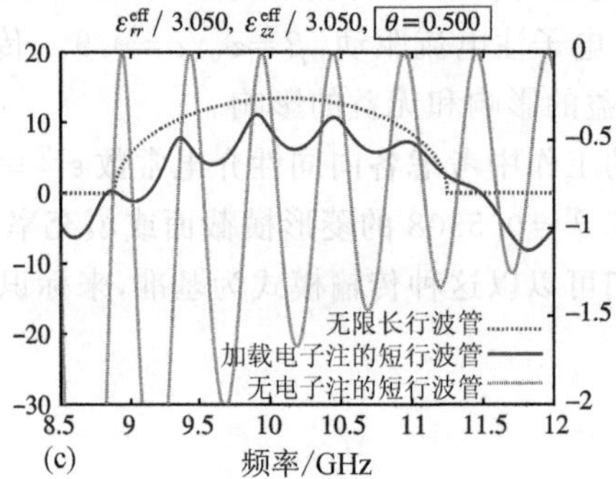

图 5.14　对于对称菱形嵌入物，填充率 θ 对增益的影响。(a) $\theta=0.300$；(b) $\theta=0.400$；(c) $\theta=0.500$

应该注意的是，这里研究所用到的所有填充率和纵横比都是相对于一个可参照的周期单元来测量的。因此，对于固定填充率，极端偏心的几何形状是不允许的，因为它们的横截面必须包含在单位单元内。虽然我们在这里考虑的偏心率相对较小（$0.8<\Lambda<1.3$），但可能对传输模式具有显著影响。 148

图 5.13 给出了具有不同纵横比的菱形嵌入物的传输曲线，图中每个嵌入物横截面的填充率固定为 0.5508。在这里，填充率为 0.5508 的对称菱形（$A=B$）相当于等效介电常数 $\varepsilon^{\text{eff}}=3.5$（与沙赫特等的研究工作中使用的介电常数相同）。$\varepsilon^{\text{eff}}=3.5$ 的相应传输曲线如图 5.12 所示。

图 5.14 给出了改变菱形嵌入物的填充率的影响，每种嵌入物的纵横比不同。在不同情况下，工作频率范围随着填充率的降低而增大，而增益和带宽保持相对恒定。比较三个图中的每一条曲线，可以再次看到，如图 5.13 所示，更大的纵向偏心几何形状产生了更高的增益。同样的趋势也见于椭球体嵌入物，文献[8]对此进行了讨论。

5.5　波纹振荡器

从本章中给出的早期工作出发，证明可以通过电磁场的 $\delta\omega$ 和 α 项的扰动扩展来表征慢波结构的几何形状对时间维度上的增长和截止频率的影响。我们仔细分析了振荡器内麦克斯韦方程组解的扰动级数展开式中 $\delta\omega$ 和 α 的幂次。我们收集了类似的理论阶数，并找到了高至一阶的级数展开。主阶公式对应于在没有电子注的振荡器中找到驻波解。一阶问题可以被看成是对驻波的扰动，并给出了由电子注驱动的弱注-波互作用的振荡器的解。通过三阶类皮尔斯多项式的根，主阶上可以得到随时间变化的增益。对于足够大的电流，存在一个实根和一个复数共轭对。复数根的正虚部提供了上升时间，正如在文献[1]中更简单的情况下所显示的一样。

5.5.1　振荡器的几何结构

考虑长度 $d=20$ cm 的波纹圆柱形波导，电磁场具有没有角向变化的周期性波纹。波导的内半径为 r_{m}，外半径为 $r_{\text{m}}+h=2.5$ cm，其中 h 为波纹深度。因此，具有周期性变化的慢波结构区域包含在环形域 $\{r\mid r_{\text{m}}\leqslant r\leqslant r_{\text{m}}+h\}$ 中（如图 5.15 所示）。波纹的（纵向）周期由 $\hat{d}$ 给出。此目的是表征振荡器内部波纹的几何形状对传输模式的影响及其对上升时间的影响。在本研究中，我们采用了周期为 $\hat{d}$ 的方形骨架波纹（如图 5.16 所示）T 形（大）以及方形骨架波纹、T 型（如图 5.17 所示）。波纹形状最初定义为周期 $\hat{d}$，考虑的周期数为 10。假设波导内为真空，周围的金属壁被视为理想导体，那么，波导中的电场和磁场在波纹壁内满足麦克斯韦方程，而外壁表面满足理想导体的条件，故薄导电壳内电场和磁场效应均为零。我们研究了方形骨架波纹剖面[12]，以及 T 形波纹和 T 形（大）波纹剖面，如图 5.17 所示。

149

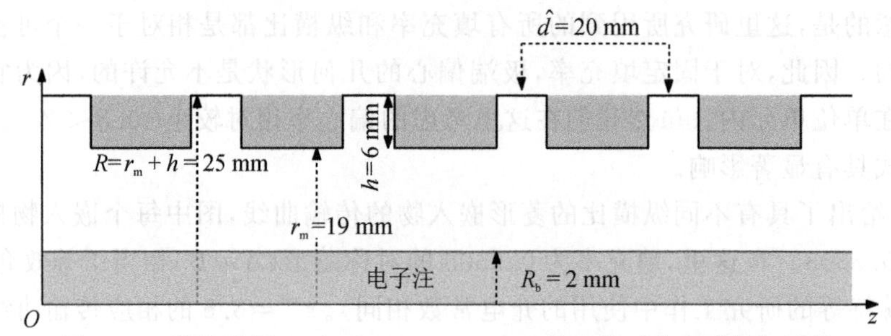

图 5.15　圆柱波导 $\{r \mid r_{\mathrm{m}} \leqslant r \leqslant r_{\mathrm{m}}+h\}$ 域内轴对称方形骨架波纹

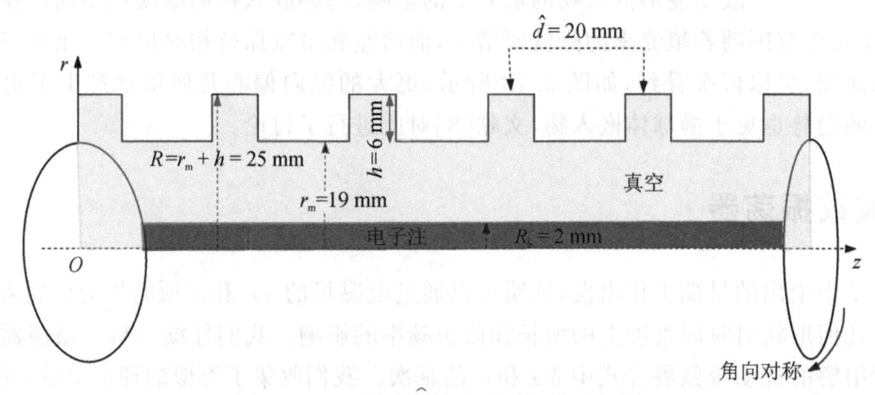

图 5.16　周期为 $\hat{d}$ 的方形骨架波纹波导

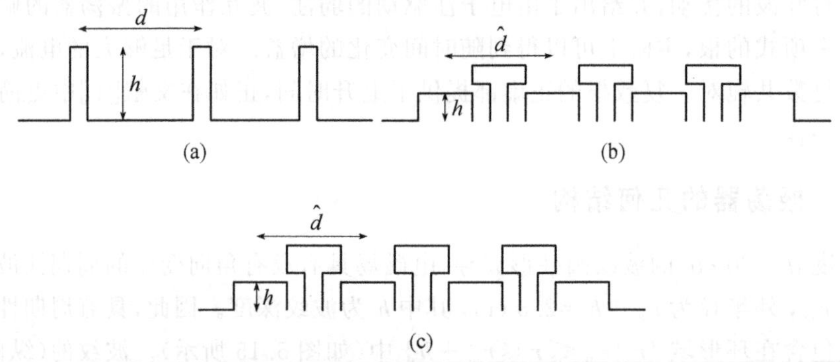

图 5.17　考虑的波纹几何形状：(a) 方形骨架波纹；(b) T 形波纹；(c) T 形(大)波纹

5.5.2　振荡器中麦克斯韦方程组的解

假设振荡器内的时谐电场强度和磁感应强度为

$$\boldsymbol{E}=\boldsymbol{E}(z,r,\phi)\,\mathrm{e}^{-\mathrm{j}kz},\quad \boldsymbol{B}=\boldsymbol{B}(z,r,\phi)\,\mathrm{e}^{-\mathrm{j}kz} \tag{5.122}$$

150

其中，k 由 $\frac{n\pi}{d}$ 给出，而 n 为整数并代表某个纵波模式。波导分为两个同心子域，以 Ω_{v} 和 Ω_{b} 表示。这里，Ω_{v} 是波导内 $r_{\mathrm{b}}<r<r_{\mathrm{m}}$ 的圆柱区域 Ω_{W} 和波导内 $r_{\mathrm{m}}<r<r_{\mathrm{m}}+h$ 的空腔区域 Ω_{I} 的并集。电子注区域 $0<r<r_{\mathrm{b}}$ 由 Ω_{b} 表示(见图 5.18)。

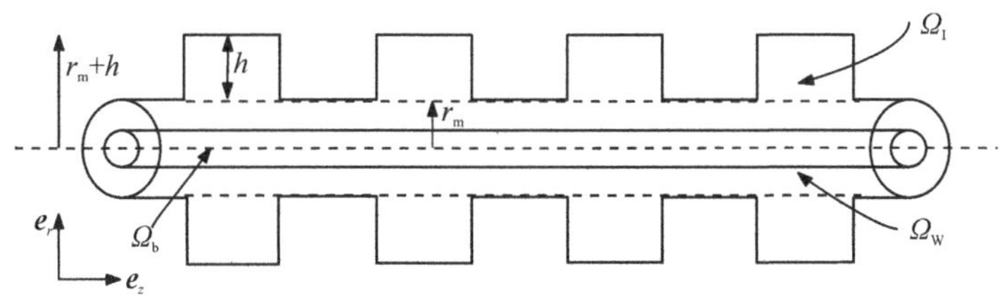

图 5.18　域 Ω_{W}、Ω_{I} 和 Ω_{b} 的划分

Ω_{v} 内的场以 $\boldsymbol{E}^{\mathrm{v}}$ 和 $\boldsymbol{B}^{\mathrm{v}}$ 表示，Ω_{b} 内的场以 $\boldsymbol{E}^{\mathrm{b}}$ 和 $\boldsymbol{B}^{\mathrm{b}}$ 表示。$\boldsymbol{E}^{\mathrm{v}}$、$\boldsymbol{B}^{\mathrm{v}}$ 可通过求解麦克斯韦方程组得到

$$\begin{cases}\nabla\times\boldsymbol{E}^{\mathrm{v}}=-\mathrm{j}\omega\boldsymbol{B}^{\mathrm{v}}\\ \nabla\times\boldsymbol{B}^{\mathrm{v}}=\mathrm{j}\omega\mu_0\varepsilon_0\varepsilon_r\boldsymbol{E}^{\mathrm{v}}\\ \nabla\cdot\boldsymbol{B}^{\mathrm{v}}=0\\ \nabla\cdot\boldsymbol{E}^{\mathrm{v}}=0\end{cases}\tag{5.123}$$

电子注中 $\boldsymbol{E}^{\mathrm{b}}$、$\boldsymbol{B}^{\mathrm{b}}$ 的麦克斯韦方程组由方程组(5.58)给出，并改写成式(5.124)作为参考：

$$\begin{cases}\nabla\times\boldsymbol{E}^{\mathrm{b}}=-\mathrm{j}\omega\boldsymbol{B}^{\mathrm{b}}\\ \nabla\times\boldsymbol{B}^{\mathrm{b}}=\mathrm{j}\omega\mu_0\left[\varepsilon_0E_\theta^{\mathrm{b}}\boldsymbol{e}_\theta+\varepsilon_0E_r^{\mathrm{b}}\boldsymbol{e}_{\mathrm{r}}+\varepsilon_0(1-\alpha)E_z^{\mathrm{b}}\boldsymbol{e}_z\right]\\ \qquad\qquad=\dfrac{\mathrm{j}\omega}{c^2}\left[E_\theta^{\mathrm{b}}\boldsymbol{e}_\theta+E_r^{\mathrm{b}}\boldsymbol{e}_r+(1-\alpha)E_z^{\mathrm{b}}\boldsymbol{e}_z\right]\\ \nabla\cdot\boldsymbol{B}^{\mathrm{b}}=0\end{cases}\tag{5.124}$$

其中，$\alpha=\dfrac{\omega_{\mathrm{p}}{}^2/c^2}{\gamma^3\left[\dfrac{\omega_0}{c}+\dfrac{\delta\omega}{c}-\left(\dfrac{\pi}{d}\right)\dfrac{v_0}{c}\right]^2}$，为无量纲注-波耦合常数。

我们可以消除电场强度 $\boldsymbol{E}$，并引入空间变化的各向异性介电常数 $\boldsymbol{\varepsilon}^{-1}(r,z)$，将振荡器的麦克斯韦方程表示为磁感应强度 $\boldsymbol{B}$ 的矢量波方程：

$$\begin{cases}\nabla\times\boldsymbol{\varepsilon}^{-1}(r,z)\,\nabla\times\boldsymbol{B}=\dfrac{\omega^2}{c^2}\boldsymbol{B}\\ \nabla\cdot\boldsymbol{B}=0\end{cases}\tag{5.125}$$

其中
$$\boldsymbol{\varepsilon}^{-1}(r,z)=\begin{cases}\boldsymbol{e}_r\otimes\boldsymbol{e}_r+\boldsymbol{e}_\theta\otimes\boldsymbol{e}_\theta+\boldsymbol{e}_z\otimes\boldsymbol{e}_z\\ \boldsymbol{e}_r\otimes\boldsymbol{e}_r+\boldsymbol{e}_\theta\otimes\boldsymbol{e}_\theta+\boldsymbol{e}_z\otimes\boldsymbol{e}_z(1-\alpha)^{-1}\end{cases}\tag{5.126}$$

电子注域 Ω_{b} 和波导周围域 Ω_{v} 之间的传输条件为

$$\left[\boldsymbol{v}\times\boldsymbol{\varepsilon}(r,z)^{-1}\,\nabla\times\boldsymbol{B}\right]_{r_{\mathrm{b}}^-}^{r_{\mathrm{b}}^+}=0,\quad\left[\boldsymbol{B}\right]_{r_{\mathrm{b}}^-}^{r_{\mathrm{b}}^+}=0\tag{5.127}$$

在波导的外边界以及 $z=0$ 和 $z=d$ 处，我们用 $\boldsymbol{v}$ 表示单位外法向矢量。在镜面 $z=0$ 和 $z=d$ 处，以及振荡器外壁上，我们应用理想导电边界条件：　151

$$\boldsymbol{v}\times\nabla\times\boldsymbol{B}=\boldsymbol{0},\quad\boldsymbol{B}\cdot\boldsymbol{v}=0\tag{5.128}$$

5.5.3　扰动展开

在无电子注情况下，$\alpha=0$，α 为方程(5.124)给出的无量纲参数，我们将 $\boldsymbol{B}$ 展开为一个

驻波频率 ω_0 的函数：

$$\boldsymbol{B}=\left\{\boldsymbol{B}^0(z,r,\phi)+d\left(\frac{\delta\omega}{c}\right)\boldsymbol{B}^1(z,r,\phi)+\alpha\boldsymbol{B}^1(z,r,\phi)+o\left[d\left(\frac{\delta\omega}{c}\right),\boldsymbol{\alpha}\right]\right\}\mathrm{e}^{-jkz} \tag{5.129}$$

其中，无维频率及其扰动展开式由 $d\left(\frac{\omega}{c}\right)=d\left(\frac{\omega_0}{c}\right)+d\left(\frac{\delta\omega}{c}\right)$ 得到。我们将级数式(5.129)代入麦克斯韦方程组(5.125)，以及理想导体边界条件(5.128)和传输条件(5.127)中，得到描述波导内部传播场的主阶理论。磁感应强度采用传统柱坐标的表示方法，为 $\boldsymbol{B}^0=(B_r^0,B_z^0,B_\phi^0)$。对于具有角向对称性的互作用结构(如图 5.19 所示)，磁感应强度简化为 $\boldsymbol{B}^0=(B_r^0,B_z^0)$。

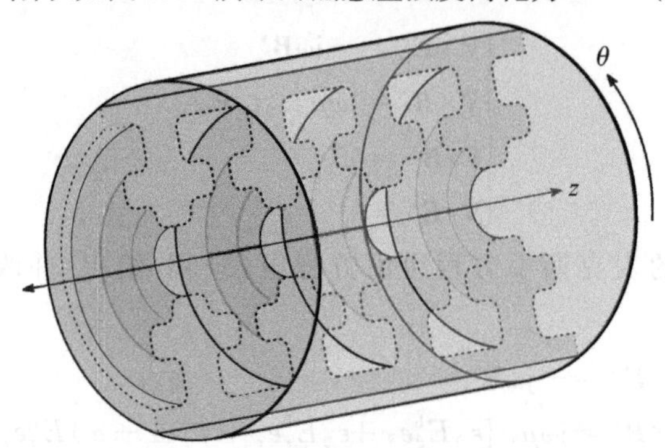

图 5.19　角向对称

5.5.4　主阶理论：渐近展开的亚波长极限

我们给出了 $\boldsymbol{B}^0$ 的边值问题。在波导内部，$0<r<r_{\mathrm{m}}$，$\boldsymbol{B}^0$ 的主阶取决于 r、z 是边界条件为 $\boldsymbol{v}\times\nabla\times\boldsymbol{B}^0=\boldsymbol{0}$ 的麦克斯韦方程组的解：

$$\begin{cases}\nabla\times\nabla\times\boldsymbol{B}^0=\dfrac{(d\omega_0)^2}{c^2}\boldsymbol{B}^0\\ \nabla\cdot\boldsymbol{B}^0=0\end{cases} \tag{5.130}$$

对于 $d(\delta\omega)/c$ 的第一阶，且 $d=0$，我们发现，在 $\Omega=\Omega_{\mathrm{v}}+\Omega_{\mathrm{b}}$ 区域，边界条件为 $\boldsymbol{v}\times\nabla\times\boldsymbol{B}^1=\boldsymbol{0}$ 时的麦克斯韦方程组为

$$\begin{cases}\nabla\times\nabla\times\boldsymbol{B}^1=\dfrac{(d\omega_0)^2}{c^2}\boldsymbol{B}^1+\dfrac{2d\omega}{c}\boldsymbol{B}^0\\ \nabla\cdot\boldsymbol{B}^1=0\end{cases} \tag{5.131}$$

对于 α 中的第一阶，且 $d(\delta\omega)/c=0$，我们得到，在 Ω_{v} 中有

$$\begin{cases}\nabla\times\nabla\times\boldsymbol{B}^2=\dfrac{(d\omega_0)^2}{c^2}\boldsymbol{B}^2\\ \nabla\cdot\boldsymbol{B}^2=0\end{cases} \tag{5.132}$$

152　在 Ω_{b} 中有

$$\begin{cases}\nabla\times\nabla\times\boldsymbol{B}^2=\dfrac{(d\omega_0)^2}{c^2}\boldsymbol{B}^2-\nabla\times(\boldsymbol{e}_z\times\boldsymbol{e}_z)\nabla\times\boldsymbol{B}^0\\ \nabla\cdot\boldsymbol{B}^2=0\end{cases} \tag{5.133}$$

此时电子注与真空界面的边界条件为 $\boldsymbol{v}\times\nabla\times\boldsymbol{B}^2=\boldsymbol{0}$，传输条件为

$$[\boldsymbol{v}\times\nabla\times\boldsymbol{B}^2]_{r_b^-}^{r_b^+}=-\boldsymbol{n}\times\boldsymbol{e}_z\otimes\boldsymbol{e}_z\ \nabla\times\boldsymbol{B}^0\Big|_{r_b^-}^{r_b^+}\tag{5.134}$$

5.5.5　δω 的色散关系

将主阶项代入振荡器的麦克斯韦方程的变分公式中，可得

$$\frac{d(\delta\omega)}{c}\left(\int_\Omega\nabla\times\boldsymbol{B}^1\cdot\overline{\nabla\times\boldsymbol{v}}-\frac{(d\omega_0)^2}{c^2}\boldsymbol{B}^1\cdot\bar{\boldsymbol{v}}-\frac{2d\omega}{c}\boldsymbol{B}^0\cdot\bar{\boldsymbol{v}}\right)$$

$$=\alpha\left(\int_\Omega\nabla\times\boldsymbol{B}^2\cdot\overline{\nabla\times\boldsymbol{v}}-\frac{(d\omega_0)^2}{c^2}\boldsymbol{B}^2\cdot\bar{\boldsymbol{v}}+\boldsymbol{e}_z\otimes\boldsymbol{e}_z\ \nabla\times\boldsymbol{B}^0\cdot\overline{\nabla\times\boldsymbol{v}}\right)\tag{5.135}$$

选择 $\boldsymbol{v}=\boldsymbol{e}_r v_r+\boldsymbol{e}_z v_z+\boldsymbol{e}_\theta v_\theta$，其中（$v_r$，$v_z$，$v_\theta$）为常量，得到 $\frac{d(\delta\omega)}{c}C_1\boldsymbol{v}=\alpha C_2\boldsymbol{v}\frac{-b\pm\sqrt{b^2-4ac}}{2a}$，$C_1$ 和 C_2 是方程(5.135)中相应的括号内的量。由此化简后可以得到 $\frac{d\delta\omega}{c}\left(\frac{d\delta\omega}{c}-\frac{d\Delta\omega}{c}\right)^2C_1=\alpha C_2$，其中 $\frac{\Delta\omega}{c}=\left(\omega_0-v_0\frac{\pi}{d}\right)/c$。对于具有角向对称性 TM 模式的互作用结构，可以得到类皮尔斯微扰方程：

$$\delta\omega(\delta\omega-\Delta\omega)^2=\Omega_0^3\tag{5.136}$$

其中，$\Omega_0^3=\frac{cC_2}{\mathrm{d}C_1}\frac{\omega_p{}^2}{\gamma^3}$。当 $\Delta\omega-\frac{3}{4^{1/3}}\Omega_0>0$ 时，这个方程有一个实根和两个复共轭根。时域增长率是 $\mathrm{Im}(\delta\omega)$ 的函数，由 $\frac{\ln 9}{\delta\omega}$ 给出。

我们使用微扰理论和皮尔斯多项式(5.136)的根来模拟带有电子注的振荡器的上升时间。第一个模拟针对 $h=0.5$ cm 的 T 形骨架结构(如图 5.20 所示)。在这里，我们对驻波频率 5.11476 GHz 进行扰动。趋势为上升时间随着电流 I 的增大而缩短，如表 5.1 所示。

表 5.1　针对 $h=0.5$ cm 的 T 形骨架结构的模拟

参数	$I=100$ A	$I=500$ A	$I=1000$ A
$\omega_0/(\mathrm{rad\cdot s^{-1}})$		3.21370×10^{10}	
f_0/GHz		5.11476	
$\mathrm{Im}(\delta\omega)$	1.72873×10^7	3.86556×10^7	4.96257×10^7
上升时间/ns	127.100	56.8410	40.1927
α	0.0062336	0.311680	0.623360
Ω_0^3	8.33762×10^{24}	4.16881×10^{25}	8.33762×10^{25}
$\frac{d}{c}\mathrm{Im}(\delta\omega)$	0.0115328	0.0257882	0.0331067

第二个模拟针对扩大的 T 形骨架结构和 $h=1$ cm（如图 5.21 所示）。这里我们对驻波频率 5.61722 GHz 进行扰动。趋势为上升时间随着电流 I 的增大而缩短。由此可以看出，较大骨架结构的上升时间小于较小骨架结构的上升时间。

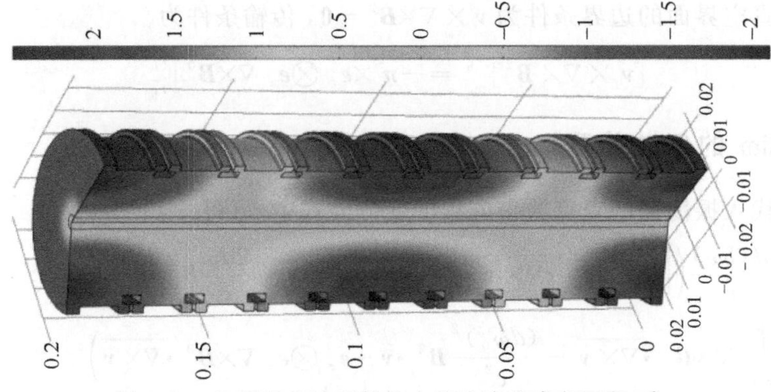

图 5.20 T 形骨架冷测结构中的驻波磁感应强度 $\boldsymbol{B}^0$

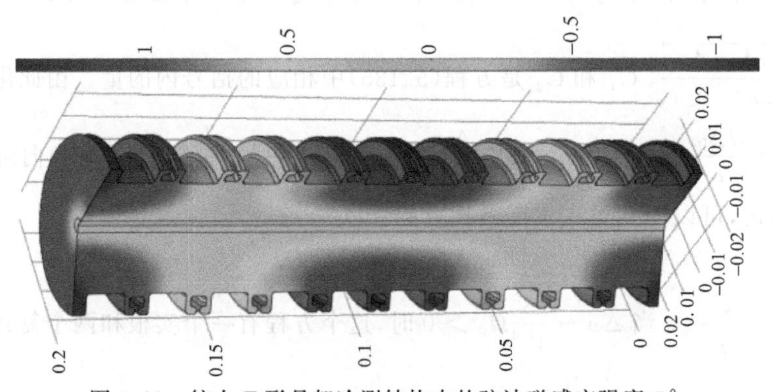

图 5.21 较大 T 形骨架冷测结构中的驻波磁感应强度 $\boldsymbol{B}^0$

表 5.2 针对 $h=1$ cm 的 T 形骨架结构的模拟

参数	$I=100$ A	$I=500$ A	$I=1000$ A
$\omega_0/(\mathrm{rad}\cdot\mathrm{s}^{-1})$		3.52940×10^{10}	
f_0 /GHz		5.61722	
$\mathrm{Im}(\delta\omega)$	1.56931×10^{7}	3.50907×10^{7}	4.96257×10^{7}
上升时间/ns	140.013	62.6156	44.2759
α	0.050307	0.251533	0.503065
Ω_0^3	7.64816×10^{24}	3.82408×10^{25}	7.64816×10^{25}
$\frac{d}{c}\mathrm{Im}(\delta\omega)$	0.0104693	0.02341	0.0331067 F

第三个模拟针对 $h=1$ cm 的简单方形骨架结构(如图 5.22 所示)。这里我们对驻波频率 5.27566 GHz 进行扰动。上升时间随着电流 I 的增大而逐渐缩短,如表 5.3 所示。该设计是测试的设计方法中上升时间最快的。

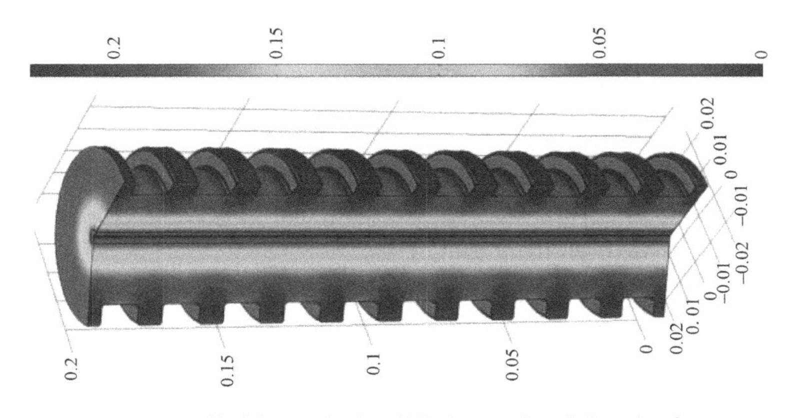

图 5.22　简单方形骨架冷测结构中的驻波磁感应强度 $\boldsymbol{B}^0$

表 5.3　针对 $h=1$ cm 的简单方形骨架结构的模拟

参数	$I=100$ A	$I=500$ A	$I=1000$ A
$\omega_0/(\mathrm{rad\cdot s^{-1}})$		3.31480×10^{10}	
f_0 /Ghz		5.27566	
$\mathrm{Im}(\delta\omega)$	3.73188×10^{7}	8.34470×10^{7}	1.18011×10^{7}
上升时间/ns	58.8771	26.3308	18.6188
α	0.058052	0.290262	0.580523
Ω_0^3	4.02625×10^{25}	2.01312×10^{26}	4.02625×10^{26}
$\frac{d}{c}\mathrm{Im}(\delta\omega)$	0.024896	0.055669	0.0787284

在上述所有情况下，扰动 $\frac{d(\delta\omega)}{c}$ 和 α 的计算值都小于 1。这些计算证实了该方法的自洽性。

5.6　总结

本章介绍了麦克斯韦方程组的扰动分析，以描述电子注与超构材料慢波结构的互作用。这项工作研究了行波管性能对简单互作用结构变化的敏感性。由此可以看出，结构的几何形状对行波管的性能有很大影响，且可以通过控制来调谐工作频率、增益和带宽。这里考虑的悬浮互作用结构，不能被解释为将金属环连接到行波管外壁的支撑结构。该支撑结构本身会影响行波管性能，且会引入多种混合模式，改变工作频率。而这里考虑的金属波纹超构材料慢波结构是可以支持的，不存在这个问题。基于本章提出的方法，我们目前正在研发新型互作用结构及其支撑结构，以控制行波管的性能。

参考文献

1 Schächter, L. (2011). Beam-Wave Interaction in Periodic and Quasi-Periodic Structures. Springer.

2 Schächter, L., Nation, J. A., and Kerslick, G. (1990). On the bandwidth of a short traveling wave tube. J. Appl. Phys. 68: 5874.

155 3 Shiffler, D., Luginsland, J., French, D., and Watrous, L. (2010). A Cerenkov-like maser based on a metamaterial structure. IEEE Trans. Plasma Sci. 38: 1462 - 1465.

4 Bensoussan, A., Lions, J. L., and Papanicolaou, G. (1978). Asymptotic Analysis for Periodic Structures. North-Holland Pub. Co.

5 Sanchez-Palencia, E. (1980). Non Homogeneous Media and Vibration Theory, Lecture Notes in Physics, vol. 127. Springer.

6 Kohler, W. E., Papanicolaou, G. C, and Varadhan, S. (1981). Boundary and interface problems in regions with very rough boundaries. In: Multiple Scattering and Waves in Random Media (ed. P. I. Chow, W. E. Kohler, and G. C. Papanicolaou). North-Holland. 165 - 198.

7 Nevard, J. and Keller, J. B. (1997). Homogenization of rough boundaries and interfaces. SIAM J. Appl. Math. 57: 1660 - 1686.

8 Lipton, R. and Polizzi, A. (2014). Tuning gain and bandwidth of traveling wave tubes using metamaterial beam-wave interaction structures. J. Appl. Phys. 116: 144504.

9 Lipton, R., Polizzi, A., and Thakur, L. (2017). Novel metamaterial surfaces from perfectly conducting subwavelength corrugations. SIAM J. Appl. Math. 77 (4): 1269 - 1291.

10 Chu, L. J. and Jackson, D. (1947). Field Theory of Traveling Wave Tubes. Proc. IRE. 36, pp. 853 - 863.

11 Pierce, J. R. (1951). Waves in electron streams and circuits. Bell System Technical Journal 30: 626.

12 Yurt, S. C., Elfrgani, A., Fuks, M. I. et al. (2016). Similarity of properties of metamaterial slow-wave structures and metallic periodic structures. IEEE Trans. Plasma Sci. 44 (8): 1280 - 1286.

156

第6章 传统周期结构与超构材料慢波结构特性的相似性

萨巴赫丁·尤尔特(Sabahattin Yurt)[1] 埃德尔·沙米洛格鲁(Edl Schamiloglu)[2]
罗伯特·利普顿(Robert Lipton)[3] 安东尼·波利齐(Anthony Polizzi)[4]
洛肯德拉·塔库尔(Lokebdra Thakur)[5]
[1]高通技术公司,美国加利福尼亚州圣地亚哥市,邮编:CA92121
[2]新墨西哥大学电气与计算机工程系,美国新墨西哥州阿尔伯克基市,邮编:NM87131-0001
[3]路易斯安那州立大学数学系,美国路易斯安那州巴吞鲁日市,邮编:LA70803
[4]西诺乌斯金融公司,美国佐治亚州哥伦布市,邮编:GA31901
[5]麻省理工学院-哈佛大学布罗德研究所,美国马萨诸塞州坎布里奇市,邮编:MA02142

6.1 引言

对随波纹深度增加的全金属周期结构系统中电磁波色散演变的研究表明,超构材料慢波结构(metamaterial slow wave structure,MSWS)中的电磁波特性与用于高功率微波(high-power microwave,HPM)源的传统金属慢波结构(slow wave structure,SWS)中的电磁波特性相似。我们揭示了超构材料慢波结构的主要特性,例如在截止频率以下存在的最低阶负色散波,也会出现在具有深波纹的传统金属周期系统中。此外,研究发现,随着波纹深度的增加,全金属周期性结构中出现的负色散伴随着一种混合模式,该模式被确定为最低阶的负色散模式[1]。

在本章中,我们关注的是识别可用于高功率微波源领域的具有新色散特性的超构材料慢波结构。为了提高直流以及射频条件下的击穿阈值,同时避免电子注传播过程中引发的电介质充电等问题,我们将研究范围限制在传统真空电子微波源所广泛使用的全金属慢波结构上。

在本章的第一部分,我们探讨了使用HFSS(high frequency structure simulator,高频结构仿真程序)[2]研究增加波纹深度对常规周期性慢波结构的影响。在本章的第二部分中,我们阐明了使用直接渐近分析法可以直接从麦克斯韦方程组中得到有效表面阻抗模型。此外,在不考虑无限薄波纹的情况下,我们证明了有效阻抗是一种亚波长(子波长)现象。通过数值计算,发现由波纹边界引起的阻抗符号变化对群速度的符号变化有影响。这一发现与使用HFSS分析的结果一致。

6.2 动机

超构材料慢波结构通常包括周期性放置的开口环(作为LC元件)和引脚(作为电偶极子)。它们通常嵌入电介质衬底[3],其中这些重复元件的周期d远小于工作波的波长,即$d \ll \lambda$[4]。另一方面,超构材料慢波结构是由加载超构材料的波导组成的电动力学结构,利用在其中传输的电子注与结构之间的切连科夫互作用，能够产生高功率微波辐射[5-6]。

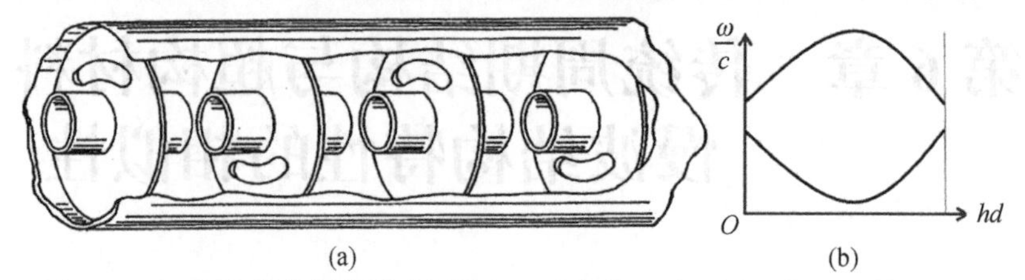

图 6.1 (a)包含耦合腔的慢波结构；(b)对应的两种最低阶模式的色散曲线

许多研究者认为这种结构具有以下独特的性质[7]：

(1)在超构材料慢波结构中，可以支持在相同截面的空心波导中被截止的最低阶传播波[8]。值得注意的是，在这种超构材料慢波结构中，波的传播很慢，这意味着其相速度小于光速。因此，其波长比真空波长短，截止条件与相应的空心规则波导中的截止条件不同。在这一章中，我们将证明存在低于截止频率的传播模式这一特性，不是超构材料慢波结构所独有的，而是普通金属慢波结构所本有的。

(2)在 $\omega(hd)$ 的色散图中相位 $0 \leqslant hd \leqslant \pi$ 的区域内，低阶慢波可以在某些频段存在负色散(负群速度 $v_g < 0$ 和正相速度 $v_{ph} > 0$ 的波，$h = \omega/v_{ph} = k/\beta_{ph}$ 为纵波数，其中 $k = \omega/c$，这里 ω 为角频率，c 为光速)。这种慢波存在于具有深波纹的普通周期性金属慢波结构中[9-11]。

早在维萨拉戈(Vesalago)的文献发表之前，就已知传统的真空电子微波器件具有与超构材料慢波结构相同的特性。例如，最古老的带有螺旋线慢波结构[12]的行波管传输的 TM_{01} 模式不能在相同横截面的空心波导中传播。另一个例子是强大的行波管[13]中使用的耦合腔慢波结构(如图 6.1 所示)，其中除前向波工作模式之外，在 $0 \leqslant hd \leqslant \pi$ 区域内还有一个低于截止频率的低阶负色散波，通常在 $hd = 0$ 时确定。

我们还想说明的是，多腔磁控管结构的尺寸通常小于这些器件的工作波长 λ。例如四腔磁控管[14]的 $\lambda = 11$ cm，远大于其最大直径 $2R_{max} = 2.5$ cm，更不用说波纹的周期了。磁控管腔的结构(如图 6.2 所示)在电学上类似于开口环，开口环结构是常见的超构材料元件[8]。

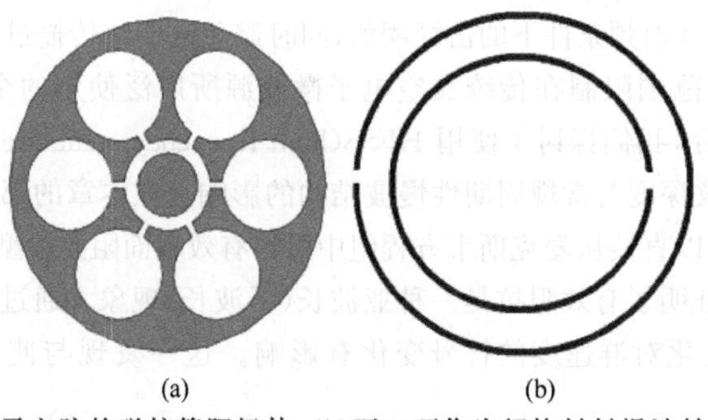

图 6.2 (a)显示空腔的磁控管阳极体；(b)开口环作为超构材料慢波结构的组成元件

因此，早在超构材料慢波结构的概念出现之前，许多真空电子学研究人员就在没有意识到这一点的情况下使用具有与(目前)已知的超构材料慢波结构的“独特”特性相似的慢波结构。由于我们的兴趣是利用超构材料慢波结构在高功率微波源设计新的色散关系，因此我们的动机是证明超构材料慢波结构中电磁波的色散特性与普通金属慢波结构中的电磁波的色散特性相似。

在本章中，我们将证明通常被表述为超构材料慢波结构特有的电磁特性，也存在于具有深波纹的传统全金属慢波结构中。我们将讨论所有金属慢波结构中负色散的出现，并推测其原因。然后，我们将描述所有金属慢波结构的色散特性如何随着这些结构中波纹深度的增大而演变。本章将讨论两类圆柱结构：一类具有正弦波纹，其平均半径固定，波纹深度增大(直到反向波纹互相接触)；另一类具有矩形波纹，其内径固定，波纹深度沿径向增加。

6.3　诊断

159

6.3.1　低阶波的负色散现象

有效电导率

$$\varepsilon_{\text{eff}} = \varepsilon_0 (1 - \frac{\omega^2_{\text{cutoff}}}{\omega^2}) \tag{6.1}$$

和有效磁导率

$$\mu_{\text{eff}} = \mu_0 (1 - \frac{\omega^2_{\text{cutoff}}}{\omega^2}) \tag{6.2}$$

可用于描述超构材料[7-8]，也可用于描述波数为

$$h = \sqrt{k^2 \varepsilon_0 \mu_0 - k^2_{\perp}} \tag{6.3}$$

的电磁波在填充有介电常数为 ε_0 和磁导率为 μ_0 的介质的波导中的传播[15]。对于仅填充纯电介质的波导，磁导率 $\mu_0 = 1$(采用高斯单位制)。因此，对于 $h = 0$，横向波数为 $k_{\perp} = \omega_c \sqrt{\varepsilon_0 / c}$。由此可得 $h = \sqrt{\varepsilon_0 \mu_0 (1 - \omega^2_{\text{cutoff}} / \omega^2)}$，可被写为 $h = k \sqrt{\mu_0 \varepsilon_{\text{eff}}}$，其中 ε_{eff} 可使用式(6.1)中的关系。这里使用与冷等离子体介电常数 $\varepsilon_p = (1 - \omega_p^2 / \omega^2)$ (ω_p 是等离子体频率)类比的关系。类似地，代入式(6.2)可得到 μ_{eff} (当 $\varepsilon_0 = 1$，以高斯单位制表示时)。

为了获得超构材料慢波结构中最低阶的负色散慢波模式，我们使用了人工介质的参数，而具有负色散的最低阶模式存在于具有深波纹的普通金属周期系统中，这种周期结构可以用作真空微波电子源中的慢波结构。

160

我们研究了周期性结构中随波纹深度增大的低阶波色散特性，发现其与超构材料慢波结构的色散特性相似，因为在许多专门研究超构材料慢波结构的文章[9-11]中没有给出与低阶返波相关的特定模式的信息。这些信息对于描述电磁波和电子之间的切连科夫互作用很重要。因此，强调具有深波纹的超构材料慢波结构和全金属慢波结构中低阶模式的相似性非常重要。

由于只有离散模式在 $0 \leqslant hd \leqslant \pi$ 区间内变为返波，因此我们推测负色散与谐振现象有关。尽管与最低阶模式的波长 λ 相比，周期 d 很小，满足 $d \ll \lambda$，但对于高阶模式(具有较小波长)，当其波长接近系统的周期 d 时会出现负色散现象。在这种情况下，波纹壁慢波结构可以解释为一串耦合腔(参见文献[11]，其中返波 EH_{03} 模式的波长 $\lambda \approx d$)。

对于具有小周期 ($d \ll \lambda$) 的系统中的低阶模式，波纹可以由表面(或槽)阻抗 Z 进行描述，Z 有如下形式[16-17]：

$$Z \approx \frac{E_{\perp}}{H_{\parallel}} \tag{6.4}$$

其中，$E_\perp$ 和 $H_\parallel$ 为波纹壁表面的电场强度和磁场强度。波纹表面内部，$E_\perp$ 为垂直腔体表面的法向电场强度，$H_\parallel$ 为切向磁场强度。对于波纹深度为 l_0 的平面矩形波纹，阻抗 Z 与 $\mathrm{j}/\eta\tan(kl_0)$ 成正比，当 $l_0=(1+2n)\lambda/4$（这里 $n=0,\pm1,\pm2,\cdots$）时，其符号由正变负。对于矩形波纹深度为 l_0 且内半径为 R_0 的圆柱表面，对应 $l_0\geqslant\lambda/4$，因为与平面波函数相比，贝塞尔函数增加了场的尺度。我们推测波长接近波纹谐振深度的模式必然具有负色散特性。遗憾的是，对于任意波纹的表面阻抗，没有解析表达式。对于正弦波纹，谐振发生的深度可能略大于矩形腔体（由于矩形腔体和正弦腔体的体积不同）。这一现象在文献[3]和我们的研究工作中均得到了验证。

总之，我们怀疑负色散现象的出现（以及混合 EH_{11} 模式作为第二最低阶模式的出现，如 6.3.2 节所述）是由于在波纹的某个谐振深度[负阻抗，当式(6.4)中的一个场改变符号时]的表面阻抗符号变化的结果，可能是作为超构材料慢波结构的左手介质的特征。通过 6.4 节中给出的渐近分析，该猜想的首创性得到了验证。

6.3.2 均匀周期系统中波色散随波纹深度的演化

对于沿坐标 z（沿波传播方向）传播的周期为 d 的所有系统，弗洛凯-布洛赫（Floquet-Bloch）定理[16]是有效的，即

$$\boldsymbol{E}(\boldsymbol{r},z=d)=\boldsymbol{E}(\boldsymbol{r},z) \tag{6.5}$$

此类系统中的场可以表示各次空间谐波的和

$$\boldsymbol{E}(z,\boldsymbol{r})\mathrm{e}^{\mathrm{j}\omega t}=\mathrm{e}^{\mathrm{j}\omega t}\sum_{n=-\infty}^{\infty}\boldsymbol{E}_n(\boldsymbol{r})\mathrm{e}^{-\mathrm{j}h_n z} \tag{6.6}$$

161 其中，$\boldsymbol{E}_n(\boldsymbol{r})$ 为第 n 次空间谐波的场，$h_n=h_0+n\bar{h}$，且 $\bar{h}=2\pi/d$。根据这种表示，周期系统中波的色散特性是一系列相同的重复曲线，其周期 $\bar{h}d=2\pi$。此外，在每个周期中，对于角向均匀慢波结构中的波，其色散特性是对称的。因此，我们将只考虑 $0\leqslant hd\leqslant\pi$ 区域的色散特性。

6.3.2.1 正弦曲线轮廓的圆柱形慢波结构

考虑到具有正弦曲线轮廓剖面的轴对称圆柱系统中低阶波的色散特性的演变(见图 6.3)，有

$$R(z)=R_0+l_0\sin(\bar{h}z) \tag{6.7}$$

这取决于波纹的振幅（深度）l_0（R_0 是圆柱形结构的平均半径），以便与超构材料慢波结构的色散特性进行比较。

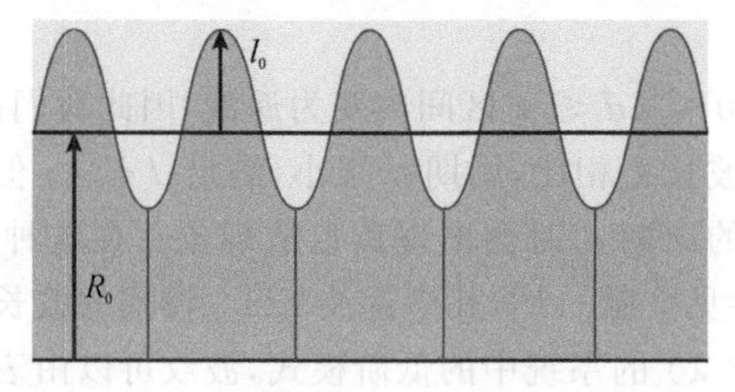

图 6.3 具有正弦曲线轮廓的圆柱形慢波结构

请注意，各文献中有不同的惯例/约定来表示色散图。具体来说，描述混合模式有不同的约定。例如，在文献[18]中，HE 模式被定义为纵向磁场强度分量优于纵向电场强度分量

的模式，即 $H_z > E_z$，而 EH 模式被定义为满足 $E_z > H_z$ 的模式。然而，我们将遵循文献[19]，其中 HE 模式被定义为横电场(TE)模式 ($l_0=0$ 时) ——其为规则波导的横电场模式，EH 模式是规则波导的横磁场(TM)模式($l_0=0$ 时)。此定义与在某个相位 hd 时出现的 H_z 和 E_z 之间的关系无关。

在空心金属波导中，波的色散曲线为双曲线[见式(6.3)]，其渐近线方程为 $h=k$。当这种波导壁具有浅周期性波纹时，波导中所有模式的场根据方程式(6.5)表示为各次空间谐波的和。空间谐振波中相同的重复色散曲线相交于方向相反的以光线 $h=\pm k$ 为渐近线的双曲线。由于谐波之间的耦合(如图 6.4 所示)，曲线会在这些交点处发生分裂，从而形成模式自身反射的阻带。当两种不同模式的色散曲线相交时，形成的阻带导致一种模式转换为沿相反方向传播的新模式[20-23]。因此，周期性系统中波的色散特性显示出交替的通带和阻带。

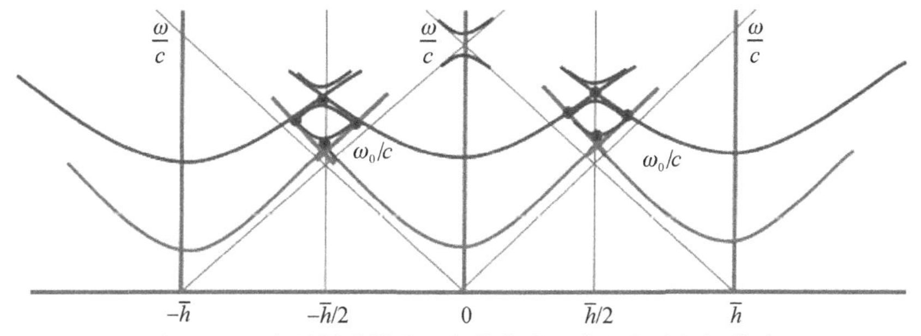

图 6.4　两个最低阶模式的色散曲线及其相应的空间谐波

根据 l_0 满足的浅波纹深度的解析理论[19,24]，$l_0 \ll R_0$(如图 6.3 所示)，并由电磁软件 HFSS[2] 模拟具有小周期 $d \ll \lambda$ 证实。对于低阶波(典型的超构材料慢波结构)，增大波纹深度 l_0 导致交叉点的分裂增大(如图 6.4 所示)，从而加宽阻带。波纹振幅 l_0 越大，阻带越宽。图 6.5～图 6.9 显示了对于 $R_0=1.6$ cm 和不同周期 d 的慢波结构的最低模式随着波纹深度 l_0 的增大，其色散关系的演变。考虑周期为 $d=0.671$ cm 的慢波系统，这种慢波系统在 $l_0=0.4$ cm 时，以及 $d=2$ cm 和 $d=3$ cm 时，已经在相对论行波管[25]中得到了应用，其工作模式是 TM_{01} 模式。我们发现周期 d 越大，出现负色散的低阶混合 EH_{11} 模式所需的波纹深度 l_0 就越大，如图 6.10 所示。

163

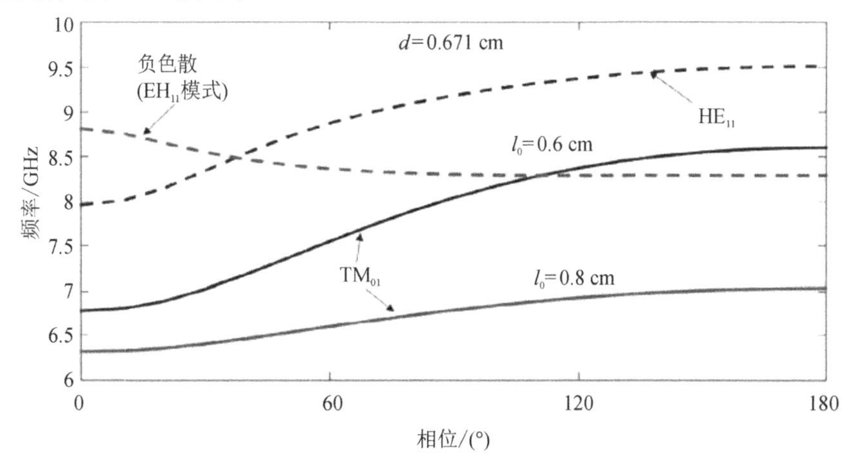

图 6.5　圆柱形慢波结构中具有不同波纹深度的最低阶模式的色散图(实线表示第一个模式，而虚线表示每个波纹深度的第二个模式)，平均半径 $R_0=1.6$ cm，周期 $d=0.671$ cm

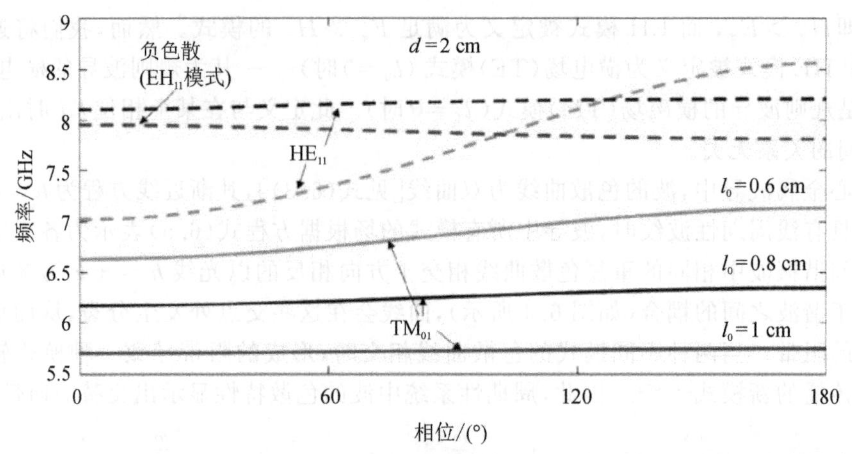

图 6.6 平均半径 R_0 = 1.6 cm 和周期 d = 2.0 cm 的慢波结构中具有不同正弦波幅的最低阶模式的色散图

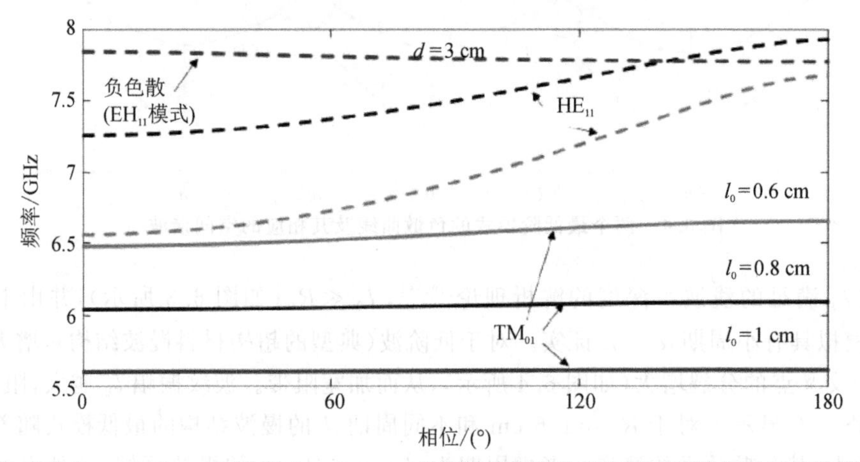

图 6.7 平均半径 R_0 = 1.6 cm 和周期 d = 3.0 cm 的慢波结构中具有不同正弦波幅的最低阶模式的色散图

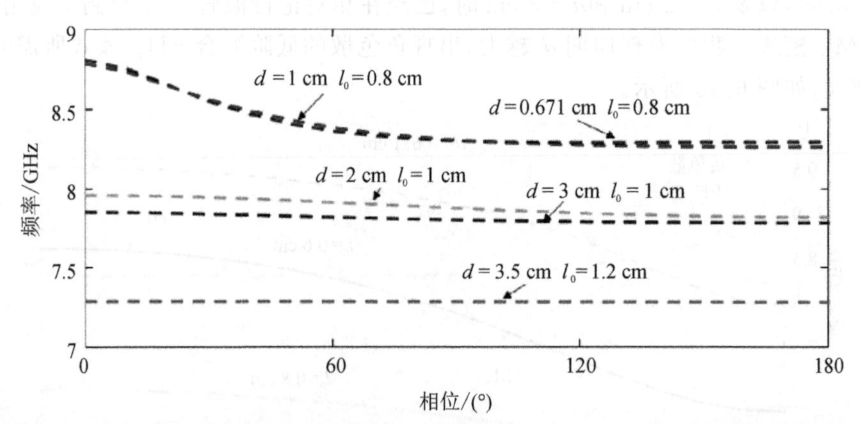

图 6.8 慢波结构中 EH_{11} 模式的色散图，其剖面由图 6.3 给出。R_0 = 1.6 cm，具有不同的周期 d 和波纹深度 l_0

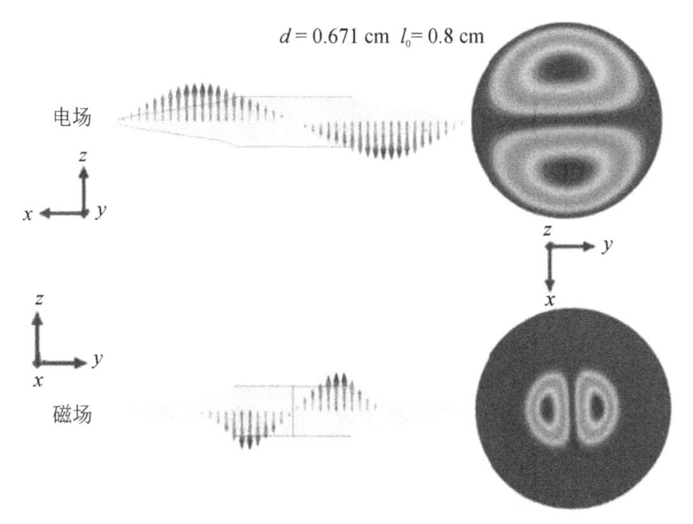

图 6.9　具有正弦波纹的全金属慢波结构(图 6.3)中混合 EH_{11} 模式的场分布

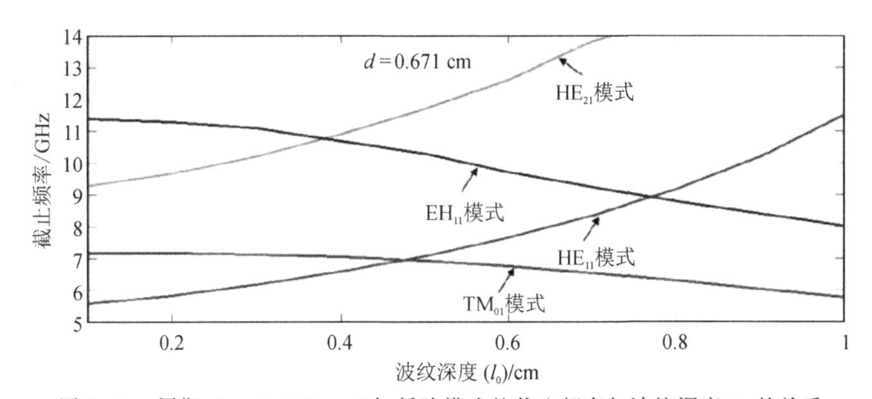

图 6.10　周期 $d = 0.671$ cm 时，低阶模式的截止频率与波纹深度 l_0 的关系

对于周期 $d = 0.671$ cm 的正弦慢波结构，混合 EH_{11} 模式(其结构如图 6.9 所示)，在波纹深度 $l_0 = 0.8$ cm 时显示负色散(如图 6.5 所示)。

在这里，我们想再次指出，低阶返波的出现与负色散相对应，被视为超构材料慢波结构的独特特征之一(TM_{01} 模式是最低阶模式，但具有正色散)。

此外，波纹深度 l_0 的增大导致色散图中曲线变平(如图 6.6 和图 6.7 所示)。这很容易理解，因为当慢波结构的相反位置的正弦波纹接触并完全闭合于慢波结构内部时，会形成一组单独的腔体，每个腔体的谐振频率相同，对应于直色散图，与相位 hd 无关。

增加波纹深度 l_0 也会导致 TM_{01} 模式的截止频率和混合 EH_{11} 模式的截止频率降低，如图 6.10 所示。 164

6.3.2.2　矩形波纹慢波结构

因此，对于正弦波纹壁轮廓慢波结构，增加 l_0 会导致高功率微波源中电子的通道变窄。为了避免这种不利情况发生，我们来考虑图 6.11 所示的慢波结构，其最小横截面恒定，半径为 R_0，矩形波纹深度为 l_0，可用于传播具有固定横截面的电子注。

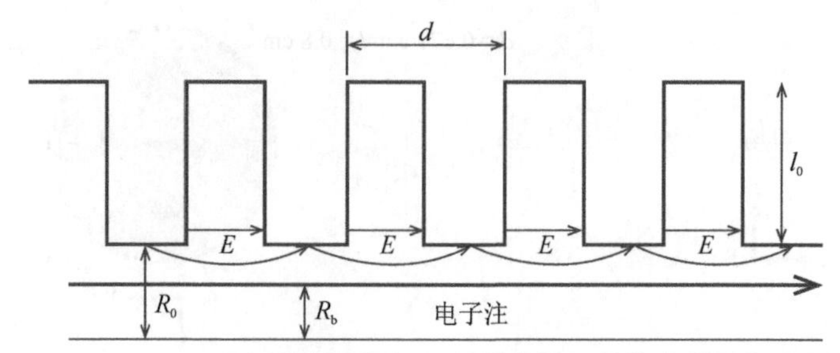

图 6.11 $R_0 = 1.6$ cm 和波纹深度为 l_0 的周期性矩形轮廓的圆柱形慢波结构

图 6.12～图 6.14 显示了此类系统不同周期的色散图，其中矩形腔的波纹深度为 l_0。在各种情况下，具有负色散的最低阶模式是 EH_{11} 混合模式(总体而言，这是第二低阶模式；最低阶模式是具有正色散的 TM_{01} 模式，类似于图 6.5 所示)。此外，我们发现周期 d 越大，波纹 l_0 越深，必然会有低阶返波出现(如图 6.15 所示)。

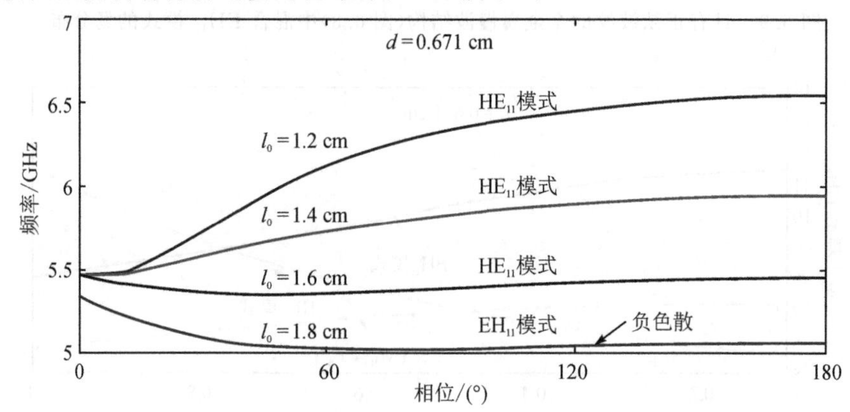

图 6.12 周期 $d = 1.0$ cm 和不同波纹深度 l_0 的矩形轮廓慢波结构系统中最低阶模式的色散图

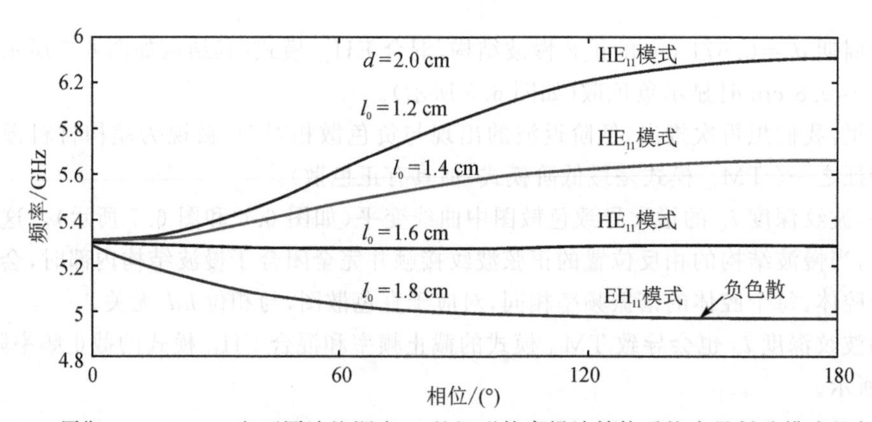

图 6.13 周期 $d = 2.0$ cm 和不同波纹深度 l_0 的矩形轮廓慢波结构系统中最低阶模式的色散图

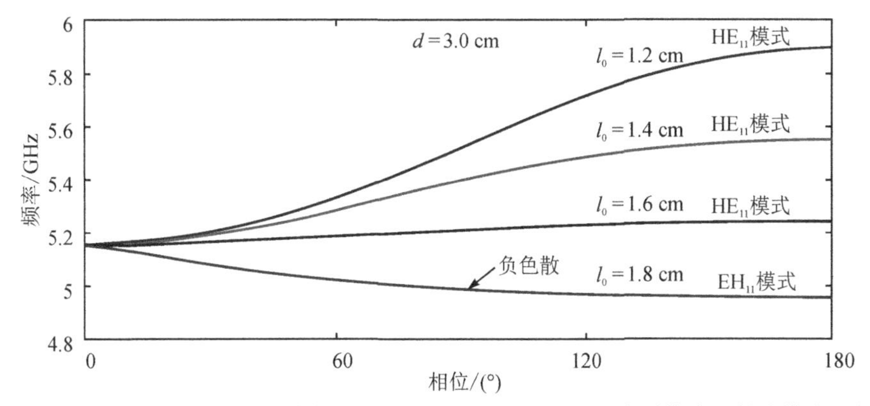

图 6.14　周期 $d=3.0$ cm 和不同波纹深度 l_0 的矩形轮廓慢波结构系统中最低阶模式的色散图

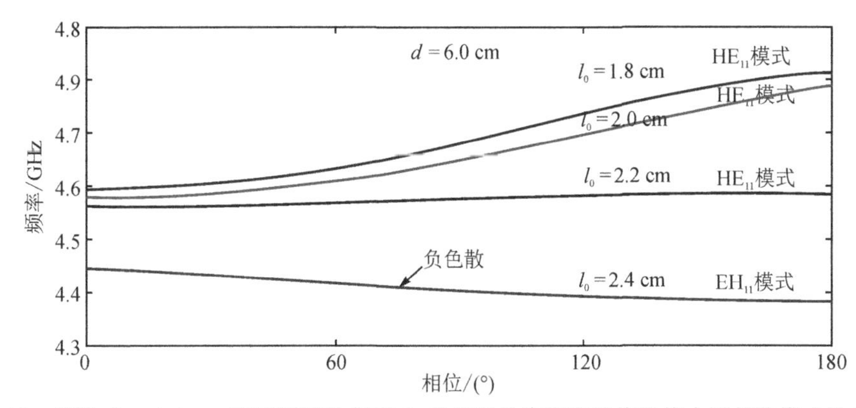

图 6.15　周期 $d=6.0$ cm 和不同波纹深度 l_0 的矩形轮廓慢波结构系统中最低阶模式的色散图

同样，具有深波纹的传统慢波结构中低阶模式的负色散与超构材料慢波结构中的色散相似。此外，我们想指出，作为图 6.13 中的一个例子，负色散出现在 $l_0=1.7$ cm 处。由于 $R=l_0+r_0=3.3$ cm，波纹深度比 $r_0/R=1.6/3.3=0.48$，这与加西亚(Garcia)等[17]发现的出现负色散现象和 EH_{11} 模式所必需的波纹深度比一致。

图 6.16 显示了具有矩形轮廓和周期 $d=2$ cm 的慢波结构的混合反向 EH_{11} 模式的场分布。

我们特别考虑了左手介质和超构材料的区别[4,26]。对于矩形(平面)轮廓，正负阻抗(如图 6.4 所示)交替变化。当 $\mathrm{Im}\,Z<0$(这是左手介质的特征)时，在 $0\leqslant hd\leqslant\pi$ 区域出现负色散的低阶混合波。对于具有矩形波纹的圆柱形慢波结构，随着波纹深度 l_0 的增大，贝塞尔函数的值会减小，其结果可能会有所不同。因此，结果取决于内半径 R_0 的值。对于 $R_0=1.6$ cm，我们发现当 $l_0=1.8$ cm 时出现负色散的 EH_{11} 模式。进一步增大波纹深度会导致频率区域变窄，且返波的平均频率增加。　167

值得注意的是，由于纵向电场强度分量的出现，金属周期系统的任何慢混合模式都可用于与纵向电子注互作用。通过计算机模拟，我们已经证实，对于全金属周期系统（慢波结构）中的一些低阶波，增大波纹深度会导致其色散曲线在相位 $hd=\pi$（如超构材料慢波结构中)的交点处发生明显分裂。第一个通带处具有上截止频率的曲线上的对应点成为下截止频率(如图 6.17 所示)，对应于区间 $hd\in(0,\pi)$ 中出现的返波。在这种情况下，通常对分离通带的阻带解释是不合适的，对下截止频率(在相位 $hd=0$ 时)和上截止频率(在相位 $hd=\pi$) 的解

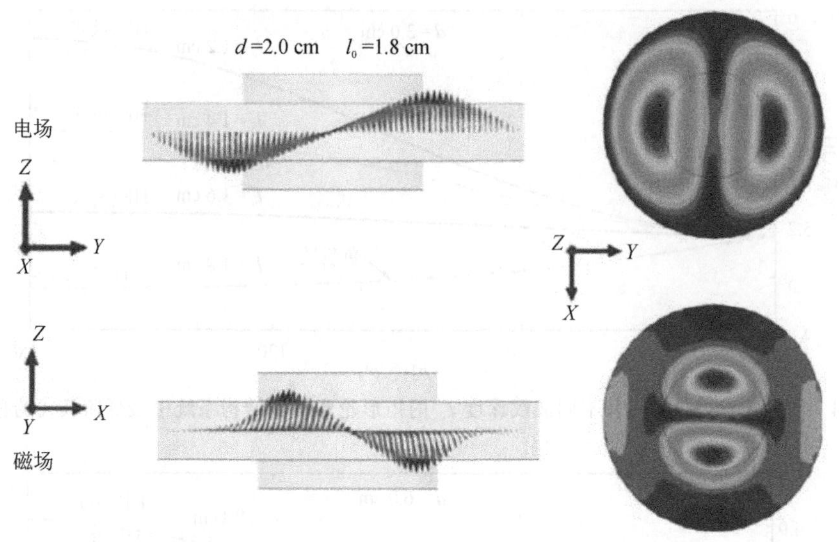

图 6.16 慢波结构(图 6.9)中最低模式的横向场分布

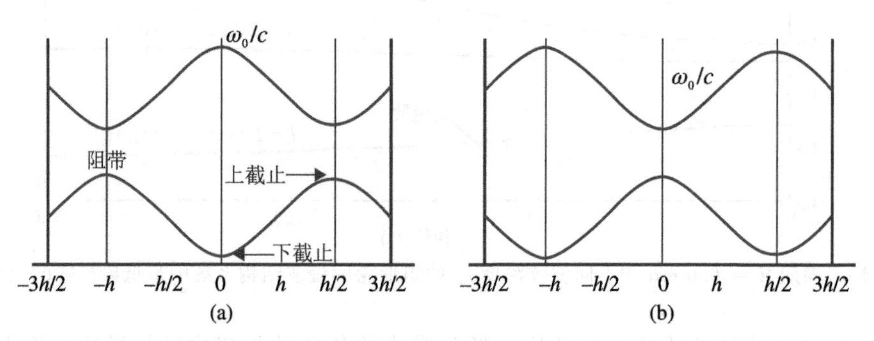

图 6.17 具有小周期 d 的慢波结构中最低模式的色散图:(a)当波纹深度很小,即$l_0 \ll \lambda$ 时;(b)当慢波结构槽的表面阻抗为谐振,即$l_0 \geqslant \lambda/4$ 时

释也是如此。

168 我们假设具有负色散的波的出现(以及伴随出现的作为最低阶模式的混合 EH_{11} 模式)与一些谐振现象有关。对于高阶模式,负色散发生在其波长接近慢波结构周期时。对于低阶模式,其可以在波纹深度对应于负表面阻抗 Im Z 的区间内出现,如在左手介质中。

因此,我们已经证明超构材料慢波结构的典型性质实际上是具有深波纹的全金属周期系统的共同特性。不过我们也可以预见,未来会发现超构材料慢波结构的其他特性,是传统的慢波结构所不具有的。

6.4 从理想导电亚波长波纹分析超表面

我们现在对外壁为理想导体的圆柱波导[27]的周期波纹管内的波传播进行直接渐近分析。这种类型的波导在微波类文献中很常见[28]。我们发现,当波纹几何形状的周期足够小时,可以通过将波纹波导建模为由超构材料表面包围的光滑圆形波导来获得波纹几何形状的影响。早期,研究者们以探索的方式发现了这一点,且在文献[29]中对圆柱波导中的无限薄波纹进行了利用。在最新的研究工作[17]中,研究者们对此进行了进一步研究。这些研究工作采用所谓的“表面阻抗法”[29-30]来处理具有无限薄周期性波纹的波导,其周期小于传播模式的波长。对于这种情况,波纹波导可由具有非各向同性但阻抗均匀的空心圆形波导代替。

与此前的相关研究不同,在本节中,我们的研究工作表明,可以通过直接渐近分析,直接从亚波长波纹的麦克斯韦方程组回到有效表面阻抗模型。我们揭示了有效阻抗 $Z=1/Y_{ad}$ 时产生的是一种纯粹的亚波长现象,并且无需像文献[29]和文献[17]中那样将波纹假设为无限薄。需要强调的是,与文献[31]中处理的有效阻抗层不同,我们不假设波纹深度相对于波导的半径很小。波纹深度的有限尺寸对于理解其对波导内波的色散的影响是必要的。我们的研究明确揭示,负群速度混合模式的存在是一种多尺度现象,可以使用渐近分析直接从麦克斯韦方程组中获得。数值计算表明,负群速度模式对应于 $\mathrm{j}Y_{ad}$ 为正值,而正群速度模式对应于 $\mathrm{j}Y_{ad}$ 为负值。$\mathrm{j}Y_{ad}$ 符号的变化是由腔室内部产生的谐振引起的,$\{r \mid r_m \leqslant r \leqslant r_m+h\}$ 是与波纹边界相关的。符号变化是从 Y_{ad} 的显式谱表示公式推导出来的,见式(6.43)。通过这种方式,我们看到波纹边界作为真正的超构材料发挥作用,在波长大于波纹的周期时影响其色散。

本节我们应用我们建立的模型来研究波纹深度对波导支持返波能力的影响。6.4.4 节中给出的结果有力地证实了数值模拟的结果[1],即波纹波导中存在超构材料现象。最新的研究[17]也证实了这一点,该研究应用了文献[29]中提出的无限薄波纹的表面阻抗表达式。

6.4.1　方法

169

我们提出将波导中的电磁场量二次渐近展开。该方法已应用于文献[32]~[34]中涉及粗糙界面和粗糙边界的问题。在一个新的研究中,我们将这种方法应用于完全导电的表面,当波纹的周期 $d=0$ 时,对波导的粗糙表面进行均质化。这里波纹的深度在周期接近零时保持固定,这与理想导电边界条件一起,使我们能够恢复有效表面阻抗,该阻抗可以捕获亚波长波纹内局部混合模式的谐振频率,见文献[18]、文献[2]、文献[21]~文献[24]。这些谐振表现为有效表面导纳中的极点,如公式 (6.43) 所示。表面导纳 Y_{ad} 在图 6.24~图 6.28 中给出。通过式(6.1)和式(6.2)中给出的主阶色散关系,可以看出局部谐振直接影响波导的色散特性,6.4.2 节将对此进行详细说明。

6.4.2　模型描述

波纹波导是一种无限长的圆柱波导,其截面在径向呈周期性变化。设波导的最小半径是 r_m,最大半径是 r_m+h,波纹深度是 h,其边界的周期性变化包含在环形域 $\{r \mid r_m \leqslant r \leqslant r_m+h\}$ 内,平面视图见图 6.18,剖视图见图 6.19(a)。图 6.19(b)显示了具有有效表面阻抗的均匀圆截面波导给出的均匀化极限。变化周期用 d 表示,相对于内径 r_m,其变化周期较小,即 $d<r_m$。此外,波纹的深度 h 不可忽略,内外半径比 $r_m/(r_m+h)$ 可以取区间(0,1)中的任何值。这里波纹的宽度为周期 d 的一部分,其中波导的半径 r 超过 r_m。当波导的横截面半径为 r_m 时,除 $r_m \leqslant r \leqslant r_m+h$ 时的极小部分的周期外,在极限范围内获得了无限薄的波纹,见图 6.20(d)。

170

周期波纹的示例包括周期为 d 的正弦波纹、锯齿波纹和矩形波纹,见图 6.20。波纹形状最初是在一个单位周期上定义的,通过 d 的大小来描述。我们通过定义轮廓函数 $\theta(r)$ 来定义波纹轮廓,其中 $r_m \leqslant r \leqslant r_m+h$,这里 $\theta(r)>0$ 且 $|\theta'(r)|<\infty$,如图 6.21 所示。

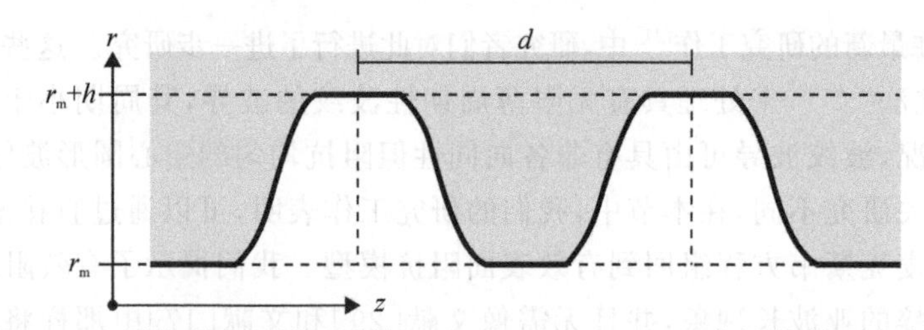

图 6.18 圆柱形波导的环形域 $\{r \mid r_m \leqslant r \leqslant r_m + h\}$ 中的截断正弦波纹

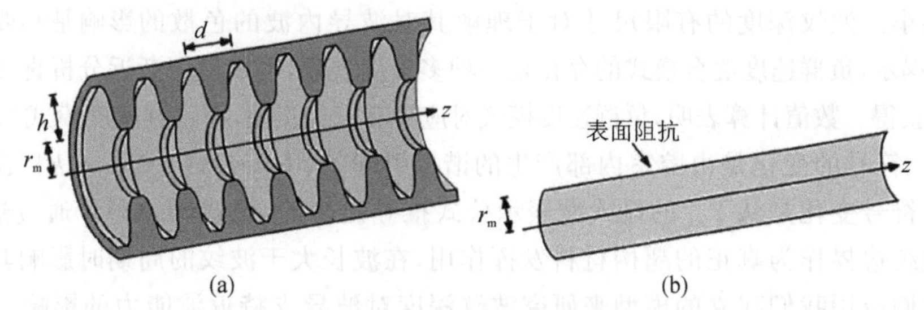

图 6.19 (a)具有周期 d 的波纹波导的剖视图；(b)由具有有效表面阻抗的均匀圆截面波导给出的均匀化极限

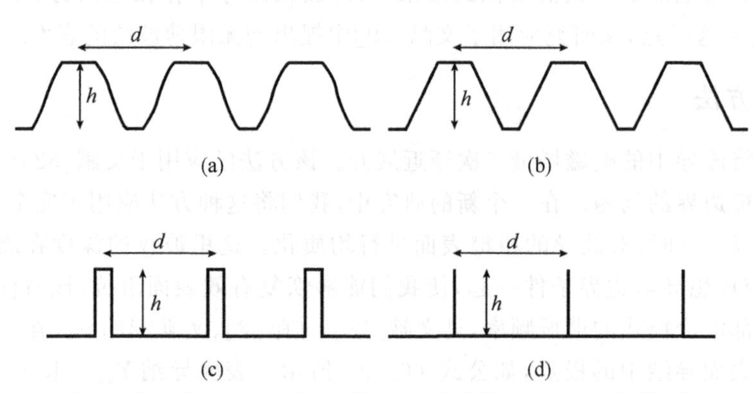

图 6.20 考虑的波纹几何形状：(a)截断正弦波纹；(b)截断锯齿波纹；(c)矩形波纹；(d)无限薄波纹

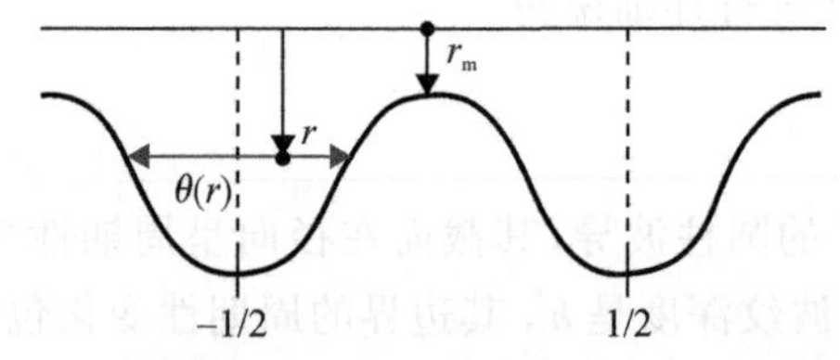

图 6.21 具有单位周期波纹和轮廓函数 $\theta(r)$ 的单位周期几何形状

我们假设波导内为真空，而周围的金属壳被视为理想导体。因此，波导中的电场和磁场满足麦克斯韦方程组，满足壳表面上的理想导电边界条件，并且在薄导体壳内电磁场为零。我们的渐近分析得到 $d=0$ 时的表面阻抗模型，其中周期性波纹被 $\{r \mid r \leqslant r_m\}$ 内波导区域周围的阻抗表面替换。我们的有效表面阻抗模型将在 6.4.2.4 节中描述，并支持一般传播的时谐波模式。该有效表面阻抗模型也支持 TE 模式和 TM 模式混合产生的混合模式。对于这种情况，我们重构了 6.4.2.5 节中给出的有效表面阻抗的更具体的形式。

6.4.2.1　波导物理和麦克斯韦方程组

在本节中,周期性波纹通过重新调整单位周期几何形状(见图 6.21)来表示,使得波纹在 $y = z/d$ 中是单位周期的。传播模式的波长由 λ 表示,我们更为关注 $d \ll \lambda$ 时的亚波长传播,圆柱形波导具有波纹形状外壁,并且 $\theta(r)$ 表示将波纹形状描述为 r 函数的轮廓函数。我们研究了矩形波纹轮廓[1]以及锯齿波纹、正弦波纹和无限薄波纹的方形骨架波纹轮廓,如图 6.20 所示。

171

我们假设波导内的电场强度和磁感应强度具有时谐形式:

$$\boldsymbol{E} = \boldsymbol{E}(y,z,r,\phi)\mathrm{e}^{\mathrm{j}\omega t}, \qquad \boldsymbol{B} = \boldsymbol{B}(y,z,r,\phi)\mathrm{e}^{\mathrm{j}\omega t} \tag{6.8}$$

$\boldsymbol{E}$ 和 $\boldsymbol{B}$ 在“快速” y 变量中为单位周期,即 $y = z/d$。这里 (z,r) 表示正则圆柱坐标。$\boldsymbol{E}$ 和 $\boldsymbol{B}$ 在 z 中既表现出以 d 为周期的变化特征,也表现出缓慢变化的特征。

波导被分成两个同心子域,用 Ω_{W} 和 Ω_{I} 表示。如图 6.22 所示,Ω_{W} 为圆柱形内波导区域,$0 \leqslant r \leqslant r_{\mathrm{m}}$;$\Omega_{\mathrm{I}}$ 为波纹内区域,$r_{\mathrm{m}} \leqslant r \leqslant r_{\mathrm{m}} + h$。

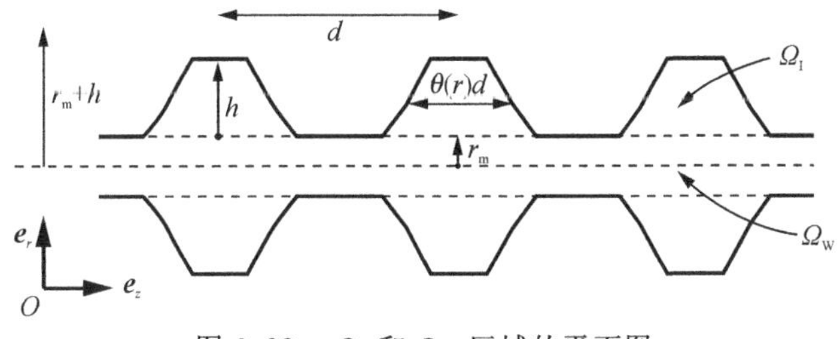

图 6.22　Ω_{I} 和 Ω_{W} 区域的平面图

Ω_{W} 内的场以 $\boldsymbol{E}^{\mathrm{W}}$、$\boldsymbol{B}^{\mathrm{W}}$ 表示,Ω_{I} 内的场以 $\boldsymbol{E}^{\mathrm{I}}$、$\boldsymbol{B}^{\mathrm{I}}$ 表示。由于我们在 Ω_{W} 上采用 $\mathrm{e}^{\mathrm{j}\omega t}$ 时谐场,因此以 $\boldsymbol{E}^{\mathrm{W}}$、$\boldsymbol{B}^{\mathrm{W}}$ 代入时谐麦克斯韦方程组可得

$$\begin{cases} \nabla \times \boldsymbol{E}^{\mathrm{W}} = -\mathrm{j}\omega \boldsymbol{B}^{\mathrm{W}} \\ \nabla \times \boldsymbol{B}^{\mathrm{W}} = \mathrm{j}\omega \mu_0 \varepsilon_0 \boldsymbol{E}^{\mathrm{W}} \\ \nabla \cdot \boldsymbol{B}^{\mathrm{W}} = 0 \\ \nabla \cdot \boldsymbol{E}^{\mathrm{W}} = 0 \end{cases} \tag{6.9}$$

Ω_{I} 上的 $\boldsymbol{E}^{\mathrm{I}}$ 和 $\boldsymbol{B}^{\mathrm{I}}$ 满足

$$\begin{cases} \nabla \times \boldsymbol{E}^{\mathrm{I}} = -\mathrm{j}\omega \boldsymbol{B}^{\mathrm{I}} \\ \nabla \times \boldsymbol{B}^{\mathrm{I}} = \mathrm{j}\omega \mu_0 \varepsilon_0 \boldsymbol{E}^{\mathrm{I}} \\ \nabla \cdot \boldsymbol{B}^{\mathrm{I}} = 0 \\ \nabla \cdot \boldsymbol{E}^{\mathrm{I}} = 0 \end{cases} \tag{6.10}$$

在波导的外边界上,通过以下方式表示单位法向矢量为 $\boldsymbol{v}$,我们使用理想导体导电边界条件

$$\boldsymbol{E}^{\mathrm{I}} \times \boldsymbol{v} = \boldsymbol{0}, \ \boldsymbol{B}^{\mathrm{I}} \cdot \boldsymbol{v} = 0 \tag{6.11}$$

波导边界可以具有平面部分,范围为 $r = r_{\mathrm{m}}$,$y_{-}(r_{\mathrm{m}}) < y < y_{+}(r_{\mathrm{m}})$,见图 6.22。这里我们回忆一下,波导的边界是一个由内部电场和磁场为零的理想导体构成的金属壳。考虑到这一点,对于 $r = r_{\mathrm{m}}$,我们将 $\boldsymbol{E}^{\mathrm{I}}$ 和 $\boldsymbol{B}^{\mathrm{I}}$ 为零扩展到平面部分。我们把这个特征写成

$$\begin{cases}\boldsymbol{E}^{\mathrm{I}}(y,r_{\mathrm{m}},z,\phi)=\boldsymbol{0}, & y_{-}(r_{\mathrm{m}})<y<y_{+}(r_{\mathrm{m}})\\ \boldsymbol{B}^{\mathrm{I}}(y,r_{\mathrm{m}},z,\phi)=\boldsymbol{0}, & y_{-}(r_{\mathrm{m}})<y<y_{+}(r_{\mathrm{m}})\end{cases} \tag{6.12}$$

通过这种扩展，我们得到了 $r=r_{\mathrm{m}}$ 时的连续性条件，由下式给出：

$$\begin{cases}(\boldsymbol{E}^{\mathrm{W}}-\boldsymbol{E}^{\mathrm{I}})\times\boldsymbol{e}_{r}=\boldsymbol{0}\\ (\boldsymbol{B}^{\mathrm{W}}-\boldsymbol{B}^{\mathrm{I}})\cdot\boldsymbol{e}_{r}=0\end{cases} \tag{6.13}$$

172

我们用 $\langle q\rangle=\int_{-1/2}^{1/2}q(y)\mathrm{d}y$ 表示数量 q 在单位周期[$-1/2$, $1/2$]上对 y 的平均值，并且 $r=r_{\mathrm{m}}$ 处的均匀传输条件为

$$\begin{cases}\langle\boldsymbol{B}^{\mathrm{W}}-\boldsymbol{B}^{\mathrm{I}}\rangle\times\boldsymbol{e}_{r}=\boldsymbol{J}(r,\phi,z)\\ \langle\varepsilon_{0}\boldsymbol{E}^{\mathrm{W}}-\varepsilon_{0}\boldsymbol{E}^{\mathrm{I}}\rangle\cdot\boldsymbol{e}_{r}=\rho(r,\phi,z)\end{cases} \tag{6.14}$$

这里，$\boldsymbol{J}(r,\phi,z)$ 和 $\rho(r,\phi,z)$ 为均匀表面电流密度和电荷密度。表面电流密度和电荷密度未给定，但定义为式(6.14)左侧给出的电场强度和磁感应强度对 y 跳跃的平均值。

6.4.2.2　二次渐近展开

由于我们更为关注亚波长特性，即 $d\ll\lambda$ 时的特性，我们将 $\boldsymbol{E}^{\mathrm{W}}$、$\boldsymbol{B}^{\mathrm{W}}$、$\boldsymbol{E}^{\mathrm{I}}$、$\boldsymbol{B}^{\mathrm{I}}$ 二次展开：

$$\begin{cases}\boldsymbol{E}^{\mathrm{W}}=[\boldsymbol{E}^{\mathrm{W0}}(y,z,r,\phi)+d\boldsymbol{E}^{\mathrm{W1}}(y,z,r,\phi)+\vartheta(|d^{2}|)]\mathrm{e}^{\mathrm{j}\omega t}\\ \boldsymbol{B}^{\mathrm{W}}=[\boldsymbol{B}^{\mathrm{W0}}(y,z,r,\phi)+d\boldsymbol{B}^{\mathrm{W1}}(y,z,r,\phi)+\vartheta(|d^{2}|)]\mathrm{e}^{\mathrm{j}\omega t}\\ \boldsymbol{E}^{\mathrm{I}}=[\boldsymbol{E}^{\mathrm{I0}}(y,z,r,\phi)+d\boldsymbol{E}^{\mathrm{I1}}(y,z,r,\phi)+\vartheta(|d^{2}|)]\mathrm{e}^{\mathrm{j}\omega t}\\ \boldsymbol{B}^{\mathrm{I}}=[\boldsymbol{B}^{\mathrm{I0}}(y,z,r,\phi)+d\boldsymbol{B}^{\mathrm{I1}}(y,z,r,\phi)+\vartheta(|d^{2}|)]\mathrm{e}^{\mathrm{j}\omega t}\end{cases} \tag{6.15}$$

我们将级数展开式(6.15)带入麦克斯韦方程组(6.9)和(6.10)、理想导体边界条件(6.11)、传输条件(6.13)和(6.14)，以得到描述波导内传播场的主阶理论。在下文中，电场强度和磁感应强度的分量使用在柱坐标系中约定的 $\boldsymbol{E}^{\mathrm{W0}}=(E_{r}^{\mathrm{W0}},E_{z}^{\mathrm{W0}},\boldsymbol{E}_{\phi}^{\mathrm{W0}})$、$\boldsymbol{B}^{\mathrm{W0}}=(B_{r}^{\mathrm{I0}},B_{z}^{\mathrm{I0}},B_{\phi}^{\mathrm{I0}})$ 方式书写。

6.4.2.3　主阶理论：渐近展开的亚波长极限

我们提出了 $\boldsymbol{E}^{\mathrm{W0}}$、$\boldsymbol{B}^{\mathrm{W0}}$、$\boldsymbol{E}^{\mathrm{I0}}$、$\boldsymbol{B}^{\mathrm{I0}}$ 的边值问题。在内部波导中，$0<r<r_{\mathrm{m}}$、主阶场 $\boldsymbol{E}^{\mathrm{W0}}$、$\boldsymbol{B}^{\mathrm{W0}}$ 与 y 变量无关，仅取决于 r 和 z，并且是如下麦克斯韦方程组的解：

$$\begin{cases}\nabla\times\boldsymbol{E}^{\mathrm{W0}}=-\mathrm{j}\omega\boldsymbol{B}^{\mathrm{W0}}\\ \nabla\times\boldsymbol{B}^{\mathrm{W0}}=\mathrm{j}\omega\varepsilon_{0}\mu_{0}\boldsymbol{E}^{\mathrm{W0}}\\ \nabla\cdot\boldsymbol{B}^{\mathrm{W0}}=0\\ \nabla\cdot\boldsymbol{E}^{\mathrm{W0}}=0\end{cases} \tag{6.16}$$

在阻抗层内，$r_{\mathrm{m}}<r<r_{\mathrm{m}}+h$，渐近分析表明，主阶场 $\boldsymbol{E}^{\mathrm{I0}}$、$\boldsymbol{B}^{\mathrm{I0}}$ 具有以下形式：

$$\begin{cases}\boldsymbol{E}^{\mathrm{I0}}=\boldsymbol{e}_{z}E_{z}^{\mathrm{I0}}\\ \boldsymbol{B}^{\mathrm{I0}}=\boldsymbol{e}_{\phi}B_{\phi}^{\mathrm{I0}}+\boldsymbol{e}_{r}B_{r}^{\mathrm{I0}}\end{cases} \tag{6.17}$$

E_{z}^{I0}、B_{ϕ}^{I0}、B_{r}^{I0} 是 r、ϕ、z 的函数。我们强调 $\boldsymbol{E}^{\mathrm{I0}}$ 和 $\boldsymbol{B}^{\mathrm{I0}}$ 的极化直接来自渐近分析，而不是假设的。在界面上，$r=r_{\mathrm{m}}$，有

$$\begin{cases}E_{\phi}^{\mathrm{W0}}=0,\ E_{z}^{\mathrm{W0}}=E_{z}^{\mathrm{I0}}\\ -[B_{\phi}^{\mathrm{W0}}-\theta(r_{\mathrm{m}})]B_{\phi}^{\mathrm{I0}}=J_{z},B_{z}^{\mathrm{W0}}=J_{\phi}\\ \varepsilon_{0}E_{r}^{\mathrm{W0}}=\rho,\ B_{r}^{\mathrm{W0}}=B_{r}^{\mathrm{I0}}\end{cases} \tag{6.18}$$

其中，ρ 为表面电荷密度，J_z 和 J_ϕ 为表面电流密度，由式(6.18)的左侧确定。在 $r=r_m+h$ 处，

$$B_r^{I0}(z,r_m+h,\phi)=0,\quad E_z^{I0}(z,r_m+h,\phi)=0 \tag{6.19}$$

E_z^{I0}、B_ϕ^{I0}、B_r^{I0} 满足如下系统：

$$\frac{1}{r}\partial_r\left[\frac{r}{\theta(r)}\partial_r(\theta E_z^{I0})\right]+\frac{1}{r^2}\partial_\phi^2 E_z^{I0}=-\omega^2\mu_0\varepsilon_0 E_z^{I0} \tag{6.20}$$

$$E_z^{I0}(z,r_m+h,\phi)=0 \tag{6.21}$$

$$B_r^{I0}(z,r_m+h,\phi)=0 \tag{6.22}$$

$$B_r^{I0}=-\frac{1}{j\omega}\frac{1}{r}\partial_\theta E_z^{I0} \tag{6.23}$$

$$B_\phi^{I0}=\frac{1}{j\omega\theta}\partial_r(\theta E_z^{I0}) \tag{6.24}$$

其中，式(6.22)紧跟在式(6.23)之后，$\partial_\theta E_z^{I0}$ 是 E_z^{I0} 的 $r=r_m+h$ 上的切向导数，并且在 $r=r_m+h$ 上 $E_z^{I0}=0$。

总之，式(6.16)～式(6.23) 提供了 $\boldsymbol{E}^{W0}$ 和 $\boldsymbol{B}^{W0}$ 在内部波导 Ω_W 上满足的传输和边界条件。在 6.4.2.4 节中，我们考虑了传输边值问题的解决方案，其中由式(6.18)左侧的阶跃定义的表面电流密度 J_z 消失。随后通过显式构造，我们发现此类解是存在的。假设此类解存在，可以将此问题重写为仅在 Ω_W 上提出的等效问题，并在 $r=r_m$ 上给出有效表面阻抗边界条件。

6.4.2.4　时谐波场的非局部表面阻抗公式

我们使用假设 $\langle\boldsymbol{B}^W-\boldsymbol{B}^I\rangle\times\boldsymbol{e}_r=\boldsymbol{0}$，通过简单的计算得到 $-[B_\phi^{W0}-\theta(r_m)B_\phi^{I0}]=0$。采用这个假设，我们得到 $B_\phi^{W0}=\theta(r_m)B_\phi^{I0}$。现在，我们可以将时谐电场强度 $\boldsymbol{E}^{W0}$ 和时谐磁感应强度 $\boldsymbol{B}^{W0}$ 的主阶理论，重新解释为定义在具有有效各向异性表面阻抗的圆形波导 Ω_W 上的等效问题。我们现在描述 Ω_W 和有效表面阻抗的等效问题。在域 $0<r<r_m$ 中，我们发现零阶场 $\boldsymbol{E}^{W0}$、$\boldsymbol{B}^{W0}$ 满足麦克斯韦方程组(6.16)。接下来，我们在界面 $r=r_m$ 处将引入狄利克雷到诺伊曼映射。在 $r=r_m$ 界面处获取规定的边界数据 $f(\phi)$ 定义 $F(r,\phi)\boldsymbol{e}_z$ 并在 $r_m<r<r_m+h$，$0<\phi<2\pi$ 区域满足 $F(r_m+h,\phi)=0$ 及

$$\frac{1}{r}\partial_r\left\{\frac{r}{\theta(r)}\partial_r[\theta(r)F]\right\}+\frac{1}{r^2}\partial_\phi^2 F=-\omega^2\mu_0\varepsilon_0 F \tag{6.25}$$

此问题的狄利克雷到诺伊曼映射用 $N_{\phi,z}$ 表示，将狄利克雷数据 $F(r_m,\phi)=f(\phi,\boldsymbol{e}_z)$ 映射到诺伊曼数据 $\frac{1}{j\omega}\partial_r(\theta F)r_m\boldsymbol{e}_\phi$。在界面 $r=r_m$ 处，我们利用式(6.18)、式(6.20)和式(6.21)，可以看到各向异性非局部表面阻抗条件由下面的关系式给出：

$$E_\phi^{W0}(r_m,\phi,z)=0,\ B_\phi^{W0}(r_m,\phi,z)=N_{\phi,z}E_z^{W0}(r_m,\phi,z) \tag{6.26}$$

通过收集这些结果，我们获得如下基本命题。

命题 6.1　作为超构材料的周期性波纹

在亚波长条件下，波纹周期 $d\to 0$ 中，均匀化问题的解由圆波导 Ω_W 中的时谐麦克斯韦方程组(6.16)的解($\boldsymbol{E}^{W0}$，$\boldsymbol{B}^{W0}$)给出。该解满足由式(6.26)给出的 Ω_W 的圆边界 $r=r_m$ 上的非局部各向异性表面阻抗条件。

在6.4.2.5节中,我们将此结果应用于混合波导模式,并得到以有效表面阻抗为条件的均匀化问题的显式解。

174

6.4.2.5　圆柱形波导中混合模式的有效表面阻抗

在本节中,我们应用命题6.1来得到圆柱波导内波导模式的主阶理论。圆柱形波导内 Ω_{W} 区域的波导模式具有以下分离形式的电场强度和磁感应强度,见文献[29]和[35]。在波导内部,电场强度为

$$\boldsymbol{E}^{\mathrm{W0}}=R_z^{En}(r)T_z^{En}(\phi)\mathrm{e}^{-\mathrm{j}\beta z e_z}+R_\phi^{En}(r)T_\phi^{En}(\phi)\mathrm{e}^{-\mathrm{j}\beta z e_\phi}+R_r^{En}(r)T_r^{En}(\phi)\mathrm{e}^{-\mathrm{j}\beta z e_r}\tag{6.27}$$

磁感应强度为

$$\boldsymbol{B}^{\mathrm{W0}}=R_z^{Bn}(r)T_z^{Bn}(\phi)\mathrm{e}^{-\mathrm{j}\beta z e_z}+R_\phi^{Bn}(r)T_\phi^{Bn}(\phi)\mathrm{e}^{-\mathrm{j}\beta z e_\phi}+R_r^{Bn}(r)T_r^{Bn}(\phi)\mathrm{e}^{-\mathrm{j}\beta z e_r}\tag{6.28}$$

其中,传播常数 $\beta=\dfrac{2\pi}{\lambda}=2$, $n=0,1,2,\cdots$。这里的所有函数 $T(\phi)$ 都具有 ϕ 的以下形式:

$$T(\phi)=a_n\mathrm{e}^{\mathrm{j}n\phi}\tag{6.29}$$

其中,a_n 为任意复常数。我们可以写出 $F(r,\phi)=R(r)T(\phi)$,并代入式(6.25)表明 $R(r)$ 为

$$\begin{cases}r\dfrac{\mathrm{d}}{\mathrm{d}r}\left\{\dfrac{\mathrm{d}r}{\theta(r)}\dfrac{r}{\mathrm{d}r}[\theta(r)R(r)]\right\}+(r^2k^2-n^2)R(r)=0, r_{\mathrm{m}}<r<r_{\mathrm{m}}+h\\ R(r_{\mathrm{m}})=1\\ R(r_{\mathrm{m}}+h)=0\end{cases}\tag{6.30}$$

其中,$k^2=\omega^2/c^2$, $c=1/\sqrt{\varepsilon_0\mu_0}$, ε_0 和 μ_0 为真空中的介电常数和磁导率。从式(6.26)中,我们得到由下式给出的各向异性有效表面阻抗条件:

$$E_\phi^{\mathrm{W0}}(r_{\mathrm{m}},\phi,z)=0,\ B_\phi^{\mathrm{W0}}(r_{\mathrm{m}},\phi,z)=\mu_0Y_{\mathrm{ad}}E_z^{\mathrm{W0}}(r_{\mathrm{m}},\phi,z)\tag{6.31}$$

这里,表面阻抗以有效导纳 Y_{ad} 表示,由下式给出

$$Y_{\mathrm{ad}}(k,n)=\frac{y_0}{\mathrm{j}k}\partial_r[\theta(r)R(r)]\,|\,r=r_{\mathrm{m}}\tag{6.32}$$

其中,$y_0=\varepsilon_0/\mu_0$ 为自由空间导纳。

通过整理结果,我们发现波纹金属波导内的亚波长色散是通过使用具有各向异性表面阻抗的超构材料代替高度振荡的波纹边界而达到主阶的。

命题6.2　作为超构材料的周期性波纹Ⅱ

在亚波长条件下,波纹周期 $d\to0$ 中,所有混合模式($\boldsymbol{E}^{\mathrm{W0}}$, $\boldsymbol{B}^{\mathrm{W0}}$)由下式给出:

$$\begin{cases}E_z^{\mathrm{W0}}=a_n\mathrm{J}_n(x)\mathrm{e}^{\mathrm{j}(n\phi-\beta z)}\\ E_r^{\mathrm{W0}}=-a_nj\dfrac{k}{K}\dfrac{\mathrm{J}_n(x)}{x}\{\bar\beta F_n(x)+n\bar\Lambda\}\mathrm{e}^{\mathrm{j}(n\phi-\beta z)}\\ E_\phi^{\mathrm{W0}}=a_nj\dfrac{k}{K}\dfrac{\mathrm{J}_n(x)}{x}\{n\beta+\Lambda F_n(x)\}\mathrm{e}^{\mathrm{j}(n\phi-\beta z)}\\ B_z^{\mathrm{W0}}=-a_njc^{-1}\bar\Lambda\mathrm{J}_n(x)\mathrm{e}^{\mathrm{j}(n\phi-\beta z)}\\ B_r^{\mathrm{W0}}=-a_n\dfrac{k}{K}c^{-1}\dfrac{\mathrm{J}_n(x)}{x}\{\bar\beta\bar\Lambda F_n(x)+n\}\mathrm{e}^{\mathrm{j}(n\phi-\beta z)}\\ B_\phi^{\mathrm{W0}}=-a_nj\dfrac{k}{K}c^{-1}\dfrac{\mathrm{J}_n(x)}{x}\{n\bar\beta\bar\Lambda+F_n(x)\}\mathrm{e}^{\mathrm{j}(n\phi-\beta z)},\ n=0,1,\cdots\end{cases}\tag{6.33}$$

其中，J_n 为 n 阶贝塞尔函数，$x=Kr$，$K^2=k^2-\beta^2$，$\bar{\beta}=\beta/k$，$F_n(x)=x\mathrm{J}_n'(x)/\mathrm{J}_n(x)$，模式耦合参数 $\bar{\Lambda}$ 表示为 $-\mathrm{j}c\bar{\Lambda}=B_z^{\mathrm{W0}}/E_z^{\mathrm{W0}}$。所有模式在 $r=r_{\mathrm{m}}$ 圆形边界上都满足各向异性表面阻抗条件，Ω_{W} 由式(6.31)给出，Y_{ad} 由式(6.32)给出。由条件 $E_\phi^{\mathrm{W0}}(r_{\mathrm{m}},\phi,z)=0$ 指定耦合常数，对于 $x_m=Kr_{\mathrm{m}}$，由下式给出：

175

$$n\bar{\beta}+\bar{\Lambda}F_n(x_m)=0 \tag{6.34}$$

对于下面的波导模式，根据 $B_\phi^{\mathrm{W0}}(r_{\mathrm{m}},\phi,z)=\mu_0 Y_{\mathrm{ad}}E_z^{\mathrm{W0}}(r_{\mathrm{m}},\phi,z)$，可得到 k 关于 β 的如下色散关系：

$$\mu_0 Y_{\mathrm{ad}}(k,n)=-\mathrm{j}\frac{k}{x_m K}\left[n\bar{\beta}\bar{\Lambda}+F_n(x_m)\right] \tag{6.35}$$

对于由 $\theta(r)$ 指定的一般波纹形状，导纳 $Y_{\mathrm{ad}}(k,n)$ 通过方程式(6.32)的数值解计算。然后，使用方程式中的求根器在固定 k 处求解 β 的色散关系(6.35)。对于矩形轮廓，$\theta(r)$ 是一个常数。方程式(6.33)是贝塞尔方程的边值问题，方程(6.33)的直接解给出了导纳的显式公式：

$$Y_{\mathrm{ad}}(k,n)=-\mathrm{j}\frac{\theta(r_{\mathrm{m}})}{c}\frac{\mathrm{Y}_n[k(r_{\mathrm{m}}+h)]\mathrm{J}_n'(kr_{\mathrm{m}})-\mathrm{J}_n[k(r_{\mathrm{m}}+h)]\mathrm{Y}_n'(kr_{\mathrm{m}})}{\mathrm{Y}_n[k(r_{\mathrm{m}}+h)]\mathrm{J}_n(kr_{\mathrm{m}})-\mathrm{J}_n[k(r_{\mathrm{m}}+h)]\mathrm{Y}_n(kr_{\mathrm{m}})} \tag{6.36}$$

该公式表明，有效导纳与波纹的相对宽度及其深度 h 呈线性关系。对于 $\theta=1$，公式(6.36)得到了 20 世纪 70 年代初克拉里科茨(Clarricoats)和萨哈(Saha)[29]假设的具有无限薄波纹的波导的表面阻抗公式。这建立了超构材料概念与 20 世纪中叶有关微波的文献中提出的表面阻抗形式之间的关联。

我们在 6.4.4 节中应用式(6.35)来通过数值方法检验波纹深度和形状对色散曲线的影响。

6.4.3　超构材料和波纹作为微谐振器

超构材料的特征是通过结构产生的亚波长谐振宏观场的耦合。对于在块状超构材料中产生的人工磁性，如文献[4]中所示，是用由理想导体研制成的开口谐振环来实现的。对于这里的金属波纹波导，间距小的波纹起到微谐振器的作用，并提供宏观电场和磁场之间的耦合。这里，耦合是通过频率相关的有效表面导纳 Y_{ad} 实现的。我们现在为有效导纳提供了一个显式的公式，该公式突出了由驻波给出的亚波长谐振的影响。该驻波位于 $d\to 0$ 极限内的波纹中。

对于固定的 $n=1,2,\cdots$，驻波由正交系统 $\{\phi_j^n(r)\}_{j=1}^{\infty}$ 相对于加权内积 $\langle u,v\rangle$ 给出

$$\langle u,v\rangle=\int_{r_{\mathrm{m}}}^{r_{\mathrm{m}}+h}u(r)v(r)p(r)\mathrm{d}r \tag{6.37}$$

其中，$p(r)=r/[\theta(r)]>0$。每个驻波 ϕ_j^n 和特征值 λ_j^n 解决了斯特姆-刘维尔(Sturm-Liouville)特征值问题：

$$\frac{\mathrm{d}}{\mathrm{d}r}\left[p(r)\frac{\mathrm{d}}{\mathrm{d}r}\phi_j^n(r)\right]+t_n(r)\phi_j^n(r)=\lambda_j^n p(r)\phi_j^n(r),\quad r_{\mathrm{m}}<r<r_{\mathrm{m}}+h \tag{6.38}$$

其中，$\phi_j^n(r_{\mathrm{m}})=\phi_j^n(r_{\mathrm{m}}+h)=0$，且 $t_n(r)=-n^2/r\theta(r)$。

由式(6.30)很容易看出，乘积 $\phi(r)=\theta(r)R(r)$ 是下面边值问题的解：

176

$$\begin{cases}\dfrac{\mathrm{d}}{\mathrm{d}r}\left[p(r)\dfrac{\mathrm{d}}{\mathrm{d}r}\phi(r)\right]+\dfrac{r^2k^2-n^2}{r\theta(r)}\phi(r)=0,\quad r_{\mathrm{m}}<r<r_{\mathrm{m}}+h\\ \phi(r_{\mathrm{m}})=\theta(r)\\ \phi(r_{\mathrm{m}+h})=0\end{cases} \tag{6.39}$$

导纳可以写为

$$Y_{\mathrm{ad}}(k,n)=\frac{y_0}{\mathrm{j}k}\frac{\mathrm{d}}{\mathrm{d}r}\phi(r)\big|_{r=r_{\mathrm{m}}} \tag{6.40}$$

可以将 $\phi(r)$ 写为 $\phi(r)=v(r)+l(r)$，其中 $l(r)=\theta(r_{\mathrm{m}})[1-(r-r_{\mathrm{m}})/h]$，且 $v(r)$ 是下式的解：

$$\begin{cases}\dfrac{\mathrm{d}}{\mathrm{d}r}[p(r)\dfrac{\mathrm{d}}{\mathrm{d}r}v(r)]+\dfrac{k^2r^2-n^2}{r\theta(r)}v(r)=g(r), \quad r_{\mathrm{m}}<r<r_{\mathrm{m}}+h\\ g(r)=\left[-\dfrac{\mathrm{d}}{\mathrm{d}r}(p(r)\dfrac{\mathrm{d}}{\mathrm{d}r}l(r)\right]-\dfrac{k^2r^2-n^2}{r\theta(r)}l(r)\end{cases} \tag{6.41}$$

齐次边界条件 $v(r_{\mathrm{m}})=v(r_{\mathrm{m}}+h)=0$。

对于 n 固定，可以根据驻波 $\{\phi_j^n\}_{j=1}^{\infty}$ 将 $v(x)$ 表示为

$$v(r)=\sum_{j=1}^{\infty}\frac{\langle g,\phi_j^n\rangle\phi_j(r)}{k^r-(\lambda_j^n)} \tag{6.42}$$

有效导纳的频谱公式由命题 6.3 给出。

命题 6.3　有效表面导纳的显式谱表示公式

$$Y_{\mathrm{ad}}(k,n)=\frac{y_0}{\mathrm{j}k}[-\frac{\theta(r_{\mathrm{m}})}{h}+\sum_{j=1}^{\infty}\frac{\langle g,\phi_j^n\rangle\dfrac{d}{dr}\phi_j^n(r)|r=r_{\mathrm{m}}}{k^2-\lambda_j^n}] \tag{6.43}$$

有效表面导纳的公式表明，对于固定的角向对称性 n，表面导纳在频率的 2 次方 k^2 从小于 λ_j^n 变为大于 λ_j^n 时符号会改变，其中 λ_j^n 是第 j 个驻波的谐振。

对于数值模拟，我们以波纹深度比 $r_{\mathrm{m}}/(r_{\mathrm{m}}+h)$ 作为相对单位测量波纹深度，其中较小的波纹深度比对应于较深的波纹。固定频率下的表面导纳谐振取决于波纹的深度。图 6.23(a)、(b)给出了矩形波纹和截断正弦波纹的轮廓，其中截断正弦波纹的轮廓如图 6.20(a)所示，具有以下形式：

$$\theta(r)=\frac{1}{2}+\frac{1}{\pi}\arcsin\left[2\frac{r-\left(r_{\mathrm{m}}+\dfrac{h}{2}\right)}{1.2h}\right] \tag{6.44}$$

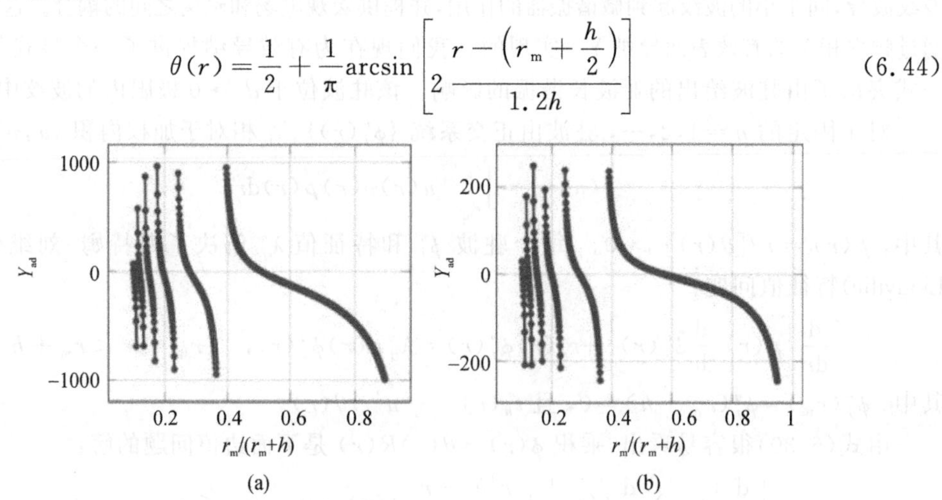

图 6.23　对应于 $kr_{\mathrm{m}}=2.0$ 的固定频率 $\omega\approx 50\times10^9$ rad/s 的导纳 Y_{ad} 与波纹深度比 $r_{\mathrm{m}}/(r_{\mathrm{m}}+h)$ 的函数关系。(a)矩形波纹 ($\theta\equiv 3/5$)；(b)截断正弦波纹

177

在图 6.24～图 6.28 中，导纳被绘制为固定波纹深度的矩形波纹、截断正弦波纹、锯齿波纹和无限薄波纹的频率的函数。可以看出，对于不同的波纹轮廓，导纳改变符号并在不同的频率下表现出谐振。

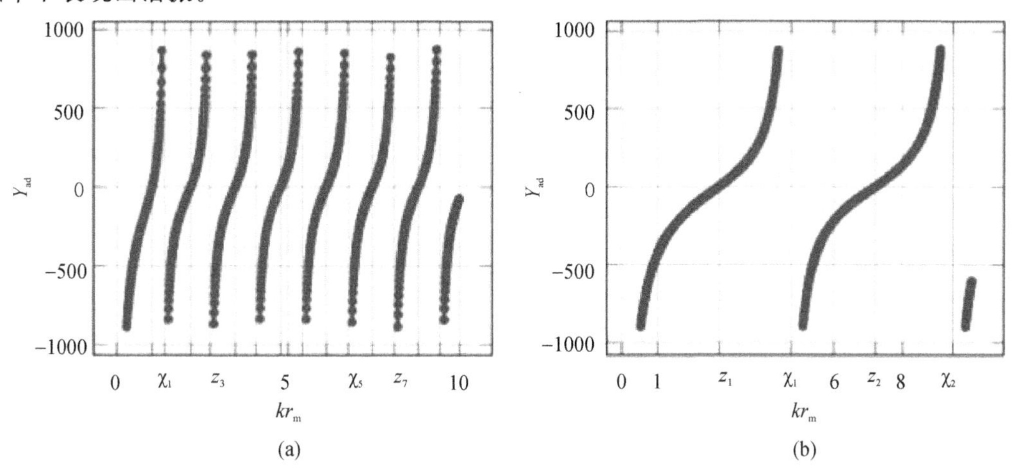

图 6.24　(a)固定波纹深度比 $r_m/(r_m+h)=0.30$，具有矩形骨架波纹 ($\theta\equiv3/5$) 的波导的导纳 Y_{ad} 与频率的函数关系。谐振出现在 kr_m 取值为 $\chi_1\approx1.415$、$\chi_2\approx2.735$、$\chi_3\approx4.065$、$\chi_4\approx5.405$、$\chi_5\approx6.745$、$\chi_6\approx8.095$、$\chi_7\approx8.785$ 的频率处，零点出现在 $z_1\approx1.035$、$z_2\approx2.185$、$z_3\approx3.465$、$z_4\approx4.785$、$z_5\approx6.115$、$z_6\approx7.445$、$z_7\approx8.785$ 处。(b)固定波纹深度比 $r_m/(r_m+h)=0.60$ 的矩形骨架波纹 ($\theta\equiv3/5$) 的波导的导纳 Y_{ad} 与频率的函数。谐振出现在 kr_m 取值为 $\chi_1\approx4.775$、$\chi_2\approx9.445$ 的频率处，零点出现在 $z_1\approx2735$、$z_2\approx7.205$ 处

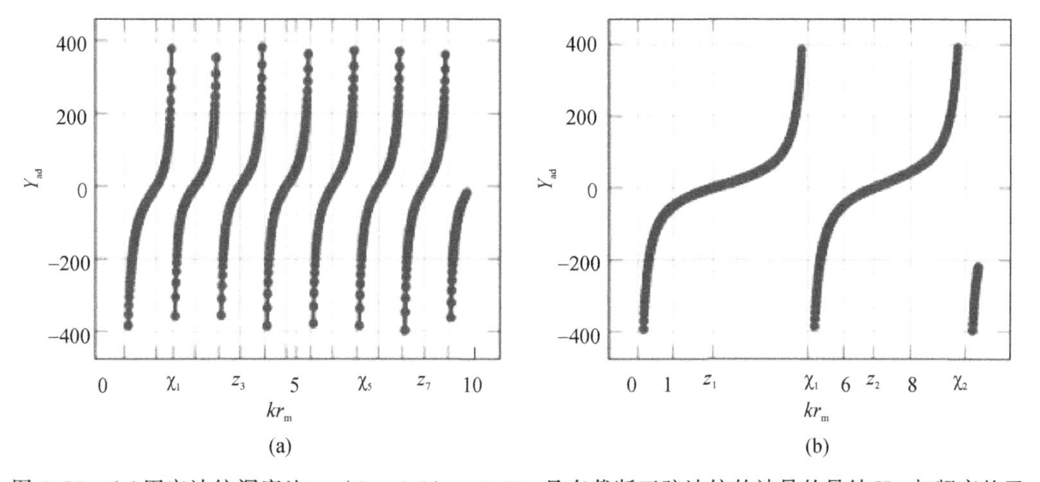

图 6.25　(a)固定波纹深度比 $r_m/(r_m+h)=0.30$，具有截断正弦波纹的波导的导纳 Y_{ad} 与频率的函数关系。谐振出现在 kr_m 取值为 $\chi_1\approx1.445$、$\chi_2\approx2.765$、$\chi_3\approx4.095$、$\chi_4\approx5.425$、$\chi_5\approx6.765$、$\chi_6\approx8.105$、$\chi_7\approx9.455$ 的频率处，零点出现在 $z_1\approx0.935$、$z_2\approx2.075$、$z_3\approx3.385$、$z_4\approx4.725$、$z_5\approx6.065$、$z_6\approx7.405$、$z_7\approx8.755$ 处点。(b)固定波纹深度比 $r_m/(r_m+h)=0.60$，具有截断正弦波纹的波导的导纳 Y_{ad} 作为频率的函数。谐振出现在 kr_m 取值为 $\chi_1\approx4.965$、$\chi_2\approx9.615$ 的频率处，零点出现在 $z_1\approx2.185$、$z_2\approx6.885$ 处

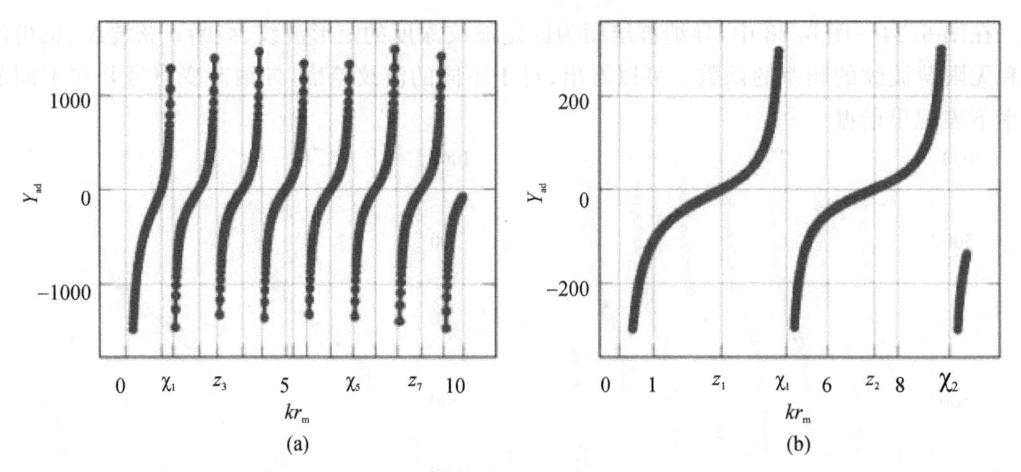

图 6.26　(a)固定波纹深度比 $r_m/(r_m+h)=0.30$，具有截断锯齿波纹的波导的导纳 Y_{ad} 与频率的函数关系。轮廓函数 $\theta(r)$ 从 $\theta(r_m)=d_1=3/5$ 线性减小到 $\theta(r_m+h)=d_2=2/5$。该轮廓的斜率则取决于波纹深度 h。轮廓函数由 $\theta(r)=d_1+[(d_2-d_1)/h](r-r_m)$ 给出。谐振出现在 kr_m 取值为 $\chi_1\approx1.435$、$\chi_2\approx2.745$、$\chi_3\approx4.075$、$\chi_4\approx5.415$、$\chi_5\approx6.775$、$\chi_6\approx8.095$、$\chi_7\approx9.445$ 的频率处，零点出现在 $z_1\approx1.095$、$z_2\approx2.215$、$z_3\approx3.485$、$z_4\approx4.795$、$z_5\approx6.125$、$z_6\approx7.455$、$z_7\approx8.795$ 处。(b)固定波纹深度比 $r_m/(r_m+h)=0.60$，截断锯齿波纹的波导的导纳 Y_{ad} 与频率的函数关系。谐振出现在 kr_m 取值 $\chi_1\approx4.825$、$\chi_2\approx9.485$ 的频率处，零点出现在 $z_1\approx2.955$、$z_2\approx7.35$ 处

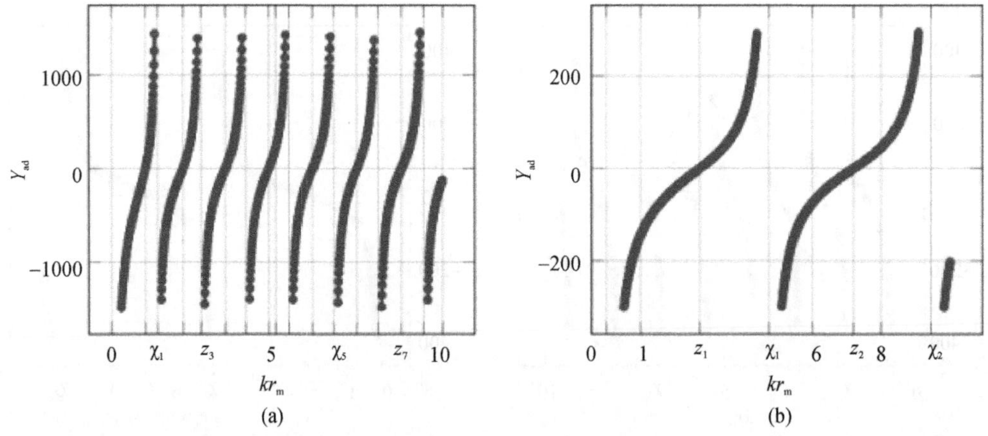

图 6.27　(a)固定波纹深度比 $r_m/(r_m+h)=0.30$，具有无限薄[$\theta(r_m)\equiv1$]波纹的波导的导纳 Y_{ad} 与频率的函数关系。谐振出现在 kr_m 取值为 $\chi_1\approx1.415$、$\chi_2\approx2.735$、$\chi_3\approx4.065$、$\chi_4\approx5.405$、$\chi_5\approx6.745$、$\chi_6\approx8.095$、$\chi_7\approx9.435$ 的频率处，零点出现在 $z_1\approx1.035$、$z_2\approx2.185$、$z_3\approx3.465$、$z_4\approx4.785$、$z_5\approx6.115$、$z_6\approx7.445$、$z_7\approx8.785$ 处。(b)固定波纹深度比 $r_m/(r_m+h)=0.60$，具有无限薄波纹($\theta(r_m)\equiv1$)的波导的导纳 Y_{ad} 与频率的函数关系。谐振出现在 kr_m 取值为 $\chi_1\approx4.775$、$\chi_2\approx9.445$ 的频率处，零点出现在 $z_1\approx2.735$、$z_2\approx7.205$ 处

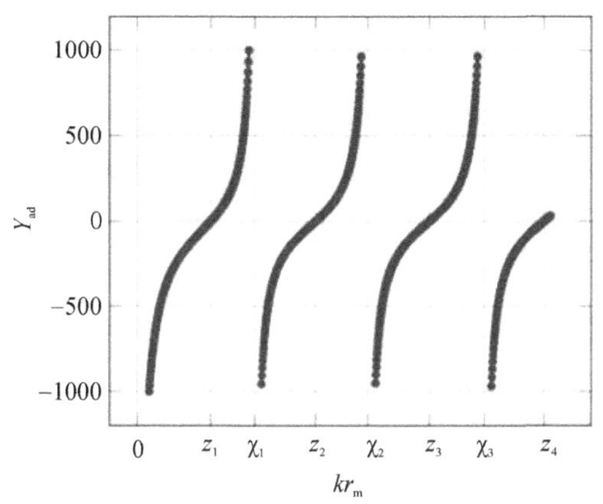

图 6.28　文献[1]中考虑的 $r_m = 1.6$ cm、$h = 1.8$ cm[对应于波纹深度比 $r_m/(r_m + h) = 0.4706$]的矩形波纹[$\theta(r_m) \equiv 1/2$]的波导的导纳 Y_{ad} 与频率的函数关系。谐振出现在 kr_m 取 $\chi_1 \approx 2.845$、$\chi_2 \approx 5.615$、$\chi_3 \approx 8.395$ 的频率处，零点出现在 $z_1 \approx 1.785$、$z_2 \approx 4.335$、$z_3 \approx 7.075$、$z_4 \approx 9.835$ 处(资料来源：基于 Yurt et al[1])

6.4.4 利用波纹深度控制负色散和功率流

返波是群速度和相速度方向相反的行波模式。在所有情况下，相速度沿波导指向正 $\boldsymbol{e}_z$ 方向。在本节中，我们展示了当波纹足够深时波纹波导中存在返波。由此可以看出，根据波纹的深度，可以使群速度和积分功率流与相速度相反。我们还确定，负群速度模式对应于 $E_z > H_z$ 定义的 EH_{11} 模式。这对于描述行波管放大器[1]中电磁波和电子之间的切连科夫互作用非常重要。

作为后续讨论的出发点，我们将色散曲线的截止频率称为色散曲线上 $\beta = 0$ 的频率。图 6.29～图 6.30 给出了混合模式的色散曲线及其对波纹深度的依赖关系。如前所述，深度以波纹深度比 $r_m/(r_m + h)$ 为相对单位测量，我们考虑与波纹深度比在 0.3～0.6 相关的波纹深度。　178

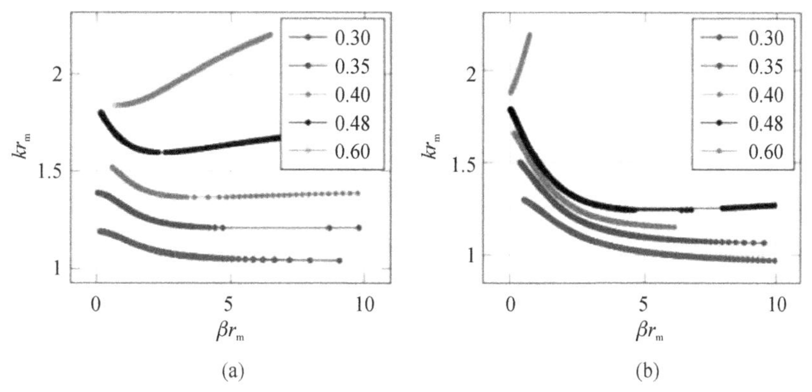

图 6.29　(a)波纹深度比 $r_m/(r_m + h)$ 为 0.3～0.6，$\theta(r_m) \equiv 3/5$ 的矩形波纹波导的色散曲线。(b)波纹深度比 $r_m/(r_m + h)$ 为 0.3～0.6 的截断正弦波纹波导的色散曲线，其形式为 $\theta(r) = 1/2 + \frac{1}{\pi}[r - (r_m + h/2)/1.2h]$

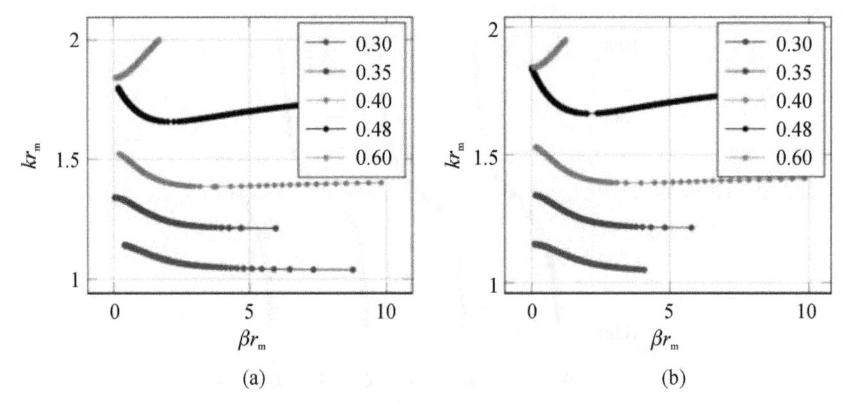

图 6.30　(a)截断锯齿波纹波导的色散曲线。轮廓函数 $\theta(r)$ 从 $\theta(r_m)=d_1=3/5$ 线性减小到 $\theta(r_m+h)=d_2=2/5$，该轮廓的斜率则取决于波纹深度 h。轮廓函数 $\theta(r)=d_1+[(d_2-d_1)/h]\cdot(r-r_m)$ 由波纹深度比 $r_m/(r_m+h)$ 在 0.3～0.6 的范围内给出。(b)波纹深度比 $r_m/(r_m+h)$ 为 0.3～0.6 的无限薄骨架波纹波导的色散曲线

色散关系分别以 kr_m、βr_m 给出的归一化频率和波数表示。对于所有情况，我们发现存在一个波纹深度比，低于该波纹深度比的所有混合模式都具有与 EH_{11} 模式相关的返波，对应于 $E_z>H_z$。

作为第一个示例，我们考虑相对宽度 $\theta(r_m)=3/5$ 的矩形波纹。图 6.29(a)显示了波纹深度比在 0.6 和 0.48 之间时，前向波和返波模式之间的分岔。这些模式的截止频率在归一化单位中约为 1∶8。波纹深度比为 0.48 相关的模式，其色散关系在截止频率处呈现负群速度，而与波纹深度比为 0.6 相关的模式，其色散关系在截止频率处呈现正群速度。

180

与波纹深度比为 0.4、0.35、0.30 的较深波纹相关的波纹模式都是 EH_{11} 模式，并且表现出负群速度的返波模式。对于截断正弦曲线形波纹，如图 6.29(b)所示，当波纹深度比在 0.6 和 0.48 之间时，前向波模式和返波模式之间存在分岔。这些模式的截止频率对于返波约为 1.8，而对于前向波约为 1.9。如前所述，与波纹深度比为 0.48 相关的模式，其色散关系在截止时呈现负群速度，而与波纹深度比为 0.6 相关的模式呈现正群速度。与波纹深度比为 0.4、0.35、0.3 的更深波纹相关的波模式也是 EH_{11} 模式，并且是表现出负群速度的返波模式。对于图 6.30(a)中的截断锯齿波纹和图 6.30(b)中的无限薄骨架波纹，这些趋势重复出现。我们通过绘制文献[1]中考虑的矩形波纹几何形状的色散关系得出结论，见图 6.31(a)。我们绘制了 $r_m=1.6$ cm 的与不同波纹深度 h 相关的波纹深度比 $r_m=(r_m+h)$ 的色散曲线。随着波纹深度的增加，我们在波纹波导中看到了前向波和返波模式之间的类似分岔。我们确认了波纹深度 $h=1.8$ cm 时，在截止频率处存在返波的 EH_{11} 模式。在图 6.31(b)中，我们绘制了波纹深度 $h=1.8$ cm 的矩形波纹[1][见图 6.31(a)]的归一化群速度 $(\mathrm{d}k/\mathrm{d}\beta)/c$ 和积分坡印亭矢量 $\int_0^{r_m}\mathrm{d}\boldsymbol{P}(r)$。我们观察到二者在截止频率处均为负值，而当归一化波数大于 2.7 时，二者变为正值。为了比较，我们在图 6.32 给出了与 $\theta(r_m)=3/5$ 且波纹深度比为 0.6 的矩形波纹相关的正波。

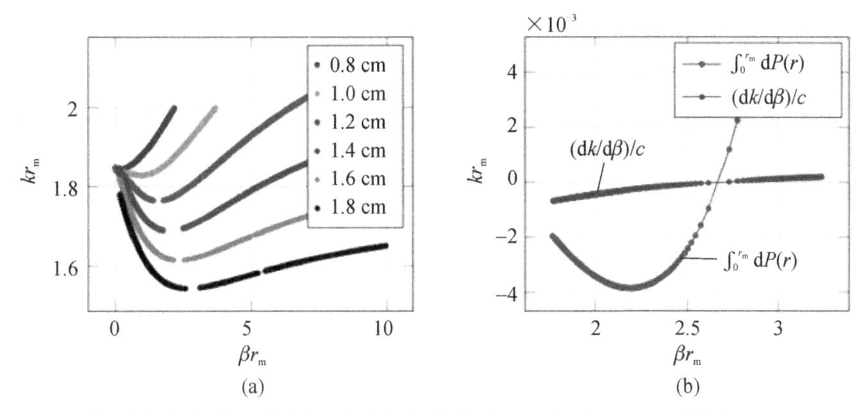

图 6.31　(a)文献[1]中考虑的矩形波纹波导的色散关系。此处波导内矩形波纹 ($\theta \equiv 1/2$) 的 $r_m =$ 1.6 cm。波纹深度 $h = 0.8$ cm[$r_m/(r_m+h) \approx 0.667$]、$h = 1.0$ cm[$r_m/(r_m+h) \approx 0.615$]、$h = 1.2$ cm [$r_m/(r_m+h) \approx 0.5714$]、$h = 1.6$ cm[$r_m/(r_m+h) \approx 0.5$]、$h = 1.8$ cm[$r_m/(r_m+h) \approx 0.4706$]。(b)波纹深度 $h = 1.8$ cm[$r_m/(r_m+h) \approx 0.4706$][1]的矩形波纹的归一化群速度 $(dk/d\beta)/c$ 和积分坡印亭矢量 $\int_0^{r_m} \mathrm{d}\boldsymbol{P}(r)$ (见图 6.311(a)(资料来源:基于 Yurt et al[1])

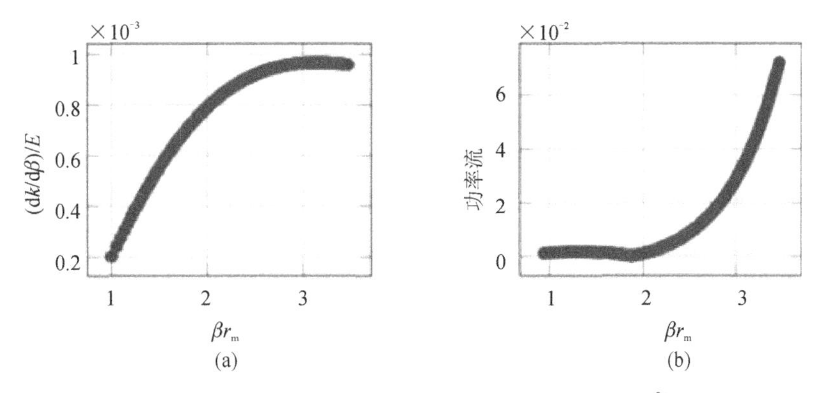

图 6.32　(a)归一化群速度 $(\mathrm{d}k/\mathrm{d}\beta)/c$;(b)积分坡印亭矢量(功率流) $\int_0^{r_m} \mathrm{d}\boldsymbol{P}(r)$ 用于矩形波纹 [$\theta \equiv 3/5$ 见图 6.29(a)],波纹比为 $r_m/(r_m+h) = 0.6$。我们观察到群速度和功率流都是正的

这里,对于色散曲线上的所有波数,归一化群速度和积分坡印亭矢量都是正的。

我们通过数值计算证明负群速度模式对应于 $\mathrm{i}Y_{ad}$ 的正值,而正群速度模式则对应于 $\mathrm{i}Y_{ad}$ 的负值,并以此作为本节的结论,见 6.4.5 节。我们第一个考虑深矩形波纹,$\theta = 3/5$,$r_m/(r_m+h) = 0.3$,图 6.24(a)显示 $z_1 = 1.035$ 和 $\chi_1 \approx 1.415$ 之间的归一化频率处的 $\mathrm{i}Y_{ad} > 0$,我们发现这对应于图 6.29(a)中给出的相应的色散曲线中与 $r_m/(r_m+h) = 0.3$ 相关联的频率范围内的负色散。而对于浅矩形波纹,$\theta = 3/5$,$r_m/(r_m+h) = 0.6$,图 6.24(b)显示了小于 $z_1 = 2.735$ 时的归一化频率处的 $\mathrm{i}Y_{ad} < 0$,我们发现这对应于图 6.29(a)给出的与 r_m 相应色散曲线中与 $r_m/(r_m+h) = 0.6$ 相关联的频率范围内的正色散。

181

我们发现这种模式适用于所有波纹轮廓,在此简要介绍一下。对于具有深截断正弦波纹,$r_m/(r_m+h) = 0.3$,图 6.25(a)显示 $z_1 = 0.935$ 和 $\chi_1 \approx 1.445$ 之间的归一化频率处的

$iY_{ad}>0$，我们发现这对应于 6.29(b)中给出的相应色散曲线中与 $r_m/(r_m+h)=0.3$ 相关联的频率范围内的负色散。而对于浅截断正弦波纹，$r_m/(r_m+h)=0.6$，图 6.25(b)显示小于 $z_1=2.185$ 的归一化频率处的 $iY_{ad}<0$，这对应于图 6.29(b)给出的相应色散曲线中与 $r_m/(r_m+h)=0.6$ 相关联的频率范围内的正色散。对于深截断锯齿波纹，$r_m/(r_m+h)=0.3$，182 图 6.26(a)显示 $z_1=1.095$ 和 $\chi_1=1.435$ 之间的归一化频率处的 $iY_{ad}>0$，这对应于图 6.30(a)给出的相应色散曲线中与 $r_m/(r_m+h)=0.3$ 相关联的频率范围内的负色散。而对于浅截断锯齿波纹，$r_m/(r_m+h)=0.6$，图 6.26(b)显示小于 $z_1=2.955$ 的归一化频率处的 $iY_{ad}<0$，这对应于图 6.30(a)给出的相应色散曲线中与 $r_m/(r_m+h)=0.6$ 相关联的该频率范围内的正色散。对于无限薄但很深的波纹，$r_m/(r_m+h)=0.3$，图 6.27(a)显示在 $z_1=1.035$ 和 $\chi_1=1.415$ 之间的归一化频率处的 $iY_{ad}>0$，我们看到这对应于在图 6.30(b)给出的相应色散曲线中与 $r_m/(r_m+h)=0.3$ 相关联的频率范围内的负色散。而对于无限薄的浅波纹，$r_m/(r_m+h)=0.6$，图 6.27(b)显示小于 $z_1=2.735$ 的归一化频率处的 $iY_{ad}<0$，这对应于在图 6.30(b)给出的相应色散曲线中与 $r_m/(r_m+h)=0.6$ 相关联的频率范围内的正色散。

6.5 总结

在本章中，我们使用 HFSS 模拟已经证明，对于所有金属周期系统（慢波结构），增大波纹深度会导致在相位 $hd=\pi$（如超构材料慢波结构）处其色散曲线的交点出现大分裂。这种曲线上的对应点在第一通带的上截止频率变成了下截止频率，其对应于区间 $hd\in(0,\pi)$ 中返波的出现。在这种情况下，通常对分隔通带的阻带的解释是不合适的，对下截止频率（在相位 $hd=0$）和上截止频率（在相位 $hd=\pi$）的解释也是不合适的。我们假设具有负色散波的出现（以及伴随出现的混合 EH_{11} 模式作为最低阶模式）与一些谐振现象有关。对于高阶模式，负色散发生在其波长接近慢波结构周期时。对于低阶模式，其可能位于波纹深度对应于负表面阻抗 Im Z 的区间内，如在左手介质中。

此外，我们已经应用了二次渐近展开式来确认该负群速度可以通过设计足够深的亚波长波纹来激发。我们的分析和模拟表明，这种现象是由于宏观电场和磁场通过亚波长谐振耦合而产生的，其表现为各向异性有效表面阻抗耦合电场和磁场。降阶模型的计算速度远快于直接数值模拟，可作为色散工程学的设计工具。简化模型允许快速遍历与波纹轮廓和深度相关的几何结构参数。这使得慢波结构[36]的快速原型设计能够在高功率微波应用中使用。

参考文献

1 Yurt, S.C., Elfrgani, A., Ilyenko, K. et al. (2016). Similarity of properties of metamaterial slow wave structures and metallic periodic structures. IEEE Trans. Plasma Sci. 44 (8): 1280-1286.

2 Ansys HFSS. http://www.ansys.com/products/Electronics/ANSYS-HFSS (accessed 10 October 2016).

183 3 Smith, D.R., Vier, D.C., Koschny, T., and Soukoulis, C.M. (2005). Electromag-

netic parameter retrieval from inhomogeneous metamaterials. Phys. Rev. E. 71: 036617-1 - 036617-11.

4 Pendry, J. B., Holden, A. J., Robbins, D. J., and Steward, W. J. (1999). Magnetism from conductors and enhanced nonlinear phenomena. IEEE Trans. Microw. Theory Tech. 47 (11): 2075 - 2084.

5 Hummelt, J. S., Lewis, S. M., Shapiro, M. A., and Tempkin, R. J. (2014). Design of a metamaterial-based backward-wave oscillator. IEEE Trans. Plasma Sci. 42 (4): 930 - 936.

6 Guo, W., Wang, J., Chen, Z. et al. (2014). A 0.14 THz relativistic coaxial overmoded surface wave oscillator with metamaterial slow wave structure. Phys. Plasmas 21 (12): 123102 - 1 - 123102 - 5.

7 Capalino, F. (2008). Theory and Phenomena of Metamaterials. CRC Press.

8 Marques, R., Martin, F., and Sorolla, M. (2008). Metamaterials With Negative Parameters: Theory, Design, and Microwave Applications. Wiley.

9 Estaban, J. and Rebollar, J. M. (1991). Characterization of corrugated waveguides by modal analysis. IEEE Trans. Microw. Theory Tech. 39 (6): 937 - 943.

10 Amari, S., Vahldieck, R., Bornemann, J., and Leuchtmann, P. (2000). Spectrum of corrugated and periodically loaded waveguides from classical matrix eigenvalues. IEEE Trans. Microw. Theory Tech. 48 (3): 453 - 460.

11 Celuch-Marcysiak, M. and Gwarek, W. K. (1995). Spatially looped algorithms for time-domain analysis of periodic structures. IEEE Trans. Microw. Theory Tech. 43 (4): 860 - 865.

12 Kompfner, R. (1947). The traveling-wave tube as amplifier at microwaves. Proc. IRE 35 (2): 124 - 127.

13 Chodorow, M. and Craig, R. A. (1957). Some new circuits for high-power traveling-wave tubes. Proc. IRE 45 (8): 1106 - 1118.

14 Alekseev, N. F., Malairov, D. D., and Bensen, I. B. (1944). Generation of high power oscillations with a magnetron in the centimeter band. Proc. IRE 32 (3): 136 - 139.

15 Jackson, J. D. (1962). Classical Electrodynamics. Wiley.

16 Watkins, D. A. (1958). Topics in Electromagnetic Theory. Wiley.

17 Garcia, E., Murphy, J. A., De Lera, E., and Segovia, D. (2008). Analysis of the left-handed corrugated circular waveguide. IET Microw. Antennas Propag. 2 (7): 659 - 667.

18 Balanis, C. A. (2012). Advanced Engineering Electromagnetics, 2e. Wiley.

19 Kovalev, N. F., Orlova, I. M., and Petelin, M. I. (1968). Wave transformation in a multimode waveguide with corrugated walls. Radiophys. Quantum Electron. 11 (5): 449 - 450.

20 Thumm, M. (1984). High-power millimetre-wave mode converters in overmoded circular waveguides using periodic wall perturbations. Int. J. Electron. 57 (6): 1225 - 1246.

21 Thumm, M. (1985). Computer-aided analysis and design of corrugated te11 to he11 mode converters in highly overmoded waveguides. Int. J. Infrared Millimeter Waves 6 (7): 577 - 597.

22 Clarricoats, P. J. and Olver, A. D. (1984). Corrugated Horns for Microwave Antennas. Peregrinus.

23 Mahmoud, S. F. (2006). Electromagnetic Waveguides: Theory and Applications. The Institution of Engineering and Technology.

24 Abubakirov, E. B., Fuchs, M. L., Kovalev, N. F. (1996) High-Selectivity Resonator for Powerful Microwave Sources. 11th International Conference on High Power Particle Beams Prague, Czech Republic, June 10 - 14, 1996, P - 1 - 53.

25 Fuks, M. I., Schamiloglu, E., and Li, Y. D. (2014). RF priming for operation of relativistic TWT with reflections near cyclotron resonance. IEEE Trans. Plasma Sci. 42 (1): 38 - 41.

26 Smith, D. R., Padilla, W. J., Vier, D. C. et al. (2000). Composite medium with simultaneously negative permeability and permittivity. Phys. Rev. Lett. 84: 4184 - 4187.

184

27 Lipton, R., Polizzi, A., and Thakur, L. (2017). Novel metamaterial surfaces from perfectly conducting subwavelength corrugations. SIAM J. Appl. Math. 77 (4): 1269 - 1291.

28 Doane, J. L. (1985). Propagation and mode coupling in corrugated and smooth-wall circular waveguides. In: Infrared and Millimeter Waves: Millimeter Components and Techniques Part IV, vol. 13 (ed. K. J. Button), 123 - 170. Academic Press.

29 Clarricoats, P. J. B. and Saha, P. K. (1971). Propagation and radiation behaviour of corrugated feeds. Part 1: Corrugated-waveguide feed. Proc. Inst. Electr. Eng. 118: 1167 - 1176.

30 Clarricoats, P. J. B. and Sobhy, M. I. (1968). Propagation behaviour of periodically loaded waveguides. Proc. Inst. Electr. Eng. 115: 652 - 661.

31 Stupakov, G. and Bane, K. L. F. (2012). Surface impedance formalism for a metallic beam pipe with small corrugations. Phys. Rev. Spec. Top. Accel. Beams 15: 124401 - 1 - 124401 - 9.

32 Kohler, W. E., Papanicolaou, G. C., and Varadhan, S. (1981). Boundary and interface problems in regions with very rough boundaries. In: Multiple Scattering and Waves in Random Media (ed. P. I. Chow, W. E. Kohler, and G. C. Papanicolaou), 165 - 198. North-Holland.

33 Kristensson, G. (2005). Homogenization of corrugated interfaces in electromagnetics. Progr. Electromagn. Res. 55: 1 - 31.

34 Nevard, J. and Keller, J. B. (1997). Homogenization of rough boundaries and interfaces. SIAM J. Appl. Math. 57: 1660 - 1686.

35 Pozar, D. M. (1998). Microwave Engineering, 2e. Wiley.

36 Schachter, L. (2011). Beam-Wave Interaction in Periodic and Quasi-Periodic Structures. Springer.

第7章 设计用于高功率微波器件的超构材料结构的群论方法

哈米德·赛义德法拉吉(Hamide Seidfaraji)[1]
克里斯托斯·克里斯托杜卢(Christos Christodoulou)[2]
埃德尔·沙米洛格鲁(Edl Schamiloglu)[2]
[1] 微软公司,美国华盛顿州柯克兰市,邮编:WA98033
[2] 新墨西哥大学电气与计算机工程系,美国新墨西哥州阿尔伯克基市,邮编:NM87131-0001

在本章中,我们将概述群论定义的一般描述和对称概念。首先,我们将解释群论的一般特征;其次,我们将解释如何利用超构材料的对称性来判断其电磁特性;然后,我们将利用群论分析几种典型的超构材料结构;再次,我们将展示如何利用群论合成具有所需本构性质的超构材料;最后,我们将展示和讨论利用超构材料和群论设计高功率微波源的基本步骤。

7.1 群论背景

群论是对物体的对称性的数学应用,以获得关于其物理性质的信息。在物质结构研究中,群论揭示了分子的对称性与其物理性质的关系,并提供了一种快速确定分子相关物理信息的方法。例如,分子的对称性提供了轨道能级的信息,因此对于轨道对称性是什么,能级之间会发生什么跃迁,甚至找到键序等,所有这些都不需要严格计算。许多重要的物理方面的信息都可以从对称性中推导出来,这一事实使群论成为一种强有力的工具。

从群论的角度来看,分子几何结构相当于电磁超构材料的单元结构。使用这种类比,分子的振动模式可以对应超构材料的谐振模式。因此,群论可用于确定超构材料的电磁特性。然而,在使用群论设计周期性结构的单元时,存在一些局限性[1]。首先,群论的推导是基于周期性结构上缓慢变化的外部电磁波的假设,因此要求入射场沿单元结构是准静态的。如果 a 为单元结构的最大尺寸,λ 为入射电磁场波长,则需要满足条件 $a/\lambda < 0.2$ 才能使用群论分析和设计超构材料结构。其次,群论可以预测超构材料的一般电磁行为,但具体超构材料结构的磁导率、介电常数以及谐振频率的精确值,需要通过全波电磁模拟和使用散射参数获取电磁特性来提取[2]。

在本章中,我们还将展示如何将群论应用于高功率微波技术的互补金属超构材料结构。

7.1.1 对称元素

对于任何物体,如分子或超构材料单元结构,都可以进行各种对称操作。对称点群(对称类型)是根据这些操作中的哪一个保留几何形状来确定的。主要对称操作可分为五类:

(1)恒等式(E):所有结构都具有恒等式对称操作的特点。通过应用恒等式对称操作,超构材料几何结构不会发生任何变化(超构材料结构的每个部分都保持在同一位置)。

(2)适当的 n 倍旋转(C_n):此操作是绕轴旋转 $360°/n$，其中 n 为任意整数。例如，C_2 表示围绕 x、y 或 z 轴中任意一个旋转 180°，C_3 表示围绕 x、y、z 轴中任意一个旋转 120°。物体中 n 最大的轴是主轴。图 7.1 显示了 C_2 旋转（180°）。

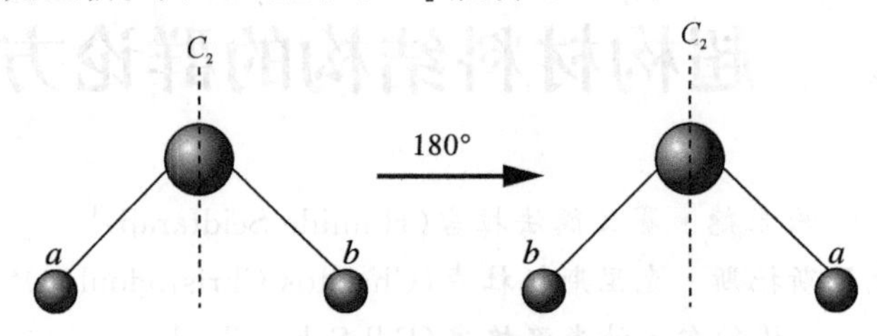

图 7.1　双重旋转 C_2

(3)反射/镜像平面(σ):当通过镜面的反射保留了物体的几何形状时，可称其具有镜面对称性。如果镜面包含主旋转轴，则称其为垂直镜面 σ_v，而垂直于主轴的镜面则被称为水平镜面 σ_h。图 7.2 显示了镜像平面如何使分子具有相同的几何形状。

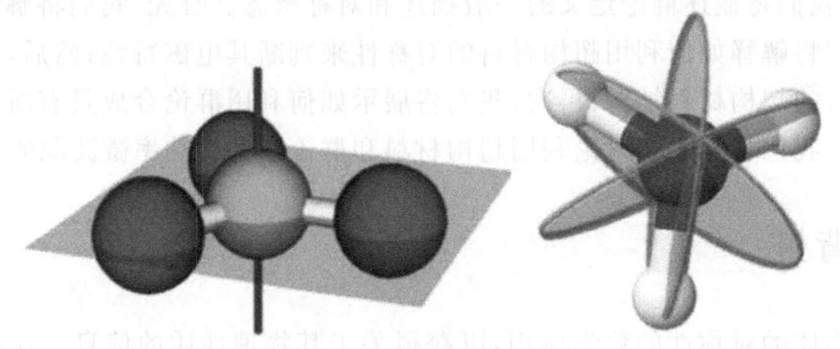

图 7.2　反射/镜像平台

(4)反转(i):如果物体通过一个点反射时其几何形状不变，则该物体有一个反转中心。反转点是对称元素。图 7.3 显示了应用在分子上的反转对称元素。

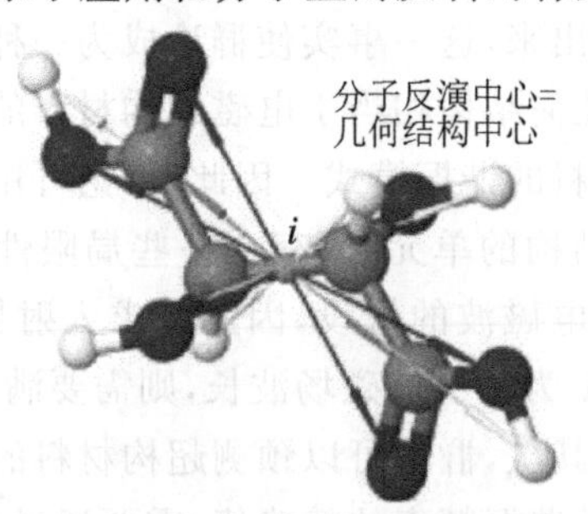

图 7.3　分子反转中心和对称性

(5)不当的 n 倍旋转 (S_n):此为两个连续操作的组合，首先是适当旋转 C_n，然后是反射 σ_h，此被称为不当的旋转。图 7.4 显示了镜面反射平面在进行 C_4 旋转(90°旋转)之后，分子保持不变。

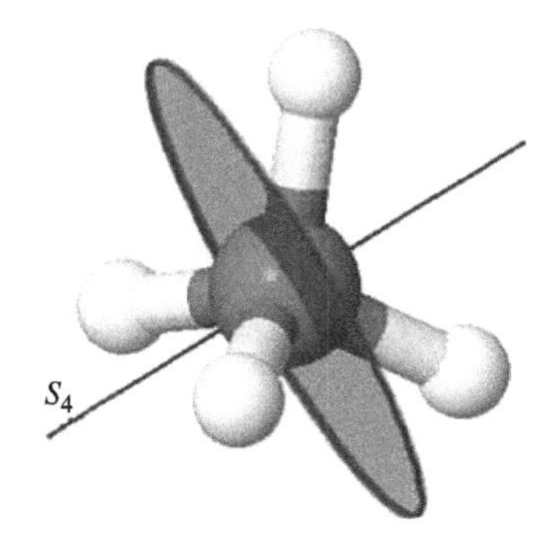

图 7.4　S_4 旋转（C_4 加 σ_h 镜像平面）

7.1.2　对称点群

任何结构/分子/超构材料都可以根据其所拥有的对称元素集进行分类。一个分子的对称元素的集合形成了它的“点群”。图 7.5 给出了定义任意超构材料结构点群的流程图[3-4]。

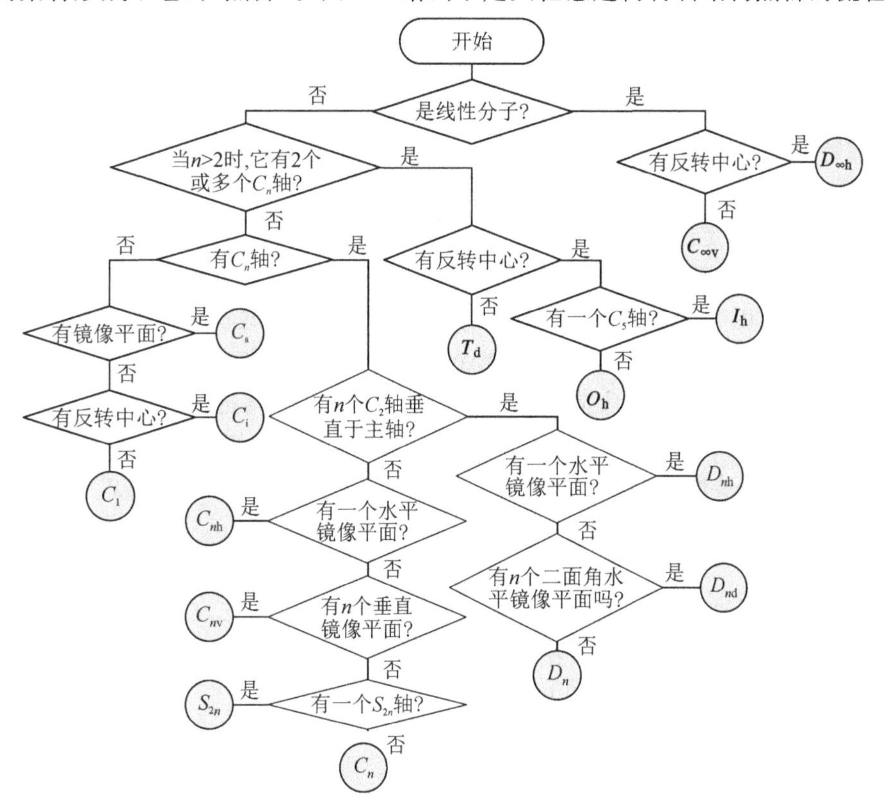

图 7.5　用于查找超构材料的对称群的决策图

7.1.3　字符表

一个字符表总结一个点群的所有信息，包括它的对称操作和不可约表示。其为一个方阵，包含对应点群中的所有对称性。字符表是正方形的，因为不可约表示的数量等于对称操作的类别数。该表显示了当应用特定对称操作时，特定不可约表示如何变换。

表 7.1 给出了一个字符表的示例。表的第一列（$\boldsymbol{A}$、$\boldsymbol{B}_1$、$\boldsymbol{B}_2$、$\boldsymbol{B}_3$）给出了不可约表示符号。其中每个都是一个向量，例如 $\boldsymbol{B}_1=(1,1,-1,-1)$ 为不可约表示向量。其为正交的、线性无关的基向量，并形成结构的基模式。超构材料/分子的任何模式（可约表示）都可以写成这些基模式的线性组合。关于字符表如何计算的更多细节，参见文献[5]。

表 7.1 D_2 点群的字符表

不可约表示符号	E	$C_2(z)$	$C_2(y)$	$C_2(x)$	线性，旋转	二次项
$\boldsymbol{A}$	1	1	1	1		x^2,y^2,z^2
$\boldsymbol{B}_1$	1	1	−1	−1	z,R_z	xy
$\boldsymbol{B}_2$	1	−1	1	−1	y,R_y	xz
$\boldsymbol{B}_3$	1	−1	−1	−1	x,R_x	yz

188

7.2 基于群论的超构材料分析

在本节中，我们提出了一种用群论逐步预测超构材料结构的电磁行为的方法。用群论分析特定结构的情况，在这里称为“正问题”方法。在后面几节中，我们将展示如何根据所需的电磁频谱特性（包括作为“逆问题”的特定介电常数和磁导率张量）使用群论来构建超构材料结构。

首先，对于一个特定的超构材料几何结构，我们可以找到它的对称操作，并确定超构材料对称点群的对称性。我们已采用了一种方法来寻找任何结构的对称点群，具体步骤如图 7.5 所示。其次，使用字符表可以确定在给定的超构材料中哪些模式和电磁行为是可能的。虽然字符表提供了潜在的可用模式，但不能保证这些模式都是工作模式。最后，在超构材料结构上确定一组“基电流”。一旦定义了“基电流”，便再次对其进行对称操作，以定义主电流，这里称之为“不可约基电流”。结构上任何可能存在的电流都可以写成不可约基电流的线性组合。基于这些线性组合，可以从一组潜在模式中确定可能的工作模式[3-4]。

189

7.2.1 用群论分析开口谐振环的行为

开口谐振环的几何形状如图 7.6 所示。该开口谐振环有 $\{E,C_2(z),C_2(x),\sigma_{xy},\sigma_{xz}\}$ 对称操作集合。图 7.7 显示开口谐振环有 4 种对称操作，分别用 $\{E,C_2(z),C_2(x),\sigma_{xy},\sigma_{xz}\}$ 来描述。从图 7.7 可以看出，其属于 $C_{2\mathrm{v}}$ 点群。

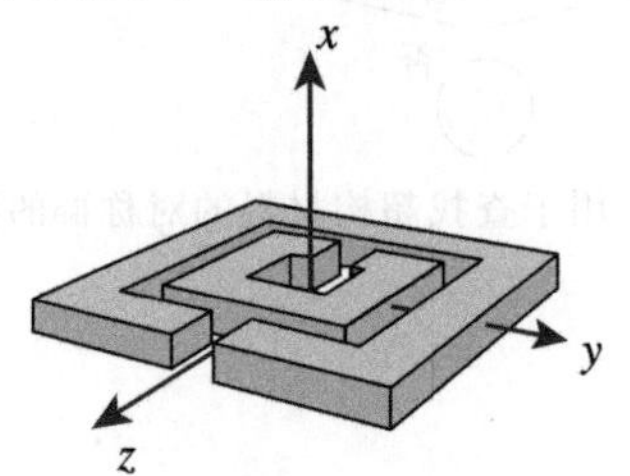

图 7.6 开口谐振环几何结构

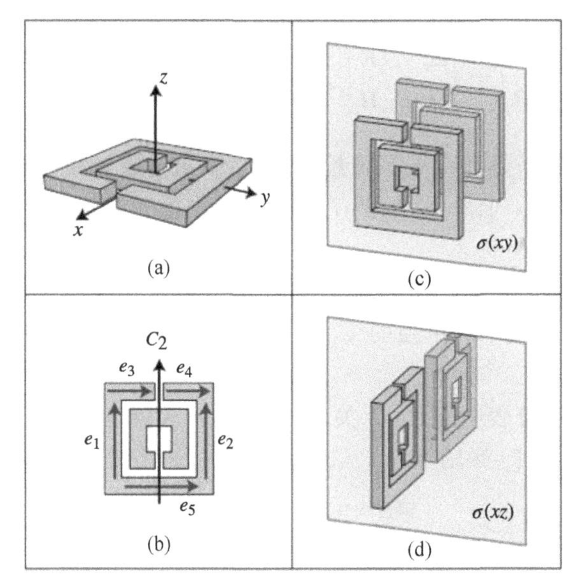

图 7.7　基本开口谐振环及其对称操作：(a)开口谐振环单元；(b)具有二重旋转的单元；(c)沿 xy 方向具有反射镜像的单元；(d)沿 xz 方向具有反射镜像的单元

C_{2v} 点群的字符表见表 7.2。

表 7.2　C_{2v} 点群的字符表

不可约表示符号	E	$C_2(z)$	$C_2(y)$	$C_2(x)$	线性，旋转	二次项
$\boldsymbol{A}_1$	1	1	1	1	z	x^2, y^2, z^2
$\boldsymbol{A}_2$	1	1	−1	−1	R_z	xy
$\boldsymbol{B}_1$	1	−1	1	−1	x, R_y	xz
$\boldsymbol{B}_2$	1	−1	−1	1	y, R_x	yz

7.2.1.1　群论原理

表 7.2 中的第一列列出了 C_{2v} 点群的不可约表示符号，通常称之为穆利肯(Mulliken)符号。每个符号的不可约表示是其后面的向量(1 s 和−1 s)。从电磁的角度来看，表中的每一行代表一个超构材料模式。任意两个模式向量都是正交的、线性独立的，并且形成结构的基模式。第一行定义了超构材料的对称操作。最后两列包含与该行中的不可约表示等效的线性和二次项，并包含基向量。这些向量可以激励该行中的模式符号。基向量由字符表的对称操作转换，并用于确定每个模式的基向量。例如，从表 7.2 可以预测，模式 $\boldsymbol{A}_1$ 需要以电场强度 E_z 激发，而模式 $\boldsymbol{B}_1$ 可以由 E_x 或 H_y 激发。根据麦克斯韦方程组，电场强度与电流呈线性(平行)，因此在字符表中，当最后两列中有 $r=\{x, y$ 或 $z\}$ 时，这意味着不可约表示(模式)可以由 $\boldsymbol{E}_r=\{E_x, E_y$ 或 $E_z\}$ 激发。类似地，磁场强度与电流同轴，在电流回路中，磁场垂直于电流平面，所以磁场在旋转 $R_r=\{R_x, R_y$ 或 $R_z\}$ 下变换。因此，为了激发 R_r 模式，在该行中，需要一个 r 方向的磁场[6]。

190

材料中的电/磁通密度与电/磁场强度之间的关系通过以下张量方程(7.1)表示：

$$\begin{bmatrix} \boldsymbol{D} \\ \boldsymbol{B} \end{bmatrix} = \begin{bmatrix} \boldsymbol{\varepsilon\xi} \\ \boldsymbol{\zeta\mu} \end{bmatrix} \begin{bmatrix} \boldsymbol{E} \\ \boldsymbol{H} \end{bmatrix}，其中\ \boldsymbol{\varepsilon} = \begin{bmatrix} \varepsilon_{xx} & \varepsilon_{xy} & \varepsilon_{xz} \\ \varepsilon_{yx} & \varepsilon_{yy} & \varepsilon_{yz} \\ \varepsilon_{zx} & \varepsilon_{zy} & \varepsilon_{zz} \end{bmatrix} \tag{7.1}$$

这里，$\boldsymbol{\varepsilon}$ 和 $\boldsymbol{\mu}$ 为介电常数张量和磁导率张量，$\boldsymbol{\xi}$ 和 $\boldsymbol{\zeta}$ 表示电通量和磁通量之间交叉关系的磁电张量。电磁本构张量有 4 个象限，如图 7.8 所示。张量元素以如下方式对应于超构材料本构元素：

(1)对角元素 ε 由独立变量 r（r 可以是 x、y 或 z，表示线性模式）表示。例如，如果超构材料的字符表中的一个模式中有单独的 y，则该模式为工作模式，预期超构材料在 E_y 激励下 $\varepsilon_{yy} < 0$。

(2)对角线项 μ 与字符表中的 R_r 无关（r 可以是 x、y 或 z）。因此，如果模式处于工作状态，则预期超构材料在 H_z 激励下 $\mu_{zz} < 0$。

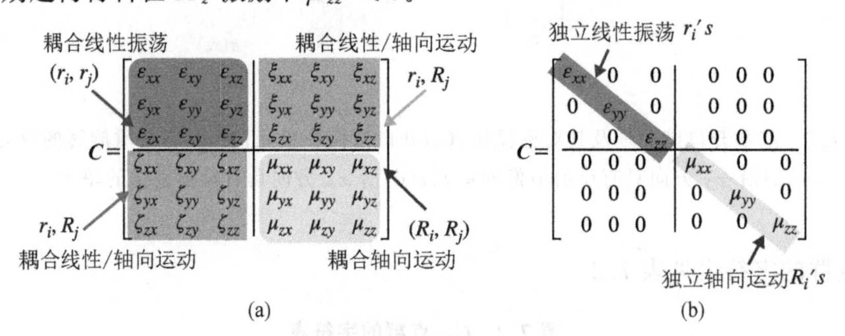

图 7.8 (a)电磁本构张量的 4 个象限；(b)文献[6]中的字符表中电磁本构张量对应的线性和轴向项（资料来源：Reinke et al[6]）

191 (3)(r_i,r_j)和(R_i,R_j)分别表示非对角线 ε 和 μ 元素，其中 $i \neq j$。它们是同步且耦合模式。例如，从结构字符表中的 (x,y) 可以推断，在 E_x 激励下 $\varepsilon_{xx} < 0$、$\varepsilon_{xy} < 0$、$\varepsilon_{yx} < 0$，而 $\mu_{yy} < 0$ 则需要 E_y 激发。

(4) r_i、r_j 或 R_i、R_j 项(无括号)是同步但不耦合模式(其为独立模式)。x、y 仅显示 $\varepsilon_{xx} < 0$ 或 $\mu_{yy} < 0$，具体取决于激场方向。

(5) r_i、R_j 表示 $\boldsymbol{\zeta}$ 和 $\boldsymbol{\xi}$ 的元素。y、R_x 项处于工作模式，当 E_y 激励时显示 $\varepsilon_{yy} < 0$，$\zeta_{xy} < 0$。需要再次强调的是，群论可以预测超构材料的整体电磁行为，但不能预测谐振频率、磁导率或介电常数的精确值。任何特定开口谐振环的这些参数值，都是其尺寸的函数。精确的参数值可以通过全波电磁模拟提取，并使用散射参数获取电磁特性。张量的精确值不能由群论确定，只能通过模拟计算，并且取决于材料尺寸和几何形状。此外，如果互易性在一个结构中成立，则一定满足 $\boldsymbol{\xi}^{\mathrm{T}} = -\boldsymbol{\zeta}$。

7.2.1.2 开口谐振环中的基电流

如前所示，字符表仅给出了超构材料的潜在模式。为了找到结构的谐振工作模式，首先必须定义一组可以在单元结构上流动的基电流。电流集是结构上可以支持的所有可能的电流矢量。图 7.9 显示了开口谐振环的基电流矢量。这些电流矢量的方向选择是任意的。

字符表中 C_{2v} 的对称操作应用于选定的电流集。在图 7.9 中，可以看到电流集如何受到每个对称操作的影响。对于每个对称操作，可能出现以下三种情况：

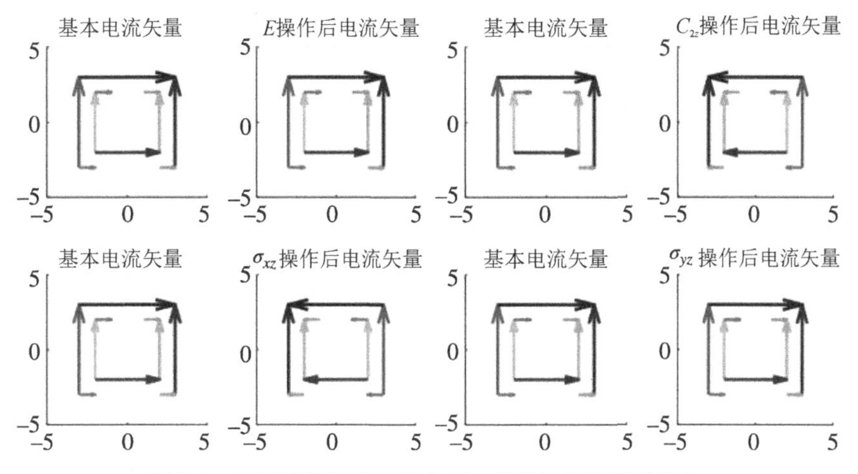

图 7.9　开口谐振环基电流在 C_{2v} 点群操作集下的行为。
z 轴为垂直方向，x 轴为水平方向，y 轴为垂直于页面方向

(1)如果进行对称操作后，基本电流矢量具有相同方向和相同位置，则为该电流矢量分配一个“+1”。

(2)如果电流矢量映射到其相反方向并保持其位置，则为该电流矢量分配一个“−1”。

(3)如果在应用对称操作后电流没有保持在同一位置，则为其分配“0”。

192

对于每个对称操作，将 1、−1 和 0 相加以形成该对称操作的字符编号。例如，由于恒等运算 (E) 使每个电流保持在相同的位置和方向，则每个电流的字符为 +1，因此恒等运算的字符数总是等于当前的数量。

对于 $C_2(z)$ 中的适当轴向旋转，基电流 e_9 和 e_{10} 被映射至它们的相反符号，因此字符 $C_2(x) = -2$ 等。根据上述步骤，基电流的特征如图 7.9 所示。

开口谐振环上所选基电流的字符如表 7.3 所示。

表 7.3　开口谐振环上所选基电流的特性

对称操作	E	$C_2(z)$	$\sigma_v(xz)$	$\sigma_h(yz)$
字符 (χ)	10	−2	−2	10

如前所述，任何向量，包括基电流字符 $\boldsymbol{\chi} = (10, -2, -2, 10)$，都可以写成基本不可约表示的线性组合。应用正交性定理[7]的概念，可以确定线性组合中每个不可约表示的系数 a_m 为

$$a_m = \frac{1}{h}\sum_i n_i \chi(i) \chi_m(i) \tag{7.2}$$

其中，h 为点群中的对称操作数，n_i 是每个类 i 中的对称操作数，$\chi(i)$ 为每个类 i 中的可约表示的字符，$\chi_m(i)$ 为每个类 i 中的不可约表示的字符。

$$\boldsymbol{\chi} = (10, -2, -2, 10) = 2 \times [2 \times (1,1,1,1) + 3 \times (1, -1, -1, 1)]$$

因此，归一化工作模式可以写成如下形式：

$$\boldsymbol{\Gamma} = 2\boldsymbol{A}_1 + 3\boldsymbol{B}_2 \tag{7.3}$$

开口谐振环设计的模式是通过应用对称操作得到的：

$$\begin{bmatrix}\phi'(\boldsymbol{A}_1)\\ \phi'(\boldsymbol{A}_2)\\ \phi'(\boldsymbol{B}_1)\\ \phi'(\boldsymbol{B}_2)\end{bmatrix}=\begin{bmatrix}1&1&1&1\\1&1&-1&-1\\1&-1&1&-1\\1&-1&-1&1\end{bmatrix}\times\begin{bmatrix}e_1&e_2&e_3&e_4&e_5&e_6&e_7&e_8&e_9&e_{10}\\e_2&e_1&-e_4&-e_3&-e_5&e_7&e_6&-e_9&-e_8&-e_{10}\\e_2&e_1&-e_4&-e_3&-e_5&e_7&e_6&-e_9&-e_8&-e_{10}\\e_1&e_2&e_3&e_4&e_5&e_6&e_7&e_8&e_9&e_{10}\end{bmatrix}$$

事实上，存在两种不同的工作模式，意味着这两种模式同时有效，但出现的频率不同。

考虑 C_{2v} 点群的字符表，我们看到沿 z 方向偏振的电场矢量变换为 $\boldsymbol{A}_1$，y 偏振光方向变换为 $\boldsymbol{B}_2$ 对称。函数 R_α 表示围绕 α 轴旋转，其中 $\alpha=x,y,z$。因此，沿 x 方向极化的磁场(轴向)矢量也变换为 $\boldsymbol{B}_2$ 对称。在图 7.10 中，我们总结了开口谐振环的方向以及磁导率和193介电常数。

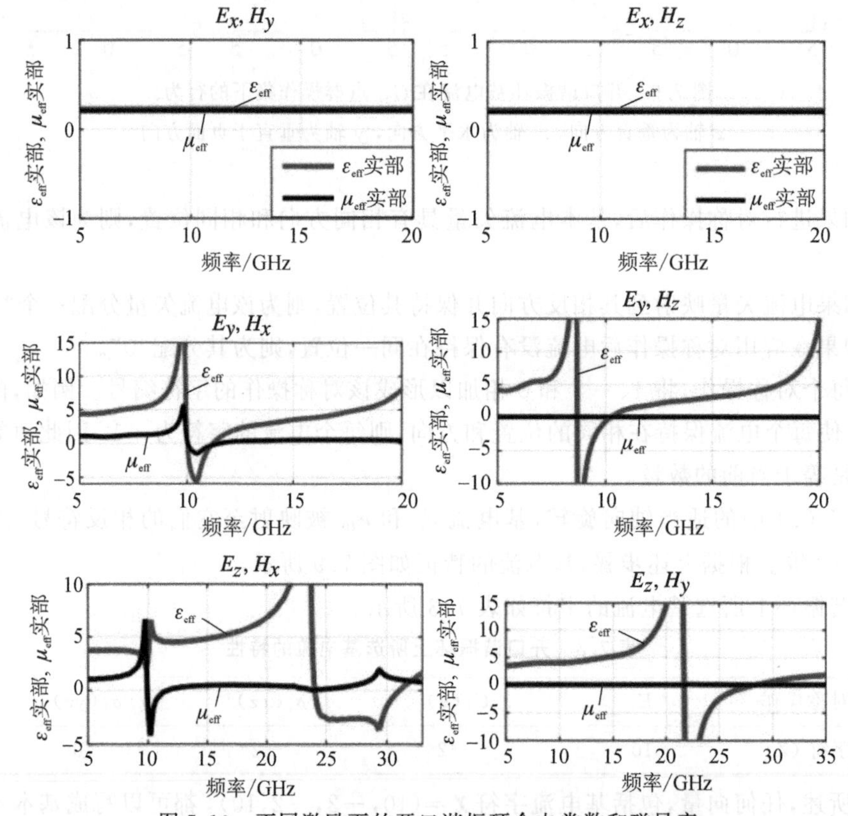

图 7.10　不同激励下的开口谐振环介电常数和磁导率

对于上述对称性和基电流集，$\boldsymbol{\Gamma}=2\boldsymbol{A}_1+3\boldsymbol{B}_2$，只有两个活跃模式，不能激发其他模式。

情况(1)：(E_x，H_y)，通过研究 C_{2v} 字符表可知，对于这个对称群和这组电流，这两个场只能激发 B_1 模式，而不会激发任何其他模式。

情况(2)：(E_x，H_z)，使用 C_{2v} 字符表，这两个场只能激发 $\boldsymbol{A}_2$ 模式 或 $\boldsymbol{B}_1$ 模式，而不会激发任何其他模式。

情况(3)：(E_y，H_x)，考虑到 C_{2v} 字符表，这两个场可以激发该结构中的模式。

情况(4)：(E_y，H_z)，从 C_{2v} 字符表中可以看出，E_y 可以激发该结构中的 $\boldsymbol{B}_2(y, R_x)$ 模式，而 H_z 可以激发结构中的 $\boldsymbol{A}_2(z)$ 模式。

情况(5)：(E_z，H_x)，E_z 可以激发结构中的 $\boldsymbol{A}_1(z)$ 模式，而 H_x 可以激发结构中的

$\boldsymbol{B}_2(y, R_x)$ 模式。

从 $\boldsymbol{\Gamma}=2\boldsymbol{A}_1+3\boldsymbol{B}_2$ 中可以看出，$\boldsymbol{A}_1$ 模式和 $\boldsymbol{B}_2$ 模式都是谐振模式，因此可以预测 ε_{zz}、μ_{xx} 和 ξ_{yz} 是活跃的。因为它们是不同的模式，并且它们的谐振和频率范围并不一致。从图 7.10 可以看到，ε_{zz} 仅在某些频率范围（约 24 GHz）为负。由于超构材料的尺寸为 $d=2.5$ mm，当最大尺寸满足 $d \leqslant \lambda/5$，也即 $f_{\max} \leqslant c/(5d)$，即最大频率 $f_{\max} \leqslant 24$ GHz，群论码和检索码都是有效的。

情况(6)：(E_z, H_y)，E_z 可以激发结构中的 $\boldsymbol{A}_1(z)$ 模式，而 H_y 可以激发结构中的 $\boldsymbol{B}_1(x, R_y)$ 模式。在这两种模式中，只有 $\boldsymbol{A}_1$ 模式是工作模式；因此可以预测 ε_{zz} 能存在于电磁本构参数检索/提取中。基于前面的情况，我们预计会出现以下谐振行为：ε_{zz} 出现在更高的频率（如图 7.10 所示）。 194

7.3　用群论求解逆问题

群论在处理逆问题方法时非常强大，在逆问题方法中，可以设计超构材料单元的几何结构以产生所需的电磁本构张量。图 7.11 中的流程图显示了基于任何所需的 $\boldsymbol{\varepsilon}$、$\boldsymbol{\mu}$、$\boldsymbol{\xi}$、$\boldsymbol{\zeta}$ 张量设计拓扑超构材料的逆问题过程。

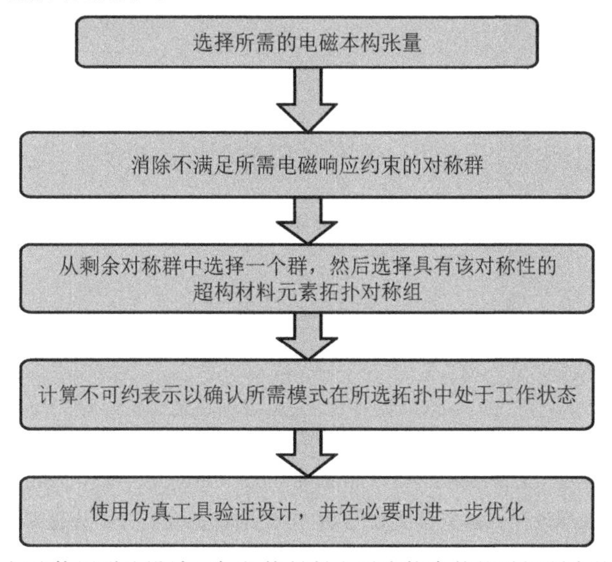

图 7.11　概述使用群论设计目标超构材料电磁本构参数的逆问题步骤的流程图

首先，在张量矩阵中，我们选择希望具有非零值的元素。工作张量元素揭示了所需电磁相互作用的形式，必要的电磁相互作用决定了超构材料字符表中的线性项和轴向项。其次，我们选择最简单的对称群，该对称群包括所需的线性项和轴向项。由此我们可以设计具有任何指定对称操作集的超构材料。本章中使用的程序基于遗传算法，可用于设计具有所需对称操作的结构。7.4 节将详细解释实际使用的方法。最后，为了验证目标超构材料模式是工作模式，按照前面解释的过程计算超构材料的不可约表示。如果所需模式未被激活，则需要修改超构材料以激活所需模式。 195

7.4 设计理想的超构材料

理想超构材料，在此定义为：在相同频率范围内具有负介电常数和负磁导率的无磁光响应的超构材料。

在文献[8]中，作者提出了一种超构材料结构，声称在相同频率范围内同时具有负磁导率和负介电常数，即一种负折射率材料。在该论文中，作者表明设计的是各向同性的3D超构材料（无磁光响应）。在这里，我们使用群论分析了文献[8]中提出的超构材料，发现其不具有负折射率，而我们会针对在完全相同频率下具有负介电常数和负磁导率的材料提出一种替代设计。

从群论的角度来看，这意味着超构材料单元应该属于一个群，该群具有线性基函数和轴向基函数。这两种基函数出现在不同的不可约模式中，以确保二者不耦合，且都满足 $\boldsymbol{\xi}=\mathbf{0}$ 和 $\boldsymbol{\zeta}=\mathbf{0}$。因此，该材料不具有磁光响应。但是线性模式（电模式）和轴向模式（磁模式）以不同的不可约模式发生，意味着它们以不同的频率发生。所以这是一个挑战。图 7.12 展示了文献[8]中提出的互补超构材料。图中，矩形周边的浅灰色区域代表结构的金属部分，而中央圆形灰色区域表示该部分是开放的（空气）。

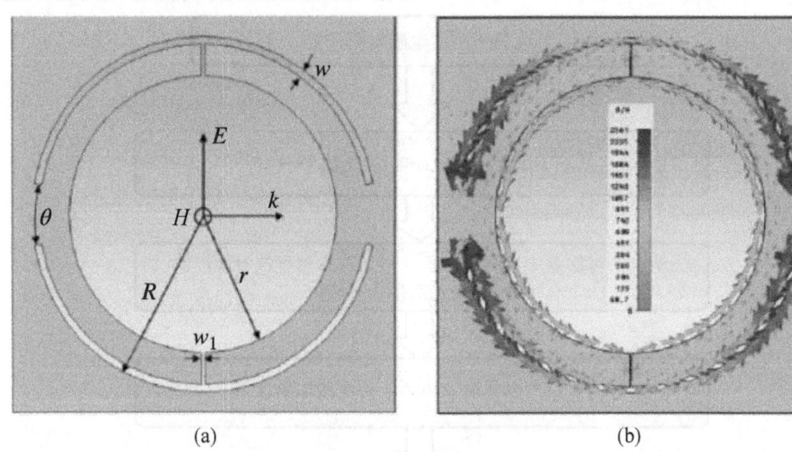

图 7.12 (a) $R=4.5$ mm、$r=3.5$ mm、$w=0.15$ mm、$w_1=0.05$ mm、$\theta=20$ 的互补开口谐振环设计；(b)来自文献[8]的 9.9 GHz 的互补开口谐振环的电流密度（资料来源：Zhang et al[8]）

7.5 使用群论提出的新结构

根据图 7.12，如果电场和磁场方向为（E_y，H_z，K_x），则该结构的对称操作为 E、$C_2(z)$、$C_2(y)$、$C_2(x)$、i、σ_{xy}、σ_{xz}、σ_{yz}。了解对称操作，我们就能够将所提出的几何结构分类归属于 D_{2h} 点群。该点群的字符表见表 7.4。

表 7.4 D_{2h} 字符表

	E	$C_2(z)$	$C_2(y)$	$C_2(x)$	i	σ_{xy}	σ_{xz}	σ_{yz}	线性,旋转	二次项
$\boldsymbol{A}_g$	1	1	1	1	1	1	1	1		x^2,y^2,z^2
$\boldsymbol{B}_{1g}$	1	1	−1	−1	1	1	−1	−1	R_z	xy
$\boldsymbol{B}_{2g}$	1	−1	1	−1	1	−1	1	−1	R_y	xz
$\boldsymbol{B}_{3g}$	1	−1	−1	1	1	−1	−1	1	R_x	yz
$\boldsymbol{A}_u$	1	1	1	1	−1	−1	−1	−1		
$\boldsymbol{B}_{1u}$	1	1	−1	−1	−1	−1	1	1	z	
$\boldsymbol{B}_{2u}$	1	−1	1	−1	−1	1	−1	1	y	
$\boldsymbol{B}_{3u}$	1	−1	−1	1	− 1	1	1	−1	x	

用7.2节和7.3节介绍的群论原理以及D_{2h}点群的字符表,在激发$\boldsymbol{B}_{2g}$和$\boldsymbol{B}_{1u}$模式的情况下,同时在(E_y,H_z,k_x)场激励下,本构张量具有式(7.4)中的矩阵形式。然而,由于$\boldsymbol{B}_{g2}$和$\boldsymbol{B}_{1u}$是两种不同的模式,我们预计这种超构材料在频率f_1时$\varepsilon_{yy}<0$,在频率f_2时$\mu_{zz}<0$,其中$f_1 \neq f_2$。此外,根据字符表,超构材料是各向同性的,没有磁电效应。

$$\begin{bmatrix} \boldsymbol{\varepsilon} & \boldsymbol{\xi} \\ \boldsymbol{\zeta} & \boldsymbol{\mu} \end{bmatrix} = \begin{bmatrix} 0 & 0 & 0 & 0 & 0 & 0 \\ 0 & \varepsilon_{yy} & 0 & 0 & 0 & 0 \\ 0 & 0 & 0 & 0 & 0 & 0 \\ 0 & 0 & 0 & 0 & 0 & 0 \\ 0 & 0 & 0 & 0 & 0 & \mu_{zz} \end{bmatrix} \tag{7.4}$$

为了找到设计的模式,结构的基电流矢量以结构方形上电流段的形式表示,如图7.13所示,然后,将D_{2h}点群的字符表的每个对称操作应用于基电流。该过程如图7.11所示。使用7.4节中解释的程序,可获得表7.5中所示的基准基。

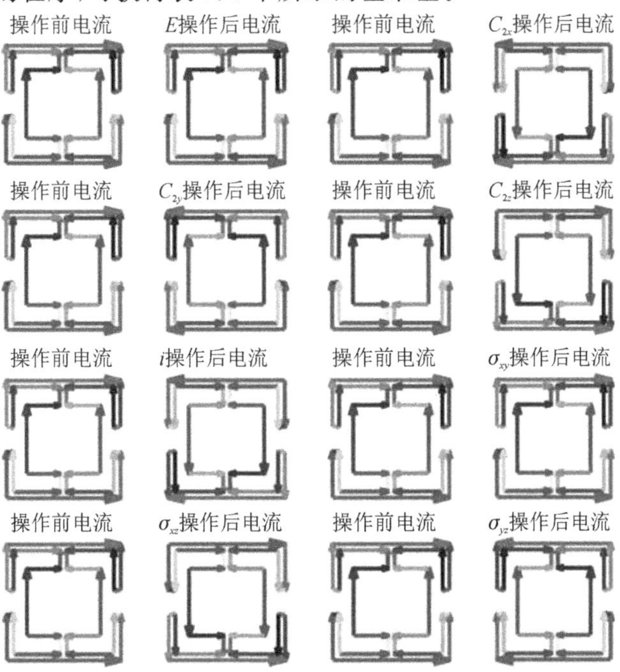

图7.13 D_{2h}群对称元素下超构材料单元基电流的行为

表 7.5 互补超构材料的基电流特性

对称性	E	$C_2(z)$	$C_2(y)$	$C_2(x)$	i	σ_{xy}	σ_{xz}	σ_{yz}
字符(χ)	28	0	−2	−2	0	28	−2	−2

然后,使用正交性定理,可以推导出以下工作模式的线性组合来描述该基集的特性:

$$\boldsymbol{\Gamma} = 6\boldsymbol{A}_{\mathrm{g}} + 8\boldsymbol{B}_{1\mathrm{g}} + 7\boldsymbol{B}_{2\mathrm{u}} + 7\boldsymbol{B}_{3\mathrm{u}} \tag{7.5}$$

因此,由字符表可知,从$\boldsymbol{\Gamma}$获得的工作模式($\boldsymbol{A}_{\mathrm{g}}$、$\boldsymbol{B}_{1\mathrm{g}}$、$\boldsymbol{B}_{2\mathrm{u}}$和$\boldsymbol{B}_{3\mathrm{u}}$),对于激励场$E_y$和$H_z$,我们可以看到$\varepsilon_{yy}<0$和$\varepsilon_{zz}<0$。然而,这些不会发生在相同的频率下。图 7.14 所示的结果证实没有负折射率现象。

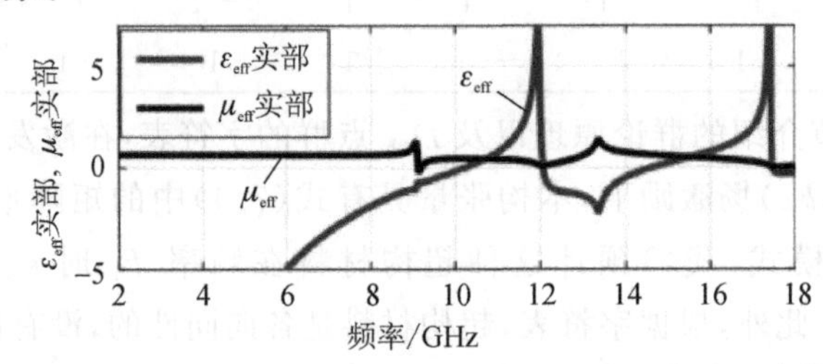

图 7.14 不同频率下的超构材料负磁导率和负介电常数

197 7.6 各向同性负折射率材料的设计

之前,在开口谐振环分析部分,我们证明了在E_y和H_x作为场激励时,开口谐振环可以同时具有负磁导率和负介电常数,但它们也具有双各向异性(磁电响应),而这种磁电响应是不希望存在的。在文献[9]中,帕迪利亚(Padilla)提出了一些具有负磁导率且无磁光行为的单元结构,然而,他未能成功设计出负折射率材料。在文献[1]中,基于群论的系统方法被用于设计各向同性磁性超构材料,但同样仅适用于具有负磁导率的材料。我们在这里设计了一种各向同性负折射率超构材料,并将其用于高功率微波源的设计。

198 在 7.5 节中,我们证明了任何各向同性材料本身不能在相同频率下显示双负超构材料行为,因为各向同性要求模式是分离的,并且分离的模式是指不同频率下的负磁导率和负介电常数。因此,设计各向同性的负折射率超构材料仍然是一个挑战。而且,这里所提出的超构材料也需要易于生产制造。这一矛盾的解决方案是非均匀超构材料。如前所述,对于各向同性超构材料,负介电常数和负磁导率出现在不同频率,因此,如果每隔一个超构材料单元,其尺寸按比例增大/减小,那么此超构材料就可以被设计成在相同频率下显示负磁导率和负介电常数。我们将此超构材料视为不同的超构材料。

由于我们研究的主要目标是设计应用于高功率微波的超构材料,因此我们专注于无电介质衬底的互补超构材料。由于击穿问题,电介质无法在高功率微波环境中“存活”。

图 7.15 为提出的一个单元结构。该结构属于$D_{2\mathrm{h}}$群(见表 7.4),对称操作下的基电流如图 7.13 所示。因此,其工作模式将是

$$\boldsymbol{\Gamma} = 6\boldsymbol{A}_{\mathrm{g}} + 8\boldsymbol{B}_{1\mathrm{g}} + 7\boldsymbol{B}_{2\mathrm{u}} + 7\boldsymbol{B}_{3\mathrm{u}} \tag{7.6}$$

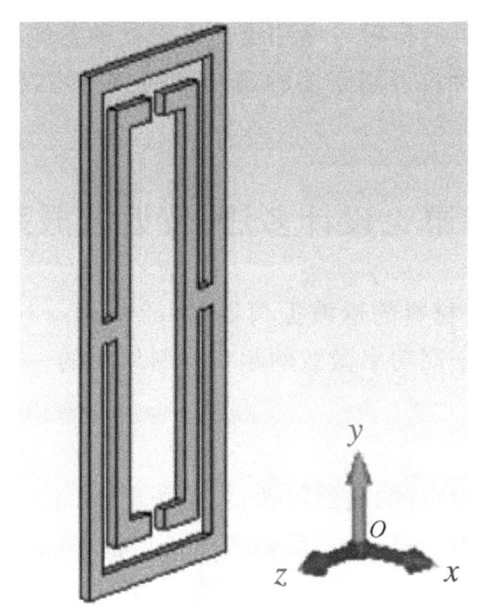

图 7.15　带状各向同性负折射率超构材料单元

图 7.16 显示了所提出的超构材料的本构电磁参数。

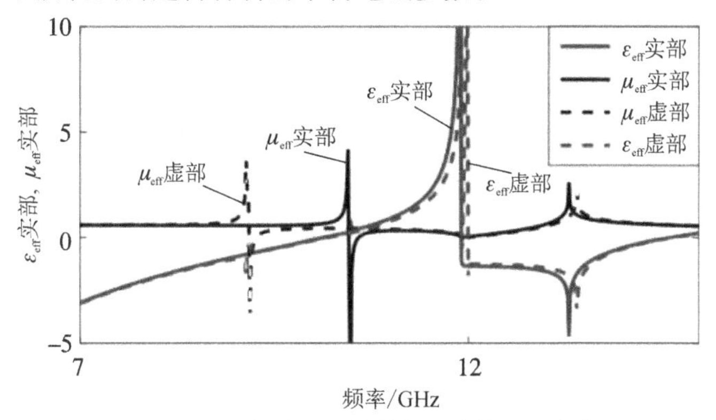

图 7.16　所提出的超构材料的本构电磁参数

图 7.16 所示的结果表明，将两种不同的超构材料组合在一起(见图 7.17)，可以将负磁导率和负介电常数区域调整为相同频率范围。 199

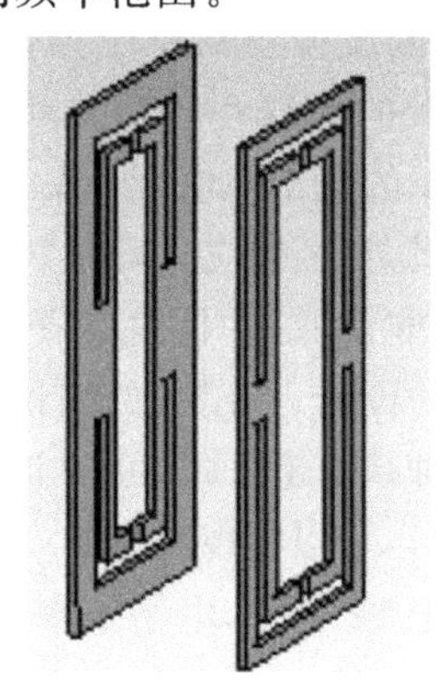

图 7.17　两个各向同性的负折射率超构材料单元结构(可以将负介电常数和负磁导率区域调整为在同一频率范围内)

这是业内首次提出同时具有负磁导率和负介电常数的各向同性(无磁电效应)负折射率超构材料。这种类型的超构材料可用于多种高功率微波应用,特别是在新型高功率微波源的设计中。

7.7 使用超构材料和群论设计多注-波返波振荡器

下面,我们介绍基于超构材料的返波振荡器(backward wave oscillator,BWO)的设计,以此作为使用群论设计应用于高功率微波的超构材料结构的一个例子。

7.7.1 简介和动机

如第1章所述,超构材料独特的电磁特性,如负折射率(negative index of refraction)、反向多普勒效应(reversed Doppler effect)、反向切连科夫辐射(reversed Cherenkov radiation,RCR)等,在天线设计、隐身、太赫兹辐射、加速器应用、相干微波产生和基于超构材料的真空电子器件(vacuum electron device,VED)[10-14]等方面的应用已引起了广泛关注。

本节主要研究超构材料在新一代真空电子器件的高功率微波中的应用。我们使用群论,得到了新的超构材料设计。此超构材料与穿过它的电子注耦合并产生射频功率。该器件的行为类似于返波振荡器的慢波结构(slow wave structure,SWS)的行为。

我们使用PIC(particle-in-cell,网格中粒子)模拟来研究所设计的返波振荡器性能。结果表明,所设计的返波振荡器在外加电压$U=440$ kV、电子注电流$I=250\text{A}\times4=1$ kA、静磁场磁感应强度$B=1.5$ T的情况下,其辐射功率$P=120$ MW,工作下频率$f=3.4$ GHz,效率$\eta=23\%$。

200

7.7.2 超构材料设计

文献[15]~[19]报告了使用超构材料设计产生微波的真空电子器件。在文献[14]中,研究者设计了一种基于超构材料的微波器,其具有互补开口谐振环(complementary-SRR,CSRR)以提供负介电常数,并激发TM模式与高功率电子注互作用。模拟结果表明,在250 ns后,返波振荡器输出功率为5.75 MW,效率为14%。由此可见,该基于超构材料的返波振荡器[14]存在输出功率低和响应非常慢(响应时间250 ns)的问题。

文献[19]中报告的O型高功率微波振荡器基于类似的微波结构想法。该微波结构由低于截止频率的圆形波导和反向放置的负载开口谐振环慢波结构组成。该文献中报告,对于400 kV的外加电子注电压、4.5 kA的电子注电流和2 T的引导轴向磁场强度,其可以实现240 MW的输出功率和15%的效率。此外,其响应时间为10 ns,比文献[14]中报告的250 ns的响应时间快得多。然而,该设计的效率非常低,并且输出模式类似TE_{21}的混合模式(不是纯模式),这对于我们当前研究所要达到的设计、应用目的来说,是不切实际的。

在文献[18]中,研究者提出了一种基于超构材料的S波段返波振荡器。模拟结果表明,对于电压为240 kV和电流为35 A的电子注,可以实现高达90%的效率和4.5 MW的峰值输出功率,同时,最大输出饱和峰值功率大于12 MW,电子效率为65%。文献[18]提出的设计虽然具有良好的效率,但仍存在输出功率(约10 MW)低和响应非常慢(响应时间100 ns)的问题。

在本节中，我们的目标是设计一种快速响应的高效返波振荡器，通过多注互作用优化电子注与超构材料慢波结构的耦合。其适用于非体积式返波振荡器的设计，同时可以增加电子注与慢波结构负载的互作用。为此，我们提出了一种特殊的结构，包括许多超构材料金属板，这些金属板在轴向上具有周期性，并且在方位角向上重复排布。与文献[14]、[18]和[19]不同，本例中基于超构材料的返波振荡器不是基于截止频率的波导，所设计的超构材料结构负责同时提供负介电常数和负介磁导率。模拟表明，设计的 4 电子注返波振荡器具有 440 kV 的电子注电压和 250 A 的电子注电流(共 1 kA)，功率 105 MW，上升时间约 50 ns。

这里，我们通过引入多电子注，改善了电子注和超构材料之间的互作用，从而提高了峰值功率和效率。

如本书第 1 章和其他章节所述，超构材料是支持反向切连科夫辐射和返波传播的人工周期结构。返波振荡器加载波导的奇异特性之一是在引导结构内相速度降低。除负折射率之外，这种特性使超构材料成为研究其与电子注互作用以产生反向切连科夫辐射的重要候选材料。由于我们着重关注高功率微波的产生，传统的带有电介质衬底的超构材料不适用于高功率微波应用，而超构材料薄(约 0.01 mm)金属贴片在高功率微波环境中容易变形，因此，此处提出的超构材料是厚度大于 1 mm 的全金属互补结构。

在此之前，我们讨论了具有负折射率的全金属各向异性超构材料。在本节中，我们重点研究圆形波导的色散特性。我们在轴向上径向加载了 12 个周期的超构材料板。

每个单元结构是一对平行板，其中一个平板提供负介电常数，另一个平板提供负磁导率。每个单元结构对连接到圆形波导的内壁，并以 90°在角向上重复，因此，每个单元结构中有 4 对互补型开口谐振环板。单元结构配置如图 7.18 所示。表 7.6 给出了这里所设计的超构材料的物理尺寸。加载了设计的超构材料的同轴波导的单元结构如图 7.19 所示。　201

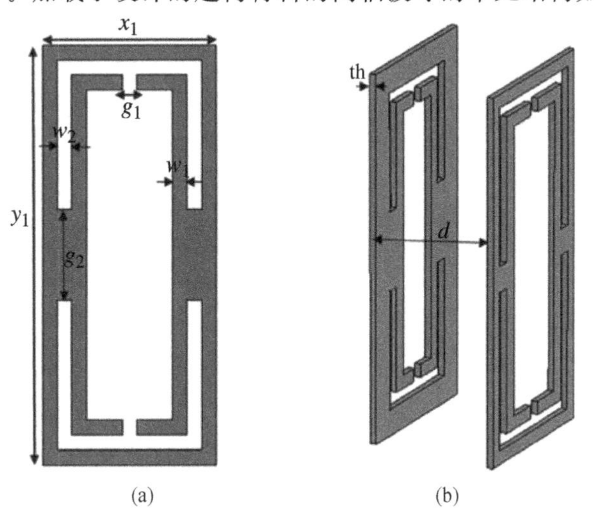

图 7.18　所设计的超构材料的几何结构：(a)单元结构尺寸；(b)平行板放置

表 7.6　所设计的超构材料慢波结构的尺寸

慢波结构	x_1	y_1	g_1	g_2	w_1	w_2	th	d
平板 1(厚 1 mm)	16	24	1	6	2	2	2	5
平板 2(厚 1 mm)	16	24	1	10	1	1	2	3

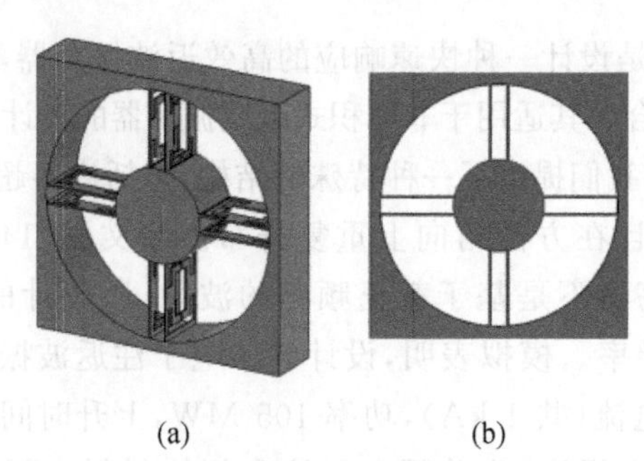

图 7.19　(a)加载一个超构材料单元的圆波导；(b)尺寸 $r=35$ mm

我们使用全波 CST Microwave Studio 解算器模拟本征模，然后计算结构的色散图。本征模解算器在轴向结构周期内强制推进 $\Delta\phi$ 向前传播。然后，令其进行不同相位推进的模拟，以便我们找到不同模式下加载波导的色散曲线。

半径 $r=35$ mm 的圆形波导中前三种模式的截止频率如表 7.7 所示。图 7.20 给出了前两个最低模式的模拟色散图。色散图中还包括 $\omega=k_z v_0$ 的电子注线，表示互作用点，其中 $v_0=\beta_A c$，c 为光速。

表 7.7　半径 $r_{out}=35$ mm 的同轴波导的截止频率

模式	截止频率/GHz
TE_{11}	2.5
TM_{01}	3.28
TE_{01}	5.2

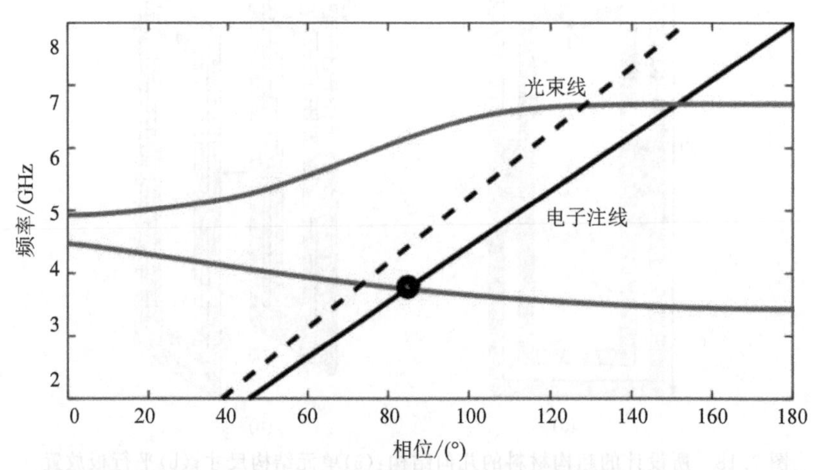

图 7.20　为前两种模式设计的超构材料的带有光束线(虚线)和电子注线(实线)色散图

图 7.20 显示电子注线与 $f=3.4$ GHz 的返波互作用。为了计算电子注线，首先从式(7.7)计算电子静止质量时 Ψ_0 的值：

$$\Psi_0=\frac{m_0 c^2}{e_0} \tag{7.7}$$

其中，$m_0=9.109\times10^{-31}$ kg，$c=3\times10^8$ m/s，$e_0=1.602\times10^{-19}$ C。从而可得 $\Psi_0=511$ kV。

相对论因子 γ_A 可以根据文献[20]使用式(7.8)式来计算：

$$\gamma_A=1+\frac{\Psi}{\Psi_0} \tag{7.8}$$

如果所施加的电压为 $\Psi=440$ kV，则 $\gamma_A=1.8598$。代入 γ_A 值，通过式(7.9)计算电子注相对于光速的(归一化)速度，在我们的模拟中，$\beta_A=0.84$。

$$\beta_A=\frac{\sqrt{{\gamma_A}^2-1}}{\gamma_A} \tag{7.9}$$

CST 本征模解算器显示群速度 $v_g=\frac{\partial\omega}{\partial c}$ 小于 0，约为 $-0.2c$，且其截止频率高于 TM_{01} 模式的截止频率(在空矩形波导中 TM_{01} 模式截止频率为 3.2 GHz)。

研究各种场模式有助于我们更好地理解注-波互作用。图 7.21 显示了相位超前 85° 时模式与电子注线的互作用点。电子注通过结构时所经历的电场是与图 7.20 所示负群速度模式有关的类 TM 模式。 203

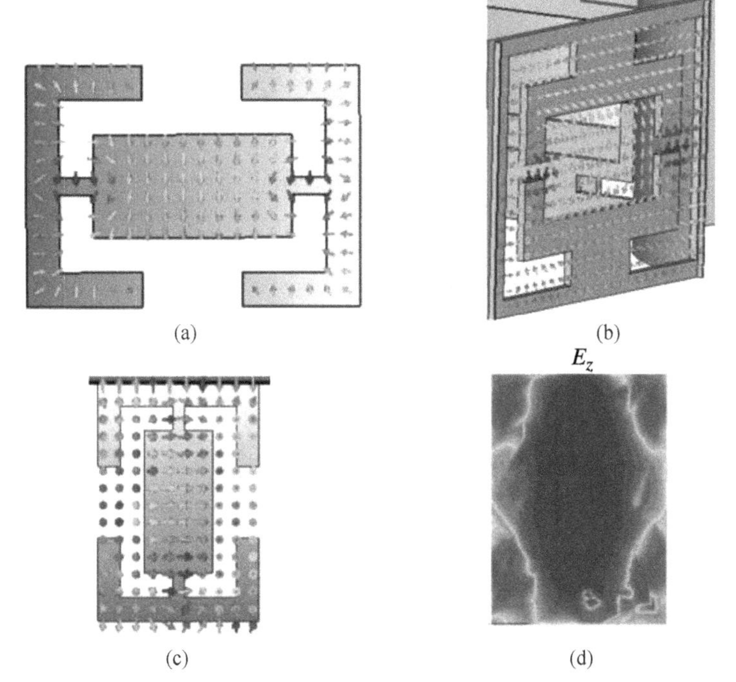

图 7.21　相位超前 85° 时不同角度的超构材料板的场分布：(a) $\phi=0°$ 时超构材料单元的场分布；(b) $\phi=0°$ 时两个超构材料单元连接处的场分布；(c)基本单元在 $\phi=90°$ 时两个超构材料单元连接处的场分布；(d)沿 z 向电场分布图。阴影越暗，强度越大

为了理解结构中返波的传播特性，我们要考虑冷测中波的传播(不存在电子注)。

7.7.3　电子注与超构材料波导互作用理论

为了理解基于超构材料的返波振荡器性能，我们定义了一些参数，以进一步解释它们的互作用。

耦合阻抗表明了电子注与电磁波的互作用程度：

$$Z=\frac{E_z^2}{2k_z^2P} \tag{7.10}$$

式中，E_z 为位于(板之间)电子注电场强度的轴向分量，k_z 为波数，P 为轴向功率通量。

$$P=\oiint_S(\boldsymbol{E}\times\boldsymbol{H}^*)\cdot\mathrm{d}S \tag{7.11}$$

其中，$\boldsymbol{S}$ 为垂直于传播方向的波导横截面的面积。

204

此处要计算的另一个重要参数是发生振荡的启动电流。在传统的返波振荡器中，例如波纹壁返波振荡器，当电子注电流高于启动电流（I_{st}）时，返波振荡器开始产生零输入信号(来自噪声)的微波射频输出。启动电流是耦合阻抗、互作用模式、几何形状和电子注电流能量的函数。文献[20]中提出了一种计算 TM 模式互作用情况下启动电流的方法，这也是本章所述设计的情况。文献[21]中提出的皮尔斯理论仅在群速度不是很低时才给出准确的结果。启动电流的计算使用如下公式：

$$I_{st}=4U_0\frac{(CN)_{st}^3}{ZN^3} \tag{7.12}$$

式中，U_0 为电子注能量；N 为结构的长度，以波长为单位，即 $N=L/\lambda_z$，其中 λ_z 为波长，L 为返波振荡器的总长度；Z 为互作用阻抗；C 为由式(7.13)计算得到的皮尔斯参数。

$$C^3=\frac{I_0Z}{4U_0} \tag{7.13}$$

其中，I_0 为电子注电流。根据文献[21]，$(CN)_{st}$ 为 0.3124。通常，对于电子注电流在 $3\times I_{st}<I_{beam}<7\times I_{st}$ 范围时，输出功率将自动调制。

7.7.4 PIC 模拟中的热测

本节专门讨论 CST PIC 模拟，以研究基于所设计的超构材料加载返波振荡器的功率性能。图 7.22 给出了基于超构材料的返波振荡器的设计图。返波振荡器设计用于 S 波段，工作在 3.4 GHz。所设计的返波振荡器由 4 对平行的超构材料板组成，它们被放置于圆形波导内，在轴向上具有周期性。该返波振荡器一个周期的结构示意图如图 7.19 所示，整个结构的示意图如图 7.22 所示。

超构材料的谐振频率被调谐到高于圆形波导中 TM 模式的截止频率。结构的轴向周期为 16 mm。超构材料板厚度为 2 mm，返波振荡器波导半径为 35 mm。图 7.22(底部)显示了整个返波振荡器结构，包括输出波导。慢速结构的长度为 228 mm，包括整个输出端口在内的结构长度为 420 mm。

如图 7.20 所示，CST 本征解算器已用于产生色散图以及 3D 电场和磁场矢量来预测返波振荡器性能。图 7.20 给出了 $\omega=k_zv_0$ 的电子注线和 $\omega=k_zc$ 的光束线。计算发现，对于 440 keV 能量，对应的电子注速度为 $v_0=0.84c$。该结构支持一个类 TM 场(轴上 $H_z\approx 0$)左手传播模式($v_gv_{ph}<0$)。电子注应和与之互作用的电磁模式出现在电子注线与色散曲线相交的位置。

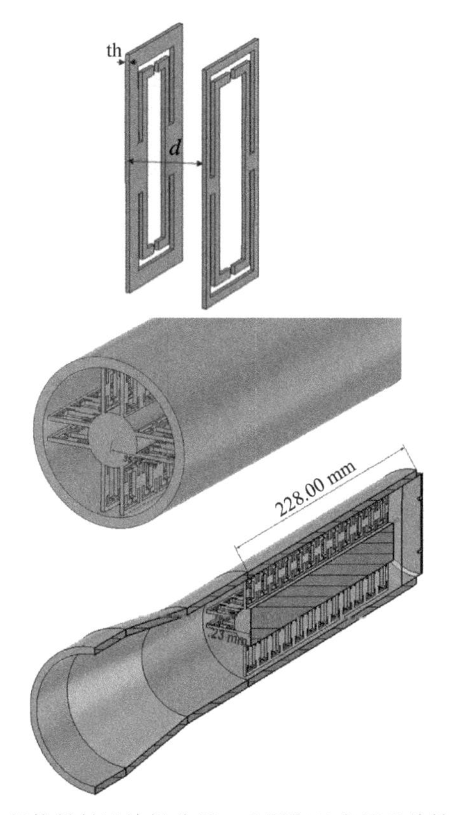

图 7.22　超构材料返波振荡器一个周期示意图及其结构示意图

7.8　PIC 模拟

CST 粒子解算器 (CST Particle Studio)用于评估所设计的返波振荡器的性能。模拟中使用 800 A、1 kA 和 1.2 kA(每个电子注电流为 200 A、250 A 和 300 A)的可变电流以及阴极半径为 1.1 mm 的 440 keV 电子注。该电子注为发射上升时间为 1 ns 的直流电子注。1.5 T 的静磁场用于沿轴向的电子注。图 7.23 展示了设计返波振荡器的辐射输出功率(105 MW)与时间的关系,其中总电流为 1 kA。

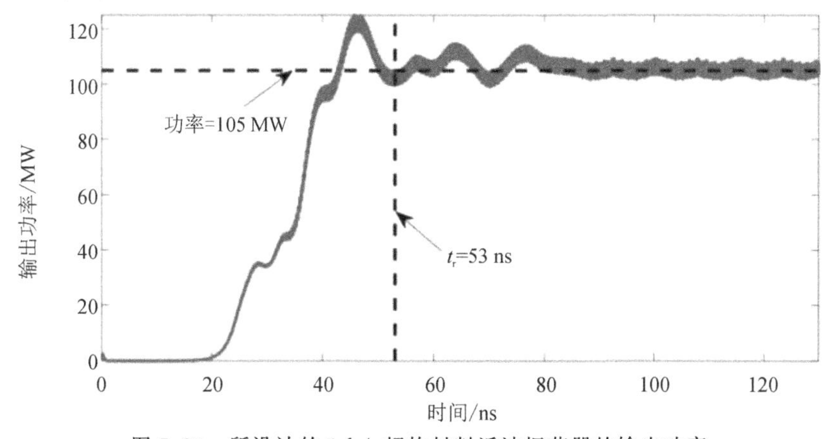

图 7.23　所设计的 1 kA 超构材料返波振荡器的输出功率

205 从图 7.23 中可以看出，返波振荡器在 53 ns 后达到 105 MW 的稳定功率。图 7.24 中给出了输出电场 TM_{01} 模式的傅里叶变换。输出信号在 3.4 GHz 处具有清晰的频率响应。图 7.25 显示了输出端口模式。TM_{01} 是主模，其余模式不被激发，也未与电子注耦合。沿返波振荡器的电场分布如图 7.26 所示，证实了 TM_{01} 是在输出端口产生的。

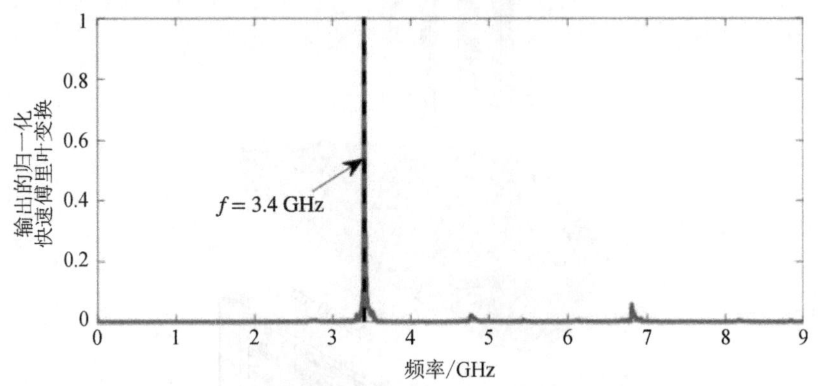

图 7.24 TM_{01} 模式输出电场的快速傅里叶变换

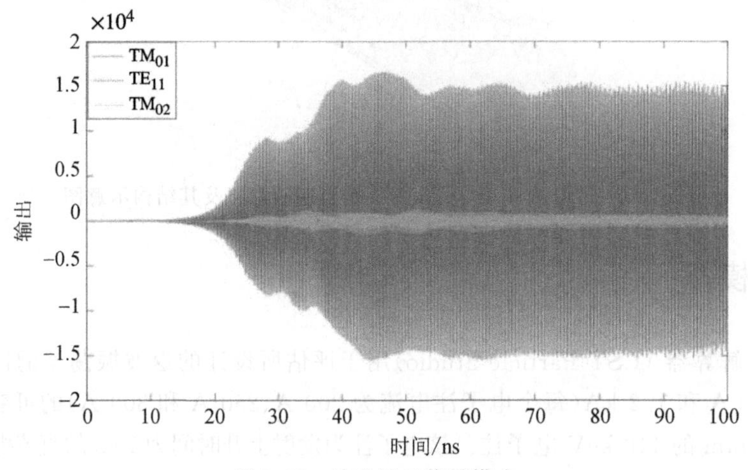

图 7.25 输出端口信号模式

207

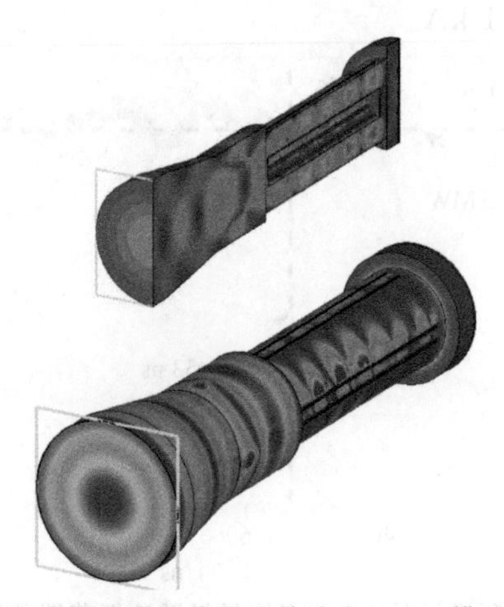

图 7.26 所设计的返波振荡器及其输出 TM_{01} 模式的电场分布

返波振荡器结构的PIC模拟相空间图如图7.27所示，分别为$t=10$ ns、$t=30$ ns和$t=55$ ns时的粒子能量分布。利用相空间图，有助于将沿返波振荡器结构的所有粒子的绝对能量(相空间与空间坐标)可视化。相空间图展示了电子群聚如何随着时间的推移而形成。

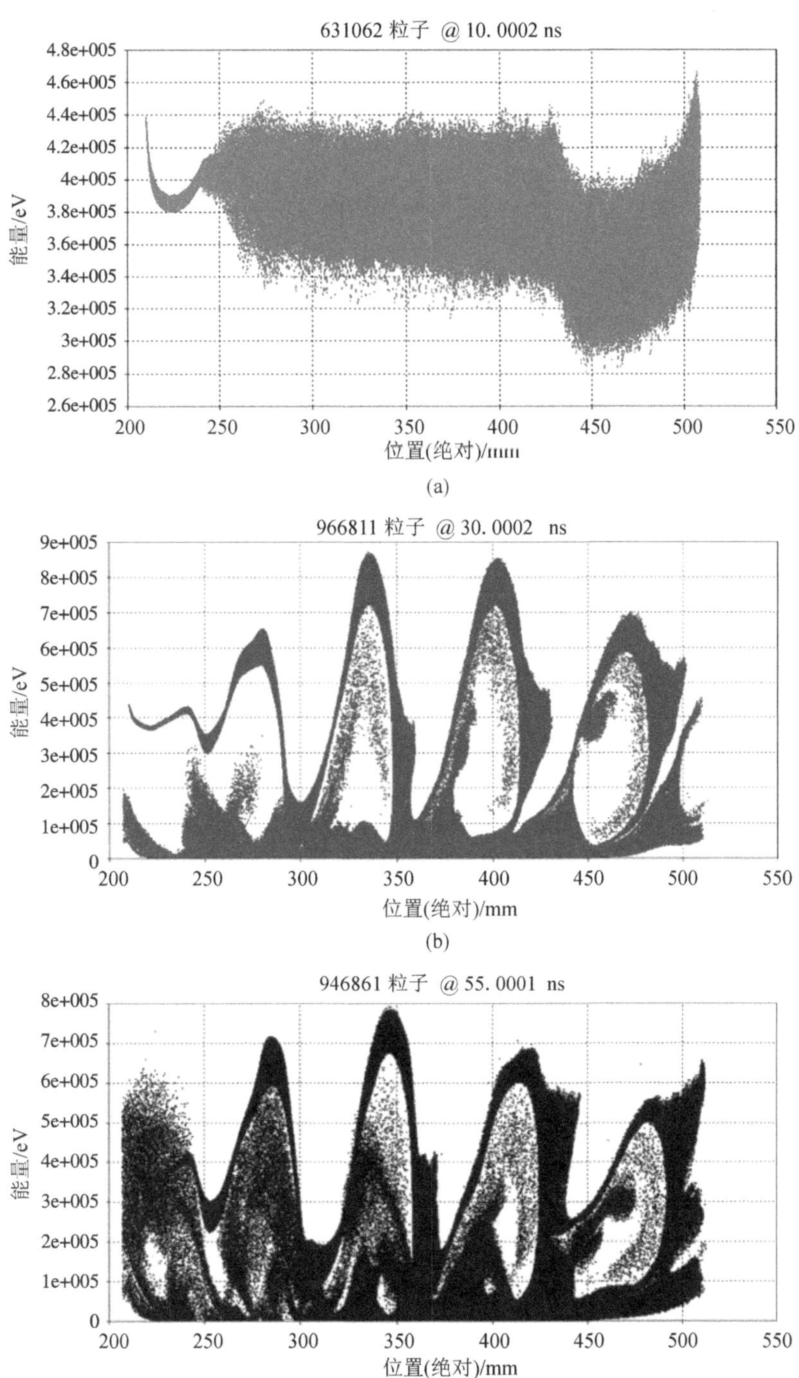

图7.27 电子的PIC模拟相空间图。(a)$t=10$ ns;(b)$t=30$ ns;(c)$t=55$ ns

7.9 效率

效率是该返波振荡器的一个重要参数。通过平均稳定输出功率除以电子注直流输入功率可以获得效率的值。在该返波振荡器中，由 4 个电子注产生 105 MW 的输出功率，每个电子注具有 250 A 电流和 440 kV 电压。因此，这里所设计的返波振荡器的效率为 23.8%，比先前的文献中报告的高。

7.10 总结

本章介绍了用于高功率微波的超构材料的群论设计方法。其中，对群论中定义的各种对称性概念进行了分类，并展示了它们如何用于设计具有所需本构特性的超构材料。由此得到的字符表和基电流，可用于解释在任何给定的超构材料中传播的电磁模式的类型。这些基电流可用于确定超构材料的单元结构必须是什么形状才能实现所需的本构参数。我们使用群论分析了几个典型的超构材料结构，证实了群论方法在设计高功率微波超构材料中的有效性。

本章还分析和讨论了由具有不同单元尺寸的形状构成的超构材料慢波结构的设计过程，以便在相同的频率下实现负介电常数和负磁导率超构材料。

此外，这里首次提出了一种基于多注-波超构材料的新型返波振荡器。我们利用 CST 本征模解算器验证了所设计的超构材料能支持负折射率波传播，并利用 PIC 模拟解算器对 4 个电子注电压为 440 kV、总电子注电流为 1 kA 驱动下的返波振荡器所产生的微波功率的性能进行了评估。模拟结果表明，这一新型返波振荡器可以产生 105 MW 的输出功率，其效率为 23.8%。

参考文献

1 Baena, J. D., Jelinek, L., and Marqués, R. (2007). Towards a systematic design of isotropic bulk magnetic metamaterials using the cubic point groups of symmetry. Phys. Rev. B 76: 245115.

2 Hasar, U. C., Barroso, J. J., Sabah, C. et al. (2013). Stepwise technique for accurate and unique retrieval of electromagnetic properties of bianisotropic metamaterials. Opt. Soc. Am. 30(4): 1058 - 1068.

3 Cotton, F. A. (1990). Chemical Applications of Group Theory, 3e. Wiley.

4 Daniel, M. D. B. and Harris, C. (1989). Symmetry and Spectroscopy: An Introduction to Vibrational and Electronic Spectroscopy. Dover Publications Inc.

5 Kettle, S. F. A. (1985). Symmetry and Structures. Wiley.

6 Reinke, C. M., De la Mata Luque, T. M., Su, M. F. et al. (2011). Group-theory approach to tailored electromagnetic properties of metamaterials: An inverse-problem solution. Phys. Rev. 83: 066603.

7 Dudley, D. G. (1994). Mathematical Foundations for Electromagnetic Theory. Wiley Interscience.

8 Zhang, L. , Koschny, T. , and Soukoulis, C. M. (2013). Creating double negative index materials using the Babinet principle with one metasurface. Phys. Rev. B 87: 045101.

9 Padilla, W. J. (2007). Group theoretical description of artificial electromagnetic metamaterials. Opt. Express15: 19.

10 Yurt, S. C. , Elfrgani, A. , Fuks, M. I. et al. (2016). Similarity of properties of metamaterial slow-wave structures and metallic periodic structures. IEEE Trans. Plasma Sci. 44 (8): 1280 - 1286.

11 Tang, X. , Duan, Z. , Shi, X. et al. (2016). Sheet electron beam transport in a metamaterial -loaded waveguide under the uniform magnetic focusing. IEEE Trans. Electron Devices 63 (5): 2132 - 2138.

12 Duan, Z. , Wu, B. I. , Lu, J. et al. (2008). Cherenkov radiation in anisotropic double-negative metamaterials. Opt. Express 16 (22): 18479 - 18484.

13 Duan, Z. , Hummelt, J. S. , Shapiro, M. A. , and Temkin, R. J. (2014). Sub-wavelength waveguide loaded by a complementary electric metamaterial for vacuum electron devices. Phys. Plasmas 21 (10): 103301.

14 Hummelt, S. , Lewis, S. M. , Shapiro, M. A. , and Temkin, R. J. (2014). Design of a metamaterial-based backward-wave oscillator. IEEE Trans. Plasma Sci. 42 (4): 930 - 936.

15 Bliokh, Y. P. , Savel'ev, S. , and Nori, F. (2008). Electron-beam instability in left-handed media. Phys. Rev. Lett. 100: 244803.

16 Shapiro, M. A. , Trendafilov, S. , Urzhumov, Y. et al. (2012). Active negative-index metamaterial powered by an electron beam. Phys. Rev. B 86: 085132.

210

17 French, D. M. , Shiffler, D. , and Cartwright, K. (2013). Electron beam coupling to a metamaterial structure. Phys. Plasmas 20: 083116.

18 Wang, Y. , Duan, Z. , Wang, F. et al. (2016). S-band-high-efficiency metamaterial microwave sources. IEEE Trans. Electron Devices 63 (9): 3747 - 3752.

19 Yurt, S. C. , Fuks, M. I. , Prasad, S. , and Schamiloglu, E. (2016). Design of a metamaterial slow wave structure for an O-type high power microwave generator. Phys. Plasmas 23: 123115.

20 Fuks, M. I. (1982). Forming of relativistic electron beam in coaxial diode with magnetic insulation. Sov. Phys. Tech. 27 (4),432.

21 Pierce, J. R. (1950). Traveling Wave Tubes. Van Nostrand.

211

第 8 章　超构材料结构中电磁场演化的时域行为

马克·吉尔摩(Mark Gilmore)[1]　泰勒·温库普(Tyler Wynkoop)[2]

穆罕默德·阿齐兹·哈迈迪(Mohamed Aziz Hmaidi)[3]

[1]新墨西哥大学电气与计算机工程系,美国新墨西哥州阿尔伯克基市,邮编:NM87131-0001

[2]航空航天系统(BAE)公司,美国明尼苏达州明尼阿波利斯市,邮编:MN55421

[3]拉克索夫特(Luxoft)公司,美国密歇根州法明顿山市

8.1　引言

在本章中,我们将研究典型的微波超构材料系统——加载开口谐振环的波导的时间特性,研究表现出双负或仅折射率为负的特性的截止波导以及表现出单负特性的传播(非截止)波导。

迄今为止,与对频域或稳态特性的研究相比,对超构材料结构的时域或瞬态特性的研究是有限的。之前关于理解时域特性的大部分研究工作,都与发生在正折射率和负折射率介质之间的平面边界上的负折射有关[1-3],或者与在某些情况下形成完美透镜[5]的平板双负材料[4]有关。这些先前的研究工作大多已经通过时域有限差分(finite-difference-time domain,FDTD)模拟方法研究了对入射平面波或高斯光束的时间响应。一般来说,在平面边界处,能够观察到波或波能量的"捕获",并持续多个射频周期,例如 70 ～ 120 个周期。据推测,这种捕获是由具有长衰减时间的表面模式(极化激元)[6]谐振激发的,或者是由于垂直波矢量 $\boldsymbol{k}_{\perp}$ 在正折射率-负折射率边界上的反转[3]而产生的结果。这种延迟不被认为是由于负折射率介质的色散造成的。在这些研究工作中,没有提出任何可以定量确定波和能量传输到或通过负折射率介质的延迟时间的预测框架。

西迪基(Siddiqui)等[7-8]使用周期性加载的左手传输线,研究了基于传输线的左手材料的时域特性。实验系统基于包含串联电容器和并联电感器(形成左手传输线),以及周期性加载集总元件并联 *RLC* 电路的共面微带线。时域模拟是使用高级设计系统(Advanced Design System,ADS)商业软件[9]进行的。在模拟和实验中,将持续约 50 个射频周期的单色高斯包络电压脉冲通过 *RLC* 谐振器的 3 个点输入网络,并在沿线的 4 个点(包括末端)探测线电压。在模拟和实验中,沿线测量了相位和包络峰值的负时延(群时延)。也就是说,发现下游振荡的相位领先于上游振荡的相位,以及下游高斯包络的峰值在时间上早于上游高斯包络的峰值出现。模拟结果和实验结果显示出良好的一致性,不一致的部分也可合理地归因于实验中的元件公差。

212

西迪基等提出的物理机制是,用具有相对较高相速度的高斯脉冲中的短波长傅里叶分量,在线路下游(例如线路输出端)产生相长干涉,从而在输入电压峰值到达输入线路之前,在电压包络中形成峰值。他们将这种机制称为"脉冲重塑"(pulse reshaping)。

8.2　实验观测

为了研究特性相对良好的超构材料结构中的时域特性，马克斯(Marquez)等[10-11]提出了基于彭德里(Pendry)等[12]提出的开口谐振环的波导系统，使用了两种装置——带通滤波器(bandpass filter，BPF)和带阻滤波器(bandstop filter，BSF)。该系统由截止波导或传播波导中的边缘耦合开口谐振环(edge-coupled split ring resonator，EC-SRR)阵列组成。在谐振频率附近，开口谐振环在截止波导系统中表现出负磁导率 μ 和负介电常数 ε（双负特性)，形成带通滤波器，而开口谐振环传播波导系统表现为负磁导率-正介电常数(单负特性)，形成带阻滤波器[1]。这两种结构的数值和实验研究已做过。本节描述实验安排和结果，而 8.3 节讨论开口谐振环阵列设计和实验系统的数值模拟。

实验装置的示意图如图 8.1 所示。该系统围绕两段 30.5 cm 长的矩形铜 WR284 波导(内部尺寸为 7.214 cm× 3.404 cm)构建，在这两段之间插入了第三个加载开口谐振环阵列的波导段。为了使单个开口环尺寸 约为 $\lambda/10$，相对较大(外径约 0.1 cm)，并且易于制造，我们选择 WR284 波导。建立 WR284 波导相对较长部分的日的是，在入射波遇到开口谐振环加载部分之前建立“纯净”的 TE_{10} 模式，以便使该部分中散射的任何倏逝辐射在将信号耦合到电缆进行快速检测之前充分衰减。空 WR284 波导的指定工作频率为 2.60～3.95 GHz，实际的低频截止频率为 $f_{c284}=2.08$ GHz (TE_{10}模式)。对于带阻滤波器装置，波导的测试部分也是长 12 cm 的铜 WR284 波导。对于带通滤波器装置，测试部分为 11.43 cm 长的矩形铜 WR159 波导(内部尺寸为 4.038 cm×2.019 cm)，其指定工作频率为 4.90～7.05 GHz，实际低频截止频率为 $f_{c159}=3.78$ GHz (TE_{10} 模式)。WR159 波导片通过定制的黄铜零长度型减速器法兰与 WR284 波导片连接，使 WR159 的有效长度增加了 3.175 cm。图 8.2 和图 8.3 显示了两种不同尺寸的中心波导装置的照片。

213

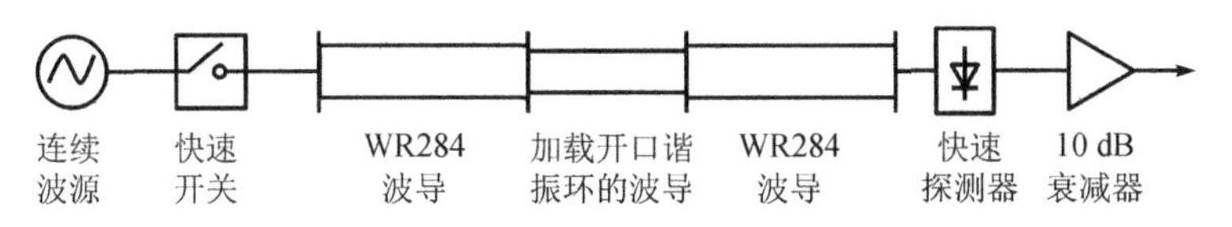

图 8.1　测量加载开口谐振环阵列的波导的时间响应的实验装置示意图

图 8.2　带阻滤波器实验装置。测试波导部分比此处描述的实验中使用的更长

使用全频带 WR284 波导 N 型适配器(宾夕法尼亚工程 1256-5B-NB)将功率耦合进和耦合出波导管。连续波(continuous wave，CW)源(HP8620C 扫描振荡器/HP86290C 插件)在 2.0～6.2 GHz 范围内工作，通过直接安装在波导耦合器上的快速 PIN 结二极管开关(小型

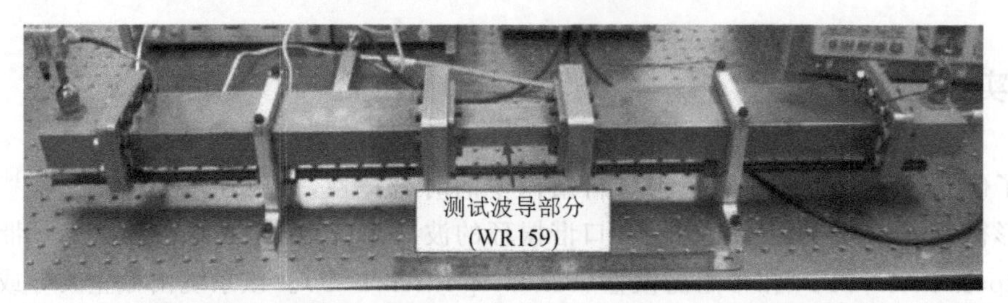

图 8.3 带通滤波器实验装置。WR159 测试波导以外的元件与带阻滤波器情况相同

电路 ZYSW-2-50DR)连接到波导,如图 8.1～图 8.3 所示。在 DC-5GHz 频带中,该开关的额定上升时间为 6 ns,插入损耗为 2 dB。输出端的检测由同样直接安装在波导适配器上的低电容二极管检测器(Krystar 209A 零偏置肖特基检测器,3 pF 输出电容)完成。检测器输出到 50 Ω 的上升时间约为 3 pF×50 Ω=150 ps。检测器后端是宽带 10 dB 放大器(Picosecond Pulse Labs 5828A-107),额定输入和输出阻抗为 50 Ω,上升时间为 15 ps。放大器的输出通过长 30 cm、50 Ω 的 RG-142 电缆连接到快速示波器(Tektronix TDS 694C)。使用部分中心为空(无负载)的 WR284 波导进行的测量显示,从快速 PIN 开关触发沿到输出信号检测的总延迟加上上升时间为 20 ns。

带阻和带通装置均使用相同的开口谐振环。开口谐振环被设计为在约 $f_0=2.8$ GHz 处谐振,即将 f_0 置于 WR284 和 WR519 波导的截止频率 $f_{c284}=2.08$ GHz 和 $f_{c159}=3.78$ GHz 之间。开口谐振环设计是使用 CST Microwave Studio 软件迭代完成的[13],详见 8.3 节。环的尺寸如下:大环外半径为 5.0 mm,大环内半径为 4.4 mm,环与环间隙为 0.3 mm,小环外半径为 4.1 mm,小环内半径为 3.5 mm,每个环都有宽 0.5 mm 的开口。每个环形单元是立方的,体积为 12 mm³。开口谐振环被装配在覆铜介电板(Rogers RT5880)上的平面基板("卡片")上。

214 该板在 1 MHz～10 GHz 频段内的 $\varepsilon_r=2.20$,损耗角正切 $\tan\delta=0.004$,电介质厚度为 0.787 mm,铜包层厚度为 35 μm。

如图 8.4 所示,带阻系统使用了 3 张卡,每张卡都有一个 3×2 的环阵列,尺寸为 7.62 mm×3.15 mm,以形成一个 3×2×3 开口谐振环阵列。卡的方向平行于波导中的传播方向(z 方向),环垂直于 TE_{10} 模式的横向磁场强度 H_x。卡片由一块低介电常数泡沫块(Eccostock PP02,在 60 Hz～10 GHz 频带中的 $\varepsilon_r=1.03$)固定到位。泡沫块是通过将堆叠的 5 个 0.635 cm 厚的泡沫板黏合在一起而制成的。如图 8.5 所示,在泡沫块中切出狭缝,将 3 张卡片插入其中,并切割泡沫块以严格适应 WR284 波导。

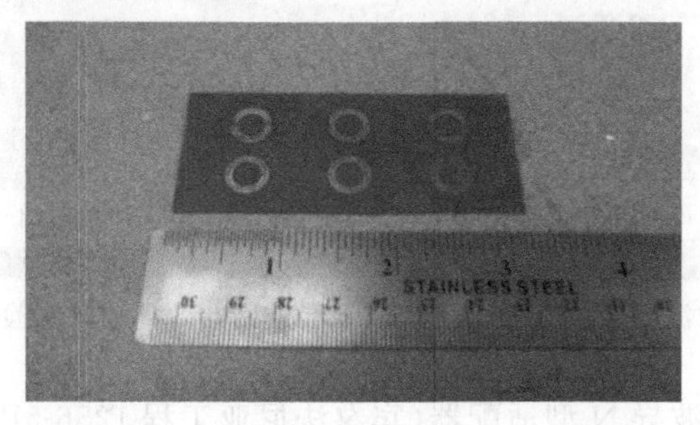

图 8.4 用于带阻系统的 3×2 开口谐振环阵列卡。上面的刻度以英寸(in)为单位,下面的刻度以厘米(cm)为单位。卡长边沿着波导垂直排列

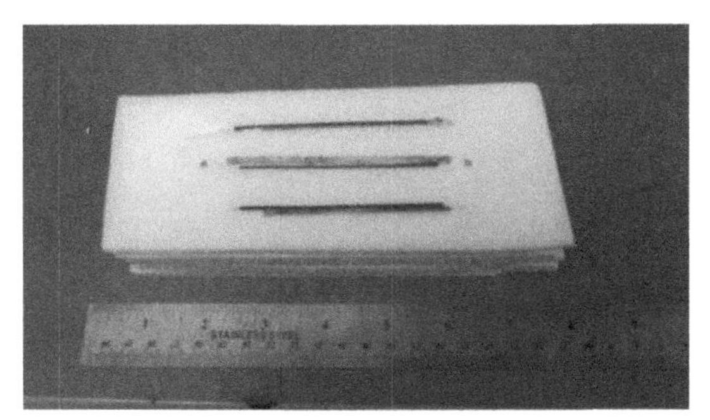

图 8.5　Eccostcok PP02 泡沫块将开口谐振环卡固定在波导内

带通系统使用 3 张长 14.3 cm × 高 1.9 cm 的卡，每张卡都有一个 1 × 14 的开口谐振环阵列，以形成一个 3×1×14 的开口谐振环阵列，如图 8.6 所示。在较小尺寸的 WR159 波导中需要降低卡的高度。卡通过 Eccostcok PP02 泡沫的狭缝块固定到位，与带阻装置相同。泡沫块由堆叠在一起的 4 个 0.635 cm 厚的泡沫板制成。

215

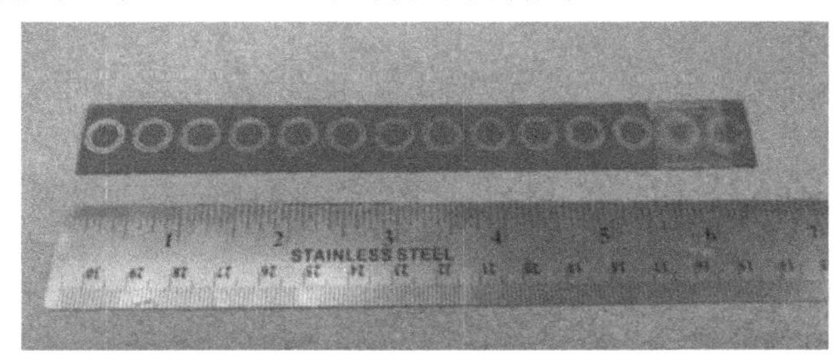

图 8.6　用于带通系统的 1 × 14 开口谐振环阵列卡。上面的刻度以英寸(in)为单位，下面的刻度以厘米(cm)为单位。卡长边沿波导垂直对齐

8.2.1　带阻滤波器系统

图 8.7 显示了作为对照组的带阻装置的 S 参数测量，其中长 12 cm 的 WR284 波导的中心部分为空，而不是引入开口谐振环阵列。从传输参数 (S_{21}) 可以看出，截止频率大约为 2.1 GHz，信号在该频率以上才能传播。图 8.8 显示了带阻装置中加载开口谐振环的波导的 S 参数。在 2.79 GHz 处，传输有约 30 dB 的明显下降，并且在同一频率处有相对应的反射参数 (S_{11}) 峰值。

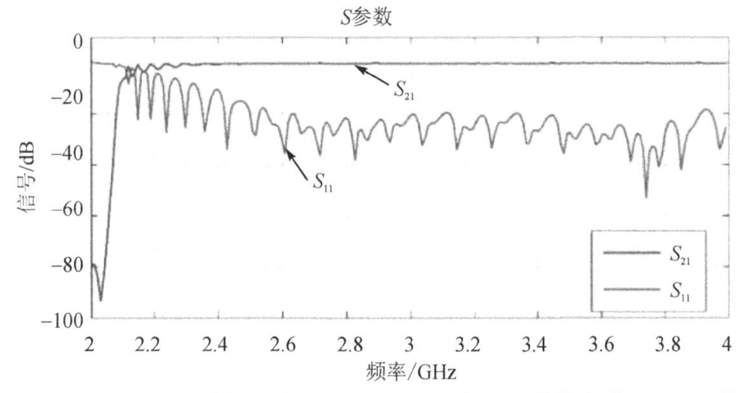

图 8.7　带阻对照组(无开口谐振环阵列的空 WR284 波导)的传输参数 S_{21} 和反射参数 S_{11}

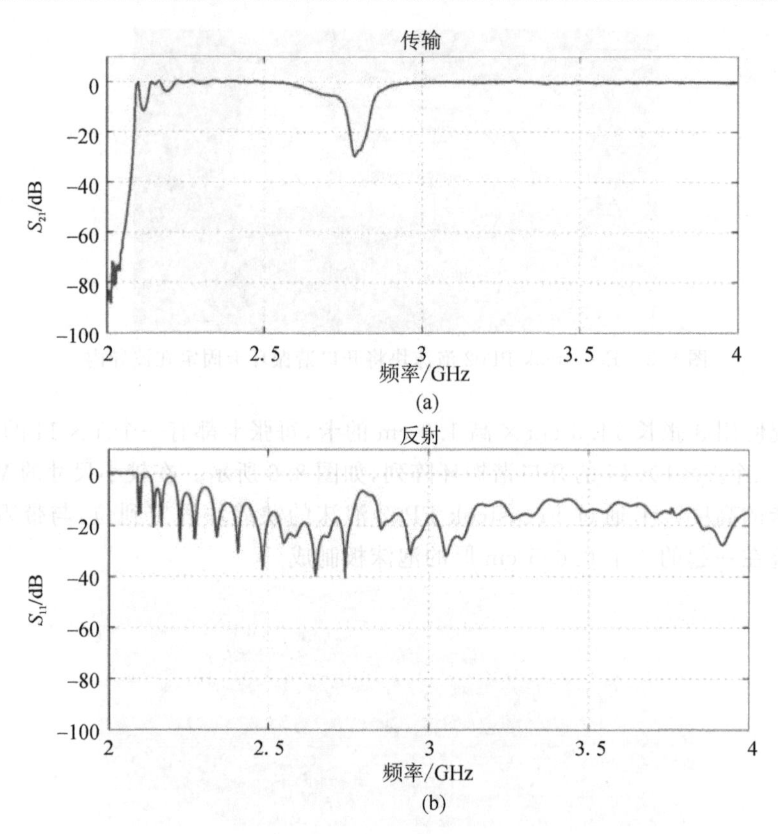

图 8.8 测得的带阻装置(单负特性)与频率的关系。
带阻谐振在频率为 2.79 GHz 处

如图 8.9 所示,在 3 个频率(低于、高于和等于谐振频率 2.79 GHz)下探测该装置的时间响应,其中,在 S_{21} 响应图中上画出了 2.4 GHz、2.79 GHz 和 3.2 GHz 的 3 个测试频率。图 8.10 显示了检测器电压和空波导对照组在每个频率下的时间响应。在这些图中,信号源在选定的频率下连续工作,引脚开关在 $t=0$ 时触发。在每个频率下,都有一个 25 ns 的延迟时间和一个 20 ns 的上升时间存在于无负载对照组下,对于 3 个工作频率(浅灰色曲线)而言,该值大致保持不变。这种延迟时间和上升时间主要由电缆和空波导部分的系统延迟决定。

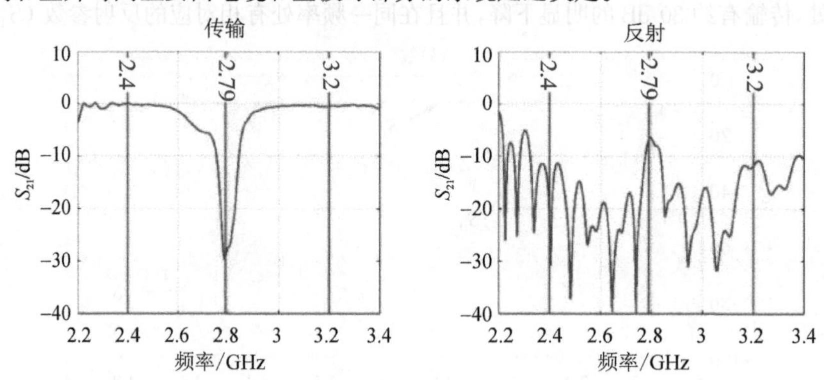

图 8.9 测得的传输参数、反射参数与频率的关系,覆盖了带阻系统基于时间测量的采样频率

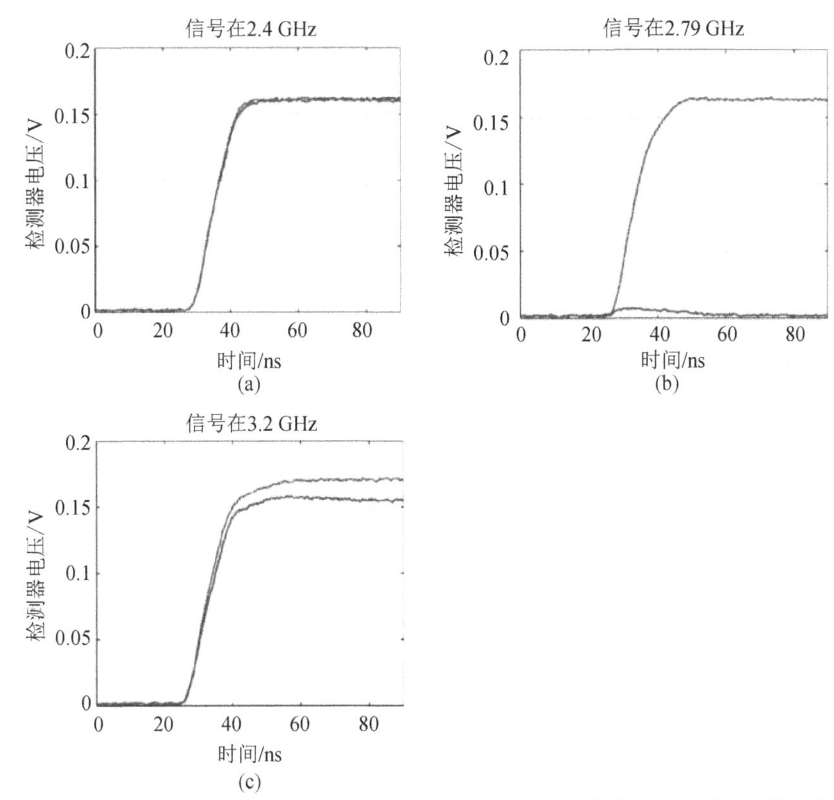

图 8.10　在加载开口谐振环的带阻系统(深灰色)和空波导对照组(浅灰色)中,通过输出检测器电压测量的引脚开关在 $t=0$ 时触发各种频率的时间响应。(a)2.4 GHz;(b)2.79 GHz;(c)3.2 GHz

从图 8.10 中可以看出,除在频率为 3.2 GHz 的情况下有一些衰减之外,在高于和低于阻带的频率上,有负载和无负载波导的延迟时间和上升时间几乎相同。 216

正如预期的那样,在阻带中,在 2.79 GHz 处,信号在大约 70 ns 之后的传输低于可检测的水平。这表明开口谐振环阵列的抗磁响应表现出有效的负磁导率。然而,从图 8.11 中检测器电压的放大视图中显示的 25～70 ns 的低功率传输可以看出,带阻滤波完全激活显然需要约 45 ns。传输信号似乎可以以与非谐振情况相同的初始时间常数上升,直到约 28 ns(约 8 个射频周期),此时上升时间常数出现中断并持续到约 33 ns(持续约 14 个射频周期),之后其以时间常数约 22 ns(约 66 个射频周期)指数衰减。 217

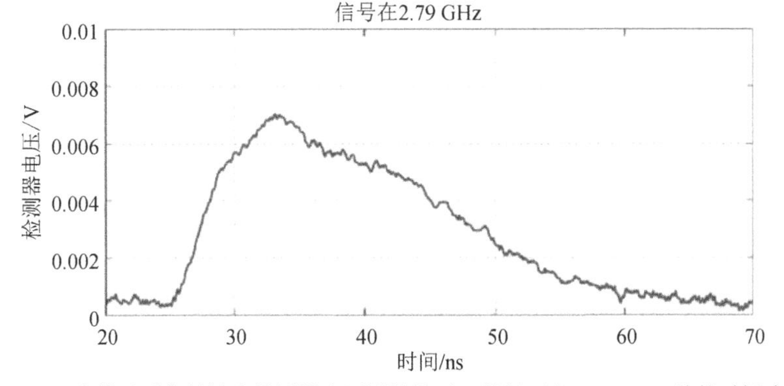

图 8.11　由带阻系统的输出检测器电压测得的开口谐振环在 2.79 GHz 处的时间响应

8.2.2　带通滤波器系统

带通滤波器装置的反射和传输的频率响应如图 8.12 和图 8.13 所示。图 8.12 显示了空(无开口谐振环)WR159 波导的对照组的传输和反射的频率响应,其中在大约 3.8 GHz 处可以看到传输截止。在图 8.13 中,显示了在 WR159 波导部分加载 3 个 1×14 开口谐振环阵列的情况下的传输和反射的频率响应。从中可以看出,截止频率从无负载情况下的大约 3.8 GHz,向下移动到大约 3.3 GHz。这被认为是由于波导中的介电负载与开口环无关,因为截止频率 f_c 由下式给出:

$$f_c = \frac{2\pi k_c}{\sqrt{\mu_r \varepsilon_r}} \tag{8.1}$$

218 其中,k_c 为 TE_{10} 模式的截止波数。介电负载包括 Rogers RT5880 基板、Eccostock 泡沫块,以及用于将泡沫板黏合成块的黏合剂。

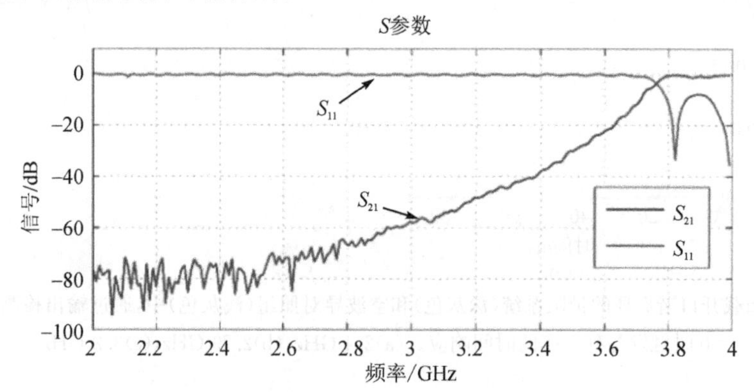

图 8.12　测得的 WR159 波导的带通控制盒(无开口谐振环阵列)的传输参数 S_{21} 和反射参数 S_{11}

此外,该配置值得关注的新特性是以 2.84 GHz 为中心的低于截止频率的通带,尽管存在约 6 dB 的衰减,但表明该区域具双负特性。2.84 GHz 的谐振峰值与模拟中所示的 2.73 GHz 谐振频率相较有所偏移(参见 8.3 节),但仍具有模拟中所示的定性带通特性。同样,衰减和偏移可能是由于建模中未完全考虑到增加的介电负载。

为了验证带通装置在谐振时是否如预期的那样作为双负特性系统运行,在 WR159 波导部分切出一个槽,并将可移动射频探头插入开口谐振环卡之间的波导中。探头由商用 SMA 面板安装馈通连接器构成,内部长度为 17 mm、直径为 0.7 mm。探头输出通过 RG-142 电缆直接连接到快速示波器(Tektronix TDS 7404)。实验设置如图 8.14 所示。图 8.15 显示了在两个探头上测得的射频电压的示例。从中可以看出,下游探头电压的相位领先于上游探头电压的相位。这表明,返波传播与通带谐振时预期的双负特性一致。

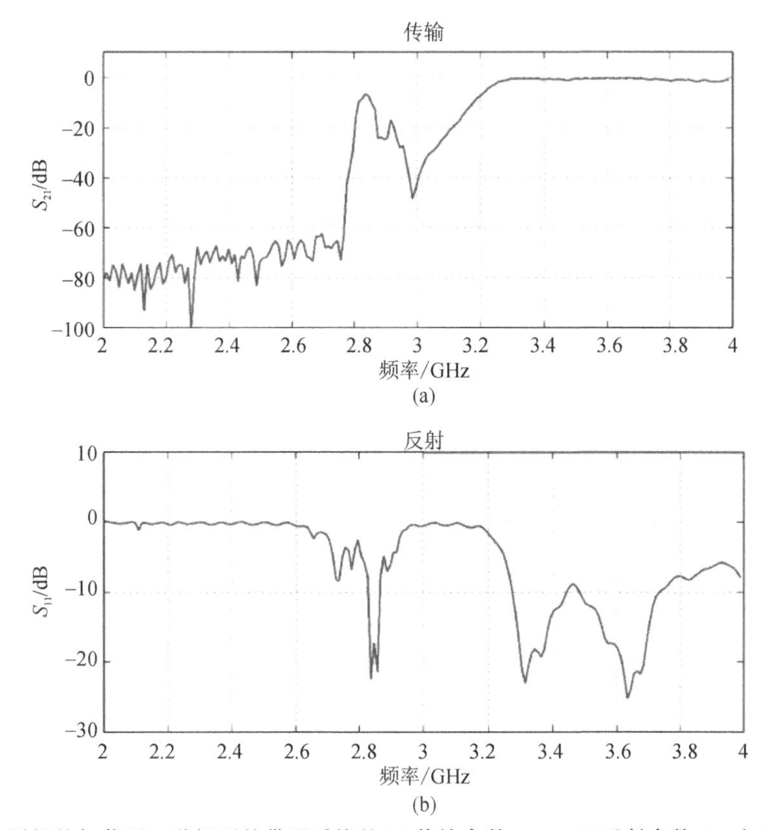

图 8.13　测得的加载开口谐振环的带通系统的(a)传输参数 S_{21}、(b)反射参数 S_{11} 与频率的关系

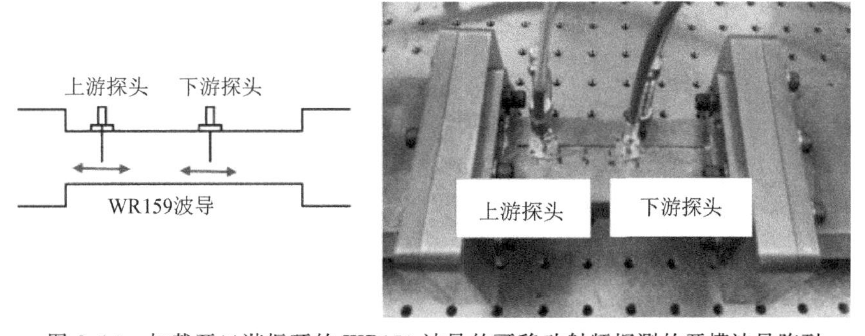

图 8.14　加载开口谐振环的 WR159 波导的可移动射频探测的开槽波导阵列

图 8.17 给出了该结构在 4 个代表性频率下的瞬态时间响应。这 4 个频率在图 8.16 中的反射-频率和传输-频率曲线中已出现。这 4 个频率对应于低于截止频率和谐振频率(2.7 GHz)、谐振频率(2.84 GHz)、低于截止频率而高于谐振频率(3.0 GHz)以及高于截止频率(3.6 GHz)。如图 8.17 所示，当截止频率(3.6 GHz)以上不存在开口谐振环阵列时，功率仅耦合到输出检测器。

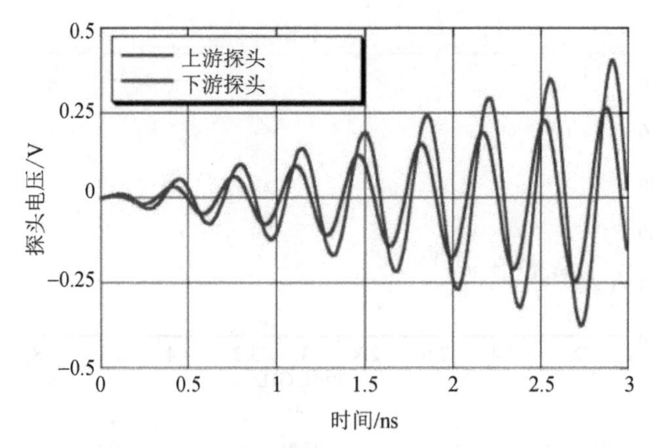

图 8.15　加载开口谐振环的 WR159 波导在谐振（$f = 2.84$ GHz）时的上游和下游槽线射频探头测得的电压。从中可以看出下游探头电压相位主导上游探头电压相位的特性，说明返波传播和双负特性。$t = 0$ 对应于上游探针上第一个可检测信号的时间，探头间距为 3 cm

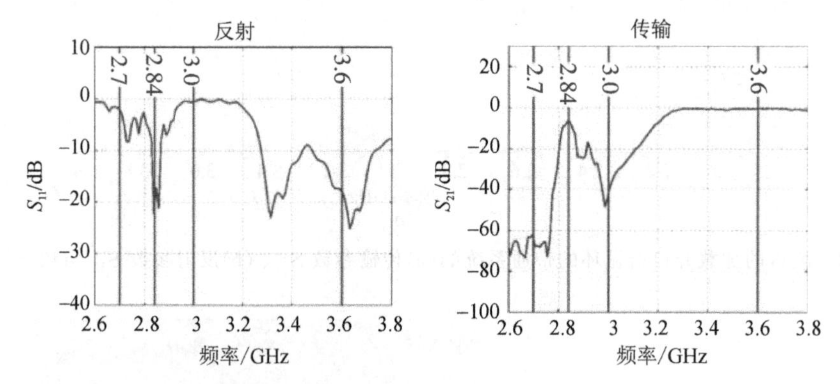

图 8.16　测得的 WR159 带通系统中反射参数、传输参数与频率的关系。
其中测得的基于时间的采样频率叠加

正如预期的那样，在系统中插入开口谐振环阵列后，功率耦合到截止频率以及谐振频率(2.84 GHz)以上的输出模式中。无论是否存在开口谐振环，在截止频率(3.6 GHz)以上，在输出检测器电压开始上升之前有一个约 25 ns(约 70 个射频周期)的延迟。随后，信号上升至其最终稳定值，10%～90%的上升时间约为 20 ns(约 56 个射频周期)，显示在加载开口谐振环的情况下有轻微的过冲。在谐振情况下，如图 8.17(b)所示，加载开口谐振环的传输信号显示出更长的延迟时间，大于 35 ns(约 100 个射频周期)，但 10%～90%的上升时间大致没有变化，约为 20 ns(约 56 个射频周期)。

图 8.18 给出了开口谐振环负载谐振结构下的时间特性图清晰度的比较。图中绘制了 3 种情况：没有测试 WR159 波导部分，有空的 WR159 测试波导部分，以及插入并加载了开口谐振环阵列的 WR159 波导。在图 8.18(b)和图 8.18(c)中，对 3 个信号进行归一化以进行详细比较。从图 8.18(a)中可以清楚地看出，包括 WR284 的输入和输出部分、电缆、PIN 开关和检测器在内的系统引入了约 20 ns(约 56 个射频周期)的延迟时间和 12ns(约 34 个射频周期)的 10%～90%的上升时间的延迟。

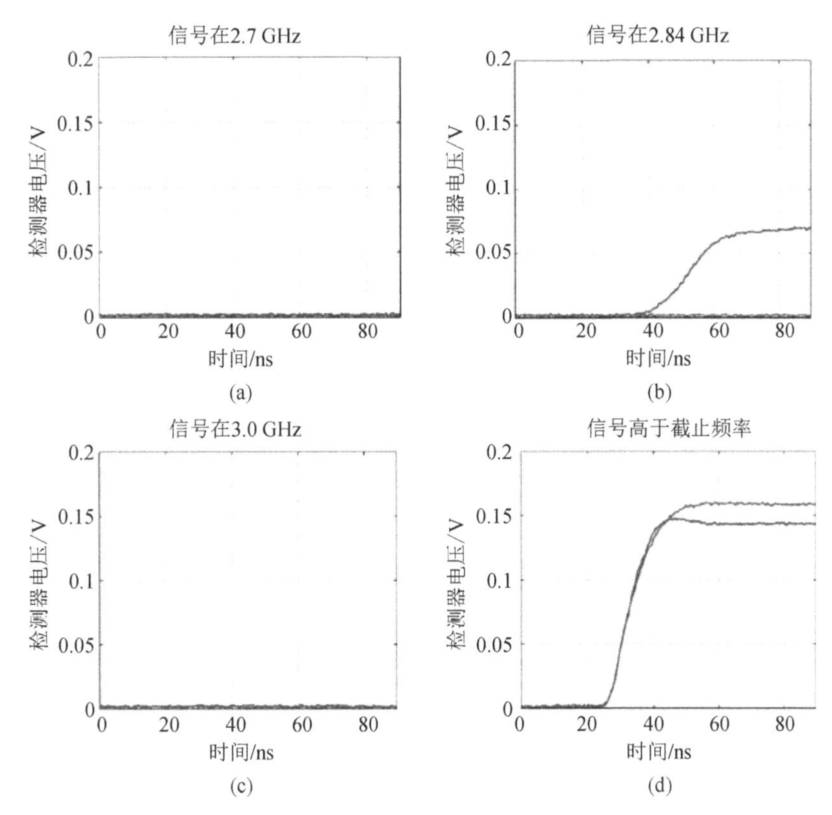

图 8.17 在加载开口谐振环的带阻系统(深灰色)和空波导对照组(浅灰色)中,不同频率时由输出的检测器电压表示的时间响应。(a)2.7 GHz;(b)2.84 GHz;(c)3.0 GHz;(d)高于截止频率。由于负载系统和控制系统之间的截止频率不同,因此负载系统情况(右侧下方的曲线)为 3.6 GHz,而控制系统情况(右侧上方的曲线)为 4.0 GHz。时间 $t=0$ 对应于 PIN 开关触发时间

从图 8.18(b)中可以看出,空的 WR159 测试波导引入了大约 6 ns(约 17 个射频周期)的附加延迟时间和约 12 ns(约 34 个射频周期)的附加的 10%～90%的上升时间。从图 8.18(c)可以看出,在加载开口谐振环的情况下,引入了约 8 ns(约 22 个射频周期) 的附加延迟时间和约 16 ns(约 44 个射频周期)的上升时间。图 8.18(c)显示上升时间增加主要发生在信号上升的早期,但在信号上升结束时响应略有变化。

表 8.1 总结了每种情况的延迟和上升时间。由于所示的 3 种情况的频率不同,对射频周期数的归一化可以简单地解释相位速度引起的时间差异。从表中可以看出,加载开口谐振环产生的响应的显著变化是增加了约 20 个上升时间周期。图 8.19 以对数标度绘制了谐振时加载开口谐振环的波导的响应,清楚地显示了两个主要的时间常数响应。其中,时间常数为 $\tau_1=4.3$ ns(12 个射频周期)的早期响应是由于加载了开口谐振环,随后时间上升 $\tau_2=8$ ns (23 个射频周期),与空波导情况相同。

223

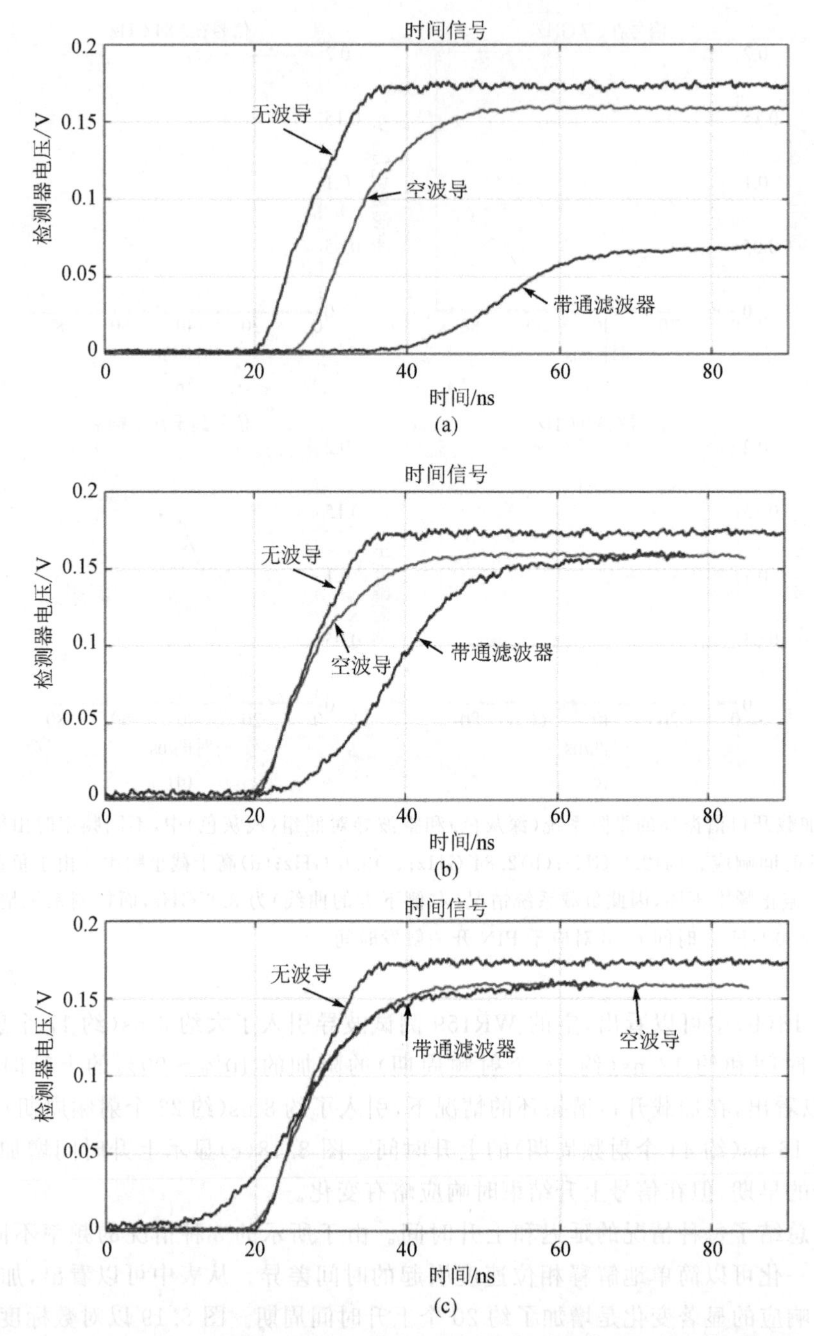

图 8.18 在 3.0 GHz 无测试 WR159 波导(无波导)部分的情况下传输信号，在 4.0 GHz 有空的测试波导部分(空波导)，在 2.8 GHz 加载开口谐振环测试波导(带通滤波器)。(a)原始检测器电压。(b)归一化信号：空波导轨迹(中间曲线)偏移 −6 ns；带通滤波器(下曲线)：偏移 −14 ns，振幅缩放 2.3 倍。(c)归一化信号：空波导轨迹(中间曲线)偏移 −6 ns；带通滤波器(下曲线)：移位 −26 ns，振幅缩放 2.3 倍

表 8.1　图 8.18 测试例的延迟时间和上升时间

测试例	上升时间/ns (射频周期/个)	延迟时间/ns (射频周期/个)
无测试波导	20(60)	12(36)
空测试波导	26(104)	21(84)
加载开口谐振环的波导,谐振	34(97)	37(105)

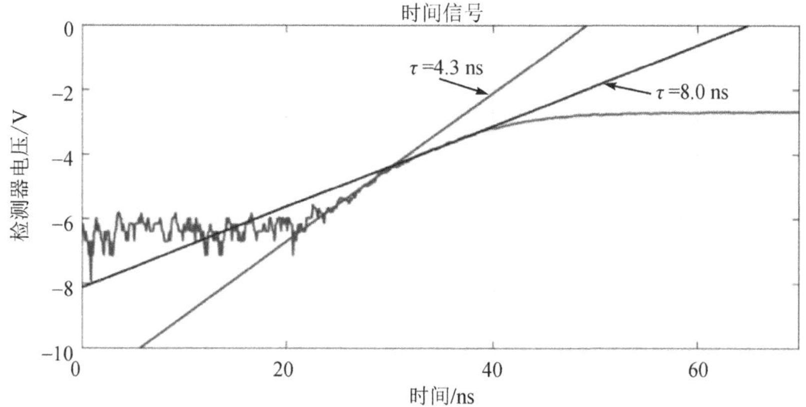

图 8.19　加载开口谐振环的波导在谐振时的对数图,显示了由两个时间常数控制的响应。线性拟合表明加载开口谐振环的波导的后期时间响应(黑色)与空波导的没有差异,以及由于加载开口谐振环而导致的额外的早期时间响应(中间灰色阴影,底部迹线,为 0～20 ns)

如果我们假设超构材料结构可以近似为线性时不变(linear time invariant,LTI)系统,该系统可以由单个谐振器填充时间 τ 来表征,那么其与 Q 的关系为 $Q=\omega_0\tau/2$,其中 ω_0 为谐振频率(此处为 $\omega_0=2\pi\times2.84$ GHz)。Q 也与谐振的频谱有关,具体如下:

$$Q=\frac{\omega_0}{\Delta\omega} \tag{8.2}$$

(即,谐振的反分数带宽)。其中,$\Delta\omega$ 为 −3 dB 全带宽(此处估算为 $\Delta\omega\approx2\pi\times80$ MHz)。由此估算为 $Q\approx2.84$ GHz/80 MHz ≈35。再由此反推,导致估算的填充时间 $\tau=2Q/\omega_0=70/(2.84\text{ GHz})\approx4$ ns(11 个射频周期),此值接近于在谐振时带通系统的早期上升中观察到的 $\tau_1=4.3$ ns (参见图 8.18 和图 8.19)。

带阻系统的早期时间响应似乎也与空腔填充时间给出的时间常数一致。与上例中的 Q 类似,$Q\approx2.84$ GHz/80 MHz ≈70[参见图 8.9(a)],再次给出估计的填充时间 $\tau=2Q/\omega_0\approx70/(2.79\text{ GHz})\approx4$ ns(11 个射频周期),接近观察到的早期时间常数,$\tau\approx4$ ns (参见图 8.11,$t=25\sim29$ ns)。

在后期,加载开口谐振环可能会对时间响应产生额外影响,例如图 8.18 中空波导和带通滤波器响应在 40 ns 和 60 ns 之间的延迟上升时间响应差异。此影响产生的原因可能是加载开口谐振环的波导内的驻波随着磁导率减小和相位延迟的增大,其振荡周期延长。然而,这种影响很小,难以量化。

因此,使用截止波导形成接近谐振的双负特性带通系统,以及使用传播波导形成存在正 ε 但负 μ 的带阻系统。加载开口谐振环的波导的时间响应,可用空腔填充时间 $\tau=Q/2\omega_0$ 来描

224 述,且取决于谐振器品质因子 Q。这一填充时间是指谐振器储存足够能量以显示足够强的抗磁性响应,从而产生有效负磁导率 $(-\mu)$ 的时间。

8.3 数值模拟

本节简要讨论实验系统中使用的开口谐振环阵列的设计,并介绍 8.2 节中描述的带阻滤波器和带通滤波器装置结构的时间响应的数值模拟。遗憾的是,虽然对比实验和模拟结果,发现两者基本的定性一致,但定量方面的一致性并不好。

开口谐振环阵列是使用 CST Microwave Studio 电磁仿真软件[13]通过迭代算法设计的。如马克斯(Marques)等[11]所述,为了得到其近似物理尺寸,根据其电感和电容对单个边缘耦合开口谐振环的谐振频率 $\omega_0=1/\sqrt{LC}$ 进行初步估计,然后将这些近似尺寸建模在一个单元格边界框内,包括电介质基板。导体被视为理想导体,而电介质材料被视为无损耗的。

通过优化设计的边缘耦合开口谐振环单元的最终结构如图 8.20 所示。单元的体积为 12 mm^3,这是通过迭代阵列中开口谐振环的数量和密度来确定的。图 8.21 和图 8.22 分别给出了带阻滤波器和带通滤波器结构的全阵列设计示意图。在给定波导尺寸限制的情况下,通过在模拟中迭代找到最深谐振(带阻滤波器装置谐振时的最低 S_{21},带通滤波器案例中的最高 S_{21}),优化了开口谐振环密度。研究发现,谐振随着开口谐振环密度增大而减
225 弱——显然是因为每个环的抗磁响应产生的磁场干涉相消。最终的设计在每种情况下都使用了 3 张开口谐振环卡 L 带阻滤波器案例中的每张卡都有一个 3×2 的开口谐振环阵列,而带通滤波器中的每张卡都有一个 1×14 的开口谐振环阵列。8.2 节讨论了阵列的其他细节。

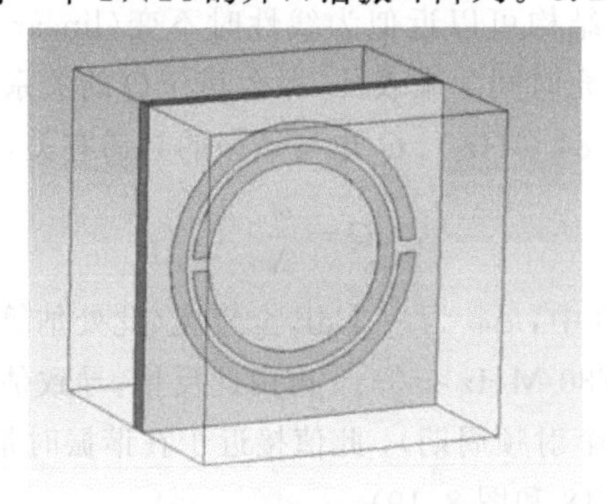

图 8.20 开口谐振环单元

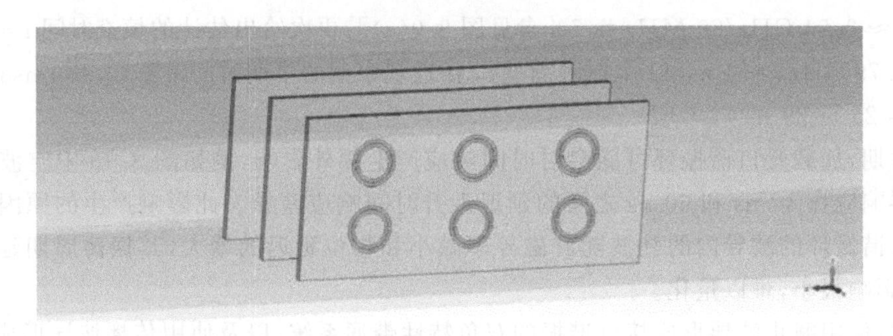

图 8.21 用于带阻滤波器系统的开口谐振环卡。WR284 波导沿 z 方向对齐,并以浅灰色显示

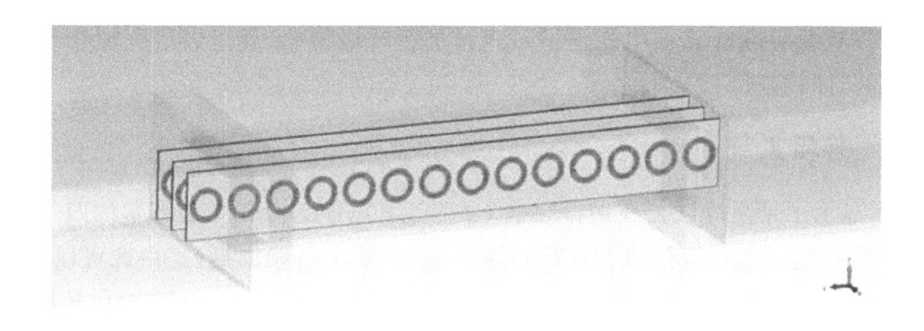

图 8.22　用于带通滤波器系统的开口谐振环卡。WR159 波导沿 z 方向对齐，并以浅灰色显示

在带通滤波器情形(图 8.22)中，模拟了加载开口谐振环的截止波导的输入和输出处的传输波导(WR284)的短截面。如马克斯等[10-11]所讨论的，开口谐振环卡定位在能使一个环延伸到输入和输出两侧的较大的波导中(参见图 8.22 和图 8.25)，以更有效地将功率耦合进和耦合出加载开口谐振环的波导。

带阻滤波器装置的传输系数、反射系数与频率的关系如图 8.23 所示。从中可以看出，在中心频率为 2.80 GHz 的情况下发生谐振，其中传输参数(S_{21})减小了超过 70 dB。我们还注意到，在较宽的 S_{21} 凹陷处存在 3 个“尖峰”极小值。这在模拟中一直发生，并且发生最小值的数量对应于传播方向上的开口谐振环数量(在这种情况下为 3，参见图 8.21；在带通滤波器案例中为 14，参见图 8.22)。这显然是由于开口谐振环单元之间的相互作用造成的干扰模式。

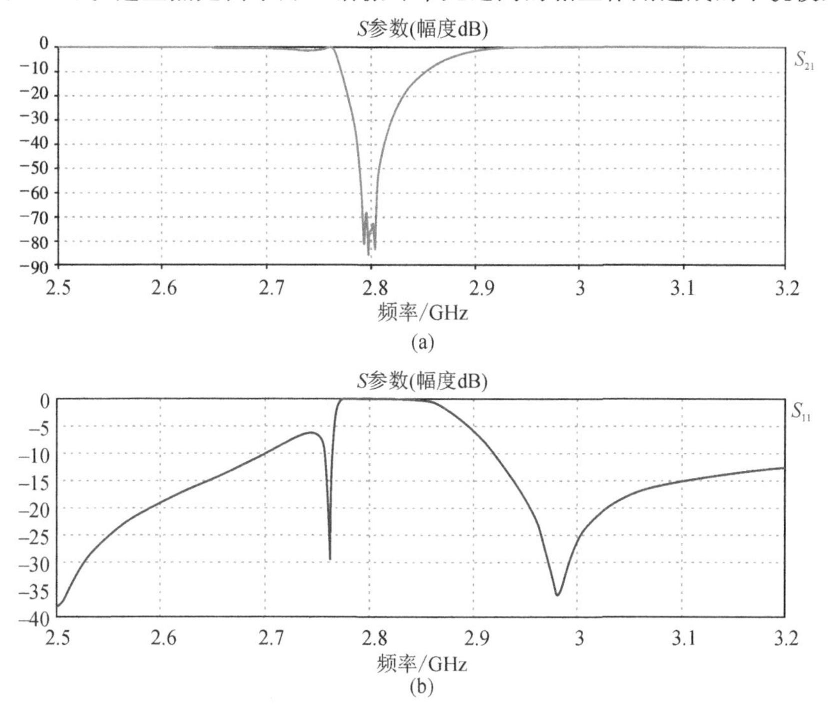

图 8.23　谐振时带阻滤波系统的模拟 S 参数。(a)传输参数(S_{21})；(b)反射参数(S_{11})。谐振频率为 2.80 GHz

在使用 CST 中的频域解算器确定开口谐振环波导结构的谐振频率后，如图 8.23 所示，在谐振频率附近进行时域模拟，使用正弦电场输入到左侧的波导。之所以采用这种方法，是因为频域和时域解算器[13]之间的基本网格差异会导致计算出的谐振频率 ω_0 出现微小但重

要的差异。一旦在时域解算器中确定了 ω_0 后，进行时域模拟，就可以研究加载开口谐振环的波导系统的时间响应。

8.3.1　带阻系统

图 8.24 显示了带阻滤波器在谐振频率（f_0=2.80 GHz）处的单位振幅的归一化正弦电压输入的时间响应。输入信号的上升时间为 2 ns（5.6 个射频周期）。由此可以看出，带阻滤波器在低传输情况下如预期正常运行，但传输信号直到至少 40 ns（112 个射频周期）才达到稳态水平，并且在该点可能仍在振荡。

在传输响应中，人们可以识别几个特征。在输出开始响应之前，有约 5 个射频周期的延迟。延迟时间对应于通过波导的传播时间（相速度）。随后，输出信号以与输入信号相同的速率（2 ns 上升时间）上升 5 个射频周期，此时开始衰减，这表明开口谐振环阵列的集体抗磁响应已开始驱动磁导率，使其为负。输出信号以具有约 τ=40 ns 的时间常数的包络衰减，在此期间，具有初始值 τ =4 ns（11 个射频周期）的包络振荡。该包络振荡的初始周期对应于通过加载波导的往返传播时间，随着时间延续而变长。振荡周期变长与驻波效应一致。在驻波效应中，随着磁导率的减小，相位延迟随时间延续而变长。

226

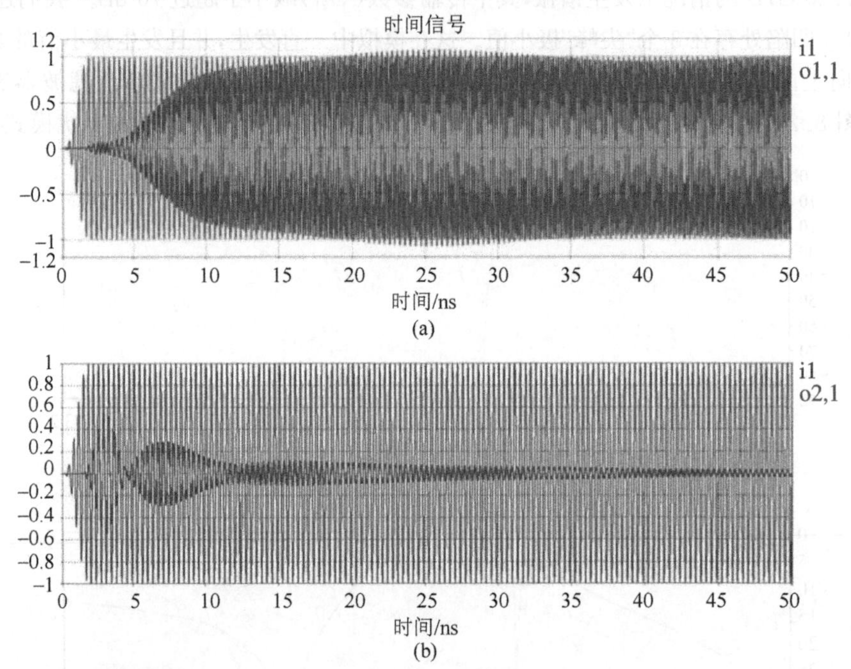

图 8.24　带阻系统在谐振频率（2.80 GHz）时的归一化电压信号与时间的关系。(a)输入电压信号（浅灰色）和反射电压信号（深灰色）；(b)输入电压信号（外部浅灰色振荡）和传输电压信号（内部深灰色振荡）

Q 可以通过 S_{21} 的谐振带宽由 $Q=\omega_0/\Delta\omega=f_0/\Delta f$ 获得。取 f_0 = 2.8 GHz，$\Delta f\approx$7.5 MHz（参见图 8.23），则 $Q\approx 180$[①]。空腔填充时间为 $\tau_{\text{fill}}=2Q/\omega_0=1/(\pi\Delta f)\approx$42 ns，这与图 8.24 中观察到的发射信号的 40 ns 衰减很接近。

① 原著如此。—— 译者注

8.3.2 带通滤波器系统

图 8.25 给出了带通滤波器系统的反射参数、传输参数与低于截止频率（3.2 GHz）之间的关系。从中可以看出，尽管依然有约 7 dB 衰减，但存在以 2.73 GHz 为中心的传输参数峰值。在反射参数（S_{11}）图中可以更清楚地看到带通滤波器谐振。在谐振频率 2.73 GHz 处返波传播表现出双负特性得以证实，如图 8.26 所示。

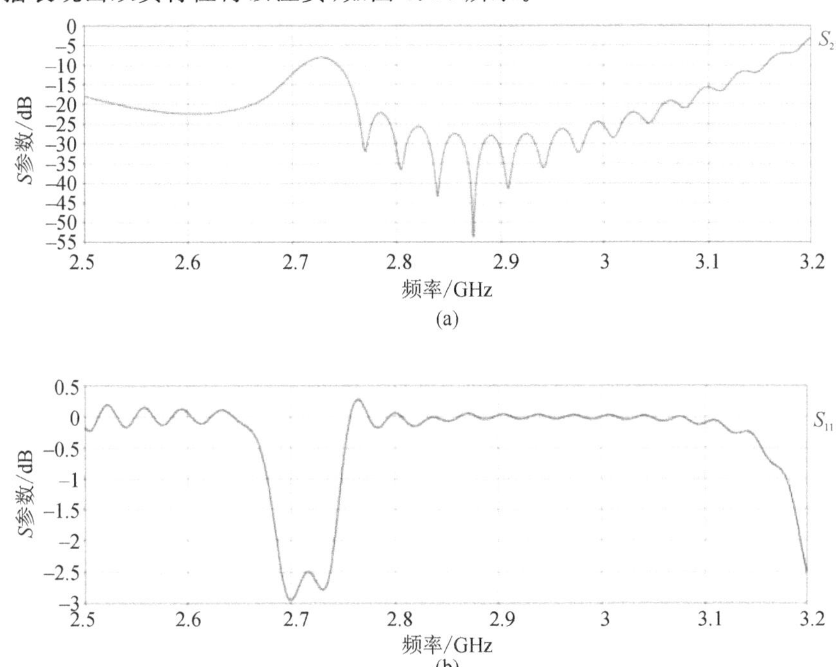

图 8.25　谐振时带通滤波系统的模拟 S 参数：(a)传输参数（S_{21}）；(b)反射参数（S_{11}）。谐振频率为 2.73 GHz

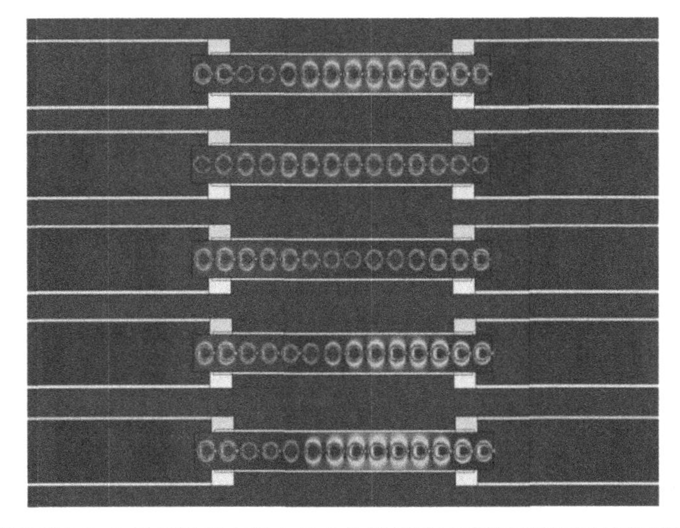

图 8.26　垂直电场强度（E_y）图显示了在建立最大传输后开口谐振环阵列区域在谐振频率（2.73 GHz）处的负相速度。时间从顶部到底部推进，其间步长为 40 ps（约 9 个射频周期）。信号从左侧入射，在左侧区域产生微弱的驻波，在中心区域产生返波，在右侧区域产生正向传播波

带通滤波系统对单色输入在谐振频率处的时间响应如图 8.27 所示。同样，输入信号具有 2 ns (约 5 个射频周期)的上升时间和单位振幅。传输信号和反射信号的初始延迟约为 3.3 ns(约 9 个射频周期)，比带阻滤波器的初始延迟更长(参见图 8.24)。这是意料之中的，因为前者沿波导增加了 14 个开口谐振环而后者只增加了 3 个开口谐振环，所以通过较长波导段的传播时间增加。然后，传输信号以约 20 ns 的时间常数上升到其稳态值。从图 8.25 可以看出，S_{21} 的谐振带宽为 $\Delta f \approx 15$ MHz。取 $f_0 = 2.73$ GHz，$\Delta f \approx 15$ MHz (参见图 8.25)，则 $Q \approx 180$。空腔填充时间为 $\tau_{\text{fill}} = 2Q/\omega_0 = 1/(\pi\Delta f) \approx 21$ ns，再次接近于模拟的传输信号的约 20 ns 的电场折叠上升时间(参见图 8.27)。与带阻滤波器装置一样，在反射信号和传输信号的包络中都存在一些振荡，其周期随时间增大。这与部分驻波的存在和传播时间随着磁导率减小而增加是一致的。

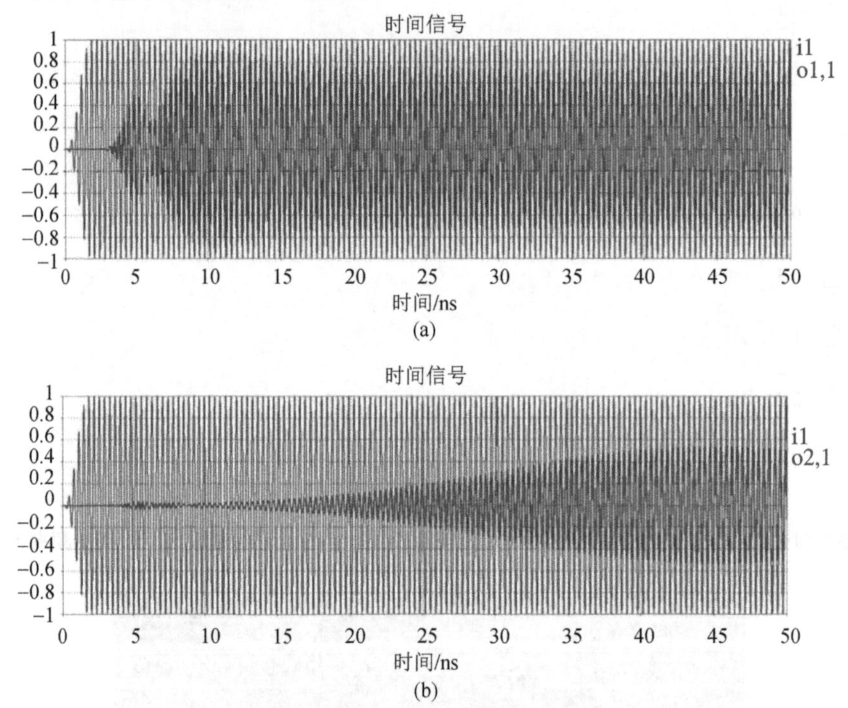

图 8.27　谐振时带通系统的归一化电压信号与时间的关系。
(a)输入电压信号(浅灰色)和反射电压信号(深灰色)；(b)输入电压信号(浅灰色)和传输电压信号(深灰色)

8.3.3　实验模型比较

使用 CST Microwave Studio 软件进行数值建模有两个目的。首先，使用模拟来迭代优化设计带阻滤波器和带通滤波器装置中的开口谐振环阵列。这在很大程度上是一种有效的方法，因为构建的物理系统的特性与预期的一致，并且在谐振频率、截止频率等方面定量接近。存在差异的原因被认为是实验中存在的介电负载效应(例如黏合剂)没有被精确建模。迄今为止，还没有精确模拟能够模拟导体或电介质损耗(导体被视为理想导体，电介质被视为无损介质)。因此，实验与模拟的传输信号和反射信号的幅度不一致。事实上，也没有给出这样的比较。

虽然实验与模拟在时域特性方面存在明显差异，但有许多共同特征。实验系统的模拟已经阐明了这些特征的基本性质。在双负带通滤波器和负 μ 正 ε（单负特性）情况下，加载开口谐振环的波导的时间响应的主要特征是，超构材料的“启动”由谐振腔填充时间 τ_{fill} 决定，该时间是谐振器品质因子 Q 的函数。由于迄今为止尚未尝试对实验系统中的损耗进行精确建模，因此实验与模拟相较，Q 值完全不同，导致观察到的上升时间大不相同。然而，受空腔填充时间限制的上升时间的定性特征在实验和模拟中都明显存在。 229

观察到的其他时间响应特征包括波导中的传播延迟（实验）和随周期变长的驻波模式，这与开口谐振环抗磁响应（数值）导致的磁导率值动态下降一致。这种驻波效应可能是导致实验中观察到的空波导装置与带通滤波器波导装置之间的延迟时间响应存在微小差异的原因。这些差异难以被量化，但在任何情况下都很小，并且不是加载开口谐振环的波导的超构材料时间响应的主要部分。

8.4 线性电路模型的尝试

8.2 节和 8.3 节中的实验和数值模拟表明，在带通滤波器和带阻滤波器装置中，加载开口谐振环的波导的时间响应表现出四个特征。前两个特征只是由于加载介质的波导的相位延迟时间和上升时间响应造成的。第四个特征相对较小且难以通过实验被量化，似乎是由于加载开口谐振环的结构中的驻波造成的。第三个特征发生在初始相位延迟和输出信号上升开始之间，这是由于波导和开口谐振环的时变抗磁响应造成的。结果表明，谐振腔填充时间 τ 由系统品质因子 Q 确定，Q 提供了对导致时变磁导率 μ 产生的开口谐振环抗磁响应时间的相对准确估计。Q 取为反分数带宽的形式，$Q=\omega_0/\Delta\omega$，由传输参数 S_{21} 与频率确定。这里 ω_0 为峰值谐振角频率，$\Delta\omega$ 为谐振的 -3 dB 半最大值全波（full wave at half maximum，FWHM）带宽。第三个特征是加载开口谐振环的波导的超构材料结构中的主要时间效应。 230

鉴于 Q 在简单估计加载开口谐振环的波导的抗磁响应时间方面的明显成功，可以合理地将系统建模为线性时不变网络。遗憾的是，我们迄今为止的工作未能获得一个成功的模型，而且似乎由于开口谐振环抗磁响应引起的磁导率 $\mu(t)$ 的时变性，可能会排除使用时不变模型，也可能会排除使用线性模型。以下是我们研究结果的一个非常简短的总结，详见文献[14]。

我们研究了两种复合右/左手传输线（composite right-/left-hand transmission line，CRLHTL）模型以及这些模型的几种变体，分别使用 1 个、2 个和 3 个单元变体来模拟具有 1 个、2 个和 3 个单元变体的开口谐振环系统。我们使用的第一个模型是卡洛兹（Caloz）和伊托（Itoh）的模型[15-16]，其包括 1 个串联阻抗和 1 个并联导纳，每个都是并联 LC 组合。该模型能够复现加载开口谐振环的波导在低于波导截止频率的频域的双负特性的一些特征，但不能准确地揭示随着频率通过带通滤波器谐振增大磁导率从正向负和从负向正的转变过程。

然后，我们使用马克斯等[11,17]的方法修改复合右/左手传输线模型，通过计算边缘耦合开口谐振环元件的极化率以计算 ε 和 μ。通过串联和并联电容和电感将 ε 和 μ 引入复合右/左手传输线电路，加上波导本身的 ε，$\varepsilon_{\mathrm{wg}}=\varepsilon_0(1-f_c^2/f^2)$，形成代表单个开口谐振环元件的集总单元。这里，$\varepsilon_0$ 为自由空间的介电常数（对于自由空间填充波导的情况），f_c 和 f 分别为波导的截止频率和工作频率。然后，我们将单元级联以模拟多元件开口谐振环阵列。该模型更好地复现了低于波导截止频率时的预期特性。

然而，这两种模型都无法描述 8.2 节和 8.3 节中描述的实验或 CST 模拟中的时域特性。我们目前的认识是，当开口谐振环阵列通电并驱动磁导率为负值时，线性时不变系统模型可能无法充分近似开口谐振环阵列在谐振时的抗磁响应。

参考文献

1 Ziolkowski, R. W. and Heyman, E. (2011). Wave propagation in media having negative permittivity and permeability. Phys. Rev. E 64: 056625.

2 Foteinopoulou, S., Economou, E., and Soukoulis, C. (2003). Refection in media with a negative refractive index. Phys. Rev. Lett. 90: 107402.

3 Moussa, R., Foteinopoulou, S., and Soukoulis, C. (2004). Delay-time investigation of electromagnetic waves through homogeneous medium and photonic crystal left-handed materials. Appl. Phys. Lett. 85: 1125.

231 4 Gomez-Santos, G. (2003). Universal features of the time evolution of evanescent modes in a left-handed perfect lens. Phys. Rev. Lett. 90: 077401.

5 Pendry, J. (2000). Negative refraction makes a perfect lens. Phys. Rev. Lett. 85: 3966.

6 Ruppin, R. (2000). Surface polaritons of a left-handed medium. Phys. Lett. A 277: 61-64.

7 Siddiqui, O., Mojahedi, M., and Eleftheriades, G. (2003) Periodically loaded transmission line with effective negative refractive index and negative group velocity. IEEE Trans. Antennas Propag. 51: 2619-2625.

8 Siddiqui, O., Erickson, S., Eleftheriades, G., and Mojahedi, M. (2004). Time-domain measurement of negative group delay in negative-refractive-index transmission-line metamaterials. IEEE Trans. Microw. Theory Tech. 52: 1449.

9 Keysight Technologies. Pathwave Advanced Design System. https://www.keysight.com/us/en/products/software/pathwave-design-software/pathwave-advanced-design-system.html (Retrieved October 2020).

10 Marques, R., Martel, J., Mesa, F., and Medina, F. (2002). Left-handed-media simulation and transmission of EM waves in subwavelength split-ring-resonator-loaded metallic waveguides. Phys. Rev. Lett. 89: 2494011.

11 Marques, R., Marin, F., and Sorolla, M. (2008). Metamaterials with Negative Parameters. Hoboken, NJ: Wiley-Interscience.

12 Pendry, J., Holden, A., Roberts, D., and Stewart, W. (1999). Magnetism from conductors and enhanced nonlinear phenomena. IEEE Trans. Microw. Theory Tech. 47: 2075-2084.

13 Dassault Systèmes. CST Microwave Studio. https://www.3ds.com/products-services/simulia/products/cst-studio-suite/ (retrieved October 2020).

14 Hmaidi, A. (2018). Split-ring resonator waveguide structure characterization by simulations, measurements, and linear time-invariant modeling. Master's thesis. University of New Mexico.

15 Caloz, C. and Itoh, T. (2004). Transmission line approach of left-handed (LH) materials and microstrips implementation of an artificial LH transmission line. IEEE Trans. Antennas Propag. 52: 1159.

16 Lai, A., Caloz, C., and Itoh, T. (2004). Composite right/left-handed transmission line metamaterials. IEEE Microw. Mag. 5: 34.

17 Marques, R., Mesa, F., Martel, J., and Medina, F. (2003). Comparative analysis of edge- and broadside-coupled split ring resonators for metamaterial design—theory and experiment. IEEE Trans. Antennas Propag. 51: 2572.

233 # 第9章　超构材料在高功率微波环境中的生存能力

丽贝卡·塞维尔(Rebecca Seviour)

英国哈德斯菲尔德大学计算机与工程学院,英国哈德斯菲尔德镇昆斯盖特,邮编:HD13DH

9.1　引言

人工材料为高功率微波(high-power microwave,HPM)源设计提供了许多优势,最重要的是,其提供了在微波源常规设计中无法实现的新的相互作用的可能性,并且可以提供一种减小标准高功率微波源和组件尺寸的方法。然而,这一切都取决于选择能够承受高功率微波设备恶劣的工作环境的合适的亚波长和装置中结构的能力。

在本章中,我们将研究这些人工材料在恶劣的高功率微波环境中的生存能力,并为考虑其在高功率微波设备中的应用奠定基础。人工材料,例如超构材料(metamaterial,MTM),是由许多亚波长金属/介电结构组成的复合材料,当在多个单元结构上平均时,它们共同充当由有效(宏观)本构参数定义的均质材料。在本章中,我们使用最初的瓦尔泽(Walser)对超构材料的定义:(超构材料是)人工材料的一个子类,同时表现出负介电常数(ε)和负磁导率(μ)。介电常数和磁导率定义了电磁波的电场和磁场分量如何与材料相互作用,包括波在材料中传播和相互作用时所经历的损耗。这些材料通过亚波长几何形状提供高度可定制的电/磁响应,而不是通过组成材料的原子。

对于任何材料,当我们考虑引入时,都必然要关注高功率微波设备内部的极端环境,何况对于由多种元素和可能的多种材料组成的一系列亚波长几何形状。真空环境中材料释气的风险限制了可以使用的材料,更不用说千伏电子注通过这些结构附近可能导致局部充电和击穿的风险。当然,我们会遇到围绕这些几何形状的互作用以及与它们的电磁波耦合而产生的问题,这些问题可能导致材料局部加热以及从这些结构散热方面的困难。为此,我们考虑将人工材料加载到波导中的情况,使用模拟和实验的方法来研究电磁波对人工材料的作用和影响。

通常,介电常数和磁导率都是复数,其中虚部与损耗有关。介电常数的实部(ε')与偶极子(或异构性)引起的材料极化率有关,而介电常数的虚部(ε'')与偶极子弛豫有关。这种弛豫导致损耗,与金属中移动的自由电子在由电导率(σ)所表征的电场中引起的损耗无法区分。这种损耗可以通过损耗角正切($\tan\delta$)来表示,即麦克斯韦-安培定律中电场的损耗反应与无损耗反应的波纹深度比 234

$$\tan\delta=\frac{\omega\varepsilon''+\sigma}{\omega}\varepsilon'=\frac{\varepsilon''}{\varepsilon'} \tag{9.1}$$

等效磁损耗角正切($\tan\delta_{\mathrm{m}}$)由磁导率的虚部定义为

$$\tan\delta_{\mathrm{m}}=\frac{\mu''}{\mu'} \tag{9.2}$$

然而，对于超构材料，包含电和磁相关损耗的更合适的描述是消光系数，其与介质中电磁波的衰减或阻尼有关。消光系数实际上是折射率的虚部 n''，可以使用第 1 章中概述的参数获取方法从 S_{11} 和 S_{21} 推导出来：

$$n''=\pm\frac{1}{kd}\mathrm{Im}\left[\arccos\left(\frac{1-S_{11}^2+S_{21}^2}{2S_{21}}\right)\right] \tag{9.3}$$

为了确保无源介质的因果关系守恒，折射率的虚部 n'' 通常必须为正，尽管超构材料的组成可能会出现该规则的例外情况。实现超构材料亚波长几何结构的关键装置是安装在电介质基板[1]上的双开口谐振环(split ring resonator，SRR)和线阵列结构(示例见第 1 章)。其中，电磁波以电容和电感方式耦合到亚波长谐振结构，这些谐振对于实现介电常数和磁导率的双负(double negative，DNG)响应是必要的[1]。这种配置还可以导致反谐振点，在该点处 n'' 可以为负[1]。这确实意味着在从消光系数解释吸收时必须小心谨慎，因为在这些点上没有很好地定义吸收。

9.2 开口谐振环损耗

实现具有介电常数和磁导率双负的介质要求电磁波在材料传输中产生谐振。实现这一点的亚波长几何结构的第一个方案，是双开口谐振环与线阵列相结合，如图 9.1(a)所示。开口谐振环的谐振特性将来自入射波的能量存储在单元结构的电容和电感组件中，这在某些频率上意味着人工材料可以有效地呈现高损耗。这种高损耗甚至导致一些研究者认为这些材料无法实现[2-3]。高功率和散热方案对器件工作至关重要，对于高功率微波器件，高损耗问题显得更加严重。

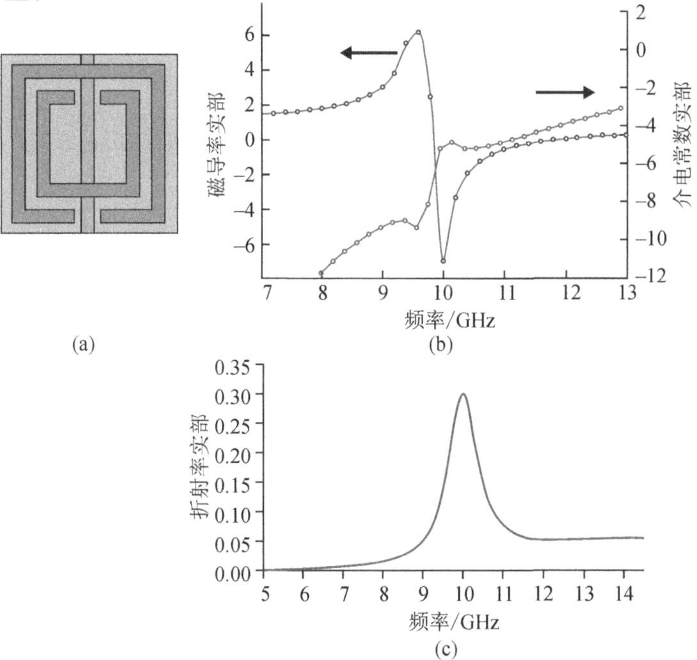

图 9.1　(a)电介质衬底上的单个开口谐振环，在衬底的另一侧具有线阵列以形成 3 mm×3 mm 的超构原子(meta-atom)；(b)由(a)中开口谐振环形成的材料的介电常数和磁导率；(c)系统折射率的虚部

为了研究电磁加热对超构材料的影响，我们以加载超构材料的 X 波段波导为研究对象[4]。初始考虑的超构材料的形式如图 9.1(a)所示，单位单元包括印刷电路板(printed circuit board,PCB)上的开口谐振环，在印刷电路板的背面有单个带状线。我们使用第 1 章中概述的提取技术进行模拟以获取单元结构的材料参数。其中，散射参数 S_{11} 和 S_{21} 使用商业电磁仿真软件 HFSS 确定，然后用于确定介电常数、磁导率和折射率。

235 图 9.1(b)给出了无限大材料块的介电常数和磁导率的实部，图 9.1(c)给出了折射率的虚部。图 9.1(b)表明，由图 9.1(a)中的开口谐振环形成的材料块在 10 GHz 附近同时具有负介电常数和负磁导率[4]。

为了研究高功率微波器件环境下材料中电磁损耗的影响，我们使用 HFSS 软件模拟了 10.1 GHz 的功率为 1 W 的电磁波通过加载有介质的 X 波段波导的传播。从图 9.1(b)中我们可以看到，材料同时具有负介电常数和负磁导率。我们使用 HFSS 进行电磁传播和损耗模拟，所得结果用作 ANSYS 模型的输入，以计算与从 HFSS 得到的损耗相对应的热相关性能。该响应用于计算单个单元结构中金属和介质的损耗。该分析结果如图 9.2 所示，我们从中可看到表面电流在外部开口谐振环拐角处的内侧边缘上达到峰值。然而，图 9.2(c)中显示的损耗表明，峰值损耗出现在外层开口谐振环的开口附近，这与穿过超构原子的电场中的峰值相吻合。图 9.2(b)表明，超构原子中的主要损耗，与介电损耗角正切有关，而不是由于欧姆损耗。根据图 9.2(d)中的 ANSYS 模拟确定的材料的最终温升表明，图 9.2(c)中所示的高损耗区域导致外部开口谐振环周围较低区域的温升超过 600 ℃，需要注意的是，实际峰值温度发生在开口谐振环金属后面的衬底中。

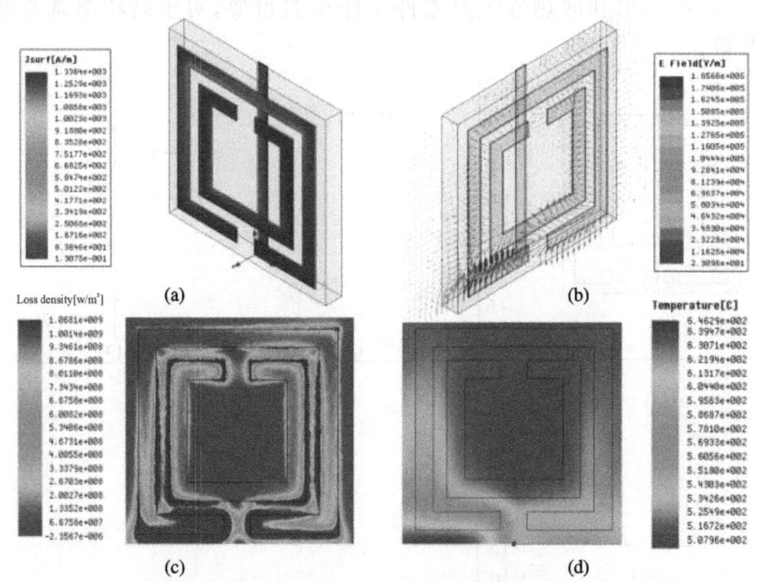

图 9.2 加载超构材料的 X 波段波导模拟。(a)HFSS 模拟超构原子单元内的电流流动；(b)HFSS 模拟超构原子单元内的电场；(c)HFSS 模拟超构原子单元的损耗；(d)HFSS 模拟超构原子单元的温度

图 9.2(d)中的预测温升超过安装开口谐振环的衬底的燃点。为了验证模拟结果并证明该方法可用于准确预测超构材料对电磁波的热响应，我们进行了一系列实验[4]。开口谐振环介质被加载到 X 波段波导的双端口部分，并在 10.1 GHz 的功率为 1 W 的射频下暴露 15 s。端口 1 的波导通过同轴电缆连接到 TMD PTX 8206 行波管放大器，该放大器能够在 6～18 GHz 的频率

236

下提供 0～100 W 连续(140 kW 脉冲)射频。端口 2 连接到 Agilent USB 功率计,端口和电缆均匹配 50 Ω 阻抗。这种连接允许高功率射频流过加载有超构材料的互作用区域的波导。

波导装有 9 个超构材料条,每条由 4 个开口谐振环单元组成。图 9.3 给出了之前的实验装置、实验结果、开口谐振环介质暴露在 10.1 GHz、1 W 的射频信号前后的对比,以及加热对单个开口谐振环的影响。从实验结果可以看出,单个开口谐振环[如图 9.3(c)和(d)所示]燃烧模式分布与数值模型预测的燃烧模式(如图 9.2 所示)非常一致。如图 9.3(c)和(d)所示,显示燃烧痕迹的开口谐振环区域与数值模拟(如图 9.2 所示)中预测开口谐振环温度超过 600 ℃(衬底的燃烧点)的区域相匹配。该实验证明了使用 HFSS 和 ANSYS 仿真方法来预测超构材料上的电磁特性和热效应的有效性。

由于上述结果表明主要损耗机制与介电损耗有关,因此一种适当的改进方案是考虑更换衬底。例如,石英在 10.0 GHz 时的介电损耗角正切约为 10^{-5},而图 9.2 中使用的衬底的介电损耗角正切为 10^{-3}。图 9.4 为将衬底材料改为石英后的开口谐振环结构的模拟结果。在此配置中,超构材料的主要属性保持不变,只是频点从 10.1 GHz 改变至 10.6 GHz。图 9.4(d)显示了石英衬底上相同开口谐振环的消光系数,需要注意的是,在此配置中,石英衬底将消光系数峰值降低至 0.03,而图 9.1(c)中显示的前一衬底的峰值为 0.3。这种新的配置确实显示了对操作的更强的鲁棒性。HFSS 和 ANSYS 仿真表明,加载这种基于石英的超构材料的 X 波段波导系统可以在频率为 10.6 GHz、功率为 1 W 的环境下轻松工作。然而,ANSYS 热模拟发现,在频率为 10.6 GHz、功率为 15 W 的环境下运行时,单个超构原子的热膨胀会扭曲开口谐振环几何结构,热膨胀程度见图 9.4(a)。开口谐振环几何形状的这种变化改变了超构材料的性能,最明显的是将消光系数峰值从 0.03 提高到 0.09 左右,如图 9.4(e)所示。这种几何形状和消光系数的变化的影响是使整个单元的温度升高,如图 9.4(b)和(c)所示,这将导致超构材料的破坏。关键是热损伤的位置被移到衬底中间的开口谐振环超构原子的中心,在导线阵列和开口谐振环之间。

237

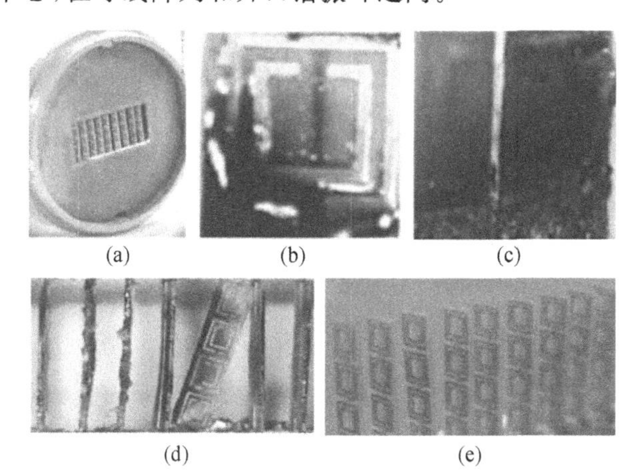

图 9.3　(a) 一段加载了超构原子阵列的 X 波段波导;(b) 暴露于功率为 1 W、频率为 10.1 GHz 的射频脉冲 15 s 后波导中材料的图像;(c)和(d)展示了(b)顶部的开口谐振环扩展图像,显示单元的燃烧损坏模式;(e) X 波段波导中加载的开口谐振环材料阵列

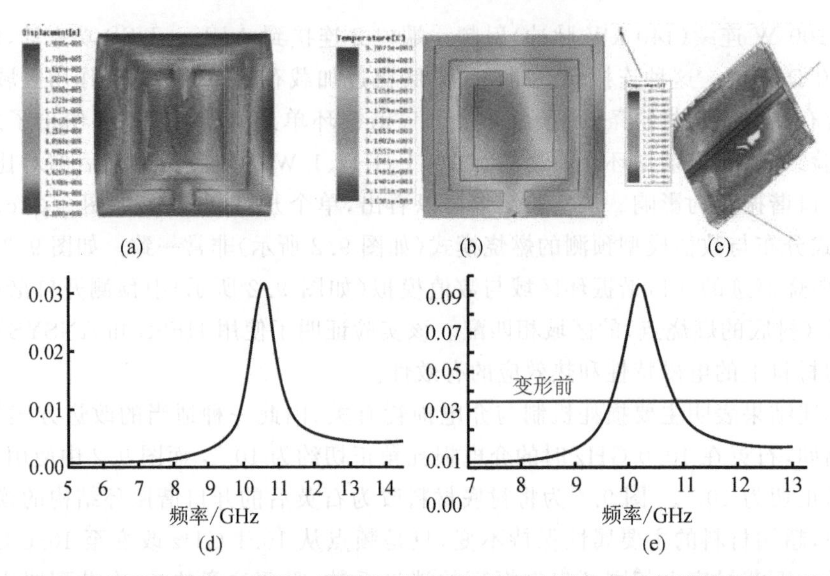

图 9.4 HFSS模拟石英衬底上的开口谐振环/线单元,检验电磁加热和热膨胀及其对开口谐振环性能的影响。(a)预测了由 10 GHz、15 W 的电磁波引起的开口谐振环的热膨胀;(b) 由 10 GHz、15 W 的电磁波引起的衬底开口谐振环侧的温度分布;(c)由 10 GHz、15 W 电磁波引起的衬底背面的温度分布;(d) 热补偿前的开口谐振环的消光系数;(e) 热膨胀导致尺寸改变后,开口谐振环的消光系数[横线显示(d)的最大消光系数]

9.3 互补开口谐振环损耗

在 9.2 节中,基于开口谐振环的超构材料在其机械支撑结构所必需的衬底上遭受了高介电损耗。文献[5]的作者探索了一种不需要介电衬底的开口谐振环的双重对应物,从而创建了开口谐振环的负图像,称为互补开口谐振环(complementary split ring resonators, CSRR)。互补开口谐振环是开口谐振环的全金属反转图像[参见图 9.5(a)中的互补开口谐振环示例]。开口谐振环可以被认为是由轴向磁场激发的谐振磁偶极子,等效的互补开口谐振环可以被认为是由轴向电场激发的谐振电偶极子(与开口谐振环具有相同的谐振频率)[5]。互补开口谐振环的主要优点是该结构可以完全由金属制成,消除与 9.2 节中电介质衬底相关的高损耗。

238

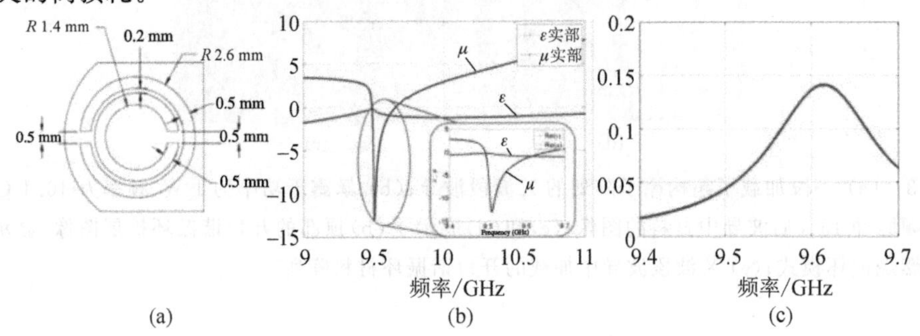

图 9.5 (a)互补开口谐振环单元;(b)模拟负载波导的介电常数和磁导率;(c)模拟负载波导的消光系数

在这一节中,我们探讨电磁波在由图 9.5(a)所示形式的加载全金属互补开口谐振环的超构材料阵列的波导中传播的热效应。HFSS 模拟用于确定基于互补开口谐振环超构材料的等效介电常数和磁导率,如图 9.5(b)所示。我们看到波传播只能发生在略低于 9.5 GHz 和 9.65 GHz 之间,因为这是等效介电常数和磁导率具有双负响应的唯一区域。在其他频率下,等效介电常数和磁导率具有相反的符号,仅允许倏逝波传播。系统的消光系数如图 9.5(c)所示,其中在 9.61 GHz 附近出现一个略高于 0.14 的峰值,在 9.52 GHz 处消光系数为 0.05。由于 9.52 GHz 代表等效介电常数和磁导率同时为负,同时将消光系数降至 0.05 的状态,因此,这似乎是研究系统热负载的最佳点。

为了计算电磁波对加载波导的热效应,HFSS 电磁模拟在频率为 8~10.5 GHz、平均功率为 0~500 W 的条件下运行,HFSS 模拟的结果用作 ANSYS 模拟的输入,以在各种电磁波平均功率的频率范围内实现互补开口谐振环单元的稳态热图。对于所有功率和频率点,互补开口谐振环单元的峰值温度出现在内环“分裂”(split)的中心,如图 9.6 的右上角所示。该“热点”的峰值温度与频率和功率的关系结果如图 9.6 底部所示。图 9.6 中给定输入功率的峰值温度与图 9.5(c)中消光系数的谐振一致。系统显示双负介电常数和磁导率的区域。图 9.6 的结果表明,将系统作为超构材料运行时,在互补开口谐振环达到最热点温度之前,系统能够承受的最大平均功率在 9.61 GHz 频率下约为 80 W,在 9.52 GHz 下略低于 100 W。如图 9.6 中箭头所示,这将导致互补开口谐振环的铜材料发生灾难性热变形。

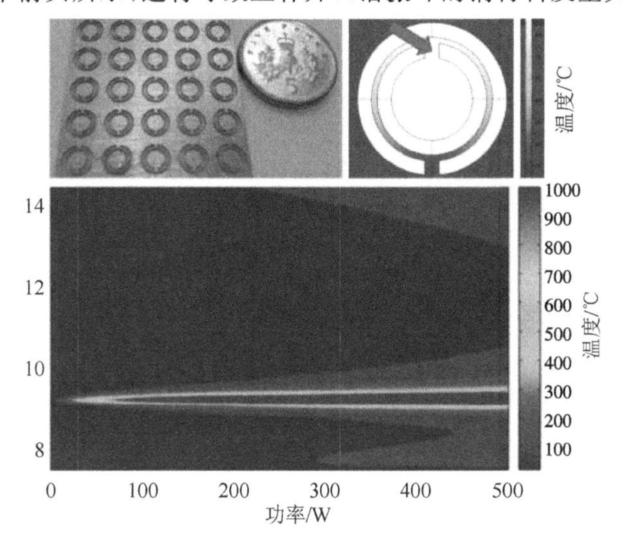

图 9.6　HFSS 和 ANSYS 模拟了加载所示类型的互补开口谐振环亚波长材料的波导的热负载,其中峰值温度在箭头指示的互补开口谐振环上的点处监测

9.4　人工材料损耗

9.2 节和 9.3 节的结果表明,使用具有开口谐振环或互补开口谐振环超构原子的超构材料的高功率微波设备,可能因变形、熔化或燃烧导致结构的灾难性失效,这意味着这些超构材料不适合在高功率微波环境中工作。这些几何构型的高损耗导致一些研究者认为无法实

现超构材料在高功率微波中的应用[2-3]。为了确定减少这些损耗的方法，研究者们的已经开展了许多研究，取得了不同程度的成功，例如利用几何裁剪[6]、操纵电谐振和磁谐振之间的耦合[7-8]或远离谐振[9-10]等。

文献[6]的作者专注于几何构型如何影响欧姆损耗。他们发现，不仅构成材料的电导率会导致欧姆损耗，而且几何构型也会影响欧姆损耗，因为几何构型会影响谐振结构中的场分布和电流分布。通过增大尖角处的曲率半径，可以使开口谐振环横截面上的可用电流更均匀地分配以降低损耗，正如所预期的，作者发现圆形开口谐振环与方形开口谐振环相比，欧姆损耗降低了。作者还研究了开口谐振环中的损耗如何与开口谐振环结构的尺寸成比例，发现欧姆损耗与谐振频率呈线性关系，随着开口谐振环尺寸的减小而增大，在谐振频率较高时达到饱和，之后随着谐振频率的降低而减小[6]。

这些用于最小化损耗的方法实际上是使材料的工作频率远离其表现为超构材料的频率范围，而不是将介质作为一种人工材料来操作，其中大块材料被视为近零材料(介电常数和磁导率大于 0 但小于 1)。在这种情况下，利用互补开口谐振环或开口谐振环作为有效的人工材料基础，意味着需要远离谐振点，这样很自然地导致消光系数非常接近 0。参数扫描用于优化互补开口谐振环单元的几何形状，如图 9.7(a)所示，以形成人工电磁介质。

240

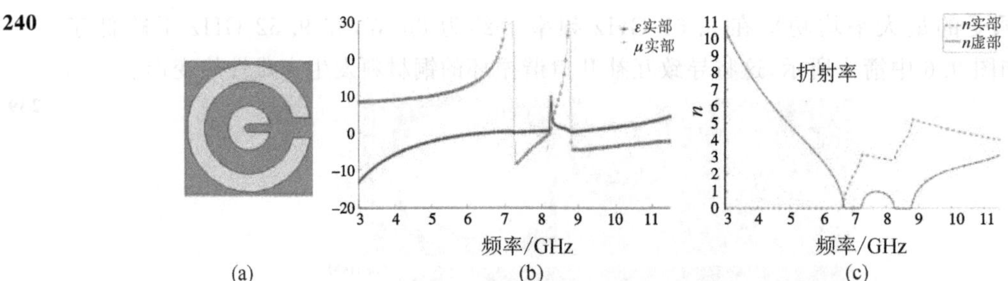

图 9.7 (a)互补开口谐振环单元几何形状的优化，实现损耗最小化；(b)由(a)的互补开口谐振环阵列形成的材料块的等效介电常数和磁导率；(c) 介质折射率的实部和虚部[资料来源：图片由英国哈德斯菲尔德大学的福克特(S. Foulkes)提供]

使用本书第 1 章中的参数反演方法，可确定等效介电常数和磁导率，如图 9.7(b) 所示。图 9.7(b)显示，在 8.2～8.8 GHz 的频率范围内，等效介质表现为双正介质；在此范围外，材料表现为单负介质，并且仅支持倏逝波传播。选择 8.4 GHz 作为工作点，可模拟平均电磁功率变化时加载波导中的波传播，然后使用 ANSYS 模拟热效应和损耗。互补开口谐振环的最大稳态温度与注入波导系统的电磁波平均功率的关系如图 9.8 所示。该图显示，在 1 kW 平均功率下，我们的铜互补开口谐振环的稳态温度为 900 ℃。由于铜的线性膨胀系数(0.000017 m/m℃)较低，ANSYS 模拟表明，互补开口谐振环因该温度而发生的尺寸变化不会影响自身的工作，尽管周围的波导会发生热膨胀而阻碍工作。这些模拟表明，如果在远离结构谐振的情况下工作，可以设计出基于互补开口谐振环的能够用于高功率微波的人工介质。如果在脉冲功率模式下运行，这种高功率运行当然可以扩展，我们希望这些材料能够在 GHz 级工作频率下承受 MW 级功率。

241

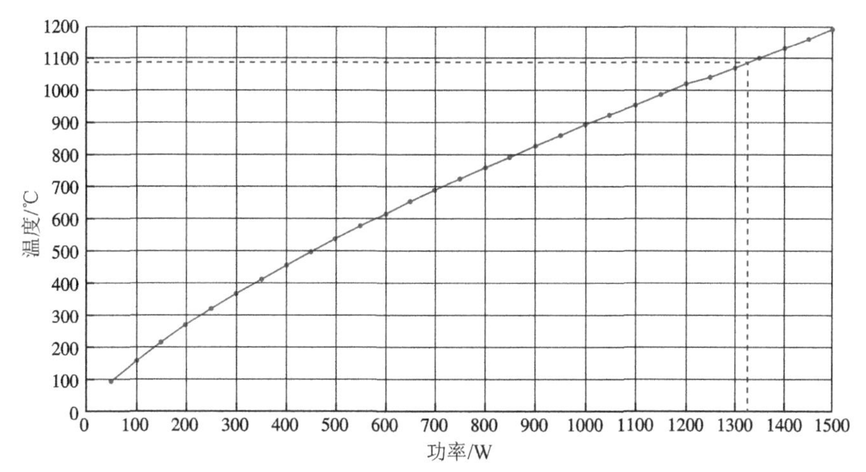

图 9.8　稳态温度与功率的关系[资料来源：图片由英国哈德斯菲尔德大学的福克斯(S. Foulkes)提供]

9.5　混乱/无序

在本章的 9.2～9.4 节，我们研究了材料整体的损耗和热效应，本节重点关注单个亚波长结构的局部击穿，以及这些局部缺陷对高功率微波器件工作的影响。即使在前面讨论的损耗优化结构中，我们也可以想到故障或制造缺陷可能导致局部损坏。对于高功率微波设备运行，高峰值功率是必然的，这就需要理解并减轻微波击穿对人工材料中亚波长结构的影响。为了研究击穿对人工材料的影响，我们考虑一个加载了人工材料的方形波导，该人工材料由一组负磁导率的开口谐振环阵列组成。本节中的材料是文献[11]中所述工作的总结，其中考虑了加载超构材料的波导的情况。加载超构材料后的波导系统如图 9.10 所示，由 6061 铝制成，横截面为 6 mm×6 mm，加载了 5 个开口谐振环阵列。每个开口谐振环元件由 11.0 μm 厚的同心铜环组成，如图 9.9 所示。环被安装在 0.35 mm 厚的 FR6 衬底上(相对介电常数约为 2.46)，相邻开口谐振环之间的中心间距为 6.0 mm。由于加载超构材料后的波导的工作频率为 4～12 GHz，截止频率为 25 GHz，因此波导在截止频率以下工作。这意味着对于电磁波，该波导具有在数学上与等离子体相同的色散关系，并且可以被视为具有负介电常数的等效等离子体介质。在这种配置中，系统表现为介电常数、磁导率同时为负的双负等效介质，即超构材料。该系统的相对简单性和紧凑性提供了一种独特的优势，我们可以考虑在高功率微波领域应用此类阵列来解决一些关键问题。

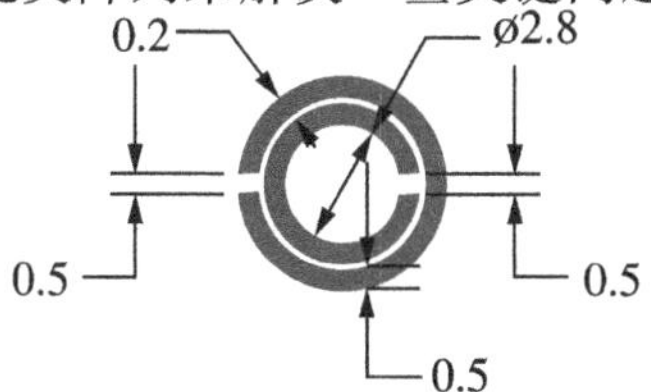

图 9.9　阵列的单个单元。每个环厚 11 μm，图中尺寸以 mm 为单位。
环被安装在 0.35 mm 厚的 FR6 电路板上(相对介电常数约为 2.46)
(资料来源：Shiffler et al[11])

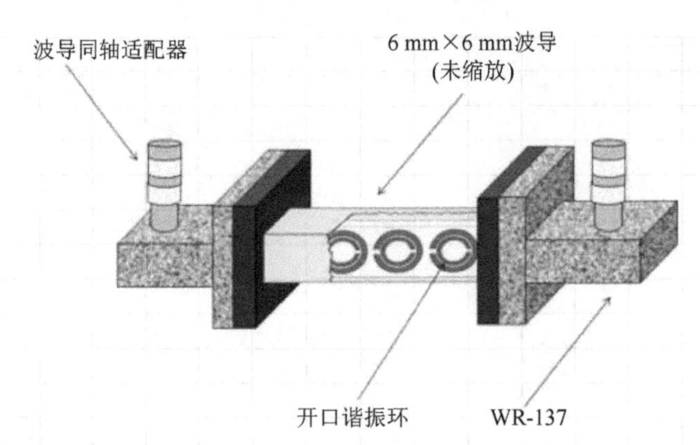

图 9.10 实验装置的横截面示意图。6 mm×6 mm 波导由 6061 铝制成。中心:5 个开口谐振环的阵列。请注意,该图以未缩放尺寸绘制(资料来源:Shiffler et al[11])

在高功率水平下运行可能会损坏任何小型结构,特别是形成图 9.9 所示类型的等效介质(用于实现等效介质的最常见配置)的亚波长几何结构。在图 9.9 所示形式的等效介质上的高功率电磁击穿引起的最明显的缺陷是形成频域短路或开路。了解人工材料中此类故障的后果对于基于超构材料的高功率微波设备的研发至关重要。为了研究短路损坏的影响,文献[11]的作者将单个开口谐振环替换为实心铜盘,环上没有开口。这种表示使内环和外环短路,并消除了内环和外环之间的间隙,来模拟材料的金属亚波长成分的熔化和融合。为了研究其对开路缺陷损伤的影响,文献[11]的作者直接从衬底上移除了形成特定开口谐振环的铜轨迹。使用这种方法,该作者考虑了一种情况,即特定的亚波长元件被缺陷(开路或短路)取代,而所有其他元件保持不变。由于文献[11]中考虑的系统中开口谐振环的数量较少,因此可以很容易地检查和理解开路元件和短路元件对传输特性的影响。此外,为了进行实验评估,文献[11]的作者还使用商业有限元方法模拟软件 HFSS,一个 3D 频域电磁场解算器,对图 9.10 中加载后的波导系统进行建模,以确定有缺陷和无缺陷的 S 参数(S_{21} 和 S_{11}),并进行对比模拟。

图 9.11 给出了文献[11]中开路缺陷紊乱的 S_{21} 随频率变化的数值模拟结果,其中包含无缺陷以及在开口谐振环位置 1、2、3 处存在开路缺陷(开口谐振环已移除)4 种情况。文献[11]的结果显示系统中有两个通带在 5.8 GHz 和 11 GHz 附近。图 9.12 显示了文献[11]中 S_{21} 的数值结果与图 9.10 中系统的频率之间的关系,包含无缺陷以及在开口谐振环位置 1、2、3 处存在短路缺陷这 4 种情况。

值得注意的是,文献[11]的结果表明,人工材料中出现的开路缺陷和短路缺陷的结果在影响上非常相似。最重要的是,对于高功率微波源,文献[11]的结果表明,单个超构原子被击穿,无论是短路的,还是开路的,都会加剧损耗,使材料的损耗至少再增加 20 dB。还有一点至关重要,缺陷的最大影响是降低材料的带宽,这当然会减少使用这种材料的高功率微波设备的工作带宽。

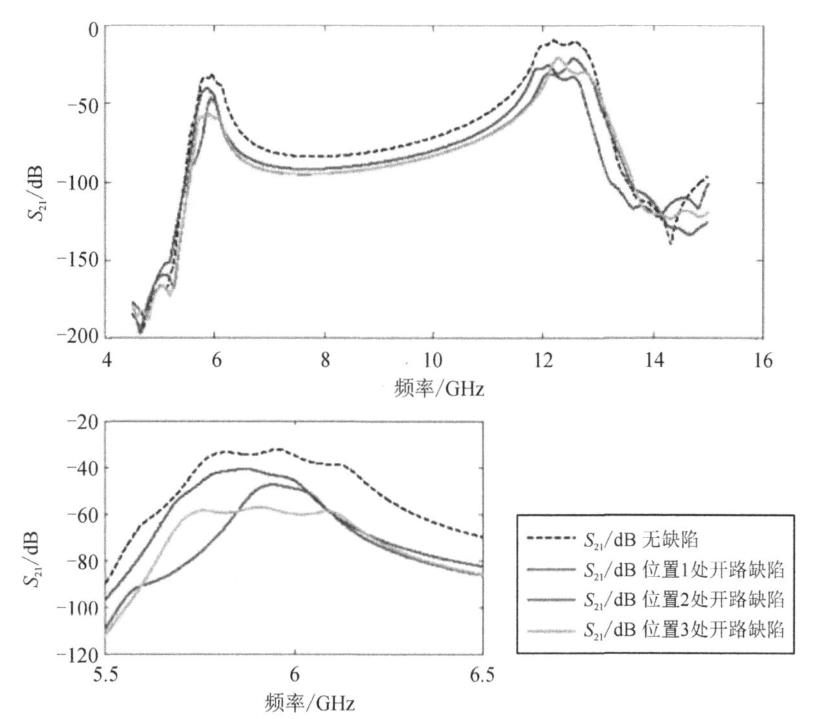

图 9.11　具有开路缺陷的单个结构单元的 S_{21} 随频率变化的数值模拟结果(资料来源:Shiffler et al[11])

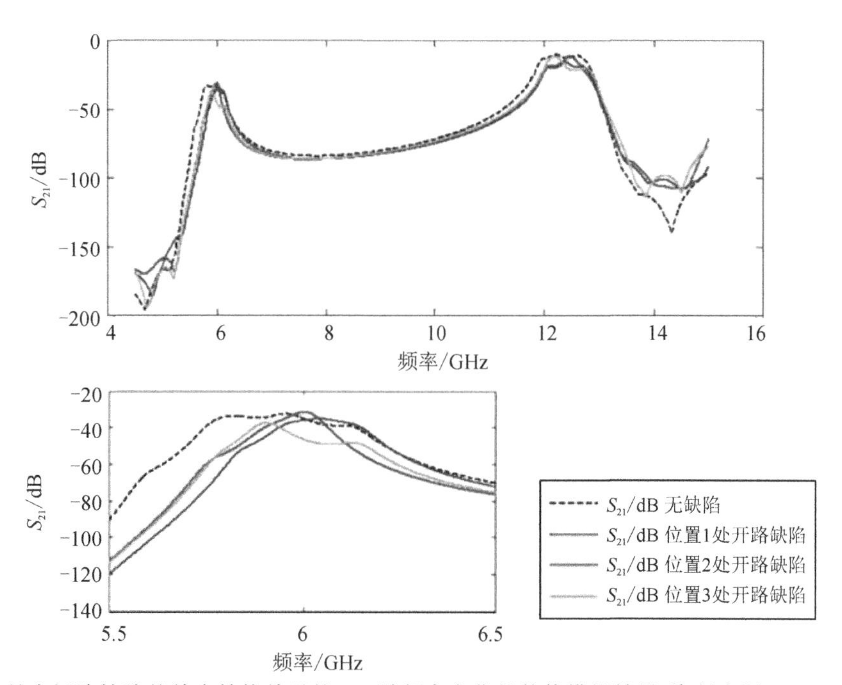

图 9.12　具有短路缺陷的单个结构单元的 S_{21} 随频率变化的数值模拟结果(资料来源:Shiffler et al[11])

9.6 总结

本章回顾了超构材料结构在真空高功率微波辐射影响下的生存能力。由于超构材料具有固有的谐振结构,因此在高功率微波源中不得将任何介质材料与开口谐振环、互补开口谐振环结合使用。材料在真空环境中释气的风险对可使用的材料造成了限制,更不用说千伏电子注通过这些结构附近可能导致局部充电和击穿的风险。我们已经考虑了围绕这些几何结构的互作用以及与它们的电磁波耦合而产生的问题,这些问题可能导致超构材料结构局部加热以及从这些结构散热方面的相关困难。模拟和实验结果表明,如果设计得当,超构材料结构有相当大的机会可承受极端电磁环境,并支持高功率微波在临界值以下产生和传播。

参考文献

1 Shelby, R. A., Smith, D. R., and Schultz, S. (2001). Experimental verification of a negative index of refraction. Science 292 (5514): 77 - 79. https://doi.org/10.1126/science.1058847.

2 Garcia, N. and Nieto-Vesperinas, M. (2002). Is there an experimental verification of a negative index of refraction yet? Opt. Lett. 27 (11): 885 - 887. https://doi.org/10.1364/OL.27.000885.

3 Dimmock, J. O. (2003). Losses in left-handed materials. Opt. Express 11 (19): 2397 - 2402 https:// doi.org/10.1364 /OE.11.002397.

4 Seviour, R., Tan, Y. S., and Hopper, A. (2014). Effects of high power on microwave metamaterials. 8th International Congress on Advanced Electromagnetic Materials in Microwaves and Optics, pp. 142 - 144. https://doi.org/10.1109/MetaMaterials.2014.6948624.

5 Baena, J. D., Bonache, J., Martin, F. et al. (2005). Equivalent-circuit models for split-ring resonators and complementary split-ring resonators coupled to planar transmission lines. IEEE Trans. Microw. Theory Tech. 53 (4): 1451 - 1461.

6 Guney, D. O., Koschny, T., and Soukoulis, C. M. (2009). Reducing ohmic losses in metamaterials by geometric tailoring. Phys. Rev. B 80 (12): 125129.

7 Zhou, X., Liu, Y., and Zhao, X. (2010). Low losses left-handed materials with optimized electric and magnetic resonance. Appl. Phys. A: Mater. Sci. Process. 98 (3): 643 - 649.

8 Zhu, L., Meng, F., and Zhang, F. (2013). An ultra-low loss split ring resonator by suppressing the electric dipole moment approach. Progr. Electromagn. Res. 137: 239 - 254.

9 Liu, R., Cheng, Q., and Chin, J. Y. (2009). Broadband gradient index microwave quasi-optical elements based on non-resonant metamaterials. Opt. Express 17 (23): 21030 - 21041.

10 Burckel, D. B., Shaner, E. A., and Wendt, J. R. et al. (2011). Technical Report SAND2011-2270C, Sandia National Laboratories, (SNL-NM). Albuquerque, NM (United States).

11 Shiffler, D., Seviour, R., Luchinskaya, E. et al. (2013). Study of split-ring resonators as a metamaterial for high-power microwave power transmission and the role of defects. IEEE Trans. Plasma Sci. 41 (6): 1679 - 1685. https://doi.org/10.1109/TPS.2013.2251669.

245

第10章　注-波与超构材料慢波结构互作用的实验热测

迈克尔·A.夏皮罗(Michael A. Shapiro)[1]　贾森·S.胡梅尔特(Jason S. Hummelt)[2]
鲁雪莹(Xueying Lu)[3]　理查德·J.特姆金(Richard J. Temkin)[1]
[1]麻省理工学院等离子科学与聚变中心,美国马萨诸塞州坎布里奇市,邮编:MA02139
[2]玳萌·芳德瑞公司,美国加利福尼亚州圣克拉拉市,邮编:CA95054
[3]北伊利诺伊大学,美国伊利诺伊州迪卡尔布市,邮编:IL60115

使用超构材料(metamaterial,MTM)的反向切连科夫辐射在两个开创性的实验中得到了证明。第一个实验是使用加速器产生的电子注通过超构材料波导进行观测,研究者们发现在超构材料左手频带中产生了10 GHz的辐射[1];第二个实验是使用相控电磁偶极子阵列模拟移动的带电粒子束在8.1～9.5 GHz范围内产生了反向切连科夫辐射[2]。然而,这些先前的实验并没有研究连续电子注与超构材料结构的互作用,而超构材料结构对于高功率微波(high power microwave,HPM)的产生非常有意义。我们在麻省理工学院的实验表明,当使用磁场引导电子注传输时,反向切连科夫不稳定性并不是观察到的主要效应,相反,切连科夫-回旋不稳定性占主导地位。这一结果对于超构材料在高功率微波中的任何实际应用都具有重要意义。

超构材料结构最常见的表现形式是,使用形成在诸如印刷电路板之类的电介质衬底上的开口谐振环(split ring resonator,SRR)。这种方法在之前的反向切连科夫实验中使用过[1-2],对于产生高功率微波是不可接受的,因为衬底会释气,且开口谐振环会过热。我们通过使用互补开口谐振环(complementary-split-ring resonator,CSRR)来规避这一限制[3]。

本章主要关注麻省理工学院对经过热测试的各种迭代的基于互补开口谐振环的超构材料进行的研究。反向对称排列的超构材料板以负群速度偏转模式工作,以产生高功率。PIC(particle-in-cell,网格中粒子)模拟显示螺旋束轨迹,表明切连科夫-回旋的不稳定性。这里,我们对实验结果进行了总结。此外,我们还将简要给出美国新墨西哥大学、加州大学尔湾分校在3D打印镀铜结构上合作研究的实验结果,并提供了更多详细信息以供参考。

246

10.1　麻省理工学院第一阶段实验

10.1.1　超构材料结构

图10.1给出了我们在实验中研究的超构材料的结构设计[4]。该设计是通过在波导中插入两块周期性互补开口谐振环单元加工的铜超构材料板构成的,电子注以轴为中心,沿板之间的波导传播。我们使用CST Microwve Studio的本征模解算器对加载超构材料的波导模式的色散进行了数值计算。两个最低阶模的色散曲线如图10.2所示。从中可以看出,在波导中激发了两种不同的模式,即对称模式和反对称模式。使用“对称”(轴向上的

Etranseverse=0)和“反对称”(轴向上的 Eaxis=0)的名称，是因为它们描述了位于波导中心并平行于两个超构材料板的平面上的电场强度分量的对称性。

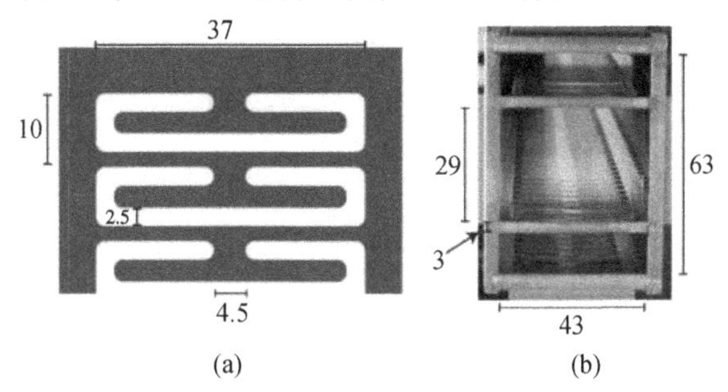

图 10.1　(a)超构材料板的几何形状；(b)完全组装结构的照片。尺寸单位为 mm

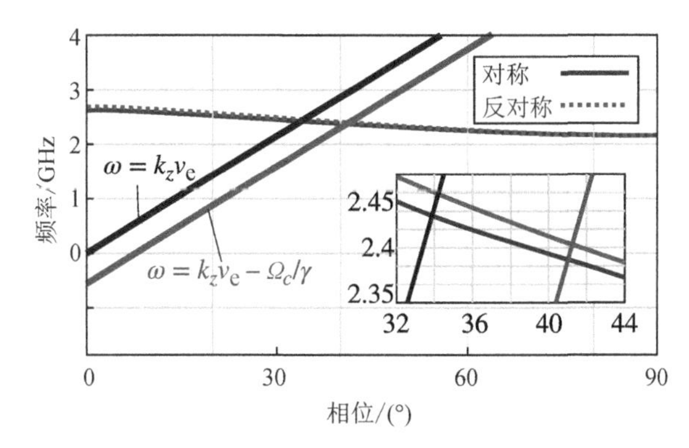

图 10.2　超构材料结构的对称模式、反对称模式与切连科夫($\omega = k_z v_z$)和反常多普勒($\omega = k_z v_z - \Omega_c/\gamma$)电子注的色散关系，每个周期 p = 10 mm 的相位步进是 $k_z p$。电子注色散曲线是针对 490 keV 的能量和 400 Gs (1 Gs=10^{-4} T)的磁感应强度计算的

这些模式也可以被理解为存在于图 10.1 右侧所示的每个超构材料板上的两种表面模式的叠加。当两个表面波同相时，出现对称模式；当两个表面波异相 180°时，出现反对称模式。这些模式的一个重要特性是其频率低于 43 mm×63 mm 的波导的横磁场模式的截止频率，因此，由于存在超构材料板，这些模式只能在波导中传播。

虽然我们使用数值方法进行分析，但已经表明，这些超构材料模式可以用等效介质理论来表示。该理论给出的磁导率和介电常数由下式表示：

$$\mu_{\mathrm{eff}} = 1 - \frac{\omega_{\mathrm{co}}^2}{\omega^2},\ \varepsilon_{\mathrm{eff}} = 1 - \frac{\omega_{\mathrm{p}}^2}{\omega^2 - \omega_0^2} \tag{10.1}$$

其中，ω 为角频率，ω_{co} 是波导中横磁场模式的截止角频率($\omega_{\mathrm{co}}/2\pi \approx 4.2$ GHz)，ω_{p} 为介质的等效等离子体角频率($\omega_{\mathrm{co}}/2\pi \approx 1.7$ GHz)，ω_0 为介质的谐振角频率($\omega_o/2\pi \approx 2.1$ GHz)，等效介质模型的属性在文献[3]、[5]中给出描述。虽然式(10.1)没有被用于分析我们的数据，但它很有用，因为它表明 $\varepsilon_{\mathrm{eff}}$ 和 μ_{eff} 在我们研究所关注的频率下都是负值，这是超构材料结构中波传播的一个重要特性。

247

10.1.2　实验结果

图 10.3 给出了该实验的装置示意图。电子注是由海姆森电力研究公司(Haimson

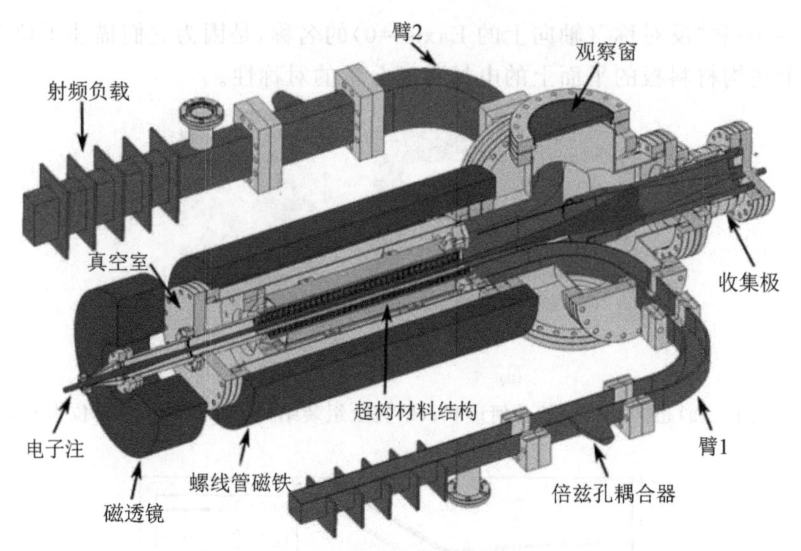

图 10.3 高功率微波源实验装置示意图

Research Corp. Power)制造的静电聚焦 1μs 脉冲皮尔斯(Pierce)电子枪产生。超构材料结构中产生的返波在枪端反射,并在两个 WR284 输出波导(72.14 mm×34.04 mm 的矩形波导)的集电极端耦合到高功率负载。

在此前的相关研究中,研究者们对电子注与超构材料结构互作用的理论分析只考虑了反向切连科夫辐射的可能性[5-12],这将导致返波振荡器(backward wave oscillator,BWO)类相互作用[13]。然而我们发现,有必要考虑切连科夫-回旋不稳定性[14]。描述切连科夫和切连科夫-回旋不稳定性的一般表达式为由式(10.2) 给出:

$$\omega = k_z v_z + \frac{n\Omega_c}{\gamma} \tag{10.2}$$

式中,ω 为角频率;k_z 为轴向波数;v_z 为轴向电子速度;n 为整数;Ω_c 为电子回旋频率,$\Omega_e = eB_z/m_e$,其中 e 和 m_e 分别为电子电荷和电子静止质量,B_z 为磁感应强度;γ 为洛伦兹因子,$\gamma=\left(1-\frac{v^2}{c^2}\right)^{-1/2}$,其中 c 为光速,v 为电子速度。在式(10.2)中,$n=0$ 的关系是正常切连科夫不稳定性,$n\neq 0$ 的关系是切连科夫-回旋不稳定性,其中特例 $n=-1$ 是反常多普勒不稳定性。

248

当由方程式(10.2)表示的直线和色散曲线相交时,可能发生导致微波产生的不稳定性,如图 10.2 中 2.4 GHz 附近所示。在图 10.2 中的所有相交处,群速度都是负的,表示一个返波(或反向波)。在图 10.2 所示的 4 个交叉点中的任何一个点上都可能发生导致相干微波产生的不稳定性。在切连科夫不稳定性中,波的增长是由于波相速度与电子注速度同步,$\omega/k_z = v_z$。在切连科夫-回旋不稳定性中,相位同步是波的多普勒位移相位与电子注回旋运动之间的相位同步,$\omega - k_z v_z = -\Omega_c/\gamma$。

在超构材料结构中,电磁波的场不容易用解析理论描述,因此我们必须依靠数值计算程序对这些互作用的强度进行线性和非线性估计。利用 CST Particle Studio 软件,我们研究了电子注能量为 400~500 keV、磁感应强度为 350~5000 Gs(1 Gs=1×10^{-4} T)时电子注与超构材料结构模式的互作用。图 10.4 给出了模拟的结果。图 10.4(a)显示了 B_z=1500 Gs 和在 490 keV、84 A 电子注下的电场强度分量和粒子轨迹。这些条件可以激发对称模式,且粒子轨迹接近

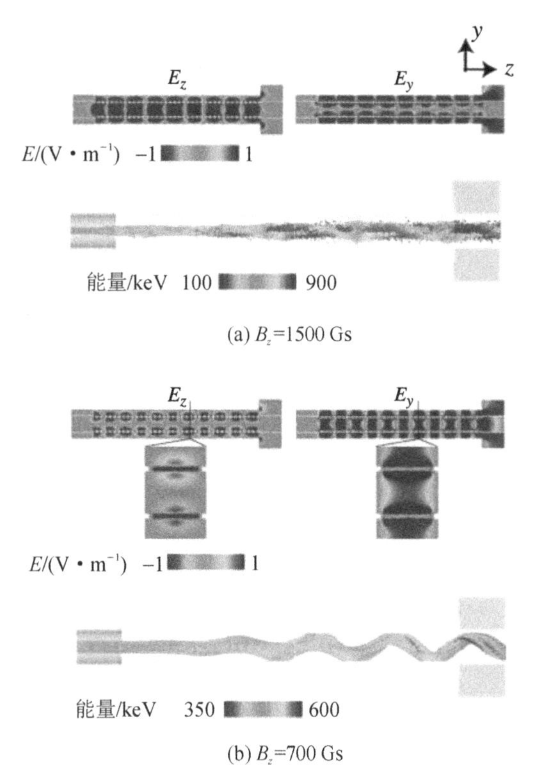

图 10.4　超构材料结构的 PIC 模拟。电子注能量为 480 keV，电流为 84 A。模拟了两种情况下电场强度分量 E_z 和 E_y 以及粒子的轨道：(a)在 1500 Gs 时激发的对称模式；(b)在 700 Gs 时激发的反对称模式

结构的轴线。耦合到两个输出波导中的微波的输出功率，在频率为 2.40 GHz 时达到 6.2 MW 的饱和功率。在模拟中，我们通过两个输出波导中输出微波的相位是否相同来识别对称模式。由于频率不随磁感应强度的变化而变化，因此这种不稳定性被确定为切连科夫不稳定性。

图 10.4(b)给出了 $B_z=700$ Gs 情况下的电场强度分量和粒子轨迹。在这种情况下，反对称模式被激发。在模拟中，即使电子注没有初始横向速度，也会偏离轴并呈螺旋状。电子注以频率 2.40 GHz(等于微波输出频率)进行旋转。模拟 2.36 GHz 时的微波功率为 5.4 MW。这种不稳定性被视为反常多普勒不稳定性，因为频率随着磁感应强度的变化而变化，符合式(10.2) $n=-1$ 的情况。

249

图 10.4(a)和(b)表明，低磁感应强度和高磁感应强度的群聚及能量提取存在显著差异。在高磁感应强度下，在具有切连科夫不稳定性的对称模式下，粒子在群聚及能量提取过程中具有很强的能量色散。在图 10.4(a)中，通过模拟电子注中粒子的高能量扩散，我们可以明显地看出这一点。在低磁感应强度下，在具有反常多普勒不稳定性的反对称模式下，粒子逐渐失去能量，同时保持适度的能量扩散。如果结构沿轴适当地变细，后一种机制可能极有希望实现非常高的效率。实验数据是电压从 400 kV 至 490 kV 和外加磁场的磁感应强度从 350 Gs 至 1600 Gs 的参数范围内收集的。图 10.5(b)给出了一个产生高输出功率的示例。

对于这个电压脉冲，磁感应强度为 375 Gs，电压接近 400 kV，电流为 62 A。脉冲中心部分的平均输出功率为 2.4 MW，测得的频率为 2.38 GHz。两个输出臂中的测量相位表明反

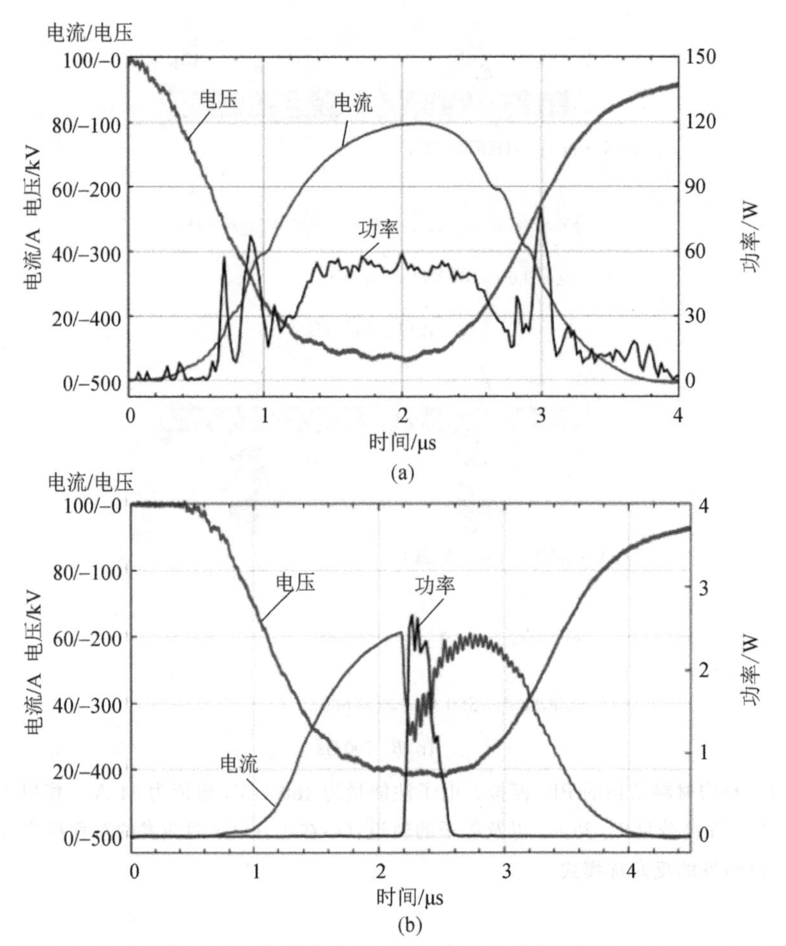

图 10.5 微波功率、电子枪电压和实测集电极电流，其中磁感应强度为：(a)1500 Gs；(b)375 Gs

250 对称模式被激发。频率与磁感应强度的调谐关系，在下文中有更详细的解释，表明反常多普勒不稳定性被激发。图 10.5(b)显示，高功率微波输出与超构材料电路中电子注截断一致。集电极电流随电压上升，在 400 kV 电压下大约 1.6 μs 时达到 60 A，微波功率增加到约 2.7 MW。同时，集电极电流减小，因为部分注流（约 50%）在超构材料板上被截留。如模拟所示[图 10.4(b)]，电子注被拦截是由高功率反对称模式激发引起的，这导致电子注撞击超构材料板。只有当设备在低于 450 Gs 的低磁感应强度下运行时，才能在实验中实现 MW 级的高输出功率。反对称模式总是在上述这些磁感应强度下被激发，在所有情况下都具有显著的电子注拦截现象，这与粒子模拟结果一致。尽管电子注在超构材料板上被截断，但我们在操作后对板进行检查，没有发现可见的损坏。在这些高功率辐射中，也没有超构材料板被击穿的现象。在脉冲宽度为 100～400 ns 的低磁感应强度下，我们观察到最高输出功率水平达 5 MW。相比之下，图 10.5(a)给出了在高磁感应强度下的发射，在对称模式下有宽脉冲的微波辐射，没有电子注截断。输出功率约为 50 W，比低磁感应强度下的功率水平低 5 个数量级，这可能是预振荡条件的特征。

图 10.6 给出了实验结果随螺线管磁感应强度变化的结果，其中电压为 490 kV，电流为 84 A。图 10.6(a)给出了两个输出波导臂 1 和臂 2 中的相对相位 $\Delta\phi$ 与磁感应强度的关系。

结果表明，随着磁感应强度的增大，输出模式在大约 750 Gs 时从反对称模式 ($\Delta\phi=180°$) 切换到对称模式 ($\Delta\phi=0°$)。 这个结果与 CST PIC 模拟非常吻合。图 10.6(b)给出了输出功率与磁感应强度的关系，磁感应强度在 350～450 Gs 时，输出功率水平在 MW 范围内，与 CST PIC 模拟的预测基本吻合。在 450 Gs 以上，输出功率下降了 4 个数量级，与非相干辐射一致。如图 10.6(a)所示，反对称模式在磁感应强度为 350～750 Gs 的磁场会被激发，对称模式在磁感应强度为 750～1500 Gs 的磁场会被激发。因此，在 450～750 Gs 下的低输功率磁场处于反对称模式，在 750～1500 Gs 的磁场处于对称模式。一些 CST PIC 模拟表明，微波输出功率可以在很长一段时间内保持在预振荡状态，到相干辐射的开始，并在几百纳秒后达到高输出功率水平。图 10.6(c)给出了频率与磁感应强度的关系。输出频率是非常窄的频带，在所有情况下都具有几兆赫或更小的 3 dB 带宽。如图 10.6(c)所示，在磁感应强度 350～475 Gs 的较低磁感应强度下，功率水平与 CST PIC 模拟结果预测的相吻合，频率也与理论值相吻合。在磁感应强度 475～750 Gs 的磁场中，观察到的频率随磁感应强度有调谐，与切连科夫-回旋不稳定性所预期的相符合，但观察到的频率比 CST 预测的高约 60 MHz。这种差异可以通过以下事实来解释：CST 程序还预测该频率范围内的高输出功率，而仅观察到低功率。当在非线性区域中操作时，由于电子注对波的色散，高功率会导致工作频率发生较大偏

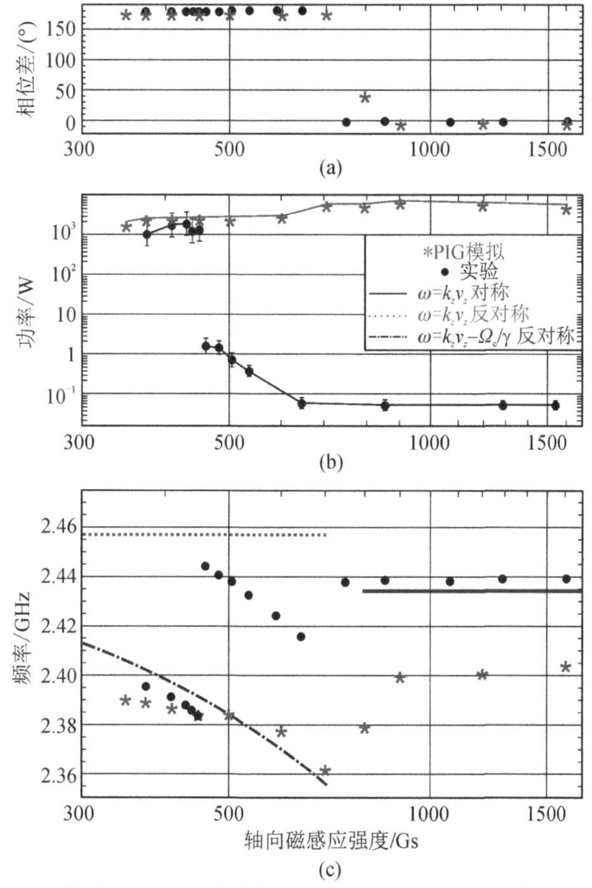

图 10.6　(a)、(b)、(c)分别为 $\Delta\phi$、微波功率、频率与磁感应强度的关系。测量结果：黑点为实测的数据点。计算结果：浅灰线为对称模式切连科夫不稳定性，中灰线为反对称模式切连科夫不稳定性，深灰色线为反对称模式切连科夫-回旋不稳定性

移。由于该器件没有达到高输出功率,色散效应降低,这可能是 60 MHz 偏移的原因。磁感应强度在 750 Gs 以上的,频率是恒定的,没有观察到磁感应强度对频率的调谐,符合切连科夫不稳定性。

251

10.1.3 第一阶段实验总结

我们进行了一项反向切连科夫辐射产生的实验测试,电子注通过加载超构材料的波导。在磁感应强度为 400 Gs 的磁场,使用 490 keV、84 A 的 1 μs 脉冲电子注,在频率 2.40 GHz 下,在返波模式下观察到高达 5 MW 的功率水平。与预期相反,切连科夫模式下没有产生输出功率,反而由于传输电子注所需磁场的存在,诱发了切连科夫-回旋不稳定性(或反常多普勒不稳定性),从而产生一个等于切连科夫频率减去回旋频率的不稳定性频率。非线性模拟表明,在获得最高输出功率的较低磁感应强度下,相比于切连科夫不稳定性模式,切连科夫-回旋模式应该占有主导地位。

10.2 麻省理工学院第二阶段实验

在实验的第一阶段(参见 10.1 节)[4],在低磁感应强度下切连科夫-回旋类型的互作用中,反对称模式下产生了 MW 级功率脉冲。

252

切连科夫-回旋模式,也称为反常多普勒模式[14]。出乎意料的是,我们只在切连科夫-回旋模式中发现了高功率,而在预期的切连科夫模式中却没有发现。虽然获得了具有对称结构的 MW 级功率脉冲,但微波脉冲的脉冲长度很短。我们使用连续电子注(1 μs),只观察到 100～400 ns 长的微波脉冲。在这里,我们给出了通过将对称结构改为反向对称结构而获得的 1 μs 长、数兆瓦级功率微波脉冲的实验结果。

具有反向对称性的超构材料结构的想法,来自我们之前所做对称结构实验的经验。在该结构中,电子注倾向于在电子注轴上具有横向电场的反对称模式,而在电子注轴上具有纵向电场的对称模式不利于产生高功率。因此,在新设计中,我们颠倒了一个超构材料板,以产生不对称。这种新结构被称为反向对称超构材料结构或超构材料反转(MTM-R)结构。这样就消除了在电子注轴上具有纵向电场的对称模式。

第二阶段的实验仍在麻省理工学院进行,测试设施如图 10.3 所示[15]。电子注是从皮尔斯式电子枪发射出来的。热枪阴极采用 1 μs 的高压脉冲,脉冲电压高达 490 kV 时发射的电子注电流为 84 A。然后,电子注被两块磁铁所限制。离电子枪较近的磁铁被称为磁透镜,离电子枪较远且与超构材料电路区域重叠的磁铁被称为电磁磁铁。两块磁铁的磁感应强度可以独立连续地从 0 调到最大值 840 Gs(磁透镜)和 1500 Gs(螺线管)。当电子注通过互作用区域后,它被注入收集极中。超构材料结构中产生的微波通过两个波导(我们称之为臂 1 和臂 2)引导,通过校准的倍兹孔耦合器到达射频负载。耦合器在 WR284 波导中获得少量功率,臂 1 的耦合系数为－64 dB,臂 2 的耦合系数为－61 dB。

10.3 具有反向对称性的超构材料结构

超构材料反向对称结构如图 10.7 所示。它是一个不锈钢波导管,上面有两个铜质超构材料板。两个超构材料板上的 C 形切口沿相反的方向对齐,也就是说,一个板块与另一个板

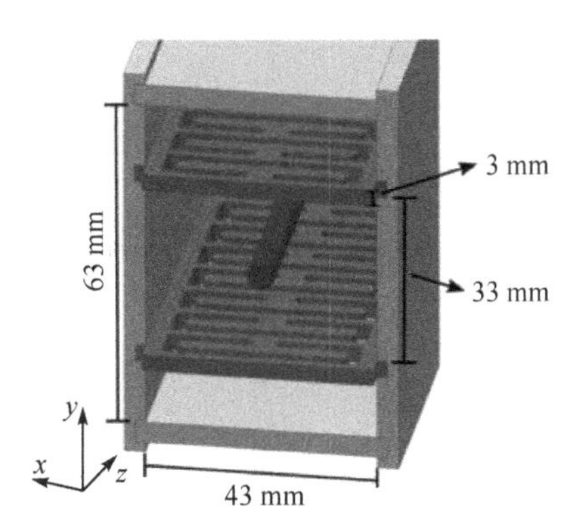

图 10.7　具有反向对称性的超构材料(超构材料反转)结构的设计。超构材料板的长度周期为 10 mm。深灰色圆柱体为电子注

块是“反向”的,如图 10.7 所示。此外,包含一个 C 形切口的超构材料板块的周期是 10 mm,且一个周期的长度比 S 波段的波长小得多,这是超构材料结构的一般特征。两个超材料板厚 3 mm,相隔 33 mm,电子注顺着波导的中心线沿 $+z$ 方向传播。

图 10.8 给出了本征模频率与超构材料结构每个周期的相位步进之间的色散关系。图中绘制了两种最低模式的色散曲线,标记为“模式 1”和“模式 2”。图中还给出了具有磁感应强度为 400 Gs 的磁场的切连科夫-回旋电子注线 $\omega = k_z v_z - \Omega_c/\gamma$,同时切连科夫电子注线为 $\omega = k_z v_z$,对应的是 490 kV 电子注。

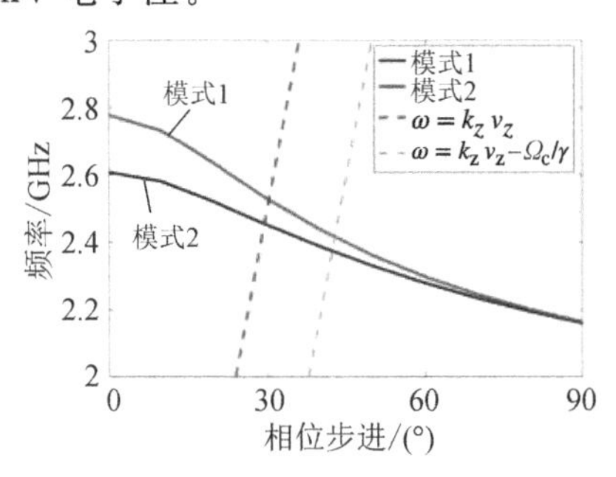

图 10.8　超构材料反向对称结构的色散曲线。切连科夫和切连科夫-回旋电子注线是针对磁感应强度为 400 Gs 的磁场中的 490 kV 电子注计算的

两种模式的电场分布如图 10.9(a)所示,电场绘制在包含一对 C 形切口的一个周期内的中间切割平面上。模式 1 和模式 2 均为混合模式。图 10.9(b)给出了横向电场强度 E_y 的相位,模式 1 和模式 2 具有不同的相对相位。根据图 10.3,波导上部和下部产生的波被引导至两个 S 波段波导弯头处,即臂 1 和臂 2 处。其中,臂 1 位于底部,臂 2 位于顶部。

我们用 CST Particle Studio 软件的 PIC 模拟程序来模拟电压为 490 kV、电流为 84 A 的电子注在结构中产生的微波。电子注笔直运动并穿过超构材料结构,如图 10.10(a)所示。254 纵向直流螺线管场用于引导注流的传输,但其也为注流进行回旋运动提供了可能。在模拟中,注流轨迹是螺旋形的,表明存在切连科夫-回旋互作用。回旋运动从横向速度为零开始,这是切连科夫-回旋不稳定性造成的结果。

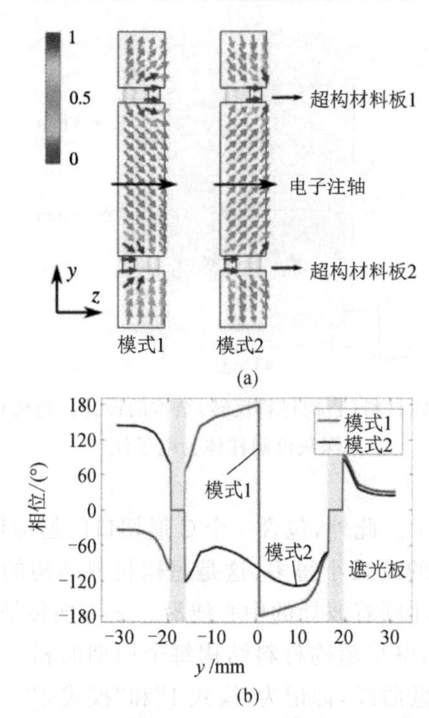

图 10.9 模式 1 和模式 2 的电场分布。(a)结构的一个周期中 $x=0$ 的中间切割平面上的电场强度 E；(b)模式 1 和模式 2 的电场强度 E_y 的相位。阴影部分表示两个超构材料板块的位置

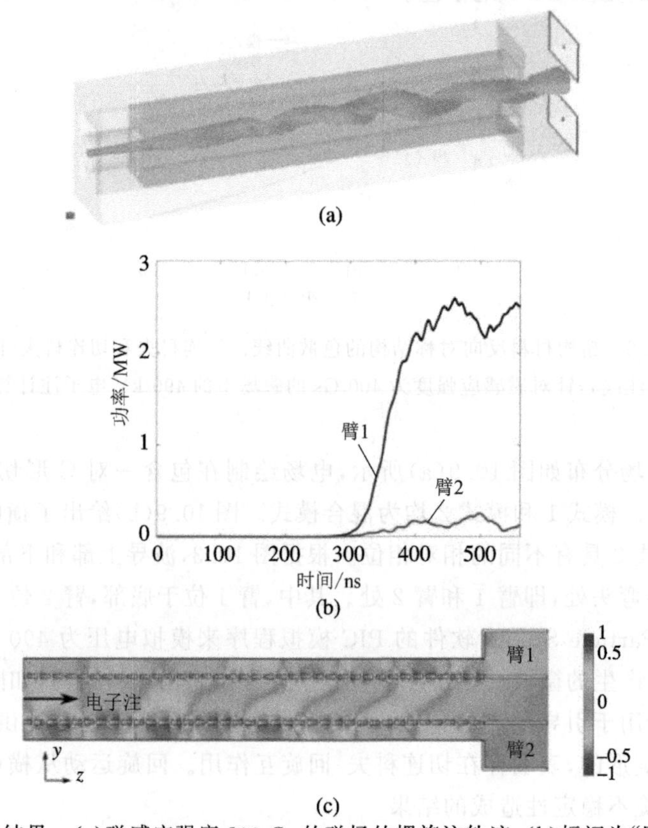

图 10.10 PIC 模拟结果。(a)磁感应强度 800 Gs 的磁场的螺旋注轨迹；(b)标记为“臂 1”和“臂 2”的两个输出端口中的功率；(c)在中间切割平面 $x=0$ 上 E_y 的图。电场强度幅度为对数刻度

图 10.10(b)给出了两个输出耦合器中的模拟功率示例。在超构材料反向对称结构设计中,两个输出端口的功率水平是不均匀的。这与 10.1 节[4]中的对称超构材料结构不同,两个臂之间的对称性被破坏。形成功率水平不均匀的原因是,当电子注螺旋时,峰值电场强度的纵向位置在两个板之间交替出现。因此,对于有限长度的超构材料波导,一个臂可以接收结构中产生的大部分微波功率。中间切割平面 $x=0$ 上的横向电场强度图如图 10.10(c)所示,其解释了为什么臂 1 获得更多功率。两臂之间的功率分配随着结构长度的不同而变化,并且这已经通过对具有不同纵向周期数的结构的一系列 PIC 模拟得到了验证。

10.4　高功率产生的实验结果

255

我们分别用功率计和快速示波器测量了微波脉冲的功率和频率。在此过程中,确保使用倍兹孔耦合器的功率测量仅测量工作模式 2.4 GHz 下的功率。高频(主要是高次谐波)的少量功率也可能耦合到倍兹孔耦合器中,但使用低通滤波器或带通滤波器进行严格滤波就可以解决这个问题。混频器使用信号发生器作为本地振荡器,将可测量的高次谐波频率扩展到 15 GHz。通过混频器测量,我们观察到了基波的 6 次谐波模式,而其后,在测量 2.4 GHz 的功率时,所有这些高次谐波都被低通滤波器滤除了。

该器件的功率和频率测量是在一个大的 3D 参数空间中完成的,3 个参数分别为电子注电压、透镜磁感应强度和螺线管磁感应强度。对于皮尔斯型电子枪,电子注电流与电子注电压成比例,因此其不是一个独立的参数。

在电压-透镜-螺线管的 3D 参数空间中,我们在一些区域观察到功率为几个 MW 的 1 μs 的长微波脉冲。固定光束电压下透镜-螺线管 2D 空间的大功率区域如图 10.11(a)所示。在两条边界线之间的半边界区域,输出功率大于 1 MW。然而,在高功率区域之外,功率突然下降到 1 kW 水平。边界轮廓表示 MW 级功率启动的临界条件。当电子注电压较低时,轮廓线会缩小。在大功率区,工作电压(490 kV、460 kV 或 420 kV)高于临界电压,而在有界区域之外,工作电压低于临界电压。因此,缩小的高功率区表明,临界电压随透镜磁感应强度和螺线管磁感应强度的变化而变化。图 10.11(b)显示了在某些透镜磁感应强度值处的临界电压的测量结果。这一趋势与图 10.11(a)中的信息一致,即工作电

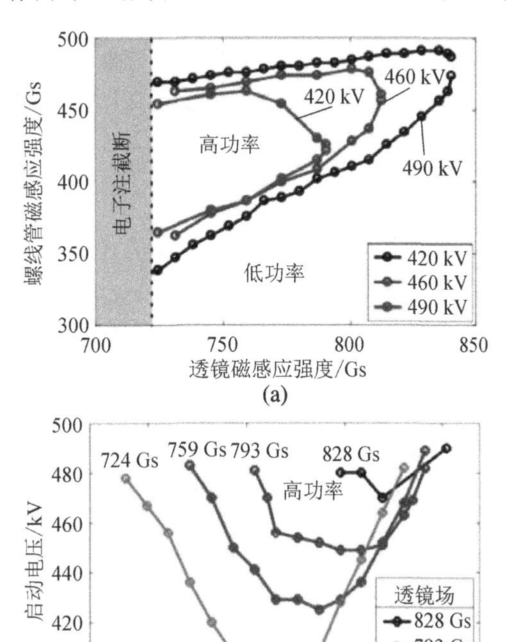

图 10.11　高功率输出图。(a) 螺线管、透镜的磁感应强度 2D 参数空间中的高功率区域,固定电子注电压为 490 kV、460 kV 或 420 kV。两条边界线之间的半边界区域是 MW 级功率工作空间,外部是低功率区域。黄色阴影区域是发生电子注截断的地方。(b)多透镜磁感应强度值的临界电压随螺线管磁感应强度的变化

256

压越低,大功率工作空间越小。

如图 10.11 所示的 MW 级功率区域的出现有几个原因。第一个原因是返波振荡器产生的高功率来自切连科夫-回旋不稳定性。这种不稳定性只有在螺线管磁感应强度低于一定阈值时才会出现,这样回旋运动才能胜过纵向群聚。第二个原因是电子注品质在不同条件下是不同的。通常,我们假设磁场只在互作用区域内起作用,但从图 10.11 中我们注意到透镜磁铁的作用。透镜磁感应强度和螺线管磁感应强度通过控制电子注的空间电荷效应决定了电子注半径和扇形区域。图 10.12 给出了两个电子注轮廓示例。在实验中,高功率是在图 10.12(b)的条件下测量的,而不是在图 10.12(a)的条件下。在透镜磁感应强度相同的情况下,与图 10.12(b)中的低螺线管磁感应强度相比,图 10.12(a)中较高的螺线管磁感应强度会导致不匹配的电子注在结构入口处,具有较小的初始半径和较大的扇形区域。

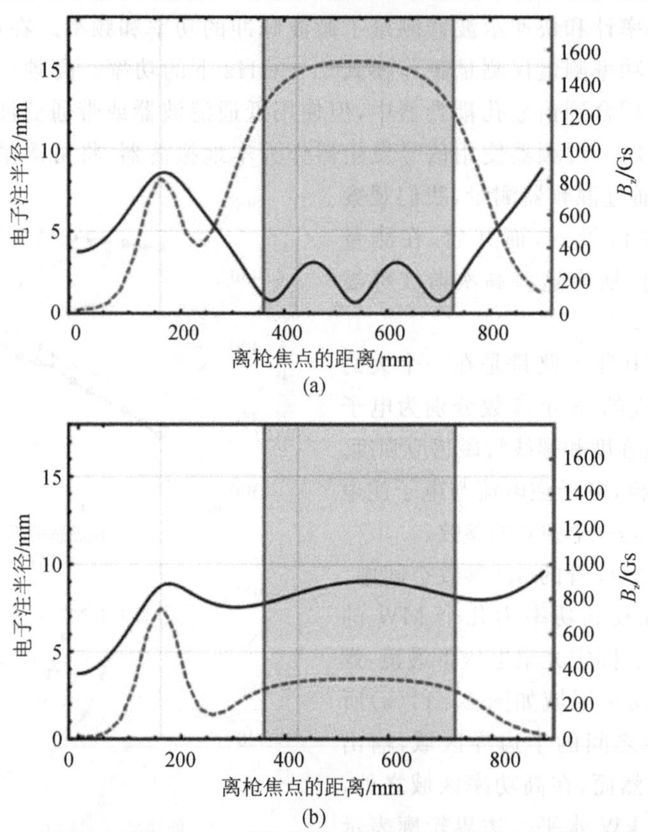

图 10.12 490 keV 电子注的磁场分布和电子注半径。阴影区域表示超构材料波导的区域。作为参考,两个超构材料板之间的距离的一半是 16 mm。黑色实线表示电子注半径,灰色虚线表示纵向磁感应强度。两个图的透镜磁感应强度峰值为 724 Gs,螺线管的磁感应强度在(a)中为 1511 Gs,而在(b)中为 341 Gs。在实验中,在情况(b)中测量到高功率,但在情况(a)中没有测量到高功率

257 电子注半径和扇形区域是在这两种情况下造成高功率和低功率差异的两个方面。一方面,电子注半径应该相当大,以填充两个超构材料板之间的空间。超构材料板支持集中在板上的表面波,因此在较低磁感应强度下,电子注在板附近会形成更强的电场,从而产生更强的互作用。但是当磁感应强度过低时,会在微波模式被激发之前发生电子注拦截,从而导致有效电子注电流降低,无法产生高功率。另一方面,扇形区域不利于高功率产生,这在 CST

PIC 模拟中得到了说明。如果在 PIC 模拟中忽略电子注进入超构材料波导之前的扇形，则该代码预测了超过 1 kGs 的高磁感应强度下纵向群聚产生的高功率。然而，当考虑到扇形时，高功率的饱和时间从 300 ns 以下延长到 600 ns 以上。电子枪上的高压脉冲长度有限，因此饱和时间越长，激发高微波功率的难度越大。

10.5　热测中的频率测量

在 MW 级功率和 μs 级时长的脉冲中，我们观察到三类脉冲。在第一类脉冲中，两个输出臂具有相同的微波频率，而在第二类脉冲中，两个臂中的测量频率相差约 30 MHz。在这两个结果中，每个臂都有一个频率与电子注的相干辐射相关。在第三类脉冲中，可在一个或两个臂中测量多个频率。

图 10.13 是第一类脉冲的示例，其中两个输出臂具有相同的频率。图 10.13(a)给出了枪电压波形和集电极电流波形。电子注电压为 490 kV，集电极电流迅速上升，然后下降至 0。电子枪处的总电流为 84 A，集电极电流的缺失来自结构上的注流拦截。这是意料之中的，因为设计模式与横向偏转电场混合。然而，由 3 mm 厚的铜板组成的超构材料反向对称结构没有电弧或板损坏的迹象。图 10.13(b)给出了功率曲线。平顶功率为 1.5 MW，因此效率为 4%。功率在很短的时间内(仅 100 ns)从几乎为零上升至满值。工作透镜磁感应强度为 725 Gs，螺线管磁感应强度为 339 Gs。图 10.13(c)给出了臂 1 和臂 2 中微波的测量电压谱。两个臂都看到相同的单一频率 2.37 GHz。辐射波是相干的，带宽只有几兆赫。臂 2 中的信号有一个 2.39 GHz 的小边带，但其功率比 2.37 GHz 的主峰低 12 dB，因为频谱代表的是相对电压幅值。

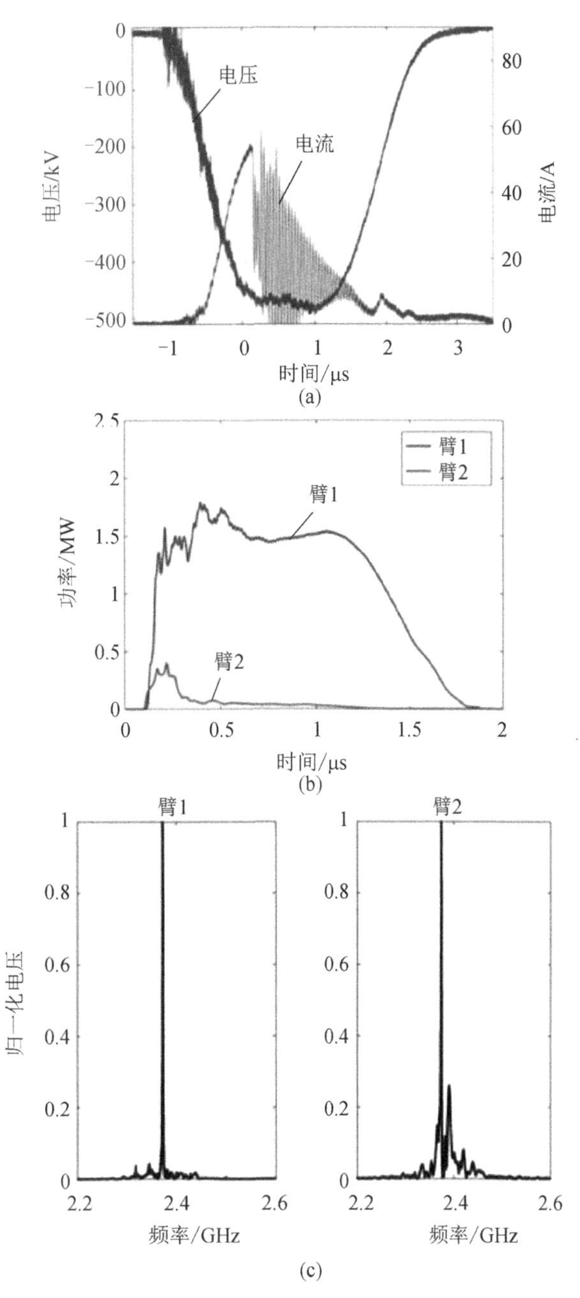

图 10.13　第一类脉冲样本，两臂中的高功率微波辐射具有相同的相干频率 2.37 GHz。工作透镜磁感应强度为 725 Gs，螺线管磁感应强度为 339 Gs。(a)电压和集电极电流曲线；(b)高功率微波曲线；(c)两臂中微波的归一化电压谱

图 10.14 是第二类脉冲的示例，其中两个输出臂的频率不同。其峰值电压为 420 kV，枪的总电子注电流为 65 A；总输出功率为 2.5 MW，脉冲宽度为 1 μs，效率为 9%；透镜磁感应强度为 725 Gs，螺线管磁感应强度为 437 Gs。

第二类脉冲具有最平坦的输出功率曲线和最高的能效。此类观测通常是在工作电压高于但非常接近临界电压（20 kV 以内）的条件下进行的。这是因为在该结构中可能发生几种具有不同互作用类型的模式。这些模式都有不同的临界电压，所以当工作电压刚好高于最

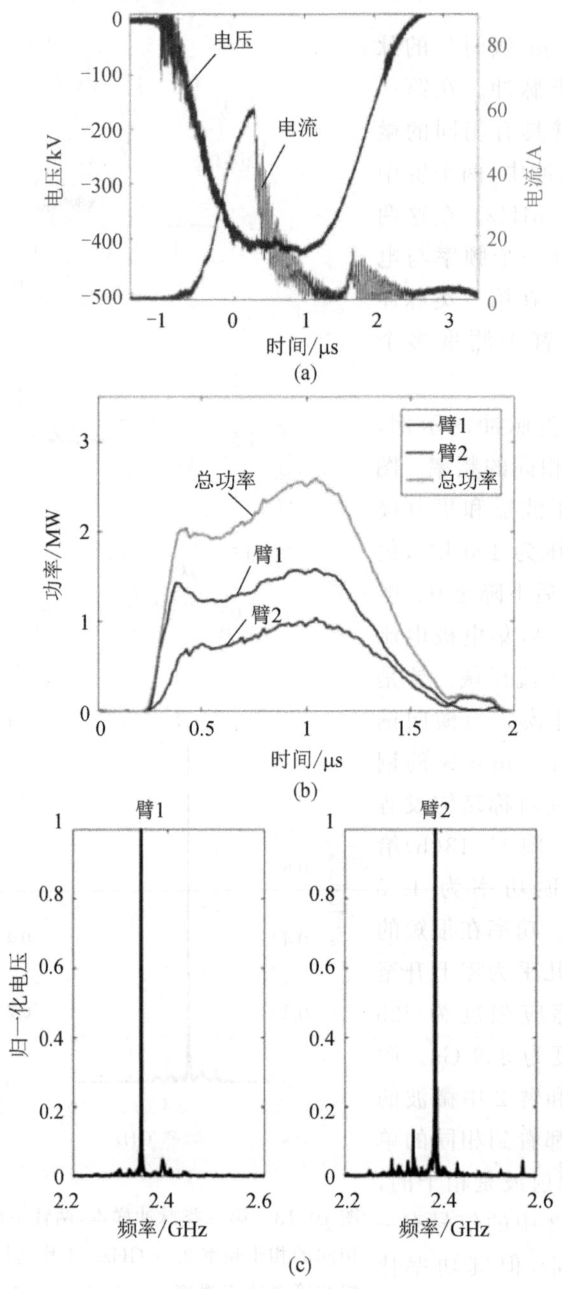

图 10.14 第二类脉冲样本，两臂各有一个高功率微波辐射，但频率不同。工作透镜磁感应强度为 725 Gs，螺线管磁感应强度为 437 Gs：(a)电压和集电极电流曲线；(b)高功率微波曲线；(c)两臂中微波的归一化电压谱

低阈值时，只有一种类型的互作用导致高功率微波产生，并且脉冲形状是平坦的。随着电压升高，会出现模式竞争，因此观测到第三类脉冲，具有多个频率和杂乱的脉冲形状。 258

在第三类脉冲中，微波脉冲具有多个频率。图 10.15 给出了具有高峰值微波功率的此类示例脉冲。电子注电压为 475 kV，注流截断前集电极电流峰值为 60 A。其峰值功率为 8 MW，尽管发生在短脉冲内。当工作电压远离任何模式下的高功率临界电压时，模式竞争就存在于这一类脉冲中。通过分析电子注电压和磁感应强度的频率调谐，我们可以确定注-波互作用的类型，因为频率依赖性因不同模式和互作用类型而异。 261

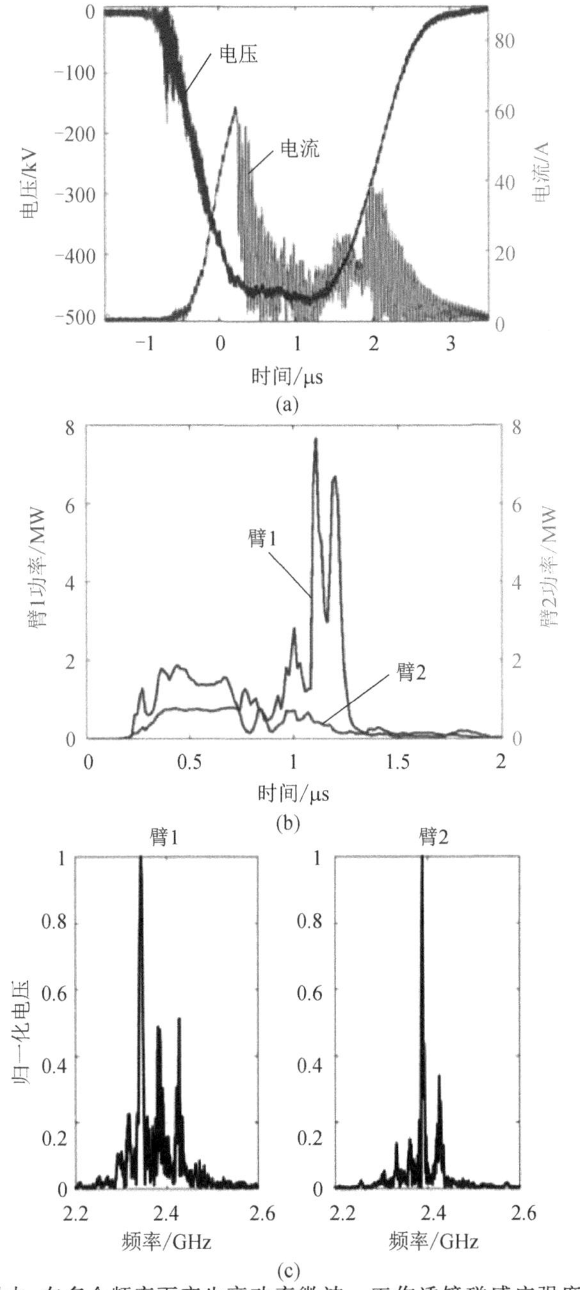

图 10.15　第三类脉冲样本，在多个频率下产生高功率微波。工作透镜磁感应强度为 739 Gs，螺线管磁感应强度为 450 Gs；(a)电压和集电极电流曲线；(b) 高功率微波曲线；(c)两臂中微波的归一化电压谱

图 10.16 给出了不同磁感应强度下电子注电压与频率的关系组合。对于图 10.16(a)和(b)，透镜磁感应强度为 729 Gs，但螺线管磁感应强度分别为 648 Gs 和 1511 Gs。我们可以看到，电压频率调谐分别符合切连科夫-回旋类型和切连科夫类型的互作用。图 10.16(b)中拟合的切连科夫-回旋理论线的斜率小于图 10.16(a)中切连科夫理论线的斜率，因为在切连科夫-回旋色散 $\omega = k_z v_z - \Omega_c/\gamma$ 中，右侧的两项均随着较高的电子注能量的增大而增大。

图 10.17 给出了频率与螺线管磁感应强度之间的关系。切连科夫频率不受磁感应强度的影响，而切连科夫-回旋频率随磁感应强度的增大而降低。这两种类型，在实验中都观测到了。高功率始终处于磁感应强度在 475 Gs 以下的切连科夫-回旋类型的互作用中。而在低功率区，磁感应强度在 830 Gs 以下，我们观测到切连科夫-回旋模式；磁感应强度在 830 Gs 以上，我们观测到切连科夫互作用。该特性也符合基于图 10.16 中测量的模式选择。

262

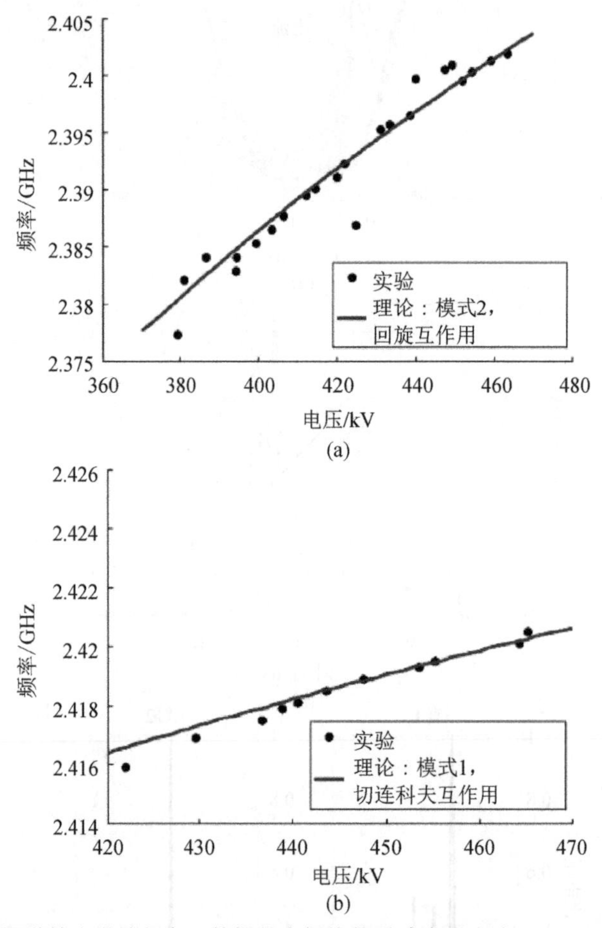

图 10.16 使用注-波调谐输出微波频率。数据是在螺线管磁感应强度为(a)648 Gs 和(b)1511 Gs 下采集的。(a)中的理论线适用于切连科夫-回旋模式，上移 25 MHz；(b)中的理论线适用于切连科夫模式，下移 5 MHz

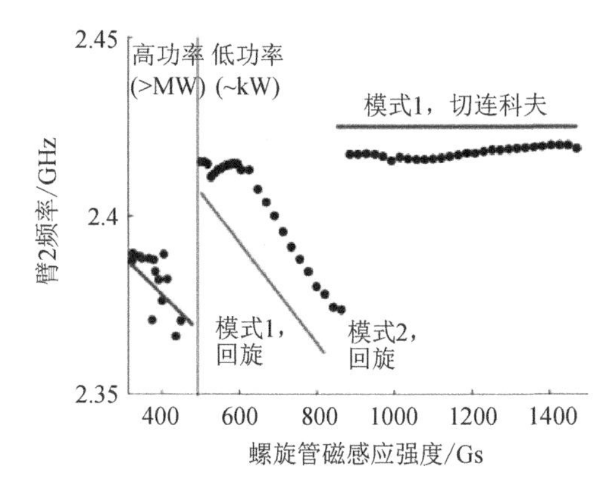

图 10.17　利用螺线管磁感应强度对输出微波脉冲进行频率调谐。图中的所有数据都是在 725 Gs 的透镜磁感应强度和 460 kV 的固定电子注电压下采集的。观测到了不同的互作用类型，即切连科夫型和切连科夫-回旋型互作用

10.6　转向线圈控制

应用转向线圈的想法来源于这样一个事实，即在涉及回旋运动的偏转场模式中总是可以观测到高功率。我们增加了一个横向转向磁场，使电子注产生适度的横向冲击，希望其能激发更高功率的切连科夫-回旋不稳定性。此外，将电子注推得更靠近其中一个板，可以增大电子注所经历的场振幅，从而改善电子注-波互作用。

由海姆森研究公司制造的转向线圈如图 10.18 所示。线圈由两个相对的部件组成，提供横向磁场。在来自控制线圈的横向磁场和来自透镜的纵向聚焦磁场的共同作用下，电子注开始回旋运动。在实验中，线圈几乎平行于超构材料板块排列，因此产生了一个垂直于板块的横向磁场。

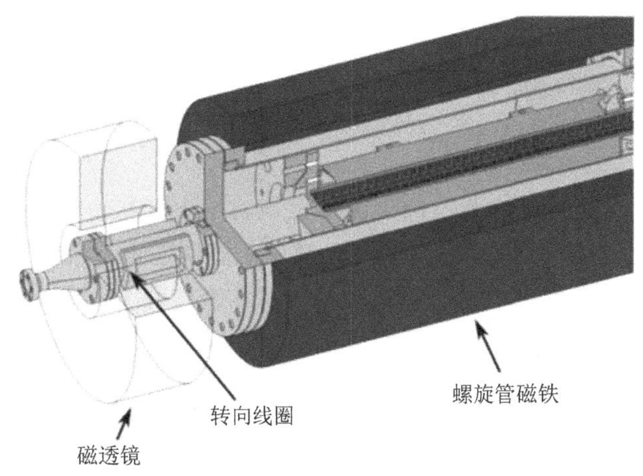

图 10.18　转向线圈位置示意图。一对转向线圈被安装在与透镜重叠的电子注管上，旋转线圈以使横向磁场垂直于超构材料板

有了这个快速变化的磁场，具有初始纵向速度的电子注便获得平行于板的初始横向速度，然后开始回旋加速运动。电子注的引导中心就更靠近其中的一个板。转向线圈的强度是这样的：如果将其放置在自由空间中，在线圈中施加 0.2 A 电流时，490 kV 电子注将偏转 13 mrad。

图 10.19 给出了应用了转向线圈的改进后的脉冲示例。功率脉冲现在具有更好的平顶功率和更高的总功率 2.9 MW，效率约为 10%。该脉冲属于第二类脉冲，其中两个臂的频率差为 30 MHz。

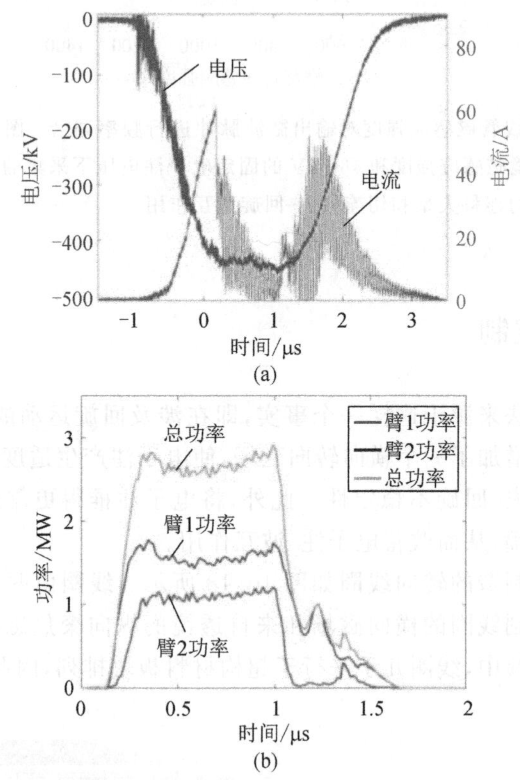

图 10.19　在转向线圈中施加 0.2 A 电流的脉冲样本。
(a)电压和集电极电流曲线；(b)高功率微波曲线(峰值功率达到 2.9 MW)

转向线圈也改变了大功率工作空间。图 10.20(a)给出了高功率区域(阴影区域)随外加转向线圈而产生的电流的变化。电子注电压和透镜磁感应强度都是固定的。正转向电流意味着电子注将转向更靠近臂 2，而负转向电流将电子注推向臂 1。该图显示了具有反向对称性的超构材料反转结构的各向异性特征。

用不同的转向线圈电流值测量获得高功率(>1 MW)的临界电压，如图 10.20(b)所示。与图 10.20(a)一致，0.1 A 的线圈电流会提高临界电压；−0.2 A 的线圈电流会降低临界电压；当线圈电流增大至 0.6 A 时，在磁感应强度为 650 Gs 左右临界电压出现第二个谷值。

使用转向线圈进行测量，可以改善脉冲形状并提高功率，而且可以显示反向对称超构材料反转设计中反向对称的各向异性效应。

264

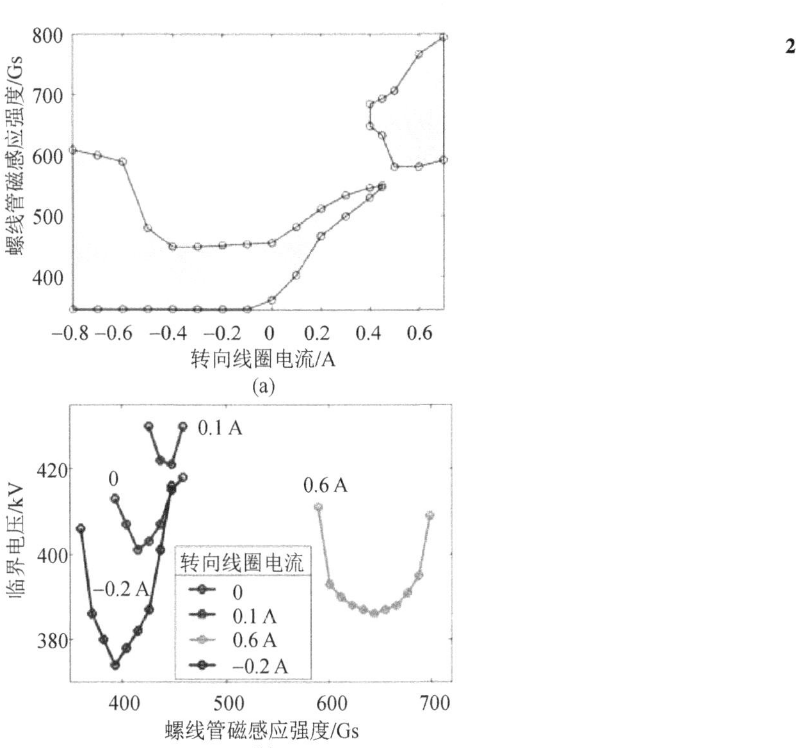

图 10.20　应用转向线圈后的高功率输出图。(a)高功率区域作为阴影区域;(b)应用不同转向线圈电流时测得的启动电压。数据是在固定电子注电压为 450 kV,固定透镜磁感应强度为 760 Gs 的条件下采集的

10.7　新墨西哥大学和加州大学尔湾分校合作研究的高功率超构材料切连科夫振荡器

我们研究了一种基于超构材料慢波结构的返波振荡器高功率微波源,并在新墨西哥大学进行了测试。超构材料慢波结构由一个周期性加载了两个互补电开口谐振环(complementary electric split-ring resonator,CeSRR)圆盘的圆形波导组成,由美国加州大学尔湾分校(University of California,Irvine,UCI)设计,本书第 4 章和第 5 章对此进行了描述。我们对该慢波结构进行研究和模拟,以量化其冷结构特性。此外,我们利用 PIC 软件模拟了基于所提的慢波结构的返波振荡器,以评估其性能。在模拟中,该返波振荡器产生了 88 MW 的峰值功率,脉冲持续时间约为 15 ns,频率约为 2.9 GHz。该慢波结构采用 3D 打印和镀铜技术制造,并在美国新墨西哥州阿尔伯克基市的新墨西哥大学(University of New Mexico,UNM)使用 SINUS-6 脉冲电子注加速器进行了测试。在实验[16]中,我们观测到 3.0 GHz 的 22 MW 输出。

10.8　总结

综上所述,麻省理工学院的超构材料反转结构为研究不同类型的注-波互作用提供了丰富的环境。反向对称排列的超构材料板以负群速度偏转模式工作,以产生高功率。PIC 模

265

拟显示螺旋电子注轨迹,表明其具有切连科夫-回旋不稳定性。在实验中,我们通过 3 个主要参数(电子注电压、透镜磁感应强度和螺线管磁感应强度)的不同组合,观测到了具有完整 1 μs 脉冲长度的 MW 级输出功率。相干辐射是在切连科夫-回旋频率下产生的。典型的电压为 490 kV、电流为 84 A 的电子注的总输出功率为 2~3 MW,效率高达 10%。对电子注电压和螺线管磁感应强度的频率调谐的进一步研究,确定了不同工作条件下不同类型的注-波互作用。最后,我们通过放置一对转向线圈来优化输出功率曲线,并揭示了反向对称超构材料的各向异性特征。

我们在新墨西哥大学测试了一种 3D 打印的镀铜慢波结构,在初步的实验结果中获得了 3.0 GHz 的 22 MW 输出功率。量化这一结果与在 PIC 模拟中观察到的预期 88 MW 输出功率的差异需要进行额外的测量。

参考文献

1 Antipov, S., Spentzouris, L., Gai, W. et al. (2008). Observation of wakefield generation in left-handed band of metamaterial-loaded waveguide. J. Appl. Phys. 104: 014901.

2 Xi, S., Chen, H., Jiang, T. et al. (2009). Experimental verification of reversed Cherenkov radiation in left-handed metamaterial. Phys. Rev. Lett. 103: 194801.

3 Falcone, F., Lopetegi, T., Laso, M. A. G. et al. (2004). Babinet principle applied to the design of metasurfaces and metamaterials. Phys. Rev. Lett. 93: 197401.

4 Hummelt, J. S., Lu, X., Xu, H. et al. (2016). Coherent Cherenkov-cyclotron radiation excited by an electron beam in a metamaterial waveguide. Phys. Rev. Lett. 117: 237701.

5 Hummelt, J. S., Lewis, S. M., Shapiro, M. A., and Temkin, R. J. (2014). Design of a metamaterial-based backward-wave oscillator. IEEE Trans. Plasma Sci. 42: 930.

6 Bliokh, Y. P., Savel'ev, S., and Nori, F. (2008). Electron-beam instability in left-handed media. Phys. Rev. Lett. 100: 244803.

7 Shapiro, M. A., Trendafilov, S., Urzhumov, Y. et al. (2012). Active negative-index metamaterial powered by an electron beam. Phys. Rev. B 86: 085132.

8 French, D. M., Shiffler, D., and Cartwright, K. (2013). Electron beam coupling to a metamaterial structure. Phys. Plasmas 20: 083116.

9 Shiffler, D., Luginsland, J., French, D. M., and Watrous, J. (2010). A Cerenkov-like maser based on a metamaterial structure. IEEE Trans. Plasma Sci. 38: 1462.

10 Duan, Z., Hummelt, J. S., Shapiro, M. A., and Temkin, R. J. (2014). Sub-wavelength waveguide loaded by a complementary electric metamaterial for vacuum electron devices. Phys. Plasmas 21: 103301.

11 Estep, N. A., Askarpour, A. N., Trendafilov, S. et al. (2014). Transmission-line model and propagation in a negative-index, parallel-plate metamaterial to boost electron-beam interaction. IEEE Trans. Antennas Propag. 62: 3212.

12 Galyamin, S., Tyukhtin, A., Kanareykin, A., and Schoessow, P. (2009). Reversed Cherenkov-transition radiation by a charge crossing a left-handed medium boundary. Phys. Rev. Lett. 103: 194802.

13 Tsimring, S. E. (2007). Electron Beams and Microwave Vacuum Electronics. Wiley.

14 Nusinovich, G. S. (2004). Introduction to the Physics of Gyrotrons. John Hopkins University Press. 266

15 Lu, X., Hummelt, J. S., Shapiro, M. A., and Temkin, R. J. (2017). Long pulse operation of a high power microwave source with a metamaterial loaded waveguide. 2017 18th International Vacuum Electronics Conference (IVEC), pp. 1-2.

16 de Alleluia, A., Abdelshafy, A., Ragulis, P. et al. (2020). Experimental testing of a 3-D-printed metamaterial slow wave structure for high-power microwave generation. IEEE Trans. Plasma Sci. 48 (12): 4356-4364.

267

第11章　结论与未来方向

约翰·W. 卢金斯兰德(John W. Luginsland)[1]　贾森·A. 马歇尔(Jason A. Marshall)[2]
阿尔杰·纳克曼(Arje Nachman)[3]　埃德尔·沙米洛格鲁(Edl Schamiloglu)[4]

[1]融合科学研究公司,美国新墨西哥州阿尔伯克基市,邮编:87111

[2]美国海军研究实验室,美国华盛顿特区,邮编:20375

[3]美国空军科学研究办公室,美国弗吉尼亚州阿林顿郡,邮编:22203

[4]新墨西哥大学电气与计算机工程系,美国新墨西哥州阿尔伯克基市,邮编:87131－0001

本书重点介绍了大学研究人员在由美国空军科学研究办公室(Air Force Office of Scientific Research,AFOSR)组织的国防部“多学科大学研究计划”(Multidisciplinary University Research Initiative,MURI)办公室“2012年度变换电磁学”项目资助下所取得的研究进展。研究人员对超构材料(metamaterids,MTM)进行了研究,基于其最广泛的定义,将其用作高功率微波(high-power microwave,HPM) 源、天线和组件的电磁互作用结构。如果我们将超构材料看作双负(double negative,DNG)介质(介电常数和磁导率均小于0),那么对于从事高功率微波的研究人员而言,相比于采用传统的双正材料(即金属)来制造高功率微波器件,可用的参数空间将增大一倍。

在真空电子器件 (vacuum electron device,VED) 设计中,使用传统介质(金属)已有近百年历史,但使用超构材料仅有几十年。因此,对参数空间的探索才刚刚开始,这将为器件新概念和新的互作用机理的探索提供相当大的机会。

到目前为止,“多学科大学研究计划”团队还没有发现任何基于超构材料的真空电子器件或高功率微波源可以实现使用传统材料无法实现的目标。超构材料慢波结构的一个明显优势是,低于截止波长的电磁模式可以在波导中传输,从而可以实现器件具有更小的横向尺寸。如第10章所示,新墨西哥大学某团队使用阳极直径为4.8 cm的双负超构材料结构,在L波段(1.45 GHz,对应21 cm波长)实现了高功率输出。尽管如此,由于横向尺寸较小,高功率微波击穿的风险增加了。

总的来说,该研究计划有两个方面的标志性成就。其一,研究人员在一开始对超构材料结构进行研究时,就对其支持和适应高功率场的能力提出了怀疑。回想一下,在约翰·彭德里(John Pendry)和戴维·史密斯(David Smith)的开创性工作中,并没有对维持100 kV/cm这一关键问题进行预测。虽然在加速器领域,超构材料的应用预计可以实现某些新的功能,但通过该研究计划,实验性地展示了超构材料作为高功率微波的互作用结构的能力。其二,我们认为,通过建立现有真空电子结构和该项目所研究的新型超构材料结构之间的联系,有助于

268

加深我们对注-波互作用的深刻理解。如本书所述,这形成了对传统真空电子学概念(如皮尔斯理论)在理论和计算方面的扩展,从而使我们有机会去创造性地思考超构材料所需麦克斯韦方程组的基本性质。基于这两方面的贡献,我们很高兴在高功率微波领域为进一步开发用于高功率微波器件的超构材料做一些奠基性的工作,同时为定向能理论和真空电子学

动力学场论提出新的研究方向。

在此基础上，对最近使用超构材料进行高功率微波源设计的出版物进行的一项调查发现，相关研究者们对该主题越来越感兴趣，尤其是在中国[1-16]。中国国防科技大学(National University of Defense Technology，NUDT)取得的一个显著结果是，在 L 波段采用超构材料慢波结构的返波振荡器(backward wave oscillator，BWO)，其输出功率为 460 MW，注-波转换效率超过 50%[13]。另一项成果来自美国新墨西哥大学，他们与加州大学尔湾分校合作，利用 3D 打印出(带有铜电镀的聚合物)用于高功率微波的超构材料结构，并且该结构已在实验中得到验证[14]。这种方法的好处是减轻了结构的重量，这对于涉及移动平台方面的应用来说是一个重要的考虑因素。研究者们甚至可以想象设计的灵活性，结合超构材料带来的更小尺寸、更轻重量和更低功耗，在商业和国家空间计划中，为天基电磁系统提出新的理念。

此外，我们很高兴地看到，在美国空军部、海军部和国防部高级研究计划局的支持下，一些新的致力于更好地理解放大器背景下的注-波互作用的项目问世了。本书介绍的研究工作的结果，以及使用超构材料发展起来的工具的进步，都为这些项目提供了技术支持。我们预计，在未来十年中，在高功率微波源设计中使用超构材料将取得巨大进步，甚至可能会拓展到其他放大器中。令我们感到自豪的是，我们注意到，对基于相干电磁辐射机理的高功率源进行"多方位的思考"的动力来自高功率微波领域的学者们与"多学科大学研究计划"的研究人员的充分交流。

参考文献

1 Shapiro, M., Trendafilov, S., Urzhumov, Y. et al. (2012). Active negative-index metamaterial powered by an electron beam. Phys. Rev. B 86: 085132.

2 Hummelt, J. (2015). High power microwave generation using an active metamaterial powered by an electron beam. PhD thesis. Cambridge, MA: MIT.

3 Yurt, S., Fuks, M., Prasad, S., and Schamiloglu, E. (2016). Design of a metamaterial slow wave structure for an O-type high power microwave generator. Phys. Plasmas 23.

4 Othman, M., Veysi, M., Figotin, A., and Capolino, F. (2016). Low starting electron beam current in degenerate band edge oscillators. IEEE Trans. Plasma Sci. 44: 918.

5 Yurt, S., Elfgrani, A., Fuks, M. et al. (2016). Similarity of properties of metamaterial slow-wave structures and metallic periodic structures. IEEE Trans. Plasma Sci. 44: 1280.

6 Chipengo, U., Nahar, N., and Volakis, J. (2017). Backward-wave oscillator operating in low magnetic fields using a hybrid-te11 mode. IEEE Trans. Electron Devices 64: 3863.

7 Duan, Z., Tang, X., Wang, Z. et al. (2017). Observation of the reversed Cherenkov radiation. Nat. Commun. 8: 14901.

8 Liu, M., Schamiloglu, E., Yurt, S. et al. (2018). Coherent Cherenkov-cyclotron radiation excited by an electron beam in a two-spiral metamaterial waveguide. AIP

Adv. 8：115107.

9 Lu, X., Stephens, J., Mastovsky, I. et al. (2018). High power long pulse microwave generation from a metamaterial structure with reverse symmetry. Phys. Plasmas 25：023102.

269 10 Dai, Q., He, J., Ling, J. et al. (2018). A novel L-band slow wave structure for compact and high-efficiency relativistic Cherenkov oscillator. Phys. Plasmas 25：093103.

11 Duan, Z., Shapiro, M., Schamiloglu, E. et al. (2019). Metamaterial-inspired vacuum electron devices and accelerators. IEEE Trans. Electron Devices 66：207218.

12 Wang, X., Duan, Z., Zhan, X. et al. (2019). Characterization of metamaterial slow-wave structure loaded with complementary electric split-ring resonators. IEEE Trans. Microw. Theory Tech. 67：2238.

13 Dai, Q., He, J., Ling, J. et al. (2019). A novel L-band metamaterial relativistic Cherenkov oscillator with high conversion efficiency. Phys. Plasmas 26：023104.

14 Breno de Alleluia, A., Abdelshafy, A., Ragulis, P. et al. (2020). Experimental testing of a 3D-printed metamaterial slow wave structure for high-power microwave generation. IEEE Trans. Plasma Sci. 48：4356.

15 Wang, X., Li, S., Zhang, X. et al. (2020). Novel S-band metamaterial extended interaction klystron. IEEE Trans. Electron Device Lett. 41：1580.

16 Wang, X., Tang, X., Li, S. et al. (2021). Recent advances in metamaterial klystrons. EPJ Appl. Metamat. 8：9.

270

索引*

a

b

c

d

* 注:术语后页码为原著页码,与本书边码基本对应。斜体页码表示该术语出现在原著该页的图中,黑体页码表示该术语出现在原著该页的表中。

e

f

g

h

i

l

m

n

o

p

q

r

s

t

w